高等学校教材

自然科学发展史简明教程

吴昌华　编著

中国铁道出版社

2018年·北京

内 容 简 介

本书对自然科学中数学、物理、化学、天文、生物、人体生理和医学等各学科的发展历史和现状做了比较系统和全面的论述，特别是对从古代到现代中国人在科技方面的工作和贡献做了比较详细的介绍。本书的另一个重要特色是内容较新，书中除了介绍19世纪以前和20世纪上半叶的自然科学成就外，对20世纪中叶以后和21世纪初的各个科技领域发展状况也做了比较全面的介绍。

本书可作为理工科和医学院校的教师、研究生和大学生进行素质教育的教材和参考书，也可供自然科学各个相关领域工作的从业人员参考。对于有志于学习和了解自然科学发展历史和现状的读者，本书也不失为一本有益的科普读物。

图书在版编目(CIP)数据

自然科学发展史简明教程/吴昌华编著．—北京：中国铁道出版社，2018.6

高等学校教材

ISBN 978-7-113-24498-9

Ⅰ.①自… Ⅱ.①吴… Ⅲ.①自然科学史-高等学校-教材 Ⅳ.①N09

中国版本图书馆CIP数据核字(2018)第102638号

书　　名：自然科学发展史简明教程

作　　者：吴昌华　编著

责任编辑：金　锋　　**编辑部电话：**010-51873125　　**电子信箱：**jinfeng88428@163.com

编辑助理：赵　彤

封面设计：崔　欣

责任校对：胡明峰

责任印制：郭向伟

出版发行：中国铁道出版社（100054，北京市西城区右安门西街8号）

网　　址：http://www.tdpress.com

印　　刷：三河市燕山印刷有限公司

版　　次：2018年6月第1版　2018年6月第1次印刷

开　　本：787 mm×1 092 mm　1/16　印张：22　字数：560千

书　　号：ISBN 978-7-113-24498-9

定　　价：58.00元

前言

研究科学史对了解某些学科近期发展的端倪，预估某些学科的发展方向，制订科学发展规划，具有重要的意义。对于高等学校学生选择努力方向，确定奋斗目标，也能起到指导性的作用。因此，国内外都出版有大量的关于科学史的文献，其中既有专著，也有科普图书，有全面论述科学各个学科发展的，也有就某一个专门问题进行讨论的，科普图书大多偏重于讲古代和近代的科技发展情况，专著则对 20 世纪的科学进步讲得比较多。

本书有下列几个特点：

第一，书中包括了 20 世纪下半叶至 21 世纪初各个科学领域的主要成就，内容相对比较新，对于学习和研究科学史的读者有重要意义。

第二，书中涉猎的学科面比较全，除了通常科学史书中涉及的物理、化学、生物、天文外，还包括了数学和医学。由于数学是自然科学的基础，这能使读者有机的了解各学科产生和发展的内在联系，对人类认识自然界的过程有更深刻的理解。

第三，书中除了详细介绍中国古代的科技成就，对近、现代中国科技工作者在各个科学领域的主要成就也都作了介绍，虽然限于篇幅介绍有不尽之处，但相对来说，是比较多的。

本书从内容上分成 7 部分。

第 1 部分就是第 1 章，介绍我国古代的科学技术和发明创造。除了四大发明和祖冲之等的数学、张仲景等的医学、李时珍等的药学、郭守敬等的天文、历法和徐光启、宋应星等的科学成就之外，还介绍了都江堰、大运河、郑和下西洋、五大农书等，而以讨论李约瑟问题作为结束。

第 2 部分包括第 2、3 两章，介绍数学发展的历史。从古希腊时代毕达哥拉斯、欧几里得、阿基米德讲起，一直讲到近代的牛顿、莱布尼茨、欧拉、高斯、黎曼、彭加勒以及 20 世纪的希尔伯特、冯·诺依曼和柯尔莫哥洛夫等的贡献。

第 3 部分就是第 4 章，介绍天文学的发展历史。从古希腊天文学和托勒密体系讲起，一直讲到哥白尼的日心说，伽利略、牛顿发明望远镜，太阳系的发现，以及哈勃定律、宇宙大爆炸的理论等。

第 4 部分包括第 5、6、7 三章，介绍物理学的发展。从阿基米德发现浮力定律讲起，一直讲到牛顿建立经典力学、欧拉等对牛顿力学的发展，近代和现代力学的成就，热力学、电学、光学和磁学的产生和进展，以及量子力学和相对论的问世，核能的利用，对超导和超流的研究，基本粒子的探索，电子计算机、激光器等物理学的主要应用等。

第 5 部分包括第 8、9 两章，介绍化学的发展。从中世纪炼金术士和后来波义耳的工作讲起，讲到拉瓦锡的贡献、门捷列夫周期律及其现代化，以及费歇尔对生命体中化学的开创性的工作，又从物理化学、量子化学、高分子化学的产生、发展，一直讲到有机物的合成、现代分析技术等。

第 6 部分就是第 10 章，介绍生物学的发展。从亚里士多德的理论讲起，一直讲到林奈的分类、达尔文的物种起源学说、细胞学的产生和发展、摩尔根的遗传学，以及蛋白质与核酸的研究、DNA 的双螺旋结构的发现等。

第 7 部分包括第 11、12 两章，介绍对人体生理现象的研究和医学的发展。第 11 章介绍人体各个器官功能的发现，从心脏和血型讲起，然后介绍免疫、内分泌和呼吸各系统，一直讲到神经、肌肉、胆固醇等。第 12 章从巴斯德发现微生物讲起，然后介绍一些对人类有严重危害和曾经有过严重危害、现已基本消灭的传染病的情况，最后讲临床医学，介绍一些重要的诊断设备和药物，像 X 光机、CT 机、核磁共振机和青霉素、链霉素等，以及癌症的防治。

由于本书涉及的科学领域比较广，所以可供从事理工科以及医科不同专业的科技工作者和研究生以及大专学生参考。

本书在编写过程中得到了苏定强院士、张鸿庆教授和吴敦虎教授的帮助，吴世康研究员、李觉先教授和叶建珏教授更是在百忙中对书中相关部分的内容进行了仔细的审阅，提出了许多宝贵的意见。作者谨在此向上述各位专家一并表示衷心的感谢。

由于水平所限，书中错误在所难免，敬请广大读者批评指正。

作　者

2018 年 3 月

目录

1
中国古代的科学与技术

古希腊创造了奴隶社会科学文化的最高成就。在人类历史上封建社会科学文化的最高成就则是由中国人创造的。

我国是世界上最早由奴隶制发展到封建制的国家。在春秋和战国之交(约公元前500年—前400年)生产工具的改进和铁器的应用,促进了农业生产的发展和奴隶制的瓦解。铁器的应用引起了整个技术基础的巨大变化,大兴水利,修各种运河和水渠,再加上用V形铁铧犁耕田,大大增加了农业产量。这些当然都离不开对自然知识的了解。生产力的提高反过来又促进了自然科学的发展。下面就按自然科学的几个主要方面,对我国古代的主要科技成就做简要介绍。

1.1 数学

在商代(约公元前17世纪—前11世纪中叶)人们已经使用了十进位法,并且有了画圆和直角的工具。春秋末期(约公元前500年)《孙子兵法》里已经有了关于分数的记载。战国时期(公元前475年—前221年)的《荀子·大略》等书中记载了乘法九九表。战国后期墨家的《墨经》中提到了几何学的点、线、面、方、圆乃至极限和变数的概念。

1.1.1 算经十书

战国以后,从秦、汉经三国、两晋到南北朝(公元前221年—公元581年),是我国古代科学发展的又一个重要时期。数学在这一时期也取得了辉煌的成就。所谓算经十书都是在这一时期前后完成的。这十部数学名著主要包括《周髀算经》《九章算术》和《缀术》等。这些数学书后来在隋唐时期曾被用来作为国子监算学科的教科书。在十部算书中以约成书于公元前1世纪的《周髀算经》为最早,书中记载了用勾股弦定理进行天文计算的方法,并已有了复杂的分数计算。《九章算术》是这十部算书中最重要的一部,它是由各类实际应用的数学问题中选出246个例题,按解题方法和应用方法分成九章编辑而成。书中的主要成就在代数方面,它叙述了开平方、开立方、一元二次方程的解法,并且在世界数学史上首次记载了负数的概念和正负数加减法的运算规则。《九章算术》对我国古代数学的影响,恰如《几何原本》对西方数学发展的影响一样,是极其深远的。我国古代数学着重在问题的解决和解决实际问题的方法与原则,同实践应用有着密切的联系。

1.1.2 刘徽、祖冲之

在三国、两晋和南北朝时期，我国数学又取得了新的进展。刘徽（生于 250 年左右）对《九章算术》的全部问题做了理论上的说明，他发明了割圆术，指出圆周长等于无限增加的圆内接多边形边长之和。刘徽求得了圆周率 $\pi=3.141\ 024$，这是我国古代关于圆周率研究的一个光辉成就。

刘徽的纪录保持了 100 多年就被祖冲之打破了。祖冲之（429—500）祖籍河北涞水县，生活在南朝宋、齐时代，是伟大的天文学家和数学家。他对于自然科学和文学、哲学都有广泛的兴趣，特别是对天文、数学和机械制造，有着强烈的爱好和深入的钻研。他用计算圆内接12 288边形的边长与圆内接24 576边形的面积的方法，得出了当时世界上最精确的圆周率，即 $3.141\ 592\ 6<\pi<3.141\ 592\ 7$，称为祖率。祖冲之并用 22/7 和 355/113 作为圆周率的疏率和密率。在西方，这个精度的圆周率直到约一千年后的公元 1427 年才被阿拉伯数学家卡西所求出，而在欧洲，还要过 146 年，到 1573 年欧洲人奥托和安托尼兹才先后求出了这个值。

祖冲之

祖冲之把他在数学多个领域的研究成果写成了一本书，这就是《缀术》。《缀术》不仅在唐朝被国子监定为重要的学习科目，后来还传到了朝鲜和日本，在这两个国家也被列为必读书籍。可惜，《缀术》很早就失传了。

除了计算圆周率，祖冲之还创制了《大明历》，还最早将岁差引进历法，这是中国历法的重大进步。

祖冲之还设计制造过水碓磨、铜制机件传动的指南车、千里船、定时器等等。此外，他在音律、文学、考据方面也有较深的造诣，是历史上少有的博学多才的人物。

1.1.3 宋元时期的数学

我国古代的科学和技术在形成了自己的独特风格和体系之后，到唐宋时期达到了高峰。而数学的进步则主要是在宋、元时期出现的。在 13 世纪下半叶短短的几十年时间里，就出现了秦九韶（1208—1261）、李冶（1192—1279）、杨辉（约 1238—约 1298）和朱世杰（1249—1314）四位杰出的数学家，他们的著作被称为《宋元算书》。

秦九韶著有《数书九章》，在高次方程的数值解法和一次同余式的解法两个方面都取得了卓越的成就。

李冶对用代数方法列方程做了大量的研究工作（即天元术），为代数学向更高阶段发展准备了条件。他对于直角三角形和内接圆所造成的各线段之间的关系的研究，成为我国古代数学中别具一格的几何学。李冶这些研究成果反映在他的两本专著《测圆海镜》和《益古演段》里。

杨辉的《详解九章算法》则发展了实用数学，对各种具体问题提出了简捷的算法。

书中还用数字画了一张三角形图，图中每行表示相应阶数二项式展开后的各项系数，称作“开方做法本源”，现在简称为“杨辉三角”。

朱世杰的《算学启蒙》是元代一部广为流传的算学启蒙教科书。

此外，北宋时的大科学家沈括（1031—1095）关于“隙积术”的研究，则是我国对高阶等差级数研究的开始。

我国古代的数学主要是计算之学，这与古希腊数学中几何学的进步和注重概念的逻辑关系有较大区别。

沈括

1.2 天文与历法

1.2.1 我国古代的天文

我国是世界上古代天象记录最多也最系统的国家，从殷商时代的甲骨文中就可以找到那时出现的天象记录。后来各个朝代都专门设有天文官员系统地观测天象，所以历代的天象记录是不间断的。

我国古代天象记录的项目很多，有日食、月食、彗星、流星和流星雨、陨石、极光、太阳黑子、新星和超新星、行星会聚、行星动态、星昼见等等，可以说，凡是天上出现的异常天象都有记载，对于正常天象也有不间断的观测。这些资料为今天研究天文学的理论问题，提供了无可替代的历史资料。

日食和月食是日、月、地三者运动中产生的遮掩现象，只要地球和月亮的运动发生变化，日食和月食的出现就会受到影响。古代的日食、月食反映了那时地球和月亮的运动规律。如果我们用现代的规律去推算古代的日食、月食，并用古代的观测记录作比较，就会发现古今的变化，加深对地月系运动状况的了解。目前，根据古珊瑚化石生长线的研究，已发现地球自转在减慢，即日长在增加。大约在三亿七千万年前，每年有400天，每天只有21 h 54 min。从理论上推算，现在日长每100年约增加1/1 000～2/1 000 s。这虽然是一个极微小的变化，但积累起来就很大，如计算日食发生的时间，每2 000年会有2～3 h的累积误差。因此两千年前的日食、月食记录，就可以用来进行这类课题的研究。

古代彗星出现的记录也很有价值，它可以帮助我们研究周期彗星，了解彗星的演化和它同流星雨之间的演化关系，为研究太阳系的起源和演化问题提供资料。此外，彗星的出现也可以用来帮助确定某些历史事件发生的年代，例如，前些年完成的国家重大科研项目“夏商周断代工程”，为了确定武王伐纣、西周建国的年代，就利用了历史记录的、在武王伐纣途中彗星曾出现这一天象。

太阳黑子活动反映了太阳的活动，我国关于太阳黑子活动的系统记录约有100多条。1848 年 R. 沃尔夫根据几十年的观测曾发现了太阳黑子活动的 11 年周期。但这一周期是否是太阳上的长期现象呢？利用我国古代关于太阳黑子活动的资料可以证明，这一周期在2 000年内都是存在的。不仅如此，我国的资料还表明太阳黑子活动有更长的周期，几十年的和几百年的周期都有。这大大丰富了我们对太阳物理性质的了解。

新星和超新星的产生是恒星演化过程中的一种现象，这时几天之内恒星发生激烈爆发，释放巨大能量，有的星还可以恢复爆发前的样子，有的星就此瓦解，成为另一类天体。1054 年有一颗超新星爆发，那时正是我国北宋时期，天文学家做了详细的观测记录，它最亮时在太阳高照的白天都可以见到。这样的光芒四射持续了 23 天，以后逐渐变暗，22 个月以后才最后不见。这颗星爆发以后，将其周围的气壳抛出形成一个螃蟹状星云，中心部分向内收缩，由于巨大的压力形成一个中子星。我国历史上关于新星和超新星的记录约有 80 多条，是全世界这类记录的 90%，其中有一些已经在现代天文学的研究中发挥了重要的作用。

我国古代不但对天象做了大量的观测、记录了大量的数据，还发明了浑天仪和浑仪，用来研究天体的运动。浑天仪是东汉时著名的天文学家张衡(78—139)设计制造的，采用水力转动。浑天仪基本上是一个大圆球，象征天球，在球面上装饰着星辰，表示各天体的位置，利用它的旋转演示天空景象的变化。除了浑天仪，张衡还发明了候风地动仪，可以测报发生地震的方位，这是世界上第一架地震仪，比西方国家用仪器记录地震的历史早1 000多年。

张衡发明的地动仪

浑仪是另一类古代天文仪器，是用来测量天体的位置和两天体之间的角度的。它的发明大约已有2 000年的历史。我们现在见到的最古老的浑仪是明代(1437)制造的。浑仪的结构大体上分三部分：(1)为了观测天体用的望筒；(2)转动装置；(3)读数装置。只要从望筒中看到了要测的天体，其位置就能用数字表示出来。后来，元代郭守敬又发明了简仪，对浑仪做了不少改进。

1.2.2 我国的历法

我国古代历法在殷商时代就出现了，而且在不断地改进，到西汉时基本上定型。后经1 000多年的演变，创造出 100 多种历法，不仅成功地解决了几千年来记日记年的历史年代学问题，也为农业生产和人民生活提供了时令节气的依据。

我国古代历法的内容有：确定年月的长度，计算朔望的时刻，安排二十四节气，预告日夜长短的变化、日月食的发生和行星位置等。由于年和月之间没有整数倍的关系，在春秋时期我国开始采用 19 年中闰 7 个月的方法。在战国末期已经有了 24 节气。汉武帝时招募天下的历法专家 20 余人，在天象实测的基础上制订了《太初历》。东汉末年刘洪制订了《乾象历》，已经考虑了月亮运动的不均匀性问题，确定365.246 18日为一年。到南北朝时虞喜发现了岁差现象，祖冲之又把它引入到历法之中，制订了《大明历》，大大提高了历法的准确性。

祖冲之区分了回归年和恒星年，测得岁差为 45 年 11 月差一度（现今测量约为 70.7 年差一度），并把岁差引进历法。祖冲之定一个回归年为365.242 814 81日（现在测得的数据为365.242 198 78日）。他采用 391 年置 144 闰的新闰周，比以往历法更加精密。他测出交点月日数为27.212 23日（今测为27.212 22日）。交点月日数的精确测得使得准确的日月食预报成为可能。祖冲之曾用大明历推算了从元嘉十三年（公元 436 年）到大明三年（公元 459 年）23 年间发生的 4 次月食时间，结果与实际完全符合。他还发明了用圭表测量冬至前后若干天的正午太阳影长以定冬至时刻的方法。上述这些天文学的研究成果逐渐形成了我国独特的天文学体系。这个体系有独特的星群划分——三垣二十八宿；有独特的坐标系统——赤道天球坐标系；有独特的历法——带有二十四节气的阴阳合历；有独特的仪器——赤道装置的浑天仪和浑仪；有独特的宇宙结构体系——浑天说。它与其他文明古国的天文学并立于世界文化之林。

到了隋唐时，天文观测工作得到了进一步的开展。隋代的刘焯制订了精度更高的《皇极历》。唐代的僧一行（683—727）在总结历代天文历法成果的基础上，修订成当时最先进的《大衍历》。僧一行还有一项重要的科研成果，就是发现了恒星不恒，这比西方早了大约一千年。

此外，僧一行还设计了一种名叫“复矩图”的天文仪器，来测量各地的天球北极高度，他所使用的科学方法是天文学的一次创举。僧一行测子午线的工作比西方早了将近 100 年。

北宋时后沈括制成了《奉元历》，以365.243 85日为一年，这个数字虽然比今天实测的365.242 2日稍大些，但在当时已经是很精确的了。

郭守敬

元代大天文学家郭守敬（1231—1316）在修订历法的过程中先后创制了简仪、高表、浑天象、日月食仪等 13 种天文仪器。这些天文仪器的制作之精，不仅为元代以前我国历史上所未有，而且达到了当时世界的先进水平。1947 年英国出版的《大英百科全书》就指出，郭守敬创制的天文仪器比丹麦天文学家第谷的同样发明要早 300 多年。

1279 年，郭守敬在天文仪器制成后，在大都（北京）城东主持修建了一座观测天象的司天台——灵台。这是当时世界上设备最完善的天文台。利用司天台郭守敬进行了一系列天文观测工作，其中关于“黄赤大距”和 28 宿距度的测定是整个观测工作的中心环节，也是他在天文学上的两项重要成就。

所谓“黄赤大距”就是赤道平面和黄道（地球绕太阳公转的轨道）平面的交角，它是天文学上最基本的数据之一。天文学家一直沿用汉代测定的黄赤大距的数据（24°）。可是黄赤大距的度数是变的。郭守敬测定的黄赤大距为 23°90′（按现代的 60 进位制换算，为 23°33′5.3″），与当时的实际数字相比，误差仅为 1′6.8″，这在当时是世界上最精确的。

28宿距度是测量天体位置的标准，其重要性可想而知。我国古代从西汉到北宋年间对28宿距度的测量先后进行过五次，精确度逐步提高。郭守敬利用新造的天文仪器，重新测量了28宿距度，将其精度又提高了一倍。

经过大量的天文观测工作，公元1280年以郭守敬为首的一批天文工作者修成了我国古代最优秀的一部历法——《授时历》。《授时历》确定一年为365.242 5日，与地球绕太阳公转一周的实际时间仅差26秒，和现代世界通用的公历几乎相同，但却比它早了300年。所以《授时历》也是当时世界上最先进最精确的一部历法。

1.3 医药学

1.3.1 黄帝内经与扁鹊

医学关系到人的身体健康，随着社会的发展防病治病的经验就逐渐积累起来。大约在战国时产生了《黄帝内经》，这是中医理论开始形成的标志。《黄帝内经》并不是一个人所著，而是无数的医学家们对长期积累起来的医疗实践经验一次系统的总结。它强调人体是一个有机的整体，人的健康和疾病与自然环境有一定的关系。《黄帝内经》总结了在这以前临床实践的经验，运用阴阳对立统一和五行生克的思想，论述了人体生理、病理、诊断和预防以及药物的性、味、色、气等问题，初步概括了人体变化与治疗的一些规律。一千多年来《黄帝内经》一直行之有效地指导着中医的临床实践，成为辨证施治的基本理论之一。

扁鹊

扁鹊（公元前407年—前310年），姓秦，名缓，字越人，又号卢医，战国时期渤海郡郑（今河北沧州市任丘一带）人，是战国时期名医。由于他的医术高超，被认为是神医，所以当时的人们借用了上古神话的黄帝时神医“扁鹊”的名号来称呼他。扁鹊通晓各科，是医、药、技非常全面的“全科医生”。他做过带下医（妇科医生），“耳目痹医”（五官科医生），也做过“小儿医”，由于疗效好，声名远播。扁鹊最著名的一件事是诊断齐桓侯田午的病。他曾根据齐桓侯的脸色，先后三次指出他有病，并且每一次都指出了病的程度，说明病愈来愈重，但齐桓侯不信。等扁鹊第四次见到齐桓侯时，病已入膏肓，于是扁鹊不辞而别。不久齐桓侯就发病死了。后来，秦国太医李醯出于嫉妒，派人把扁鹊刺杀了。扁鹊的贡献主要是奠定了中医学的切脉诊断方法，开启了中医学的先河。相传有名的中医典籍《难经》为扁鹊所著。

1.3.2 张仲景、华佗

东汉末年张仲景（150—219）进一步总结了医疗的实践经验，写出了《伤寒杂病论》。他认为，一切因为外感而引起的疾病都可以叫作“伤寒”。他以六经论伤寒，以五脏、六腑论杂病，提出了包括理（辨证理论）、法（治疗原则）、方（处方）、药（用药）在内的系统的辨证施治原则，使医学理论和医疗实践密切结合起来。《伤寒杂病论》是中医学史上影响最大的著作之一，唐宋以后其影响已远达国外。与《伤寒杂病论》同时张仲景还写了《金匮要略》，这是论述杂病部分的，内容包括内科、外科、妇产各科。

到两晋南北朝时期出现了王叔和的《脉经》，奠定了脉学诊断术的基础；皇甫谧的《针灸甲乙经》，奠定了针灸术的基础。葛洪、陶弘景的《肘后方》则成为中医方剂学的佳作。

华佗（约 145—208），字元化，一名旉，东汉末年著名医学家，沛国谯县（今安徽亳州或河南商丘一带）人。少时曾在外游学，行医足迹遍及安徽、河南、山东、江苏等地，钻研医术而不求仕途。他医术全面，掌握了养生、方药、针灸和手术等治疗手段，精通内、妇、儿、针灸各科，外科尤为擅长，被后人称为“外科圣手”“外科鼻祖”。对此，《后汉书》与《三国志》中都有内容相仿的评述。

华佗发明了麻沸散，开创了世界麻醉药物的先例。欧美全身麻醉外科手术的记录始于 18 世纪初，比华佗晚一千六百余年。

在医疗体育方面华佗也有重要贡献，他创立了著名的五禽戏。

在汉代中医药物学也开始形成体系，其标志就是《神农本草经》的出现。南北朝时期陶弘景所著《神农本草经集注》更把药物学体系向前推进了一大步。唐代苏敬等 20 余人集体编写的世界上第一部国家药典《新修本草》就是在《神农本草经集注》的基础上修订补充完成的。

1.3.3 孙思邈

隋末唐初孙思邈（581—682）在充分总结前人经验和大量临床实践的基础上，于 652 年写出了《备急千金要方》。30 年以后他在这部著作的基础上，又写了《千金翼方》，对《备急千金要方》加以补充和发挥。孙思邈在医学上的成就主要有下列五个方面：

(1)他是医学上创建妇科最早的人。他鉴于妇女生理特点的不同，主张妇女单独立科，在书中把“妇人方”列为卷首。在“妇人方”之后还详细论述了小儿的各种疾病，这给后来妇科和儿科的形成奠定了良好的基础。

(2)提倡医生应采用综合疗法，主张针灸药物并用。

(3)经常上山采药并进行反复实验，从中摸索出一些特效药的用途，并总结出丰富的采药和制药经验。

(4)在方剂学上的贡献。他认为做一名医生，不仅要熟悉药物本身的特性，还要掌握组成方剂的配方原则，否则非但不能治病，还会使病加重。

(5)提出了食物疗法，还对消渴病（糖尿病）的治疗提出了重要的创见。

1.3.4 李时珍

到了明代，大药物学家李时珍（1518—1593）用了 27 年时间刻苦钻研，翻阅了 800

多种书籍，走遍了祖国名山大川，找出了历代《本草》中的错误，充实了内容，终于完成了《本草纲目》这部巨著。《本草纲目》全书共52卷，共搜集药物1 892种，还附有处方11 096则，各种植物矿物插图1 160幅，是明代以前药物学之大成，对药物学的发展起了很大的作用。书中还说明了用牛痘接种来预防天花的方法。《本草纲目》出版后不久便风靡全国，被争相传颂，受到人们的热烈欢迎。接着，很快传入日本，并由日本医学界译成日文在日本出版。1647年《本草纲目》传播到欧洲，后来先后出现德、法、英、俄文的译本，风行全世界，人们称它为《东方医学巨典》，在国际上享有很高的声誉。

李时珍

1.4 实用科学技术

在我国历史上实用科学技术一直是受到相当重视的。根据考古发现，我国在商代已经有用陨铁锻制成的铁刃，春秋时已能进行生铁铸造，并有了多管鼓风技术，还出现了世界上最早的炼钢和淬火技术。

1.4.1 蔡伦改造造纸术

蔡伦(61—121)生于东汉初年，他的最大贡献是改造了造纸术，用树皮、渔网和竹子压制成纸。蔡伦的工作彻底改写了后世中国乃至世界的历史，也使蔡伦屹立于古今中外的杰出人物之列。

1.4.2 指南针的发明

中国是世界上公认发明指南针的国家。大约在战国时期，人们首先发现了磁石吸引铁的性质，后来又发现了磁石的指向性。经过多方面的实验和研究，终于发明了实用的指南针，其发源地是磁山(在今河北省邯郸市武安)。在宋代指南针已用于航海。到了元代指南针发展成罗盘针，成为航海的重要仪器。

指南针

1.4.3 印刷术的发明与完善

中国的印刷术有悠久的历史。在先秦时就有了印章，后来又出现了拓片。拓片比手抄简便、可靠。与此同时印染技术也发展起来了。印染技术是在木板上刻出花纹图案，用染料印在布或纸上，在敦煌石室中就有唐代凸纹板和镂空板纸印的佛像。印章、拓印和印染技术三者的融合促进了隋唐时雕版印刷的产生，并逐渐得到了普及。

北宋时期毕昇(约970—1051)在雕版印刷的基础上发明了活字印刷术,这是印刷业的一次革命,对中国、欧洲乃至世界文化发展有着深远影响,特别是传入欧洲后,有力推动了其文艺复兴和宗教改革的进行。活字制版避免了雕版的不足,只要事先准备好足够的单个活字,就可随时拼版,大大加快了制版时间。活字版印完后,可以拆版,活字可重复使用,且活字比雕版占有的空间小,容易存储和保管。这些都是活字印刷的优越性。所以后人称毕昇为印刷术的始祖。

毕昇

1.4.4 火药的发明

中国是最早发明火药的国家,隋代时,诞生了硝石、硫黄和木炭三元体系火药。黑色火药在唐代(9世纪末)时候正式出现。

唐朝末年,火药已被用于军事,出现了火炮和火箭。到了宋代,战争接连不断,促进了火药武器的加速发展。北宋政府建立了火药作坊,先后制造了火药箭、火炮等。

1234年蒙古灭金之后,将金军中的火药工匠和火器手编入了蒙古军队。随后蒙古大军发动了第二次西征,装备火器的蒙古大军横扫东欧平原。稍后,蒙古人灭亡了阿拉伯帝国,建立起了伊尔汗国。这里迅速成为火药等中国科学技术知识向西方传播的重要枢纽。

1.4.5 都江堰工程

战国后期,李冰(约公元前302年—前235年)父子在前人工作的基础上建造了举世闻名的都江堰工程,确保了成都平原旱涝保收。这可能是现今世界上唯一的建造于2 200多年以前而现在仍然在起作用造福人民的大型工程。

成都平原在古代水旱灾害十分严重。秦昭襄王五十一年(公元前256年)李冰任蜀郡守。李冰在前人治水的基础上,依靠当地人民群众,在岷江出山流入平原的灌县,建成了都江堰。两千多年来都江堰一直发挥着防洪灌溉的作用,使成都平原成为沃野千里的"天府之国",至今灌区已达30余县市、面积近千万亩,是全世界唯一的、年代最久仍在使用的、以无坝引水为特征的宏大水利工程,凝聚着中国古代汉族劳动人民勤劳、勇敢、智慧的结晶。

李冰

都江堰

1.4.6 制茶

中国制茶历史悠久，自发现野生茶树后，从生煮羹饮，到饼茶散茶，从绿茶到多茶类，从手工操作到机械化制茶，经历了复杂的发展过程。

根据陆羽(733—804)在《茶经》中的说法，在夏商周以前中国已经有了茶，而茶的发源地在西南山区。中国人饮茶大体上开始于汉，而盛行于唐。到了近、现代，中国茶发展成了世界三大饮料之一。

1.4.7 瓷器

中国是瓷器的故乡，瓷器是汉族劳动人民的一个重要的创造。在英文中"瓷器(china)"与中国(China)同为一词。瓷器的前身是原始青瓷，它是由陶器向瓷器过渡阶段的产物。中国最早的原始青瓷，发现于山西夏县东下冯龙山文化遗址中，距今约4 200年。大约在公元前16世纪的商代中期中国出现了早期瓷器，但比较粗糙。经过西周和春秋、战国时期的发展，到了东汉(25—220)中国出现了真正意义上的瓷器，这时以中国东部浙江省的上虞为中心的地区成为中国瓷器发展的中心。到了唐宋以后，瓷器的制作技术和艺术创作已达到高度成熟，名窑涌现；明清时代技术上又超过前代。

明代以前中国的瓷器以青瓷、白瓷等素瓷为主。明代以后以青花瓷等彩绘瓷为主要流行的瓷器。景德镇的青花瓷一经出现便风靡一时，成为传统名瓷之冠。

1.4.8 丝绸

中国是丝绸古国。在距今五六千年前的新石器时期中期中国便开始养蚕、取丝、织绸了。夏代以前(公元前2100年以前)是丝绸生产的初创时期，那时已开始利用蚕茧抽丝，并将蚕丝挑织成织物。从夏代至战国末期(公元前2100—前221年)是丝绸生产的发展时期，丝织技术有了突出的进步，已经能用多种的织纹和彩丝织成十分精美的丝织品。

自秦代至清道光年间(公元前221—公元1840年)是丝绸生产的成熟时期。这一时期，各道工序各项工艺日益完善，手工操作的丝绸机器也进一步完善而且普及。织锦的出现，证明当时已经掌握了提花技术。特别是汉唐以来，丝织品和生丝通过举世闻名的"丝绸之路"大量远销到中亚、西亚、地中海和欧洲，受到各国的普遍欢迎，促进了东西方贸易、文化和技术的交流。古希腊和罗马人因此称中国为"丝国"。

鸦片战争以后丝绸生产衰落。抗日战争中，丝绸厂半数毁于炮火。

中华人民共和国成立后，丝绸业得到迅速恢复和发展。1980年中国蚕茧和生丝产量分别占世界总产量的51%和43%，均居首位。

1.4.9 造船与航海

宋元时期是中国历史上造船技术大发展的时期。在这一时期中国的造船工匠们取得了一系列具有世界意义的重大成就，其中最为突出的是水密隔舱的设计和船壳板之间的连接采用鱼鳞式结构，这是中国在造船方面的重要发明。前者大约发明于唐代，宋以后在海船中被普遍采用。后者的优点是船壳板连结紧密严实，整体强度高。

在航海方面，宋元时期中国的航海者已经非常准确地掌握了季风规律，并利用季风的更换规律进行航海。在定向定位技术上，除了应用指南针外，元、明时人们已经较熟练地掌握了航海天文学，并通过测量方位星的高低位置来确定船舶的位置和航向。这就从物质技术方面为郑和下西洋创造了必要的条件。

郑和

郑和(1371—1433)，回族，原姓马名和，小名三宝，又作三保，云南昆阳(今晋宁昆阳街道)人。中国明代航海家、外交家、宦官。

1405年(明永乐三年)，明成祖命郑和率领由240多艘海船、27 400名船员组成的船队远航，访问了30多个在西太平洋和印度洋沿岸的国家和地区，加深了大明帝国和南海(今东南亚)、东非的友好关系。郑和的远航一共进行了七次，每次都由苏州浏家港出发。1433年(明宣德八年)郑和在第七次远航的回程途中因病去世。

郑和的航海船队共有五类船，它们是宝船、马船、粮船、坐船和战船。宝船共63艘，最大的长44丈4尺，宽18丈，折合成现在单位：长为151.18 m，宽61.6 m，是当时世界上最大的海船。船有4层，船上9桅可挂12张帆，锚重有几千斤，要动用二百人才能启航，一艘船可容纳八百人。马船、粮船、坐船和战船的长度也都在18～37丈之间。郑和出使过的城市和国家共有36个，其中有现在的越南、印度尼西亚(爪哇、苏门答腊等)、泰国、印度、斯里兰卡、索马里等国。

郑和船队的粮船模型

郑和宝船号称巨舶，其主要建造地为南京。永乐年间，明朝海军拥有3 800艘舰只，南京新江口就有400艘大型主力舰。因此英国著名历史学家李约瑟断言："在1420年前后，中国海军也许超过历史上任何时期的其他亚洲国家，甚至可能超过同时代的任何欧洲国家，乃至超过所有欧洲国家海军的总和。"

郑和下西洋80多年之后，1492年意大利人哥伦布发现了新大陆。当时哥伦布的船队只有3艘船，约90人，其中最大的船重130 t，长约35 m。无论是船队规模，船的尺寸，还是航海的人数都无法与郑和相比。

1.4.10 大运河的开通

京杭大运河是世界上最古老的运河之一，也是里程最长、工程最大的古代运河。

大运河与长城、坎儿井并称为中国古代的三项伟大工程，并且使用至今，是中国古代劳动人民的一项伟大创造。

大运河最早是春秋时期吴国为伐齐国而开凿的，隋朝将其大幅度扩修并贯通至都城洛阳，且北连涿郡。元朝翻修时弃洛阳而将其取直线，由杭州直通北京。大运河从最早开凿到现在已有 2 500 多年的历史。它的开通，大大促进了我国南北经济的交流。

隋朝大运河于605年开始修建，共用五百余万民工，费时六年建成，全长 2 700 余 km。这条大运河分为永济渠、通济渠、邗沟和江南河四段，永济渠连接北京和洛阳，通济渠和邗沟（中间通过淮河）连接洛阳和扬州，江南河则连接扬州和杭州，这样就把北京、洛阳、扬州和杭州当时最重要的几个城市连了起来，也连接了海河、黄河、淮河、长江和钱塘江五大水系，成为我国南北交通的大动脉。

大运河的主要作用：

（1）沟通了中国大地的东西南北，把几大自然水系（长江、淮河、黄河、海河、钱塘江）变成一个大水系，实现了中国历史上第一次真正的融会贯通和大一统。

（2）随着运河的修建，沿河一下子诞生了几十座城市，特别是造就了扬州（含杭州）、西安（含洛阳、开封）和北京（含天津）这样三个世界级的城市，在政治上、经济上都有深远影响。

（3）把中原文化带到了南方和北方，也把北方草原游牧文化、南方鱼米桑茶水乡文化带到了中原，实现了中华文化的多元化、互补化，共同繁荣，同时也促进了我国各民族之间的融和与交流以及中外的国际交流。

（4）隋炀帝覆灭之后不久就迎来了唐代的贞观之治和开元之治，这固然主要是由当时唐王朝的好政策决定的，但隋代大运河的修建也起了促进作用。

隋朝大运河运营了五百多年，历经唐朝、五代、宋朝，到南宋末年，因部分河道淤塞而衰落。元朝取代金和南宋之后，在北京建都，将大运河南北取直，不再行经洛阳，这就是京杭大运河。京杭大运河比隋朝大运河缩短了 900 多 km，但也有 1 797 km 长，直到今天它还在运营。

1.4.11 赵州桥的设计建造

赵州桥

赵州桥又称安济桥，位于石家庄东南约四十多公里的赵县城南，横跨洨水南北两岸。它建于隋炀帝年间（605—616），由匠师李春监造，桥体全部用石料建成，距今已有 1 400 年的历史。

赵州桥是中国第一座大石拱桥，也是世界上现存最早、跨度最大、保存最好的石拱桥。赵州桥是一座空腹式的圆弧形石拱桥，其设计非常科学，不但全桥结构匀称，和四周景色配合得十分和谐，而且全桥只有一个大拱(拱长 37.4 m，在当时是世界上最长的石拱)，桥洞不是普通半圆形，而是像一张弓，因而大拱上面的道路没有陡坡，便于车马上下；大拱的两肩上，各有两个小拱，不但节约了石料，减轻了桥身的重量，而且在河水暴涨的时候，还可以增加桥洞的过水量，减轻洪水对桥身的冲击。中国科学院院士钱令希教授曾用计算力学中结构优化设计的理论对赵州桥的结构做了优化设计，结果发现赵州桥的实际结构完全符合优化设计的结果。

据世界桥梁的考证，像这样的敞肩拱桥，欧洲到 19 世纪中期才出现，比我国晚了一千二百多年。

赵州桥建成后，在漫长的一千多年中，经受了风吹雨打、冰雪风霜的侵蚀和无数次洪水冲击以及 8 次地震的考验，至今仍安然无恙，巍然挺立在洨水河上。

1.4.12 五大农书

我国的农业从春秋、战国时期起就由粗放经营逐渐转入精耕细作，汉代以后更有了进一步发展。在长期的生产实践中，产生了五大农书，即《氾胜之书》《齐民要术》《陈旉农书》《王祯农书》和《农政全书》。

《氾胜之书》是西汉年间氾胜之所著，现存3 700多字。该书根据关中平原和黄河中下游地区的农业生产经验，对整个农业生产过程作了详细的总结，是我国最早的一部综合性农书。

《齐民要术》是北魏时期贾思勰所著，全书共 10 卷 92 篇，正文大约 7 万字。该书按照农作物、蔬菜、果树、林木、家禽、家畜、养鱼、酿造、食品加工等实际对象，分别叙述了耕种栽培的技艺和饲养加工的方法，全面总结了公元 6 世纪以前我国的农业生产技术，是农业实用科学的代表作。19 世纪《齐民要术》传到欧洲，英国著名博物学家达尔文在《物种起源》里称其为中国古代的百科全书。

《陈旉农书》是宋代论述南方农事的综合性农书。全书共 3 卷，1.2 万余字。上卷论述农田经营管理和水稻栽培，是全书的重点；中卷叙说养牛和治牛病的兽医学；下卷阐述栽桑和养蚕。

《王祯农书》是元代的王祯(1271—1368)所著，完成于 1313 年。全书正文共 37 集，约 13 万字，共三部分，其中《农桑通诀》部分是农业总论；《百谷谱》分论各种作物栽培；《农器图谱》则对农具做了系统的介绍，这是《王祯农书》的一大特点，其篇幅约占全书的 4/5，插图 200 多幅，涉及的农具达 105 种。

《王祯农书》之前的农书，有的专门介绍北方农业生产经验，像《氾胜之书》和《齐民要术》，有的像《陈旉农书》则主要论述南方农业生产，而《王祯农书》是兼论南方和北方农业的，这也是该书的一个特色。

《农政全书》是明朝末年徐光启(1562—1633)所著，全书共 60 卷，70 余万字，分农本、田制、农事、水利、农器、树艺、蚕桑等 12 门。该书是徐光启去世后，由明末松江学者陈子龙增删后出版的。书中大部分篇幅摘自我国古代农书和明朝当时的文献，徐光启自己所写约有 6 万字。

《农政全书》主要包括农政思想和农业技术两大方面。对于农政问题徐光启对北方和南方农业的发展分别提出了自己的见解；在农业技术方面，徐光启破除了中国古代农学中过分依赖气候条件和地理条件的思想，他主张有风土论但不唯风土论，还对南方旱作技术提出了改进意见。

徐光启坐姿画像

徐光启不但是卓越的农学家，而且还是科学家、军事家。在科学方面，他与意大利传教士利玛窦一起翻译并出版了欧几里得的《几何原本》。这是一个极其困难的工作，特别是书里的许多数学专业名词当时在中文里都没有相应的词汇，只好自己创造。像译文里的“平行线”“三角形”“对角”“直角”“锐角”“钝角”“相似”等中文的名词术语，都是他想出来的。在天文历法上，徐光启主持编译了《崇祯历书》，在历书中，他引进了圆形地球和地球经度、纬度的概念。此外，他还将古代托勒密旧地心说和以当代第谷的新地心说为代表的欧洲天文知识介绍入我国。他会通当时的中西历法，为我国天文界引进了星等的概念；还根据第谷星表和中国传统星表，提供了第一个全天性星图，成为清代星表的基础。因此徐光启也是中西文化交流的先驱之一。

徐光启官至礼部尚书、文渊阁大学士（相当于宰相），在治国方面有一套自己的思想。徐光启主张，以农业为富国之本，以正兵为强国之本，并提出一整套练兵强军的办法。他撰写的《练艺条格》《火攻要略》（火炮要略）等一系列条令和法典，是我国近代较早的一批条令和法典。他非常关心武器的制造，尤其是火炮的制造，并对火器在实践中运用的各个方面都有所探索。徐光启可以称得上是中国军事技术史上提出火炮在战争中应用理论的第一人。

徐光启出生于南直隶松江府上海县法华汇，那里是他的族人聚居的地方，他逝世后也葬在那里。为了纪念他，那里改名为徐家汇，而且一直沿用至今。

1.4.13 中国17世纪的工艺百科全书《天工开物》

宋应星（1587—约1666），字长庚，奉新（今属江西）人，中国明代著名的科学家。他在江西分宜教谕任内著成的《天工开物》一书是世界上第一部关于农业和手工业生产的综合性著作，是“中国17世纪的工艺百科全书”。

《天工开物》共三卷十八篇，收录了农业、手工业中诸如机械、陶瓷、纸、兵器、火药、五金、纺织、染色、采煤、榨油等各种生产技术。尤其是“机械篇”详细记述了包括立轴式风车、糖车、牛转绳轮汲卤等农业机械工具，具有极高的科学价值。

宋应星是世界上第一个科学地论述锌和铜锌合金（黄铜）的科学家。他在《天工开物》“五金卷”中指出，锌是一种新金属，并且首次记载了其冶炼方法。这是我国古代金属冶炼史上的重要成就之一，使中国在很长一段时间里成为世界上唯一能大规模炼锌的国家。

1.5 中国科学技术发展的历史转折

中国古代科技发展一直走在世界的前列，但近代却落后了。下面将《自然科学大事年表》的统计列表如下：

中国古代科技发明与世界其他国家科技发明的统计资料

年代	科技发明(件)	中国		世界其他国家	
		件数	所占比例(%)	件数	所占比例(%)
公元 1—400 年	45	28	62	17	38
公元 401—1000 年	45	32	71	13	29
公元 1001—1500 年	67	38	57	29	43
公元 1501—1840 年	472	19	4	453	96

由上表可见，中国古代科技长期领先世界，可是近代以后却远远落后于西方。造成这个现象的原因是极其复杂的，因素是多方面的。

首先，在 16、17 世纪欧洲发生了社会的转型，也就是从中世纪传统社会向近代社会的转型，从历史唯物主义的角度看就是从封建主义社会向资本主义社会的转型，而中国由于对外实行闭关锁国政策，对内实行重农抑商政策，压制了新的生产关系的发展，造成了社会转型迟滞，这大大影响了近代科技的发展。

16 世纪以前，我国和西方虽然同处于封建社会，但在对待科学的态度上两者却有明显的不同。西方当时几乎是一种仇视科学的绝对的神权统治，窒息了科学发展的可能性。而我国历代封建统治者一般都是实利主义者，他们对有助于耕战的科技发明往往给予鼓励，这一点不仅推动了生产，同时也为科学发展提供了较好的条件。宋、元时代是我国科技成就较多的一个历史时期，在这一时期涌现出了许多卓越的科技人才，像毕昇、沈括、郭守敬、王祯等等，也出现了许多重要的学术著作。这一局面的形成除了由于盛唐的繁荣经济和灿烂文化所打下的坚实基础外，和当时的统治者实行奖励耕战的政策也是分不开的。据《宋史》记载，宋代统治者很重视发明创造，常以升官、加薪、赐物来加以鼓励，对有的发明创造还能及时加以推广。

在 16、17 世纪，虽然我国也同其他国家一样产生了资本主义的萌芽，但由于统治者仍然沿用过去的重农抑商政策，使其得不到应有的发展，这是导致我国科学发展发生历史转折的一个重要原因。李约瑟通过对我国科技史和欧洲科技史的比较研究，指出了近代科学为什么单在欧洲出现的原因。他说："几乎毫无疑问，在中国社会中，商人阶级未能掌握国家的权力，这是遏制近代科学在中国社会兴起的主要障碍"。而对于资产阶级来说，任何一项科学技术的进步必然会给他们带来经济的效益。所以文艺复兴后的欧洲，资产阶级对科学的需要使近代科学获得了迅速发展的可能性。

其次，从西汉开始，中国儒家文化占据统治地位。儒家主张"学而优则仕"，造成大量知识分子醉心于科举考试，从思想观念上就对科技发展不重视，以至于中国古代的科技人员社会地位低下，历史上能够青史留名的科技人才寥寥无几。直到 19 世纪 60 年代清政府中的守旧派仍然将西方的先进科技称为“奇技淫巧”，即使主张学习西方的洋务派，也只是对西方的部分实用技术感兴趣，对西方的科技缺乏全面的认识。应该说，中国历代政府，特别是 16 世纪以后的明、清政府，对科技的重视程度不够，是中国近代科技落后的重要原因。

第三，16 世纪以前我国的科学技术虽然成就众多且有成效，但有一个致命的弱点，这就是这些成就既缺乏理论的根蒂，又不做理论上的提升。我国古代的科学技术较多的是在技术方面，因为技术的发展与生产关系最密切。这些新技术虽然孕育着许多科学原理，但它们的产生往往并不是有意识地对某些基础理论的物化，这种缺乏理论的科学技术不利于其进一步发展。这一点与我国缺乏形式逻辑的传统有关。理论的形成需要对科学事实进行分析、抽象、推断和论证，这一切离开了形式逻辑是不可想象的。而西方科学的崛起，恰恰是因为它具有从古希腊起就存在的悠久的形式逻辑传统。一旦当欧洲从神学的束缚下解放出来，复兴了古希腊的文明，再借助于生产和实验的力量，科学便以意想不到的速度发展起来。

16、17 世纪以后我国的科学并不是停滞不前了，而是发展缓慢。虽然这个时期我国也出现了像徐光启、方以智、宋应星等人，在科技方面做了许多工作，但他们的成就与同时代欧洲的一些科学家如哥白尼、伽利略、牛顿等人相比，却不可同日而语。

第四，任何一个时代的科学状况都和那个特定时代的哲学思想相联系。我国哲学界的思想斗争同样也对我国科学的兴衰产生一定的影响。到了 15、16 世纪程朱理学已经被统治者奉为正统，后来又和新兴起的主观唯心主义王阳明的“心”学相辅而行，堵塞了人们进行实践和从实践中求真知的道路。

而欧洲早在 13 世纪就出现了只有实验方法才能给科学以确定性的观点，后来经过培根等人加以发挥，成了近代科学兴起和发展的思想根源。近代科学正是以实验为标志、并依赖于实验而发展起来的。爱因斯坦指出，“西方科学的发展以两个伟大成就为基础，那就是：希腊哲学家发明的形式逻辑体系（在欧几里得几何学中）和通过系统的实验发现有可能找出因果关系（在文艺复兴时期）”。

第五，落后的教育体制制约科技的发展。宋代程朱理学提出“存天理，灭人欲”理论，在很大程度上压制了人的个性发展，不利于科技进步。从明代开始程朱理学成为官方哲学，学校讲授四书五经，以培养科举人才为主要目的，自然科学教育一片空白。相比之下，从 1088 年西方第一所大学博洛尼亚大学创办开始，以及随后巴黎大学、牛津大学、剑桥大学等的相继建立，探求科学、学术自由的风气在欧洲已经存在了几百年。特别是 1810 年柏林大学开办以来，其教学与研究并举、提倡学术自由和以知识及学术为最终目的的办学模式，很快成为全世界大学的样板。而中国具有近代色彩的学校仅仅在鸦片战争后的洋务运动时期才出现，中国第一所现代意义的大学则建立于维新变法时期。教育体制相对西方的落后不是以道里计，而是天壤之别，这也是近代以来中国科技落后的重要原因。

第六，中国封建社会处于长期的封闭状态，与外界联系甚少，导致盲目自大。明代中叶以后，更是实行海禁，闭关自守，不注意吸收外来的先进思想文化，这制约和影响了我国科技的发展。

18 世纪时由于中外贸易往来日趋频繁和人民反清起义不断发生，清朝统治者担心外人和汉人会结合起来反对清朝，同时统治者又盲目自大，认为中国是世界上最富庶的，天朝什么都有，根本用不着和外国搞贸易，更用不着了解外国情况，向外国学习。1717 年清政府下令不许中国商船到欧洲人控制下的南洋地区进行贸易。清政府在对贸易范围实行限制的同时还实行禁教，减少中外之间的往来。

1757 年乾隆颁布了“一口通商”的圣旨，即除广州一地外，停止厦门、宁波等港口的对外贸易。这一命令，标志着清政府彻底奉行起闭关锁国的政策。乾隆的这道圣旨常被视为是导致近代中国落后于世界的原因之一。

闭关锁国政策的推行，对西方殖民者的侵略活动起到了一定自卫作用。但是由于与世隔绝，愈来愈不了解世界，既看不到世界形势的变化，更不能适时地向西方学习先进的科学知识和生产技术，造成中国在世界上逐渐落伍了，而且差距愈来愈大。

第七，社会动荡影响科技发展。鸦片战争以后中国社会动荡不安，清朝晚期虽然有大批的有志青年出国留学，试图学习西方先进的科学技术来挽救民族危亡，但是由于政局不稳、吏治腐败，从而报国无门。尤其是清朝结束后中国长期陷入战乱之中，发展科技缺乏稳定的社会环境，这也在一定程度上影响中国科技的发展。

总之，拿中国与欧洲相比，我们可以说，近代科学之所以首先在欧洲产生，根本原因就在于新兴的资本主义制度首先在欧洲出现；而近代中国科技之所以落后，则主要是受中国封建社会晚期旧生产方式的束缚、影响。

2 数学（上）

数学是整个自然科学的基础，不论是物理、化学还是生物都离不开数学。特别是物理，没有数学的进步，有些物理分支是不可能创立的，像爱因斯坦的广义相对论在数学上用的就是19世纪中叶才出现的黎曼几何。

人类研究数学是从古希腊时代的毕达哥拉斯学派和稍后的欧几里得以及阿基米德开始的。经过中世纪的黑暗，到17世纪牛顿和莱布尼茨分别创建了微积分，才真正产生了近代数学。在这以后数学就加速发展起来，新的分支、新的学科不断涌现，各种难题不断得到解决。到20世纪在计算数学基础上产生的电子计算机，则成了国民经济一切部门都不可或缺的工具。

在旧中国，由于清政府的闭关锁国政策，20世纪以前数学的发展远远落后于西方。在五四运动科学与民主口号的影响下，先进分子纷纷走出国门，向西方学习，使近代数学开始传入中国。他们中产生了中国自己的数学家，对数学的发展做出了自己的贡献，像陈省身、华罗庚、冯康、吴文俊就是其中的佼佼者。下面本书将要就上述这些问题做一个比较全面但又相对简单的介绍。

注：根据法国狄多涅的纯粹数学全貌和日本岩波数学辞典以及苏联出版的数学百科全书，综合量化分析得出20世纪最伟大的数学家排名，排在前八位的是柯尔莫哥洛夫、彭加勒、希尔伯特、埃米·诺特、冯·诺伊曼、外尔、魏伊和盖尔方特。进入这个排行榜前100名的中国数学家有陈省身(31位)、华罗庚(90位)，进入前200名的有冯康、吴文俊、周炜良、丘成桐、萧荫堂，进入前1500名的有钟开莱、项武忠、项武义、龚升、王湘浩、伍鸿熙、严志达、陆家羲、陈景润等。

2.1 古希腊时代

2.1.1 毕达哥拉斯

谈起古希腊时代的数学，首先应该提到的是毕达哥拉斯学派，这是上古时期数学的集大成者。毕达哥拉斯[Pythagoras，约公元前580年—前500(或490)年]是爱琴海的萨摩斯岛(Samos)人，他的生活年代相当于我国春秋晚期。他年轻时游历了巴比伦、埃及和印度等地，学了数学和宗教，后来到意大利南部的克罗顿定居，并建立了毕达哥拉斯兄弟会，也就是毕达哥拉斯学派。他们认为“凡物皆数”，他们首先研究的问题是整数，他们发现了“盈数”“亏数”和“完满数”，并对直角三角形得到著名的毕达哥拉斯定理，即 $c^2=a^2+b^2$。他们还发现了音乐和声的基本原理。

毕达哥拉斯还开始了数论的研究，他把数分为奇数、偶数、质数、合数、三角数、平方数等等。毕达哥拉斯学派最重要的发现之一，就是发现了无理数$\sqrt{2}$。无理数的发现是人类对数的认识的重要发展。

公元前 510 年克罗顿发生叛乱，毕达哥拉斯死于乱军之中。

2.1.2 欧几里得

欧几里得(Euclid，公元前 300 年—前 275 年)是柏拉图学派的学生，受柏拉图和亚里士多德的影响很深。欧几里得对数学最重要的贡献，是把当时希腊人积累的大量几何学知识系统整理成科学体系，这就是《几何原本》。两千多年来，《几何原本》用世界各地的语言出版了一千多个版本，直到 19 世纪末英国还原封不动地采用它做教材。现在世界各国的中学几何课本，差不多也都大部分保留了欧几里得著作的特点。

《几何原本》采用的方法论是亚里士多德所发展的科学证明论，即“从合适的原理出发，由一个推理到另一个推理，直到推到最后的结论……”，而这些最基本的原理就是公设或公理，它们不是用其原理能够证明的。《几何原本》一开始就提出所有的公理，明确提出所有的原始定义，在这基础上再有条不紊地证明一系列定理。

从这些定义中我们可以看到，这里原始的概念是部分、长度、宽度等，它们被用来定义别的概念如点、线、面等。这些未经定义的原始概念是不能定义的。

在《几何原本》中公设和公理是分开的。公设有 5 个，例如“两点定一直线”等。公理也有 5 个，例如“整体大于部分”等。欧几里得的公设和公理是选择得很好的，以致他能从十个公设和公理中证出 467 个定理。

在公设、公理的基础上《几何原本》分为 13 卷。第 1 卷论述三角形全等的各种条件、直线图形的各种面积以及毕达哥拉斯定理等。第 2 卷主要讨论几何形式的代数恒等式。第 3 卷讨论圆以及与圆有关的图形。第 4 卷讨论圆内接与外切的正多边形。第 5 卷讨论欧多克斯比例论。第 6 卷讨论相似形。第 7～9 卷讨论算术和数论。第 10 卷讨论整数开平方的几何运算。第 11～13 卷讨论立体几何及穷竭法，后者包含了微积分思想的萌芽。

欧几里得的贡献并不在于提出新的命题，而在于提出了公理体系，用公理方法整理了前人的经验，建立了一个演绎的系统，这个系统在程序上是公理→定理的证明→定理的确定→应用问题。

《几何原本》训练了迄今为止所有数学家的严格思维。爱因斯坦说：“我们推崇古代希腊是西方科学的摇篮。在那里，西方第一次目睹了一个逻辑体系的奇迹，这个逻辑体系如此精密地一步一步推进，以致它的每一个命题都是绝对不容置疑的——我这里说的就是欧几里得几何。”

2.1.3 阿基米德

欧几里得逝世前不久，另一位古代伟大的数学家和力学家诞生了，这就是阿基米德(Archimedes,约公元前287—前212)。阿基米德的父亲是一位天文学家,因此他从小就受到良好的教育,再加上自己的努力,使他在数学和力学方面都做出了极其出色的成就。关于阿基米德在力学方面的贡献,将在本书第5章中详细介绍,这里只谈他在数学方面的成就。

阿基米德研究几何问题的风格与欧几里得完全不同,欧几里得讲究的是演绎法,对计算长度、面积、体积等实用问题并不注意,但这些问题却都成了阿基米德的主攻对象。阿基米德求出了π的值:即 $3\frac{10}{71}<\pi<3\frac{1}{7}$;他使用穷竭法求出了一系列图形的面积和体积的计算公式,如球的表面积等于其大圆面积的4倍,球体体积等于其外切圆柱体的2/3倍,椭圆的面积等于 πab,等等;他还研究了曲线图形的求积问题;而最出色的是他对螺旋线性质的研究,其实这已经是微积分的先声。阿基米德在几何方面的成就是希腊数学的顶峰,他的成果极其超前,已经走到了微积分的边缘,欧洲经过了一千多年的中世纪黑暗之后才达到他当时的水平。罗马时代的科学史专家曾称他为“数学之神”。

阿基米德生活在叙拉古。在公元前3世纪末罗马与迦太基发生了第二次布匿战争。为了保卫祖国,阿基米德贡献了自己的聪明才智。他利用抛物镜面的聚焦性质,设计了由许多铜制抛物镜组成的聚光武器,把日光集中到罗马战船上,使其燃烧;他设计制造了一种能投掷大石块的机械,给罗马士兵攻城造成困难;他设计了一种起重机,将驶近城墙的罗马战船吊翻,等等。但是由于双方实力悬殊,坚守三年之后,公元前212年罗马人终于攻入叙拉古,这时阿基米德正在家里沙盘上画几何图形。一个罗马士兵向他大声喝问,阿基米德由于全神贯注地在考虑自己的问题以致没有听见,那个士兵就杀了他。为了纪念阿基米德,罗马将军下令为他建一个很大的陵墓,并按照他生前的遗愿,墓碑上刻着“球体的体积等于其外切圆柱体体积的2/3”那个图形。

2.2 从中世纪到微积分产生前的数学

2.2.1 希腊数学在中世纪的命运

众所周知,中世纪在一千多年的时间里一直是一个愚昧黑暗的时代,直到文艺复兴时期文化艺术才开始复兴,而近代科学则要到哥白尼的《天体运行论》出版才宣告诞生,希腊数学在停滞了一千多年以后到16世纪才得以继续发展。事实上,远在中世纪以前,在罗马共和的末年科学文化就受到过摧残。

在公元前4世纪的晚期,地中海南岸的亚历山大城开始建设发展起来,并逐渐成了那里的文化中心。那里修建了一座著名的图书馆——亚历山大图书馆。图书馆收藏有埃及、希腊、巴比伦以及欧洲各地的书籍60多万册,是当时世界上最大的图书馆。

在公元前47年罗马两个执政官恺撒与庞培之间发生了战争。战火波及亚历山大,烧毁了数以万计的图书。这是亚历山大图书馆第一次遭劫。但后来图书馆得到了重建,规模继续扩大。为了安全,埃及女王决定把图书藏在一个埃及神庙内。

公元4世纪时基督教被定为罗马国教。389年罗马皇帝命令毁坏一切异教的纪念物。在亚历山大的埃及神庙也受到破坏，大量藏在那里的书籍也被烧毁。这是亚历山大图书馆的第二次遭劫。

在642年新建的伊斯兰帝国的军队打败了东罗马的军队。获胜的哈里发命令，凡是违反《古兰经》的书籍都要销毁，而那些与《古兰经》相符的书籍则是多余的，也必须销毁。于是保留下来的希腊书籍基本上灰飞烟灭，只有极个别的书流失到了民间，这是亚历山大图书馆第三次遭劫。

综上所述，在中世纪西方数学完全处于停顿状态，只有少数印度和阿拉伯的杰出人物将那些从亚历山大图书馆书籍的余烬中捡出来的数学知识归纳起来，加以复制和研究，重新创造了许多遗失的定理。他们当然也有新的创造，这就是数字的表达形式和运算符号。

2.2.2 数字的表达形式和运算符号

研究数学离不开数字。现在全世界都使用阿拉伯数字，但是在上古时期(476年西罗马灭亡，欧洲的历史就以这一年来分期：476年以前为上古时期，476年以后为中古时期，即中世纪)和中世纪的前期，欧洲采用的是罗马数字。罗马数字是用字母来表示数字的：Ⅰ表示1，Ⅴ表示5，Ⅹ表示10，L表示50，C表示100，D表示500，M表示1 000，例如，2的表示方法是Ⅱ，7的表示方法是Ⅶ，58的表示方法是LⅧ等等。因其使用起来很不方便，所以后来就逐渐被阿拉伯数字代替了。

阿拉伯数字是古代印度人创造的。大约在7世纪时，这些数字传到了阿拉伯地区，到13世纪时，这些数字逐渐传到了欧洲。由于这些数字是从阿拉伯地区传入的，所以欧洲人就把这些数字叫作阿拉伯数字。以后，这些数字又从欧洲传到世界各国。

阿拉伯数字传入我国，大约是13世纪以后。由于我国古代有一种数字叫“筹码”，写起来比较方便，所以阿拉伯数字当时在我国没有得到及时的推广运用。阿拉伯数字在我国开始使用是在清朝晚期，而推广普及则是在20世纪初。

F. 韦达(F. Viete，1540—1603)是法国16世纪最有影响的数学家之一。韦达最重要的贡献是对代数学的推进，他第一个引进系统的代数符号，用字母表示已知数、未知数及其乘幂，并对方程论做了改进。他系统阐述并改良了三、四次方程的解法，指出了根与系数之间的关系，给出三次方程不可约情形的三角解法。韦达于1579年发表的专著《应用于三角形的数学定律》可能是西欧第一部论述6种三角函数解平面和球面三角形方法的系统著作。韦达还专门写了一篇论文“截角术”，初步讨论了正弦、余弦、正切的一般公式，首次把代数变换应用到三角学中。韦达还算出了精度达到小数点后9位的圆周率，在相当长的时间里处于世界领先地位。

2.2.3 笛卡儿与解析几何

R. 笛卡儿(R. Descartes，1596—1650)是法国著名的哲学家、物理学家、数学家。他对数学最重要的贡献是创立了解析几何。1637年他创立了笛卡儿坐标系，在代数和几何之间架起了一座桥梁，于是几何问题可以归结成代数问题，也可以通过代数转

笛卡儿

换来发现、证明几何性质。因而他被称为解析几何之父。

此外,笛卡儿对韦达所采用的符号作了改进,他用字母表中开头几个字母 a、b、c 等表示已知数,而用末尾几个字母 x、y、z 等表示未知数,这种表示法一直沿用至今。指数幂的表示方法也是笛卡儿最先采用的。

2.3 微积分的创立

2.3.1 创建微积分的先驱者

众所周知,微积分是牛顿(I. Newton,1643—1727)和莱布尼茨(G. W. Leibniz,1646—1716)几乎同时而又相互独立创立的。他们两人固然都是天才,但也都是在前人工作的基础上加以总结和创新,才完成这个数学上的大革命的。所以讲微积分的创立就要从牛顿和莱布尼茨的前人谈起。

牛顿发明微积分首先得助于他的老师巴罗(I. Barrow,1630—1677)。巴罗关于"微分三角形"的深刻思想给了牛顿极大的影响。另外,费马(P. Fermat,1601—1665)做切线的方法和沃利斯(J. Wallis,1616—1703)的《无穷算数》也给了他很大的启发。下面先简要介绍这三位微积分创立先驱者的工作。

费马是法国数学家,对解析几何、微积分、数论和概率论都做出了杰出的贡献。他最著名的工作就是提出了数论中的费马大定理。为了证明费马大定理,全世界的数学家尽了极大的努力,花了三百多年的时间,到 20 世纪末才得以最后解决。关于这个问题本书第 3 章 3.6 将给出较为详细的叙述。

费马是解析几何的两个创建者之一,在笛卡儿之前他已经发现了解析几何的基本原理。费马还获得了求函数极值的法则,这是很重要的贡献。费马还应用类似的方法求出平面曲线 $y=f(x)$的切线,给出了区分极大和极小的准则,以及求拐点的方法。牛顿说,他是在"费马先生的画切线的方法"的基础上发展了他的微积分理论。但费马为人谦虚,无意于名利,所以直到 18 世纪还不太知名。

沃利斯是英国数学家、物理学家,是英国皇家学会的创始人之一。他在《无穷小算术》一书中,采用无穷小量的学说,引入了无穷级数和无穷连乘积。他提出函数极限的算术概念,向极限的精确定义迈出了重要的一步。他求得了$\sin^m x$ 和$\cos^m x$ 从 0 到 $\pi/2$ 的积分公式(人称沃利斯公式),并推出了 $\pi/2$ 的无穷乘积表达式,还得到了与现在计算曲线弧长的公式$\frac{\mathrm{d}s}{\mathrm{d}x}=\left[1+\left(\frac{\mathrm{d}y}{\mathrm{d}x}\right)^2\right]^{\frac{1}{2}}$相等价的式子。沃利斯的这些成果为牛顿创立微积分奠定了坚实的基础。

沃利斯是 17 世纪最杰出科学家之一。他有极强的计算能力,曾心算一个 53 位数的平方根,前 17 位都是准确的。

巴罗是英国数学家,牛顿的老师。巴罗在数学上的重要贡献是给出了求切线的方法，并引入了微分三角形的概念，即以 dx、dy、ds 为边的直角三角形。他实际上已经得出了一系列微积分的基本公式，包括两个函数的积和商的微分定理、x^n 的微分、求曲线的长度、定积分中的变量代换，甚至还有隐函数的微分定理等。

巴罗是第一个发现并赏识牛顿才能的人。牛顿对待科学的严肃态度和锲而不舍的精神以及敏锐的洞察力都深受巴罗的赏识。1669 年当巴罗看到牛顿在数学、光学和力学上都有重大创见时，就坦然宣称牛顿的学识已经超过自己，并把“卢卡斯教授”(一种荣誉教授职位)的职位让给年仅 26 岁的牛顿。

2.3.2 牛顿

牛顿于 1643 年 1 月 4 日出生于英格兰的一个农民家庭。他从小生活贫困，在小学和中学表现平平。1661 年考入剑桥大学三一学院，1665 年获学士学位。1665 年伦敦地区流行鼠疫，剑桥大学暂时关闭，牛顿回到故乡伍尔索普。在乡村幽居的两年中，他终日思考各种问题，探索大自然的奥秘。他的三大发明：微积分、万有引力定律和光的性质，都萌发于此。1667 年牛顿回到剑桥攻读硕士学位，获得学位后成为三一学院的教师，并协助巴罗编写讲义，同时在伍尔索普那些思考的基础上进行研究。牛顿的微积分思想(流数术)最早出现在他 1665 年 5 月 21 日写的一页文件中。牛顿的微积分理论主要体现在《运用无穷多项方程的分析学》《流数术和无穷级数》和《求曲边形的面积》三部论著里。在《运用无穷多项方程的分析学》这一著作中牛顿给出了求瞬时变化率的普遍方法，阐明了求变化率和求面积是两个互逆问题，从而揭示了微分与积分的联系，即沿用至今的所谓微积分基本定理。在《流数术和无穷级数》这一论著中，牛顿对他的微积分理论在概念、计算技巧和应用各个方面做了很大的改进。在《求曲边形的面积》这一论著中，牛顿澄清了一些遭到非议的基本概念。因此，这三部论著是微积分发展史上的重要里程碑，也为近代数学甚至近代科学的产生与发展开辟了新纪元。

1687 年牛顿的名著《自然哲学的数学原理》出版了。这本巨著不仅首次以几何形式发表了流数术及其应用，更重要的是它完成了对日心地动说的力学解释，把开普勒的行星运动规律、伽利略的运动论和惠更斯的振动论等统一成为力学三大定律。因此，它一问世立即被公认为是人类智慧的最高结晶，很快被抢购一空。由于牛顿对科学的巨大贡献，1689 年被选为法国科学院院士，1703 年当选为英国皇家学会会长。莱布尼茨说：“在从世界开始到牛顿生活的年代的全部数学中，牛顿的工作超过一半。”但是到了晚年，在神学势力的影响下，牛顿几乎完全放弃了自然科学而潜心于神学的研究，这是很可惜的。

牛顿

牛顿临终说：“我不知道世人对我怎样看，但是在我看来，我只不过像一个在海滨玩耍的孩子，偶尔很高兴地拾到几颗光滑美丽的石子和贝壳，但那浩瀚无涯的真理的大海，却还在我的前面未曾被我发现。”他还说：“如果我之所见比笛儿尔等人要远一点，那只是因为我是站在巨人肩上的缘故。”

2.3.3 莱布尼茨

莱布尼茨

与牛顿几乎同时发明微积分的德国数学家莱布尼茨是一个百科全书式的科学家，他把一切领域的知识作为自己追求的目标，他想建立通用符号，通用语言，以便统一一切科学。他的研究除了数学以外，还涉及物理各个领域以及哲学、生物学、历史学、地质学、神学、语言学等41个范畴，因而被称为“17世纪的亚里士多德”。莱布尼茨才气横溢，思如泉涌，但厚积而薄发。他的微积分思想的最早记录出现在他1675年的数学笔记中。他的第一篇微分学论文《一种求极大、极小和切线的新方法，它也适用于分式和无理量，以及这种新方法的奇妙类型的计算》，于1684年发表于《博学文摘》上。这也是历史上最早公开发表的关于微分学的文献。文中介绍了微分的定义，函数的和、差、积、商以及乘幂的微分法则，关于一阶微分不变形式的定理，关于二阶微分的概念，以及微分学对于研究极值、作切线、求曲率和拐点的应用。

莱布尼茨关于积分学的第一篇论文发表于1686年，关于积分常数的论述发表于1694年。他还提出了多种计算特殊积分的方法。

莱布尼茨是数学史上最伟大的符号学者，现在微积分学中的一些基本符号，如$\mathrm{d}x$、$\mathrm{d}y$、$\frac{\mathrm{d}y}{\mathrm{d}x}$、$d^n$、$\int$、log等等，都是他创立的。

莱布尼茨和牛顿研究微积分学采用了不同的方法。莱布尼茨是作为哲学家和几何学家对这些问题产生兴趣的，而牛顿则主要是从研究物体运动的需要而提出这些问题的。他们都研究了导数、积分的概念和运算法则，阐明了求导数和求积分是互逆的两种运算，从而建立了微积分的重要基础。牛顿完成这些研究的时间比莱布尼茨早10年，而莱布尼茨研究成果公开发表的时间却比牛顿早了3年。

在17世纪90年代，也就是在牛顿的《自然哲学的数学原理》出版后，莱布尼茨开始受到牛顿的支持者的攻击。他们认为莱布尼茨在1673年和1676年访问伦敦时了解到了牛顿的工作(尽管没有与牛顿见面)，并受到了这些工作的启发，于是就剽窃了牛顿对微积分的发明。1711年莱布尼茨就这个问题向英国皇家学会提出申诉，皇家学会的一个委员会对这个问题做出了裁决:认为莱布尼茨有罪。然而，历史事实表明，牛顿和莱布尼茨是完全相互独立地发明了微积分，根本不存在谁抄袭谁的问题。这个微积分发明权问题的争论，事实上是英国和欧洲大陆数学家之间民族主义情绪所造成的。到了18世纪，在牛顿和莱布尼茨发明微积分的影响下，数学得到了飞速的发展，这主要是欧洲大陆数学家利用莱布尼茨微积分的分析方法工作的结果。英国数学家由于一直坚持牛顿的一套，坚决不接受莱布尼茨的方法，这就使他们在18世纪逐渐脱离了数学发展的主流，从而影响了英国数学发展几十年。

莱布尼茨在数学上的另一重要贡献是他系统地阐述了二进制记数法。莱布尼茨十分重视中国的科学文化和哲学思想。他认为"阴"与"阳"就是他的二进制的中国版。1696年莱布尼茨在他编辑出版的《中国新事粹编》一书的序言中说："中国和欧洲各居世界大陆的东西两端，是人类伟大的教化和灿烂文明的集中点。"他主张东西方应在文化和科学方面互相学习，平等交流。他曾写了一封长达四万字的信，专门讨论中国的哲学。信的最后谈到伏羲的符号、《易经》中的64个图形和他的二进位制，他说中国许多伟大的哲学家"都曾在这64个图形中寻找过哲学的秘密……这恰恰是二进制算术。这种算术是这位伟大的创造者（伏羲）所掌握而几千年之后由我发现的。"据说，他还送过一台他自己制作的计算机复制品给康熙皇帝。

莱布尼茨对学习语言具有特殊的才能，除了欧洲各国的语言外，他还精通梵文，赢得过梵文学者的称号。

2.4 欧拉时代

在微积分创立后，在18世纪，数学，特别是应用数学，得到了迅猛的发展。这个时期数学界的代表人物是欧拉(L. Euler，1707—1783)，但在欧拉的同时及其前后出现了一批杰出的数学家，如贝努利(Bernoulli)家族、洛必达(G. F. A. de L'Hospital，1661—1704)、泰勒(B. Taylor，1685—1731)、达朗贝尔(J. D'Alembert，1717—1783)等等。我们在介绍欧拉的同时也必须简要介绍这些数学家的贡献。

2.4.1 贝努利家族等

瑞士的贝努利家族，三代出了八位数学家，其中三位特别出名，这就是第一代的雅各布·贝努利(Jacob Bernoulli，1654—1705)和他的兄弟约翰·贝努利(Johann Bernoulli，1667—1748)以及约翰的儿子丹尼尔·贝努利(Daniel Bernoulli，1700—1782)。

雅各布·贝努利是用微积分方法求解常微分方程的先驱者之一，在微分方程中有以他名字命名的方程，他用分离变量法解出了这种方程。另外，在无穷级数、数论和概率论等领域他都有重要的贡献。他还开始系统地使用极坐标，而且研究过许多特殊曲线。

约翰·贝努利最重要的贡献是他在1696年写的一封信。在这封信中他向欧洲数学家提出了一个挑战性的问题："设在垂直平面内有任意两点，一个质点受地心引力作用自较高点下滑到较低点，不计摩擦，问沿什么曲线滑动时间最短?"这就是历史上有名的"最速降线问题"。当时牛顿、莱布尼茨等许多数学家都被这个问题所吸引，并都分别做出了正确的解答（包括他自己）：这条曲线是通过该两点的摆线的一段弧。稍后，欧拉和拉格朗日(Lagrange)找出了这类问题的普遍解法，从而引出了数学的一个新的分支——变分学。

丹尼尔·贝努利是一位涉猎广泛的科学家，他在概率论、微分方程、物理学、流体力学、植物学、解剖学等诸多领域都有重要的贡献。他曾十次获得巴黎科学院奖金（有几次是与别人分享的),在这方面只有欧拉能与他媲美。

洛必达是法国数学家、侯爵,他的最大功绩是撰写了世界上第一本系统的微积分教程《用于理解曲线的无穷小分析》,并在书中介绍了求分子分母同趋于零的分式极限的法则,即洛必达法则。

B. 泰勒是英国数学家,他最重要的贡献是在他的著作《增量法及其逆》一书中第一次给出了单元函数幂级数展开的公式,即泰勒级数公式。这个公式使泰勒闻名于世。

还有一位比欧拉小 10 岁的法国数学家达朗贝尔,对 18 世纪的数学发展也产生了重要的影响。达朗贝尔在数学上的主要贡献是推进了牛顿的极限概念,第一个把导数明确定义为增量比的极限,从而把微分学建立在“理性的”极限概念上。而达朗贝尔最著名的工作是他提出的力学上的达朗贝尔原理。

2.4.2 欧拉

欧拉是瑞士人,1707 年出生,是约翰·贝努利的学生。他 16 岁时就以优异的成绩获巴塞尔大学硕士学位,后来担任过圣彼得堡科学院院士、柏林科学院物理数学研究所所长。

欧拉

欧拉是数学上迄今为止最多产的科学家,他从 19 岁开始写作,直到 76 岁逝世为止,一共写了 800 多种论著。由于过度的工作,中年以后他患了眼疾,最后导致双目失明,但他仍没有停止工作,他口授他的研究成果,请别人记录。在双目失明的 17 年中,欧拉口述了大约 400 篇论文和好几本专著,并完成了《月球运动理论》(这个研究曾使牛顿为之头痛)。欧拉全集的现代版如果出全将有 74 卷。

欧拉的论著不但数量多,而且涉猎面广,代数、几何、分析、数论、微分方程、变分法、力学、热学、光学、声学、天文学、弹道学、航海、建筑学等领域都有他的研究成果。他不仅是一位杰出的纯数学的数学家,更是一位第一流的应用数学大师。

下面列出欧拉在纯数学方面的主要贡献:导出了著名的欧拉公式 $e^{i\theta}=\cos\theta+i\sin\theta$;首创了对函数 $\log x$ 与 e^x 的现代讲法,并发现了 $\log x$ 是无穷多值的;引入了数论中重要的欧拉函数 $\varphi(n)$;给出了二阶偏导数微分后的结果与微分次序无关的理论,即$\frac{\partial^2 z}{\partial x\partial y}=\frac{\partial^2 z}{\partial y\partial x}$的条件(未给证明);研究了把不定积分表示为初等函数的各种方法和技巧,今天在微积分教程中所叙述的方法与技巧,几乎都可以在欧拉的著作中找到;发展了定积分的理论,并演算了大量的广义积分,从而奠定了 Γ 函数与 B 函数的理论基础;考虑了求解常系数一般线性方程的问题,研究了微分方程的级数解法;导出了变分法的基本方程——欧拉方程……欧拉的《无穷小分析引论》是第一部系统的分析引论,他的《微分学原理》和《积分学原理》则是到那时为止最完整、最系统的微分学和积分学教程。

作为应用数学大师，欧拉的研究工作分三个方面：

(1)把数学作为一种工具引进到既有的物理学理论中去，从而使这种理论数学化。在这方面最典型的例子就是他用数学分析语言来重新表述牛顿力学理论。

(2)用数学方法来建立人们在物理学和其他工程技术的研究过程中所提出问题的模型。像振动和波的数学模型，流体力学的数学模型等等都是。

(3)从数学方面去解决在求解数学模型时遇到的一些技术性问题，像如何积分、如何解微分方程等。例如，在天文学中计算行星运动轨道椭圆的弧长导致求椭圆积分。欧拉经过研究，得出了相应的椭圆积分的定理，为解决这类问题铺平了道路。

欧拉还创建了图论。1736 年欧拉解决哥尼斯堡七桥问题以及后来提出的多面体的欧拉定理是图论产生的标志。四色问题也是图论中的一个著名的问题。

欧拉重视人才，提携后进。像“等周问题”本是欧拉自己多年潜心研究的问题，当他了解到 19 岁的拉格朗日提出了与自己不同的新解法时，立即大加赞许，他压下自己在这方面的论文，将拉格朗日的工作推出。后来欧拉又向普鲁士国王推荐年仅 30 岁的拉格朗日接替他担任柏林科学院物理数学研究所所长。

欧拉在科学上的卓越贡献和高尚品德，从他生活的年代直到现在一直被世人广为传颂。在他晚年时，几乎所有欧洲的数学家都把他尊为老师。法国著名的数学家拉普拉斯就说过：“读读欧拉，读读欧拉，他是我们大家的老师。”

2.5 18 世纪末到 19 世纪上半叶的数学群星

在 19 世纪上半叶最伟大的数学家是高斯(C. F. Gauss，1777—1855)和柯西(A. L. Cauchy，1789—1857)。另外，拉普拉斯(P. S. Laplace，1749—1827)、勒让德(A. M. Legendre，1752—1833)、傅里叶(J. B. Fourier，1768—1830)、泊松(S. D. Poisson，1781—1840)、雅可比(C. G. J. Jacobi，1804—1851)、哈密顿(W. R. Hamilton，1805—1865)、狄利克雷(P. G. L. Dirichlet，1805—1859)等大数学家也生活在这个时代，他们在各自的领域都取得了重要的成就。本节将介绍他们的贡献。另外，还有略早于这个时期的法国数学家拉格朗日，在数学和力学领域都做出了极其出色的成绩。由于拉格朗日的成就在力学方面更加重要，本书把对他的介绍放在第 5 章。

2.5.1 拉普拉斯、勒让德、傅里叶

拉普拉斯是法国数学家和天文学家，他的主要贡献在于：

(1)发表了《宇宙体系论》。从数学和力学角度出发，经过推导，提出了太阳系生成的星云假说。

(2)发表了《分析概率论》。对概率论的基本理论做了系统整理，还提出了著名的拉普拉斯变换，因而他被公认为是概率论的奠基人之一。

(3)发表了《天体力学》。这是五卷的巨著，其中吸取了牛顿、达朗贝尔、欧拉、拉格

朗日等前人的大量成果，给天体运动以严格的数学描述，对太阳系各星球引起的力学问题提供了一个完全的解答。这本书还详细论述了位势理论，提出了著名的拉普拉斯方程。

勒让德是法国数学家，他对分析、数论、变分法和球面三角等各领域都有重要成就，特别是在椭圆积分方面他提出了三种基本类型的椭圆积分，并证明了每个椭圆积分都可表示为这三类积分的组合，这就为数学物理提供了基本的分析工具。他的《数论》一书是当时对数论最全面的论述，被誉为18世纪数论研究的最高成就。

勒让德曾参加测量从英国格林尼治到巴黎距离的工作，他建立了球面三角学的基本原理，创建了大地测量学。

J. B. J. 傅里叶是法国数学家，也是物理学家。他从13岁接触到数学开始，就对数学产生了极大的兴趣，并做出了杰出的贡献。但是傅里叶的科学研究工作是从物理开始的。他对热特别感兴趣，1807年写出了关于热传导的著名论文《热的传播》，在论文中他推导出著名的热传导方程，并在求解该方程时发现方程的解可以由形如 $\sum_{n=0}^{\infty}(A_n\cos nx + B_n\sin nx)$ 的三角级数来表示，从而提出相当一类函数都可以展成三角函数的无穷级数(但没有给出完整的证明)。1822年傅里叶出版了名著《热的分析理论》，将傅里叶级数发展成完整的理论，这是傅里叶在数学上的最重要成就。此外，傅里叶在求解热传导方程时，为了处理无穷区域的热传导问题又导出了“傅里叶积分”，还提出了属于调和分析范畴的“傅里叶变换”的思想，后者在物理学和数学的许多领域都得到了广泛的应用。《热的分析理论》这一著作影响了整个19世纪数学上分析严格化的进程。

2.5.2 泊松、雅可比

泊松是法国数学家和力学家，拉格朗日和拉普拉斯的学生。泊松的主要工作是将数学应用于力学和物理学中。他对势论、积分理论、傅里叶级数、概率论和变分方程、流体动力学都做过深入的探究；在定积分、有限差分理论、微分方程、积分方程、行星运动理论、弹性力学和数学物理方程等方面均有重要的贡献。泊松是第一个沿着复平面上的路径施行积分的人。他对发散级数做了深入的探讨，并奠定了“发散级数求和”的理论基础，引进了“可和性”的概念。泊松是概率论领域的大师，他改进了概率论的运用方法，特别是概率论用于统计方面的方法，建立了描述随机现象的一种概率分布——泊松分布。他第一个用冲量分量形式写分析力学，并创造了新的运算符号描述哈密顿力学系统的运动方程——正则方程，即泊松括号。狄拉克正是利用泊松括号作为工具，由海森伯的矩阵力学推导出了薛定谔的波动力学方程。

雅可比是一位多产的德国数学家，他在数论、空间曲线、曲面理论、常微分方程、变分学等领域都有重要贡献，哈密顿—雅可比偏微分方程对量子力学的产生有重要影响，而他最重要的贡献是在椭圆函数领域。雅可比几乎与阿贝尔同时各自独立地发现了椭圆函数，是椭圆函数理论的奠基人之一。1829年雅可比发表了《椭圆函数基本新理论》，这是椭圆函数理论的一本经典著作，把对椭圆积分的一般研究发展为深刻的椭圆函数理论。书中利用椭圆积分的反函数来研究椭圆函数，这是一个关键性的进展。

雅可比是继柯西之后，在行列式理论方面有最多研究成果的数学家。他引进了函数行列式，即“雅可比行列式”，并在题为《论行列式的形成和性质》的论文中给出了求函数行列式的导数公式，对行列式理论做了奠基性的贡献。他的这篇论文标志着行列式系统理论的建成。

2.5.3 哈密顿、狄利克雷

哈密顿是英国数学家、物理学家，出生于都柏林。哈密顿天资过人，据说他14岁时就能流利地讲13种外国语，17岁时就指出了拉普拉斯的名著《天体力学》中的一个错误。他22岁就被任命为三一学院的天文教授和爱尔兰皇家天文台台长，而这时他还没有毕业。

哈密顿最大的成就，是他在1834年提出了分析力学中的哈密顿原理(即最小作用原理)。哈密顿原理提供了一种新的方法来表述物理系统的运动。这方法以积分方程来设定系统的作用量，在作用量平稳的要求下，使用变分法来计算整个系统的运动方程。虽然哈密顿原理最初是由研究经典力学提出的，但这原理也可以应用于经典场，像电磁场和引力场，甚至可以延伸到量子场论。哈密顿发表的历史性论文《一种动力学的普遍方法》，是动力学发展过程中的新里程碑。因此哈密顿虽然主要是数学家，但在科学史中影响最大的却是他对力学的贡献。

哈密顿在光学上也有重要的贡献。他的题为《光线系统的理论》的论文奠定了几何光学的基础。他还引进了光学的特征函数。

哈密顿还发现了四元数，并把四元数引入微积分，为此他投入了将近20年的时间。四元数的形式是$a+bi+cj+dk$，其中a、b、c、d为实数，i、j、k为确定的单位元。这是继发现复数后又发现的一个新数系，非交换代数就是由此发展起来的。

狄利克雷是德国数学家和力学家，高斯的继承人。狄利克雷最著名的工作是对傅里叶级数收敛性的研究，1829年他在题为《关于三角级数的收敛性》的论文中第一次对傅里叶级数收敛的充分条件给出了严格的证明。在此基础上，狄利克雷完善了傅里叶级数的理论。

狄利克雷是解析数论的创始人之一。他创立了研究数论的两个重要工具，即狄利克雷特征与狄利克雷L函数，奠定了解析数论的基础。

狄利克雷在力学和物理中的突出贡献是把狄利克雷原理引入变分法。狄利克雷提出了一个问题：寻找一个函数，使其为给定区域内一个指定的偏微分方程的解，且在边界上取给定值。这就是著名的狄利克雷问题。在弹性力学中有许多问题都是狄利克雷问题。最初狄利克雷问题是对拉普拉斯方程提出来的，对许多偏微分方程，狄利克雷问题都可解。狄利克雷利用变分方法对这问题提出了一个解决办法，这就是狄利克雷原理。

2.5.4 阿贝尔、伽罗华

除了上述7位杰出的数学家以外，在19世纪上半叶还有两位在数学领域都做出了划时代贡献、但都不幸早逝的天才数学家，这就是挪威的阿贝尔和法国的伽罗华。

N. H. 阿贝尔(N. H. Abel，1802—1829)，挪威天才数学家。死后才被公认为现代数学之先驱。

阿贝尔出生在一个清贫的家庭，很年轻时就扛起了全家生活的重担。阿贝尔对数学天分极高，而且学习异常刻苦，所以很快在数学界就崭露头角，但贫困摧残了他的健康，27 岁就夭折了。这实在是数学界莫大的悲剧。

阿贝尔最著名的工作是证明了五次或更高次代数方程一般不能用根式求解，这是数学家三百年没能解决的问题。由此产生了可交换群(即阿贝尔群)的概念。为了节省印刷费用，阿贝尔把整个论文压缩成只有六页。但这就使论文变得过于简洁，以致基本上没人能读懂。于是在他把论文寄给高斯以后就没有了下文。后来人们在高斯死后的遗物中发现阿贝尔寄给他的论文小册子还没有被裁开。估计是高斯觉得，如此著名的世界难题不可能这样简单就解出，因而看都没看。

阿贝尔的另一个出色的工作是在与雅可比的竞赛中共同完成的椭圆函数论的基础工作。椭圆函数是从椭圆积分来的，当时其研究工作遇到难点，进展缓慢。阿贝尔发现了一个研究的新方法，得出了椭圆函数的基本性质，并证明了椭圆函数的周期性。他借助于自己建立的椭圆函数加法定理，将椭圆函数推广到整个复域，并因而发现这些函数是双周期的。由此，他进一步提出了一种更普遍更困难类型的积分——阿贝尔积分，并获得了著名的阿贝尔基本定理，它是椭圆积分加法定理的一个很宽的推广。这就是说，阿贝尔发现了一片广袤的沃土，从他这里开始的后续工作有良好的前景，这些工作，用大数学家埃尔米特(C. Hermite，1822—1901)的话来说，“够数学家们忙上 150 年”。阿贝尔把这些丰富的成果整理成一长篇论文《论一类极广泛的超越函数的一般性质》，投给了法国科学院。法国科学院委托勒让德和柯西进行审查。但勒让德对此非常冷漠，而柯西则干脆将论文弄丢了。阿贝尔在法国白等了差不多一年，一无所获。由于营养不良，阿贝尔患了肺结核，回到挪威不到两年就去世了。

1828 年四名法国科学院院士上书给挪威国王，请他为阿贝尔提供合适的科学研究位置，勒让德也在法国科学院会议上对阿贝尔大加称赞，柏林大学更是准备聘任阿贝尔为教授。可惜一切都已为时过晚，阿贝尔已经病入膏肓，很快就去世了。在阿贝尔死后两天，柏林大学聘书送到了，此后荣誉和褒奖接踵而来。1830 年他和卡尔·雅可比共同获得法国科学院大奖。

为了纪念阿贝尔 200 周年诞辰，挪威政府于 2003 年设立了一项数学奖——阿贝尔奖。

E. 伽罗华(E. Galois，1811—1832)，法国天才数学家，与阿贝尔同为现代群论的创始人。

伽罗华出生于一个知识分子家庭。他从 16 岁开始接触到数学时起，立即就爱上了数学，而且爱得如醉如痴，同时他对数学的天分也很快迸发了出来。1828 年，伽罗华 17 岁时就在法国第一个专业数学杂志《纯粹与应用数学年报》上发表了他的第一篇论文。1829 年，伽罗华在高中即将毕业时，将他用群论研究代数方程解的初步结果写成论文呈交给法国科学院，科学院指定由柯西负责审阅，柯西却将文章连同摘要都弄丢了。这年秋天伽罗华进入巴黎高等师范学校就读。1830 年他将他研究方程式论的结果写成三篇论文，投给法国科学院，争取当年科学院的数学大奖，但是文章在送到傅里叶手中后，却因傅里叶去世又丢失了。1831 年 1 月伽罗华在寻求确定方程的可解性这个问题上又得到一个结论，他将其写成论文再次提交给法国科学院。这篇论文是伽罗华关于群论的重要著作。当时负责审查的大数学家泊松研究了四个月，最后结论是“完全不能理解”。尽管根据拉格朗日已证明的结果，伽罗华的论断是正确的，泊松还是建议否定这篇文章。

N. H. 阿贝尔

E. 伽罗华

1831 年 5 月以后，伽罗华两度因政治原因下狱。最后被人阴谋陷害，陷入一场决斗，而对手是一个颇有名气的神枪手。在决斗前夜，伽罗华意识到第二天自己可能要被打死，就连夜把自己平生的数学研究心得，扼要写在一封给朋友的信中。由于时间仓促，伽罗华的信写得极其潦草。但是他在天亮之前那最后几个小时写出的东西，为一个世界性的数学难题给出了真正的答案，并且开创了数学的一片新的天地。第二天，1832 年 5 月 31 日，在决斗中伽罗华被射穿了肠子，很快就去世了，时年还未满 21 岁，他研究数学才只有 5 年。

伽罗华最重要的贡献是提出了群论的思想，并以群论作为工具，彻底解决了代数高次方程的求解问题。代数方程的求解是一个贯穿人类数学研究整个历史的问题，从公元前开始就一直有人在对其进行研究，并且不断取得进步，但始终没有重大进展。阿贝尔虽然对这个问题有重要突破，但他研究的是具体的数学问题，而伽罗华不是研究求解高次代数方程所得出的具体结论，而是研究解决这个问题的一般方法，是能概括这些具体成果而且决定数学长期发展的深刻理论，因而伽罗华的成就要更高一个档次。

伽罗华用非常独特的思路研究解方程的步骤。他注意到方程根的对称性以及根变换之间的关系，定义了“群”的概念。由于方程的特性反映在变换群的特性上，因而只要弄清了群的规律性，也就透彻地解决了方程的求解问题。更重要的是，群所处理的是抽象的对象，由群的理论研究获得的一般结果，带有深刻的普遍性。因此，以群论为代表的数学理论，是处理问题的一种深刻的现代数学方法，为其他研究提供了有力的数学工具。这种理论对于近代数学、物理学的发展，甚至对20世纪结构主义哲学思想的产生，都产生了深远的影响，具有划时代的意义。但由于伽罗华的工作太过超前，当时连泊松这样的数学大家对他的论文都不能理解。直到伽罗华去世14年以后，法国数学家J. 刘维尔(J. Liouville，1809—1882)对他的工作进行了认真的研究，才明白了他的思路和方法，体会到他思想的深邃。1846年刘维尔将伽罗华的论文《论方程的根式可解性条件》发表在他自己创办并担任编辑的《纯粹数学和应用数学》杂志上。后来法国数学家约当(Jordan，1838—1922)在1870年出版的《置换和代数方程专论》一书中系统地阐述了伽罗华的群论理论。直到这时，伽罗华超越时代的天才思想才逐渐被人们理解和承认，并发展成今天的近世代数。

伽罗华的整套想法现在被称为伽罗华理论。由伽罗华理论可直接推出下列结论：

(1)系统化地阐释了为何五次以上的代数方程没有公式解，而四次以下方程有公式解。

(2)证明高斯的论断：若用直尺和圆规作图，能作出正 P 边形，P 为素数，$p=2^{2^k}+1$，所以正17边形可作图。

(3)证明了古代三大作图问题中的两个："不能任意三等分角""倍立方不可能"。

2.6　高斯与柯西

2.6.1　高斯

高斯是德国人，幼年就显露出数学方面非凡的才华，他10岁时发现了 $1+2+3+\cdots\cdots+99+100$ 的一个巧妙的求和方法。11岁时发现了二项式定理。18岁时高斯进入哥廷根大学深造。在二年级时他发现了只用直尺和圆规对正17边形的作图法。高斯证明了，如果 $P=2^{2^n}+1$ 是素数，则正 P 边形是可作图的。这是自欧几里得以来两千年悬而未决的难题。在发现正17边形的作图法以前，高斯已经发现了素数定理，发现了数据拟合中最为有用的最小二乘法，提出了概率中的正态分布公式并用高斯曲线形象地加以说明。

高斯

高斯的博士论文是数学史上的一块里程碑。他在这篇论文中第一次严格证明了代数基本定理，从而开创了"存在性"证明的新时代。

高斯对数论、复变函数、椭圆函数、超几何级数、统计数学等各个领域都有卓越的贡献。他是第一个成功地运用复数和复平面几何的数学家；他的专著《算术研究》奠定了近代数论的基础；他的另一专著《一般曲面论》是近代微分几何的开端；

他在1812年发表的论文《无穷级数的一般研究》引入了高斯级数的概念，而且对级数的收敛性做了第一次系统的研究，开创了关于级数收敛性研究的新时代；他是第一个领悟到存在着非欧几何的数学家。在数学中以他的名字命名的有：高斯公式、高斯积分、高斯曲率、高斯分布、高斯方程、高斯曲线、高斯平面、高斯级数、高斯记号等等。

高斯在他发现关于正多边形作图方法那天，开始写他那著名的日记。日记共有19页，包括146条记叙其发现的简短文字。日记里记载了高斯许多想法，例如，关于非欧几何和非交换代数的思想。高斯是个至善论者，只有当他认为自己的思想已经尽善尽美、无可挑剔了，他才愿意发表。所以高斯一生只发表了155篇论文，但每一篇论文都很精辟。

高斯一生勤奋，很少外游，几乎毕生一直以巨大的精力从事数学及其应用方面的研究。在天文学方面高斯研究了月球的运动规律，创立了一种可以计算星球运行椭圆轨道的方法。他算出了谷神星的轨道，还发现了智神星的位置。他阐述了星球的摄动理论和处理摄动的方法，人们用这种方法发现了海王星。他的《天体运动理论》是一本不朽的经典名著。

在物理学方面，高斯与韦伯一起最早研制了电磁电报机。为了纪念他，人们把磁感应强度或磁通量的单位命名为高斯。他还发明了“日光反射器”。高斯研究了地磁学，绘出了世界上第一张地球磁场图，定出了磁南极和磁北极的位置。他还发表了具有重要影响的专著《地磁概论》。

高斯对天文学和物理学的研究，开辟了数学与它们相结合的光辉时代。爱因斯坦曾说：“高斯对于近代物理学的发展，尤其是对于相对论的数学基础所做的贡献（指曲面论），其重要性是超越一切、无与伦比的。”

高斯是近代数学伟大的奠基者之一，他在历史上的影响之大可以和阿基米德、牛顿、欧拉并列，人们称他是“数学之王”。

2.6.2 柯西

柯西

柯西与高斯几乎生活在同一时代，在数学上的成就也几乎能与高斯相媲美。柯西是法国人，1789年出生。柯西对数学的最大贡献是在微积分学、复变函数和微分方程这三个领域。他在微积分中引进了清晰与严格的表述和证明方法。在这方面他写了三部专著：《分析教程》《无穷小计算教程》和《微分计算教程》。他的这些著作，摆脱了微积分单纯地对几何、运动的直观理解和物理解释，引入了严格的分析上的叙述和论证，从而形成了微积分的现代体系。由于微积分的现代概念是柯西建立的，人们通常将柯西看作是近代微积分学的奠基者。

柯西对数学的另一重要贡献是发展了复变函数的

理论，取得了一系列重大成果。他给出了复变函数的几何概念，证明了在复数范围内幂级数具有收敛圆，给出了含有复积分限的积分概念以及残数理论等。

柯西还是探讨微分方程解的存在性问题的第一个数学家，他证明了微分方程在不包含奇点的区域内存在着满足给定条件的解，从而使微分方程的理论深化了。

柯西在代数学、几何学、数论等各个领域也都有创造。他深入研究了行列式的理论，得到了有名的宾内特(Binet)—柯西公式。

柯西对物理学、力学和天文学都做过深入的研究，特别是在固体力学方面，他建立了应力和应变的概念，推导了弹性力学的基本方程，奠定了弹性力学的基础。

柯西创造力惊人，他一生发表了 800 多篇论文，出版专著 7 本，全集共有 27 卷，从他 23 岁写出第一篇论文到 68 岁逝世的 45 年中，平均每月发表两篇论文。

柯西尽管对科学事业做出了卓越的贡献，但也出现过失误，特别是他作为数学大权威把阿贝尔一篇关于椭圆函数论的开创性论文和伽罗华一篇关于群论的开创性论文分别都遗失了，为此常受到后世评论者的诟病。

2.7 非欧几何

1826 年 2 月 11 日，在俄罗斯的喀山大学，著名的数学家 Н. И. 罗巴切夫斯基(Н. И. Лобачевский，1792—1856)宣布，他创立了一种“抽象几何学”，在这新几何学中三角形三内角之和小于 180°。1829—1830 年罗巴切夫斯基在《喀山大学学报》上发表了他的新几何学的全文。可这时在俄罗斯没有人能理解他，甚至彼得堡科学院的院士们也对他冷嘲热讽。但是罗巴切夫斯基不顾外界的压力，独自一人坚持继续研究他那非欧几何，直到去世。

1832 年匈牙利数学家亚诺什·波耶(J. Bolyai，1802—1860)也发表了与罗巴切夫斯基的“抽象几何学”内容几乎完全相同的新几何学理论。这就是说，两个数学天才，几乎同时、相互完全独立地发现了非欧几何。这与 17 世纪牛顿与莱布尼茨，几乎同时、相互完全独立地创立微积分理论的情况何其相似乃尔！这是数学史上的又一个奇迹。

可是事实上，在罗巴切夫斯基以前高斯已经领悟到，在欧几里得几何之外还存在着另一种与欧几里得几何不同的几何，在他的日记里对这个思想有详细的记录。由于他认为对这个问题考虑还不成熟，高斯没有把这个思想拿出来发表。直到 19 世纪末高斯死后多年他的日记流传时，人们才知道高斯对非欧几何早就有所领悟。高斯不仅确信新几何中没有逻辑矛盾，而且确信它是可应用的。他还通过测量三个山头所构成的三角形内角之和，来把他的思想付诸实践。

由于罗巴切夫斯基和波耶分别处于俄国和匈牙利，离当时的科学中心法、德等国比较远，而最有影响力的高斯又不肯发表关于非欧几何方面的论文，这就造成非欧几何在很长一段时间里只有极少人知道，至于理解和接受它的人就更少了。后来意大利数学家贝尔特拉米发表了论文《非欧几何的解释》，指出罗巴切夫斯基和波耶创立的双曲几何可以在伪球面上实现，非欧几何才逐渐被关注起来。

1854 年德国数学家黎曼(G. F. B. Riemann,1826—1866)在哥廷根做了题为"论几何学基础中的假设"的报告,对所有当时已知的几何——包括欧几里得几何和非欧几何(其中包括黎曼几何)做了纵贯古今的归纳和概括、提炼、升华,使空间和几何都得到了开拓。

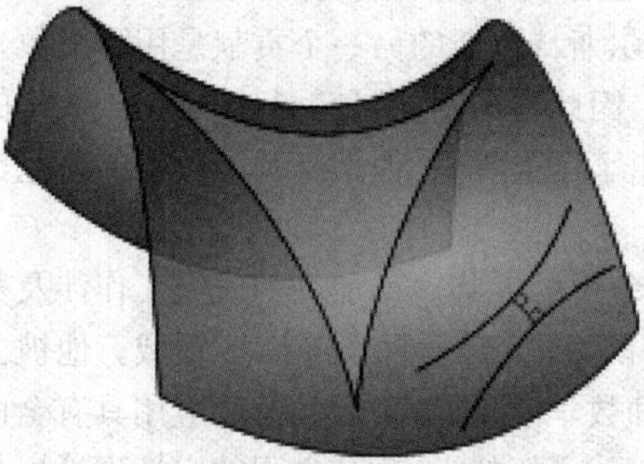

在双曲抛物面上的一个三角形,
其内角和小于 180°

黎曼

在这个报告里,黎曼采用了纯粹的解析方法,得到了同欧几里得几何与罗巴切夫斯基几何都不同的黎曼几何学。在黎曼几何中,虽然也是由两点决定一条直线,但过直线外一点却不能做出该直线的平行线,因为这里有一条定理:三角形三内角之和大于 180°。从本质上看,黎曼空间与欧几里得空间的差别有如曲面同平面的差别。由于黎曼采用了全新的分析方法,他就能够容易地把曲率的概念推广到高维的情形,使得黎曼空间成为理论物理,特别是爱因斯坦创建相对论的数学工具。更有甚者,黎曼把欧几里得空间和罗巴切夫斯基空间作为特殊情况包括进来,并弄清了这些几何学之间的关系。黎曼先提出了论述任何曲率面的一般方法。然后他扩大了他所找到的规律,使其能适用于描述任意弯曲空间。弯曲空间的几何学是广义的非欧几何学。在这些多种多样的空间里有三个恒弯曲空间,这就是欧几里得的零弯曲空间,罗巴切夫斯基的恒负弯曲空间和黎曼的恒正弯曲空间。

黎曼所建立起来的几何体系是恒正弯曲空间几何学。这种几何称为"椭圆几何",而罗巴切夫斯基几何称为"双曲线几何"。欧几里得几何、罗巴切夫斯基几何和黎曼几何在逻辑上都是不矛盾的。黎曼的工作为后来用微分几何的观点,把从如此对立的公理体系导出的结果加以统一,为希尔伯特建立公理化的研究方法,为 19 世纪整个数学的发展,在思想上、理论上和方法上奠定了基础。

黎曼除了创立了他的几何体系以外,在解析函数、素数问题、超几何函数、阿贝尔函数、微分方程等领域都有重要的贡献。毫不夸张地说,黎曼是高斯之后、彭加勒之前最伟大的数学家。

2.8 19世纪末的数学

在19世纪末影响最大的数学家是魏尔斯特拉斯(K. T. W. Weierstrass,1815—1897)、彭加勒(J. H. Poincaré,1854—1912)和克莱因(F. C. Klein,1849—1925)等人。

魏尔斯特拉斯是德国人,他最著名的特点是治学严谨。他将分析学置于严密的逻辑基础之上,被人们称为"现代分析之父"。魏尔斯特拉斯的另一个贡献是用幂级数来定义解析函数,并建立了一整套解析函数理论,因此与柯西、黎曼一起被称为函数论的奠基人。魏尔斯特拉斯在椭圆函数领域也做出了巨大贡献,他把椭圆函数论的研究推到了一个新的水平。

彭加勒是法国人,是高斯与柯西之后无可争辩的大师。彭加勒的研究工作涉及数论、代数学、几何学、拓扑学、数学物理、多复变函数论、科学哲学等许多领域。他被公认是19世纪最后四分之一和20世纪初的领袖数学家,是对于数学及其应用具有全面知识的最后一个人。彭加勒最重要的工作是创建了拓扑学,微分方程的定性理论也是他创立的,他还在非欧几何、不变量理论、概率论各领域都做出了出色的成绩。除了数学以外,彭加勒对天体力学、毛细管学、弹性力学、热力学、光学、电学、宇宙学、分析力学等诸多领域都有重要的贡献。而使他获得最大声誉的是天体力学中高难度的三体问题的研究,整整半个世纪内没有人能超过他的工作。彭加勒在天体力学的研究工作中,引进了渐进展开的方法,得出严格的天体力学计算理论。这一工作给N体问题的解决以及动力系统的研究带来巨大而无比深刻的影响。彭加勒关于天体力学的著作有12卷之多。另外,彭加勒对电子理论的研究被公认为是相对论的理论先驱。早于爱因斯坦,彭加勒在1897年就发表了题为《空间的相对性》的论文,后来又提出了光速不变性假设,并发表了相关论文《论电子动力学》,认识到洛伦茨变换构成群(1904年),得出了与下一年爱因斯坦在创立狭义相对论的论文中的相同结果。

克莱因是德国数学家,哥廷根学派的组织者和领导者,他在非欧几何、连续群论、代数方程论、自守函数论等方面,都取得了杰出的成就,但他的主要成就是统一几何理论,他先用射影几何学来统一几种度量几何学,后来又用群的概念把各种几何学统一起来。

1872年克莱因发表了"爱尔兰根纲领",指明了用变换群来表达几何基本特性的方法,并以变换群的观点综合了各种几何的不变量及其空间特性,然后以此为标准进行分类,从而统一了几何学。克莱因的思想引导以后几何学家的研究工作达50年之久,对几何学,以致整个数学的发展都产生了深刻的影响。

1886年,克莱因来到哥廷根。这时由于彭加勒的工作,巴黎大学的数学得到了蓬勃的发展。克莱因决心要继承高斯的传统,重振哥廷根大学的数学事业。他引进了希尔伯特、闵可夫斯基、龙格、外尔、诺特、库朗、冯·诺依曼等一大批当时最优秀的数学家,以致从19世纪末开始哥廷根大学成了全球数学家的摇篮和圣地、世界的数学中心,这种状况一直持续到1933年纳粹上台为止,而克莱因则是哥廷根学派名副其实的领导者。

3 数学（下）

3.1 希尔伯特及其问题

希尔伯特

1900 年 8 月 6 日德国数学家 D. 希尔伯特(D. Hilbert,1862—1943)在第二届国际数学家代表大会做了一个精彩的报告,向国际数学界提出了 23 个问题。这就是著名的希尔伯特演说。这一演说是世界数学史的重要里程碑,为 20 世纪的数学发展揭开了光辉的第一页。

1899 年在筹备这个大会时,希尔伯特对大会发言曾经有两个想法:或者做一个为纯粹数学辩护的演讲,或者讨论一下新世纪数学发展的方向。经过一番斟酌,希尔伯特决定选择第二个想法,提出一批急需解决的重大数学问题。希尔伯特指出,历史上通过提出问题会导致整门新学科的诞生。他举了三个典型例子:

(1)约翰·贝努利的最速降线问题是现代数学分支——变分法的起源;

(2)费马问题(即费马大定理)大大推动了代数数论的发展,现代代数数论中的核心概念“理想数”正是为了解决费马问题而提出的;

(3)三体问题对现代天体力学的发展起了关键的作用。

这三个问题,既有纯粹从数学本身提出来的,也有从基本自然现象提出的。希尔伯特问题后来确实形成了许多新的数学分支,指引着全世界的数学家在 20 世纪前进的方向。现在 20 世纪已经过去,这 23 个问题已经解决了一多半,有一些问题取得了很大的进展,有一些问题则收效甚微。自从希尔伯特提出他的问题以来,人们把解决这些问题,甚至解决一个问题中的一部分,都看成是对数学发展的重大贡献,是至高无上的荣誉。从 1936—1974 年被誉为数学界诺贝尔奖的菲尔兹奖的 20 名获奖人中,至少有 12 人的工作与希尔伯特问题有关。一位科学家如此集中地提出一批问题,并且如此持久地影响一门学科的发展,在科学史上是罕见的。

必须指出,预测不可能全部符合后来的发展。20 世纪数学发展的广度和深度都远远超出世纪初的预料,像代数拓扑、抽象代数、泛函分析、多复变量函数等许多理论问题都没有列入 23 个问题,更不用说随着电子计算机的出现而发展起来的计算数学和计算机科学了，这是不能苛求于希尔伯特的。

3.1.1 希尔伯特及其贡献

希尔伯特 1862 年出生于德国的哥尼斯堡(现在俄罗斯的加里宁格勒)，1885 年从哥尼斯堡大学数学系毕业，获哲学博士学位，并留在该校任教。1895 年应克莱因的邀请，希尔伯特转到哥廷根大学执教，直到 1930 年退休。

希尔伯特是个全才，他在数学的一切领域几乎都做了带根本性的工作。在早年他研究的是代数和数论。在代数不变量和代数数论领域，希尔伯特采用非算法途径，得到了不变量系有限整基的存在定理，将当时这方面水平最高的哥尔丹定理推广到了一般的情形。这个工作指引了以 A. E. 诺特为代表的抽象代数学派的前进方向。

在数论研究方面，希尔伯特于 1897 年发表了题为《代数数域理论》的报告，指明了整个 20 世纪代数数论的发展方向。紧接着希尔伯特发表了《相对阿贝尔域理论》的重要文章，在文章中他概括了重要的代数数域类域的理论，并证明了类域论的一些重要定理。类域论后来经过以高木贞治和 E. 阿廷(E. Artin，1898—1962)等为代表的一些数学家的努力发展成完美的现代数学体系。

从 1898 年开始希尔伯特转向几何基础的研究。1899 年希尔伯特发表了名著《几何基础》，给几何学建立了一个完备又尽可能简单、清晰的公理体系。他在书中提出了 20 条公理，从而提出了公理体系的相容性、独立性和完备性等三大基本要求，极其清晰地表达了公理体系的逻辑结构。这个形式的公理化方法是 19 世纪数学发展的结晶，希尔伯特则是现代数学公理化倾向的引路人。《几何基础》这部书在希尔伯特在世时就出了六版，近半个多世纪又出了六版，这说明这部书到现在都没有过时。

40 岁以后希尔伯特的兴趣转到了分析方面，他在积分方程、变分法、泛函分析、理论物理等许多领域都做出了十分重要的贡献，而第一个突破就是狄利克雷原理的复活。狄利克雷原理在数学物理中极其重要，但魏尔斯特拉斯从逻辑角度指出了狄利克雷原理的缺陷，于是狄利克雷原理就宣告死亡。希尔伯特提出，通过边界条件的光滑化来保证极小化函数的存在，从而复活了狄利克雷原理。

希尔伯特在分析方面最重要的工作是对积分方程理论的发展。当时积分方程领域的领军人物是瑞典数学家 E. I. 弗雷德霍姆(E. I. Fredholm，1866—1927)。他研究了后来以他自己名字命名的积分方程，建立了积分方程与线性代数方程之间的相似性，这是当时积分方程理论最重要的研究成果。希尔伯特首先克服了弗雷德霍姆工作的缺点，实现了从代数方程过渡到积分方程的极限过程，然后独辟蹊径，研究了带参数的弗雷德霍姆方程

$$f(s)=\varphi(s)-\lambda\int_a^b K(s,t)\varphi(t)\,\mathrm{d}t$$

在这里参数 λ 具有本质的意义。希尔伯特发现了与上述方程相应的齐次方程的特征值和特征函数问题同二次型主轴化理论的相似性，随即证明了后人称之为的“希尔伯特—施密特展开定理”，接着将代数主轴定理推广到无限多个变量的二次型，创造了希尔伯特空间的概念，从而使积分方程理论成为现代泛函分析的主要来源之

一。希尔伯特的积分方程一般理论还影响了微分方程、解析函数、调和分析、群论以及量子力学的研究工作，推动了这些领域的发展。

从50岁开始，希尔伯特研究工作的主要对象变成了物理学。他把公理化方法成功地用于广义相对论的研究。他被爱因斯坦关于相对性引力理论等的设想所吸引，用变分法、不变式论等作为工具，从“世界函数公理”和“广义协变公理”两条简单公理出发，得到与爱因斯坦的广义协变引力场方程等价的10个引力方程。希尔伯特这个研究结果完全是独立获得的，而其发表时间比爱因斯坦的相应结果还要早5天。当然，希尔伯特把广义相对论创建的荣誉完全归功于爱因斯坦。除了引力场方程，希尔伯特还推导出了广义麦克斯韦电磁方程组。特别要指出的是，在希尔伯特的推导中，电磁现象与引力现象是相互关联的，这就是说，希尔伯特通过数学的抽象推理，已经初步揭示了建立统一场论的前景，而建立统一场论至今仍是全世界物理学家奋斗的目标。

到了晚年，希尔伯特又回过头来做数学基础的研究，他以证明论（即元数学）为核心，研究整个系统相容性的证明。希尔伯特通过形式化第一次使数学证明本身成为数学研究的对象。

在希特勒上台后，希尔伯特的大多数弟子纷纷被迫离开了德国，希尔伯特也在孤独和寂寞之中走完了生命的最后岁月。1943年他因摔伤引起的各种并发症而去世。

3.1.2 希尔伯特的弟子

希尔伯特有许多弟子，其中最著名的有 H. K. H. 外尔（H. K. H. Weyl，1885—1955）、A. E. 诺特（A. E. Noether，1882—1935）和 R. 库朗（R. Courant，1888—1972）等。

外尔是希尔伯特的继承人，20世纪上半叶最后一位“全能数学家”。他的工作几乎遍及整个数学，并成为20世纪一系列重要数学成就的出发点。外尔早期主要做分析方面的研究，随后转而研究奇异特征值问题。外尔在1913年第一次给黎曼曲面奠定了严格的拓扑基础。1915—1933年，他研究与物理有关的数学问题，企图解决引力场与电磁场的统一理论问题，他的工作对以后发展起来的各种场论和广义微分几何学有深远影响。外尔的规范理论启发了杨振宁：可以把规范理论从电磁学推广出去。由此产生了杨振宁—米尔斯（Miles）在1954年提出的非交换规范场理论。20世纪20年代初，外尔主要研究群论问题，他引进的外尔群是数学中的重要工具，后来他还把群论应用到量子力学中。外尔的工作发展并超越了希尔伯特的研究范围。他们师生二人的工作，可以说代表了20世纪上半叶的数学。

诺特是德国女数学家、抽象代数的奠基人。诺特的数学思想直接影响了20世纪30年代以后代数学乃至代数拓扑学、代数数论、代数几何的发展。她的早期工作主要研究代数不变式及微分不变式，后来转为研究交换代数与“交换算术”。她写的《整环的理想理论》是交换代数发展的里程碑，这篇论文建立了交换诺特环理论。她发表的《代数数域及代数函数域的理想理论的抽象构造》，指出了素理想因子唯一分解定理的充分必要条件。这两篇文章包含了抽象代数的精髓，完成了古典代数到抽象代数的本质的转变。从此代数学的研究对象就从研究代数方程根的计算与分布，转到研究数字、文字和更一般元素的代数运算规律和各种代数结构。诺特还证明了诺特定理，即每一种对称性均对应于一个物理量的守恒定律，反之亦然。1935 年诺特动了一次手术，不幸得了并发症，不到一个星期就去世了。爱因斯坦曾在《纽约时报》发表文章，悼念诺特："根据现代权威数学家们的判断，诺特女士是自妇女开始受到高等教育以来最重要的、富于创造性的天才。"

库朗的主要工作是发展了狄利克雷原理，并将其应用于保角映射和数学物理方程的边值问题。他还系统研究了边值问题的特征函数与特征值的极值性质。1924 年库朗在哥廷根建立了数学研究所，该所很快成为德国乃至世界数学研究的中心。但是 1933 年希特勒上台了。库朗是犹太血统，为逃避纳粹的迫害，他去了美国。考虑库朗在哥廷根的工作，纽约大学为他也专门成立了一个数学研究所（简称 AMP）。AMP 在应用数学方面取得了很大的成绩，从而使纽约大学成为吸引世界数学家的名校之一。1972 年库朗去世后，这个研究所改称"数学科学的库朗研究所"，习惯上简称为"库朗数学研究所"。

库朗根据希尔伯特和他自己在分析方面的研究思想和成果，撰写了专著《数学物理方法》（作者是库朗与希尔伯特，库朗在书的序言中写道，尽管书是他一人写的，但思想是他们二人的，所以在作者中要把希尔伯特的名字加上）。这是一本名著，从 1924 年出版以来一直是全世界数学和物理工作者最重要的教材和参考书，被翻译成多种文字，直到今天仍然没有失去它的光辉。

希尔伯特来到哥廷根是克莱因的邀请。克莱因也是一位大数学家，但他在数学方面更重要的贡献，是作为"伯乐"，把希尔伯特、H. 闵科夫斯基（H. Minkowski，1864—1909）、C. 龙格（C. Runge，1856—1927）等大数学家聘请到哥廷根，从而使哥廷根在 20 世纪初成了"数学的麦加"，代替巴黎大学成了世界数学的中心。当时世界数学界流行一句话："打起你的背包，到哥廷根去!"这种局面由于希尔伯特的接班人外尔、抽象代数的主要奠基人 A. E. 诺特和库朗等人的努力，得以发扬光大，从而极大地促进了物理等其他自然科学的发展，使哥廷根在 20 世纪前半叶几乎成了诺贝尔奖获得者的摇篮。

3.2 积分学的一次革命——勒贝格积分

一般说，微积分是处理光滑曲线和可微函数的。我们通常所接触的初等函数，在其定义域内都可微，而且无限次可微。这也能满足工程实用的需要。

可是 1872 年魏尔斯特拉斯提出了一个处处连续、又处处不可微的函数。1875 年法国数学家 J. G. 达布（J. G. Darboux，1842—1917）证明，不连续函数也可以求定积分，而且不连续的点可以有无限多个，只要它们包括在长度可以任意小的有限个区间之内就行。德国数学家 G. L. 狄利克雷在研究三角级数时，又举出了在无理数点上取值 0，在有理数点上取值 1 的极端病态函数，它是黎曼意义下不可积分函数的最简单代表。

这些病态函数的出现是对经典微积分理论的挑战。1902 年法国青年数学家 H. L. 勒贝格（H. L. Lebesgue，1875—1941）发表了论文《积分，长度，面积》，在鲍莱尔测度的基础上建立了“勒贝格测度”，对积分的概念做了最有意义的推广。于是按黎曼意义不可积的函数，在勒贝格意义下变得可积。勒贝格还在专著《积分与原函数的研究》中证明了有界函数黎曼可积的充分必要条件是不连续点构成一个零测度集，因此从另外一个角度给出了黎曼可积的充分必要条件。这就大大扩大了可积函数类，积分区域可以是比闭连通区域复杂得多的子集。

勒贝格积分的理论是对积分学的重大突破。用勒贝格积分理论来研究三角级数，很容易就得到了许多重要定理，改进了到那时为止的函数可展为三角级数的充分条件。紧接着导数的概念也得到了推广，微积分中的牛顿—莱布尼茨公式也得到了相应的新结论。一门微积分的延续学科——实变函数论就这样诞生了。

到 20 世纪 30 年代，勒贝格积分理论已经成熟，并在概率论、谱理论、泛函分析等方面获得了广泛的应用。

3.3 俄罗斯和苏联的数学

俄国的数学是有良好的传统的。在 18 世纪丹尼尔·贝努利和欧拉先后在圣彼得堡工作了几十年。到了 19 世纪俄罗斯的数学家开始崭露头角。先是罗巴切夫斯基创立了非欧几何，随后在圣彼得堡和莫斯科相继出现了一批优秀的数学家，分别形成了彼得堡学派和莫斯科学派。

3.3.1 彼得堡学派

彼得堡学派最早的代表人物是 M. B. 奥斯特洛格拉茨基（M. B. Остроградский，1801—1862）和 П. Л. 契比雪夫（П. Л. Чебешев，1821—1894），他们二人都以分析见长。奥斯特洛格拉茨基的科学研究涉及分析力学、理论力学、数学物理、数论等多个方面，而契比雪夫的工作则主要集中在概率论方面。

契比雪夫培养了大批优秀学生，其中最著名的是 A. A. 马尔可夫（A. A. Марков，1856—1922）和 A. M. 李雅普诺夫（A. M. Ляпунов，1857—1918）。十月革命以后列宁格勒学派（即彼得堡学派）又出现了以 Л. B. 康托洛维奇（Л. B. Канторович，1912—1986）为代表的新一代数学家，学派得以继续蓬勃发展。

1. 马尔可夫

马尔可夫的主要研究领域在概率和统计方面，他的研究开创了随机过程这个新的领域，以他的名字命名的马尔可夫过程在现代工程、自然科学和社会科学各个领域都有很广泛的应用。1931 年 A. H. 柯尔莫哥洛夫在《概率论的解析方法》一文中首先将微分方程等分析的方法用于这类过程，奠定了马尔可夫过程的理论基础。

马尔可夫模型是一种统计模型，广泛应用在语音识别、词性自动标注、音字转换等各个自然语言处理的应用领域。到目前为止，它一直被认为是实现快速精确的语音识别系统的最成功的方法。

中国数学家侯振挺（1936—）在齐次可列马尔可夫过程的许多方面做出了一系列创造性的工作，对于Q矩阵问题的研究一直处于国际领先地位。特别是他发表于1974年《中国科学》第二期的论文《Q过程唯一性准则》，成功地解决了概率界难题Q过程的唯一性问题，因此获得1978年度国际戴维逊奖。2004年以后他又在马尔可夫决策过程和排队论方面获得了重要研究成果。

2. 李雅普诺夫

李雅普诺夫是常微分方程运动稳定性理论的创始人。他1892年发表的博士论文《运动稳定性的一般问题》是经典名著，文中开创性地提出求解非线性常微分方程的李雅普诺夫函数法（亦称直接法），把解的稳定与否同具有特殊性质的函数（现称为李雅普诺夫函数）的存在性联系起来，奠定了常微分方程稳定性理论的基础，在科学技术的许多领域得到了广泛的应用。特别是对于控制系统，稳定性是必须研究的一个基本问题。李雅普诺夫稳定性理论能同时适用于分析线性系统和非线性系统、定常系统和时变系统的稳定性，是研究控制系统的一个重要的工具。

3. 康托洛维奇

十月革命以后列宁格勒学派（即彼得堡学派）最负盛名的数学家是康托洛维奇。康托洛维奇最出名的工作是在研究国民经济计划上提出的线性规划解法。他于1938年首次提出求解线性规划问题的方法——解乘数法，从此，他开始了优化规划问题的系统研究。现在我们常用的求解线性规划问题的单纯形法，就是他首先提出的，比美国数学家早了差不多十年。康托洛维奇为线性规划方法的推广和运用做了大量工作。他发现一系列涉及科学组织和计划生产的问题，都属于线性规划问题，譬如，怎样最充分地利用机器设备，如何最有效地使用燃料，怎样最合理地组织货物运输，等等。对这些问题他都给予妥善的解决。随后康托洛维奇由研究单个企业如何最优地组织和计划生产，上升到怎样对整个国民经济实行最优计划管理，怎样在整个国民经济范围内实现资源的最优利用。这对现代应用数学和经济学的发展，有着深远的影响。为此他接连获得了斯大林奖金和列宁奖金，1975年他又获得了诺贝尔经济学奖。

康托洛维奇对变分法的直接法也有重要贡献。他提出了“降维”的思想，把用里茨（Ritz）法求解的二维问题变为一维，三维问题变为二维，甚至变为一维，从而大大减小了问题求解的规模。香港张佑启教授提出的有限条法实际上就是受了康托洛维奇工作的影响。

康托洛维奇还与B. И. 克雷洛夫（B. И. Крылов）合作，撰写了名著《高等分析的近似方法》，书中对边值问题的级数解法、弗雷德霍姆积分方程的近似解法、网格法、变分法、保角映射理论及其应用和施瓦茨方法等最基本的数值计算方法都做了详尽的论述，是物理学和力学工作者必备的参考书。在电子计算机高度发达的今天，这本书不但不显得过时，反而愈来愈受到人们的重视。人们发现，在编制电子计算机计算程序时，所用的计算方法和思想很多都可以在这本书中找到，或者受到书中介绍方法的启发。

3.3.2 莫斯科学派

莫斯科学派主要是在20世纪形成的，比彼得堡学派晚，但成就更加突出。

莫斯科学派的创始人是Д. Ф. 叶果洛夫（Д. Ф. Егоров）和稍晚的Н. Н. 鲁金（Н. Н. Лузин，1883—1950）。叶果洛夫最重要的工作是提出了关于可测函数的叶果洛夫定理，鲁金是叶果洛夫的学生，以开创现代实变函数论闻名于世。

莫斯科学派可分为两个研究方向不同的学派，即函数论学派和拓扑学派。叶果洛夫和鲁金是函数论学派的领军人物，后来柯尔莫哥洛夫等人又将学派发扬光大。拓扑学派以П. С. 亚历山德罗夫（П. С. Александров，1896—1982）和Л. С. 邦德里雅金（Л. С. Понтрягин，1908—1988）等人为代表。与邦德里雅金同岁的С. Л. 索波列夫（С. Л. Соболев，1908—1989）也是莫斯科学派的著名数学家。

1. 邦德里雅金、索波列夫

邦德里雅金的数学生涯是传奇式的。他14岁那年在做化学实验时发生了严重的事故，造成双目失明，后来他在母亲的帮助下走上研究数学的道路。由于双目失明，他工作时请秘书代读，然后像欧拉晚年一样，用惊人的记忆力和敏捷的思维在脑子里进行推理和计算，得出许多常人所得不到的结果，最后再口述记录发表。邦德里雅金在很多数学领域都做出了巨大的贡献，在拓扑学、优化控制理论、振动理论、变分学等多方面都有突出成就。

索波列夫的研究工作也成绩卓著。他在1935年引进了广义函数论（后被称为分布），分布理论被认为是当代的微积分。1936年索波列夫运用广义函数论思想，构造微分方程在某种空间的广义解，这种空间现在被称为索波列夫空间。索波列夫空间及其相关的嵌入定理在泛函分析中是非常重要的。索波列夫在许多数学领域中都有重大的基础性贡献，他对现代微分方程理论的研究被认为是该领域的先驱性工作。

2. 柯尔莫哥洛夫

在莫斯科学派中А. Н. 柯尔莫哥洛夫（А. Н. Колмогоров，1903—1987）的成就最为辉煌。他是20世纪苏联最杰出的数学家，也是20世纪世界上最伟大的数学家之一，他的研究几乎遍及数学的所有领域，做出了许多开创性的贡献。下面按随机数学、纯粹数学和应用数学三个方面，介绍柯尔莫哥洛夫的工作。

（1）随机数学领域

1931年他发表了《概率论的解析方法》一文，奠定了马尔可夫过程论的基础。1934年他出版了《概率论基本概念》一书，在世界上首次以测度论和积分论为基础建立了概率论公理结论。这是一部具有划时代意义的巨著，在科学史上写下苏联数学最光辉的一页。1935年他提出了可逆对称马尔可夫过程概念及其特征所服从的充分必要条件，这种过程成为统计物理、排队网络、模拟退火、人工神经网络、蛋白质结构等领域的重要模型。20世纪30～40年代他和苏联数学家А. Я. 辛钦（А. Я. Хинчин，1894—1959）一起发展了马尔可夫过程和平稳随机过程理论，并因在卫国战争中的应用立了功。1941年他得到了平稳随机过程的预测和内插公式。1955—1956年他和他的学生开创了取值于函数空间上概率测度的弱极限理论，这个理论和苏联数学家 A. B. 斯科罗霍德（A. B. Скороход）引入的 D 空间理论是弱极限理论的划时代成果。

（2）纯粹数学方面

还在读大学三年级时，柯尔莫哥洛夫就定义了集合论中的基本运算，1936 年构造了上同调群及其运算。1935—1936 年他引入一种逼近度量，开创了逼近论的新方向。1937 年他给出了一个从一维紧集到二维紧集的开映射。1934—1938 年他又定义了线性拓扑空间及其有界集和凸集等概念，推进了泛函分析的发展。20 世纪 50 年代中期，柯尔莫哥洛夫和他的学生 B. И. 阿诺德（B. И. Арнольд，1937—2010）以及德国数学家 J. K. 莫塞尔（J. K. Moser）一起建立了 KAM 理论，解决了动力系统中的基本问题。他将信息论用来研究系统的遍历性质，成为动力系统理论发展的新起点。1956—1957 年，针对希尔伯特第 13 问题，柯尔莫哥洛夫提出基本解题思路，由阿诺德彻底解决了这个问题。

（3）应用数学方面

柯尔莫哥洛夫在生物学、金属学和流体力学中都有重要研究成果，他还用随机过程的预测和内插公式来解决无线电工程、火炮等的自动控制问题和大气、海洋等自然现象的观测。

综观柯尔莫哥洛夫的一生，无论在纯粹数学还是应用数学方面，无论在确定性现象的数学还是随机数学方面，无论在数学研究还是数学教育方面，他都做出了杰出的贡献。根据狄多涅的纯粹数学全貌和日本的岩波数学辞典以及苏联出版的数学百科全书，综合量化分析得出的 20 世纪数学家排名，柯尔莫哥洛夫名列第一。

3. 阿诺德、盖尔方特和盖尔封特

B. И. 阿诺德、И. M. 盖尔方特（И. M. Гельфанд，1913—2009）和 A. 盖尔封特（A. Гельфонд，1906—1968）也都是苏联杰出的数学家。

阿诺德除了建立动力系统的 KAM 理论和在 19 岁时解决了希尔伯特第 13 问题外，在突变论、拓扑学、代数几何、古典力学、奇点理论等诸多领域都有突出的贡献。他发现了“阿诺德扩散”现象，揭示了流体运动内在不稳定性的几何根源，还提出了阿诺德—刘维尔定理、辛几何中的阿诺德猜想以及切触几何中的阿诺德弦猜想（最近已得到证明）等一系列定理和猜想。他的名著《经典力学的数学方法》是公认的经典教科书。

盖尔方特最出名的工作是 1941 年提出的“赋范环论”（现称巴拿赫代数）。他将经典分析、代数与泛函分析巧妙地组合在一起，得出完美无比的理论系统。他用赋范环论只用 5 行篇幅就证明了著名数学家 N. 维纳（N. Wiener）在一篇长文中证明的关于傅里叶级数的著名定理。他还指出用类似方法可以证明其他一系列定理。这项成就充分显示了赋范环论的威力。1978 年盖尔方特获首次颁发的沃尔夫数学奖。

盖尔封特最出名的工作则是解决了希尔伯特第 7 问题。

此外，21 世纪初出现的佩雷尔曼（Г. Я. Перельман，1966—）也是一个优秀的俄罗斯数学家，由于对世界数学难题“彭加勒猜想”的证明，他被第 25 届国际数学家大会授予菲尔兹奖。

3.4 冯·诺依曼

冯·诺依曼

J. 冯·诺依曼（J. von Neumann，1903—1957）是美籍匈牙利人。他从小就表现出惊人的记忆力，能将看过一遍的一栏电话号码簿背出来，六岁时能心算八位数除法，八岁时掌握了微积分。

冯·诺依曼大学毕业获得博士学位后先在德国工作，当过希尔伯特的助手，后来很快转到美国，在普林斯顿大学当教授。1939 年第二次世界大战爆发以后，冯·诺依曼参与了同战争有关的各项科学计划，从 1943 年起他成为制造原子弹的顾问，1954 年成为美国原子能委员会成员。1951—1953 年任美国数学会主席。1957 年去世。

冯·诺依曼的科学研究领域极其广泛，遍及纯粹数学、应用数学、力学、经济学、气象学、理论物理学、计算机科学以及脑科学。

冯·诺依曼的纯粹数学研究集中在他的前半生。在 20 世纪 20 年代后期他参与了希尔伯特的元数学计划。从 1930 年开始他发表了一系列关于算子环的论文，随后发展了诺特和阿廷的非交换代数，形成今天的冯·诺依曼代数。他自己把这个工作看成是他三大研究成果之一。冯·诺依曼在纯粹数学方面研究的另一重要成果是解决了紧群条件下的希尔伯特第 5 问题。这是冯·诺依曼科学生涯中的重大成就之一。冯·诺依曼早年还致力于数学物理的研究。他把物理系统的状态看作希尔伯特空间中的一个“点”，使可以测量的物理量都相应于一个线性算子。这是可以载入史册的数学物理的重大成就。冯·诺依曼还撰写了《量子力学的数学基础》一书，至今这仍是这方面的经典著作。

在第二次世界大战期间，冯·诺依曼直接参与了核武器的研制，他应 J. R. 奥本海默（J. R. Oppenheimer，1904—1967）的邀请来到洛斯阿拉莫斯实验室，帮助设计原子弹的最佳结构，提出了许多重要建议，并具体参加了电子计算机的设计制造（详见本书 7.4）。

冯. 诺依曼在应用数学上另一杰出的贡献是创立了对策论（即博弈论）。他引进“策略”的概念，构造了一个数学模型。这个理论十分巧妙地用于经济领域。1944 年他和摩根斯顿（O. Morgenstern，1902—1977）合著的《对策论和经济行为》是现代数理经济学的奠基性著作，现在这已经是应用广泛的一门数学学科了。

冯·诺依曼在生命的最后几年，集中力量研究自动机理论，这为以后的人工智能研究打下了基础。尤其可贵的是，当时他已认识到计算机与人脑机制的某种类似。于是他以惊人的毅力克服癌症带来的病痛，抱病写讲稿，从逻辑和统计学的角度，讨论了神经系统的刺激反应和记忆等问题，并预感到对语言进行研究的重要性。后来冯·诺依曼这个讲稿以《计算机和人脑》为题出版了单行本。

3.5 布尔巴基学派

布尔巴基学派是第一次世界大战后产生、第二次世界大战后成名的法国的一个数学流派，主要有 A. 魏伊（A. Weil，1906—1998）等五人，他们的基本指导思想是结构主义，主要著作是《数学原本》。《数学原本》是一套多卷的博大精深的著作，涉及现代数学的各个领域，包括某些最新研究成果。作者以其严谨而别具一格的方式，将数学按结构重新组织，形成了自己的新体系，1973 年出到 36 卷。

布尔巴基学派的精神领袖是 A. 魏伊，他是公认的 20 世纪 50～60 年代世界上最重要的数学家之一。他在 16 岁时就考上了法国顶尖的大学巴黎高等师范学校。魏伊的主攻方向是数论，对抽象代数和拓扑学的研究也很有成绩，他的《代数几何学基础》是第二次世界大战后这领域第一部经典著作，大大推动了代数几何学理论及应用的发展。

布尔巴基学派的其他成员还有德尔萨特（J. Delsarte，1903—1968）、亨利·嘉当（H. Cartan，1904—2008）、狄多涅（J. Dieudonne，1906—?）和歇瓦莱（C. Chevalley，1909—?）。他们年龄都差不多，而且都毕业于巴黎高等师范学校。德尔萨特是布尔巴基学派中年纪最大的，魏伊称他为布尔巴基集会的首倡者和组织者。亨利·嘉当是当时世界上最杰出的几何学家之一的 E·嘉当的儿子，是优秀的教师，他精彩的教学和组织的讨论班培养出了许多杰出的数学家。狄多涅是布尔巴基学派的笔杆子，也是对布尔巴基学派观点最积极的宣传者和捍卫者。

由于《数学原本》完全是集体创作的，出版时不可能把所有作者的名字都写上，于是他们就用了布尔巴基这个笔名。

第一次世界大战结束以后不久，德国数学在希尔伯特等人的指引下突飞猛进，不但开创了拓扑学、泛函分析、抽象代数等许多新学科，还培养出了一大批第一流的数学家。而法国人却故步自封，研究工作基本上局限在函数论范围内，对国外情况不甚了解。于是这帮年轻人坐不住了，他们决心打破这“函数论王国”的束缚，继承从费马到彭加勒的传统，改造法国数学。他们经常聚会，交换意见，最后决定准备把整个数学写成一套经过精心整理的专著。

布尔巴基学派的基本指导思想是结构主义。他们认为，全部数学基于三种母结构：代数结构、序结构和拓扑结构，三十余卷的《数学原本》贯穿了这一思想。作者们把一些理论的基本概念仔细加以剖析，拆成零件（各种结构），然后整理归纳，把各种理论都放在整个结构的适当位置上。布尔巴基学派不崇尚技巧而重视结构，像数论中的高超技巧、函数论的精密估计、概率论中的详细计算，都不能纳入布尔巴基的体系。

第二次世界大战结束以后纯粹数学两个最活跃的领域是代数拓扑学和泛函分析。第二次世界大战前主要的拓扑学家大都集中在苏联和波兰。由于布尔巴基学派的努力，第二次世界大战后法国已成为世界拓扑学的中心。第二次世界大战以后十几年间在泛函分析方面取得进展的主要也是布尔巴基学派的工作，其中最有影响的是施瓦尔茨（Schwartz，1915—?）的《广义函数论》。

到了20世纪60年代中期，布尔巴基学派的声望达到了顶峰。《数学原本》成了新的“经典”，经常作为参考文献被引用。在国际数学界，魏伊、亨利·嘉当、狄多涅、歇瓦莱等人都有着重要的影响，连他们的一般报告和论文都引起很多人的注意。从1950年到1966年国际数学家大会颁发的菲尔兹奖共有12位获奖者，其中布尔巴基学派成员有三位。从1978年开始以色列颁发沃尔夫国际数学奖，授给当代最重要的数学家，3年中8人获奖，其中布尔巴基学派成员占2人。另外，布尔巴基学派成员在法国科学院也占了绝对优势。

到了20世纪70年代以后由于电子计算机的飞速发展，分析数学、应用数学和计算数学受到空前的重视，数学发展就由布尔巴基学派所主张的抽象的、结构主义的道路转向具体的、结合实际、结合计算机的道路，布尔巴基学派的辉煌时代也就结束了。

3.6 费马大定理的358年证明史

1994年10月25日数学界轰动了：全世界数学家为之奋斗了300多年的费马大定理得到了证明。

什么是费马大定理?

大约在1637年前后，法国人费马提出了一个问题：“不可能将一个立方数写成两个立方数之和；或者将一个4次幂写成两个4次幂之和；或者，总的来说，不可能将一个高于2次的幂写成两个同样次幂的和。”

用数学语言表达，这个问题可以写成下列形式：

$$x^n+y^n=z^n, xyz\neq 0, \text{当 } n \text{ 大于 2 时没有整数解}$$

这就是著名的费马大定理。

费马出生于1601年，是法国业余数学家。当时在巴黎，数学家中间的风气是只公开自己的研究结果，而不介绍证明过程，成功证明这些结果成了向别人的挑战。费马也一样，他说对费马大定理他有一个解，但没有拿出来。所以在费马死后数学家们就接受他的挑战，开始着手来证明这个定理，而且被吸引来参加这项工作的人愈来愈多，这个过程一直持续了300多年。

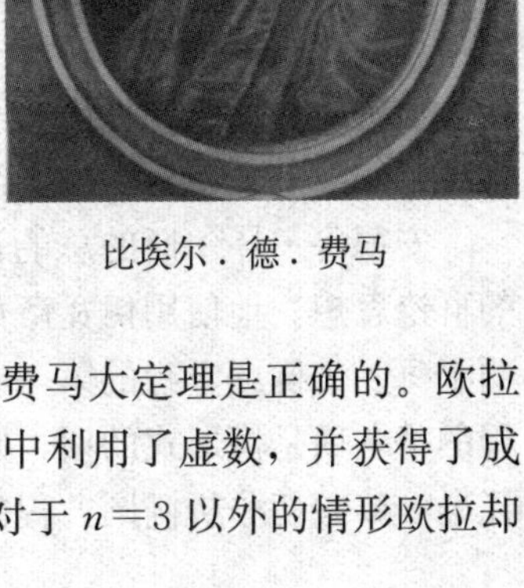
比埃尔．德．费马

欧拉是第一个对证明费马大定理取得进展的人。他的证明计划是想在 n 个方程中，先证明其中一个方程没有整数解，然后再把这个结果推广到其他方程上去。欧拉发现，费马用无穷递降法，证明了当 $n=4$ 时费马大定理是正确的。欧拉计划利用无穷递降法证明 $n=3$ 的情形。他在证明过程中利用了虚数，并获得了成功，他证明了当 $n=3$ 时费马大定理是成立的。然而，对于 $n=3$ 以外的情形欧拉却没有取得突破。

法国女数学家索菲·热尔曼（Sophie Germain，1776—1831）在费马大定理的证明工作方面又前进了一步。她的做法是针对热尔曼素数进行的。她证明了当费马大定理的方程中的 n 是热尔曼素数时，方程“可能”不存在整数解。在这里“可能”指的是，如果有解存在，对解将加上很严格的限制。热尔曼提出了她的思想，但没有最后完成她的证明。

1825 年狄利克雷和勒让德分别独立地用热尔曼的方法证明了，当 $n=5$ 时费马大定理的方程没有整数解。14 年后法国力学家 G. 拉梅（Gabriel Lame，1795—1870）改进了热尔曼方法，证明了当 $n=7$ 时费马大定理的方程没有整数解。

随后拉梅和柯西分别在自己的方法中，使用唯一因子分解性来证明费马大定理。1847 年法国数学家刘维尔发现，唯一因子分解性对于实数是正确的，但对于虚数它不成立。也就是说，对于非正则素数，求证费马大定理需要另辟蹊径。尽管对于每一个非正则素数，经过仔细研究都能找到相应的处理办法，但其计算工作量都很大，特别是非正则素数的个数是无穷的，所以在可以预见的将来费马大定理仍然不可能被证明。

1955 年日本青年数学家谷山丰（1927—1958）发现，模形式与椭圆方程这两种数学对象之间存在着某种基本的联系：一个具体的模形式的 M-序列中的开头几项与某一个椭圆方程的 E-序列中列出的前几项完全一样。这就是说，如果人们已经知道某个椭圆方程的 E-序列，他也就知道了与该椭圆方程对应的模形式的 M-序列。这是一个重大发现，但其必然性需要证明。两年之后谷山自杀了。于是证明模形式与椭圆方程之间存在某种联系的重担就由谷山的好朋友志村五郎（1930—）一个人挑了起来。这个问题称为谷山—志村猜想。

1984 年德国数学家格哈德·弗赖（Gerhard Frey）提出，如果谷山—志村猜想能被证明是正确的，则任何椭圆方程都一定可以模形式化。从另一个方面看，如果费马大定理是错的，则至少存在一个解，可以证明这是一个椭圆方程，由于该方程不能模形式化，因此这个椭圆方程就不可能存在，于是费马大定理的方程不可能有解，从而费马大定理得到了证明。也就是说，如果能证明谷山—志村猜想，费马大定理也就自动得到证明。

一年半以后，美国肯·李贝特教授证明了弗赖的椭圆方程不能模形式化。于是证明费马大定理就变成了谷山—志村猜想的证明。

1986 年英国的安德鲁·怀尔斯（Andrew Wiles，1953—）读到了李贝特的工作，他决定自己来证明谷山—志村猜想。怀尔斯出生于 1953 年，1977 年在剑桥大学克莱尔学院获博士学位。当时在普林斯顿大学任教授。

安德鲁·怀尔斯的总的证明思路是归纳法，在证明过程中他利用了 E. 伽罗华的群论思想。他使用伊瓦萨娃理论（Iwasawa theory）来分析椭圆方程，成功地证明了每一个椭圆方程的第一项一定是模形式的第一项，但却无法证明，如果椭圆方程的某一项是模形式的项，则下一项一定也是。1991 年安德鲁·怀尔斯学习了科利瓦金—弗莱切分析椭圆方程的方法，并用它解决了自己的问题。

1993 年 6 月在英国剑桥大学举行了一个数论方面研究工作的报告会，在会上安德鲁·怀尔斯分三次宣读了他约 200 页的关于费马大定理证明的报告。报告获得了空前的成功。但当《数学发明》杂志对安德鲁·怀尔斯的论文进行审查时发现，安德鲁·怀尔斯在用科利瓦金—弗莱切方法论证的关键部分犯了一个错误，而且是一个大错误。安德鲁·怀尔斯花了极大的努力，用了 1 年多的时间，也没能纠正这个错误。1994 年 9 月他终于发现，把伊瓦萨娃理论和科利瓦金—弗莱切方法结合起来可以纠正他的错误。于是，1994 年 10 月 25 日安德鲁·怀尔斯的两篇论文发表了，谷山—志村猜想得到了证明，相应地费马大定理也得到了证明。

安德鲁·怀尔斯的证明汇集了数论中所有的最新成果，是对传统数学技术的全面的发展，是现代数学的完美的综合，他创造了崭新的数学技术，开辟了处理各种各样数学问题的新思路，所以有人说，安德鲁·怀尔斯的证明改变了数学。

3.7 国际数学家大会、菲尔兹奖与沃尔夫奖

第一次国际数学家大会（International Congress of Mathematician，简称 ICM）于 1897 年在瑞士苏黎世举行。1900 年第二次 ICM 在巴黎举行。就是在这次会上希尔伯特发表了他那著名的演说，提出了 23 个问题，指引了 20 世纪数学研究的航向。以后 ICM 每四年举行一次。第二次世界大战期间 ICM 停办。1950 年恢复举行 ICM，并成立了“国际数学家联盟”IMU。IMU 的任务是：(1) 促进数学界的国际交流；(2) 组织召开 ICM，以及两届 ICM 之间的各种分支、各种级别的国际性数学专门会议；(3) 颁发奖励，主要是菲尔兹（Fields）奖。

ICM 和菲尔兹奖是密切相关的，每届大会的第一项议程就是宣布菲尔兹奖的荣获者名单，介绍他们的业绩。这是当今数学家可望得到的最高荣誉。

菲尔兹奖是加拿大数学家菲尔兹（J. C. Fields，1863—1932）在 1924 年的 ICM 上提出设立的，他建议用这次会议结余的经费来设奖。1932 年菲尔兹去世了，留下一大笔钱加到前述结余经费中。所以这个奖以菲尔兹名字命名。菲尔兹奖的一个最大特色是奖励年轻人，这是为了鼓励获奖者，除了现已做出的成绩，还能对未来数学的发展继续做出贡献。现在 ICM 有明文规定，菲尔兹奖只发给 40 岁以下的年轻人。我国留美数学家丘成桐和华裔澳大利亚数学家陶哲轩分别在 1982 年和 2006 年获得了菲尔兹奖，他们两人获奖时的年龄分别是 33 岁和 31 岁。

菲尔兹奖虽然名气很大，号称是数学界的诺贝尔奖，但奖金数额并不大，主要是精神上和名誉上的鼓励。于是后来又出了个沃尔夫奖。1976 年 1 月 1 日以色列人沃尔夫（Wolf，1887—1981）及其家族捐献一千万美元设立沃尔夫基金会，鼓励为人类做出卓越贡献的科学家。沃尔夫基金会设有物理、化学、医学、农业和数学五个奖项，1978 年开始颁奖。1981 年又增加了艺术奖。每年颁奖一次，每个领域的奖金额为十万美元。沃尔夫奖的得奖人不受年龄限制，主要表示对获奖者终身成就的褒扬，因此沃尔夫奖的获奖者年龄都比较大。

3.7.1 陈省身

陈省身

陈省身（1911—2004）是我国著名数学家，浙江嘉兴人。1930 年毕业于南开大学数学系，1934 年获清华大学硕士学位，成为中国自己培养的第一名数学研究生。1936 年陈省身在汉堡大学获科学博士学位，然后到巴黎跟从当时世界上最著名的几何学家之一的 E. 嘉当（E. Cartan，1869—1951）学习研究微分几何。1937 年回国，在西南联大任教。1943 年，陈省身应邀赴美到普林斯顿研究院做研究工作。在普林斯顿他用内蕴的方法证明了高维的高斯—博内（Bonnet）公式，又定义了陈省身示性类。这是两个划时代的研究成果，奠定了他在数学史上的地位。抗战胜利后陈省身回到上海，在中央研究院数学研究所任代理所长，并被选为中央研究院第一届院士。1949 年陈省身应奥本海默之邀再次来到美国，先后在芝加哥大学和加州大学伯克利分校任教授，直到退休。在 1963—1964 年间，他还担任美国数学会副主席。

陈省身主要的研究领域是几何，他在整体微分几何的领域做出了卓越贡献，被誉为“现代微分几何之父”。实际上，他建立的一些概念和工具，已远远超出微分几何与拓扑学的范围，成为整个现代数学中的重要组成部分。

陈省身是美国国家科学院等多个国家科学院院士，1995 年他当选为首批中国科学院外籍院士。

陈省身曾三次应邀在国际数学家大会上做报告，其中两次是一个小时的报告，这是 ICM 最高规格的报告。1984 年陈省身获得了 1983—1984 年度的沃尔夫奖。陈省身的获奖证书的引文如下：

此奖授予陈省身，因为他在整体微分几何上的卓越成就，其影响遍及整个数学。

1988 年美国数学学会成立 100 周年。美国微分几何学家奥瑟曼（Osserman）撰文纪念，他写道：“使几何学在美国复兴的极有决定性的因素，我想应该是 40 年代后期陈省身从中国来到美国。”陈省身在世界微分几何界的地位由此可见一斑。

有人根据法国狄多涅的纯粹数学全貌和日本的岩波数学辞典以及苏联出版的数学百科全书，综合量化分析得出了 20 世纪世界数学家排名，陈省身排名第 31。

3.7.2 丘成桐

丘成桐（1949—），国际数学大师，著名华人数学家，出生于广东汕头，系哈佛大学终身教授，美国科学院院士，中国科学院外籍院士，是菲尔兹奖、沃尔夫奖、克拉福德奖三个世界顶级大奖的获得者。

丘成桐早年丧父，家境清贫，学习异常刻苦，成绩优异。他在香港中文大学数学系提前修完四年课程后，为美国伯克利加州大学陈省身教授所器重，破格录取为研究生。在陈省身指导下，他只用了一年多时间就获得博士学位。以后就开始了丘成桐学术生涯的黄金时期。1978 年，他应邀在芬兰举行的世界数学家大会上做了题为《微分几何中偏微分方程作用》的学术报告。这一报告代表了 20 世纪 80 年代前后微分几何的研究方向、方法及其主流。这时他才 29 岁。1981 年，丘成桐获得了世界微分几何界的最高奖项之一的维布伦（Veblen）奖。1982 年他获菲尔兹奖。1989 年，美国数学会在洛杉矶举行微分几何大会，丘成桐作为世界微分几何领域的新一代领导人出任大会主席。1994 年，他又荣获了克拉福德（Crawford）奖。2010 年丘成桐获沃尔夫数学奖。

丘成桐研究的问题主要在微分几何和数学物理方面。他的工作极大地扩展了偏微分方程在微分几何中的作用，影响遍及拓扑学、代数几何、广义相对论等众多数学和物理领域。1976 年他解决了关于凯勒—爱因斯坦度量存在性的卡拉比猜想，其结果被应用在超弦理论中，对统一场论理论的研究有重要影响。

丘成桐对中国的数学事业一直非常关心。一方面，他先后招收了十几名来自中国的博士研究生，为中国培养微分几何方面的人才；另一方面，他先后建立了香港中文大学数学研究所等四所数学研究机构，并担任这四大研究机构的主任，指导组织其数学研究工作。另外，他对台湾理论科学中心的建立也做出了重要的贡献。

为了增进华人数学家的交流与合作，丘成桐还发起组织国际华人数学家大会（详见下节）。

3.7.3 陶哲轩

陶哲轩（1975—），华裔澳大利亚人，青年数学家。陶哲轩幼年便表现出数学天分，他赢得国际数学奥林匹克竞赛金牌时还不满 13 岁，这是保持至今的世界纪录。他 16 岁获得学士学位，21 岁获得普林斯顿大学博士学位，24 岁任加利福尼亚大学洛杉矶分校教授。陶哲轩极其聪明，智商达 230。2008 年 11 月美国新出版的《探索》杂志评选出美国 20 位 40 岁以下最聪明的科学家，有两名华裔科学家入选，陶哲轩位居榜首。由于在调和分析方面的研究成果，陶哲轩获得了 2006 年菲尔兹奖。2012 年他又获得克拉福德奖。目前他主要研究的是调和分析、偏微分方程、组合数学、解析数论和表示论。

3.8 近代中国的数学与国际华人数学家大会（ICCM）

近代数学一般认为是从牛顿、莱布尼茨发明微积分开始，经过欧拉、高斯、彭加勒、希尔伯特、柯尔莫哥洛夫、冯·诺依曼等众多数学家的努力，到了 20 世纪达到了前所未有的高度。然而在中国，尽管在明朝末年徐光启与利玛窦合作，翻译引入了欧几里得几何，开始了学习西方先进科学的进程，但由于清朝的闭关锁国政策、妄自尊大，这个进程很快就夭折了，以致鸦片战争时中国人对外面的世界几乎一无所知，与西方的差距愈来愈大。直到洋务运动时中国才开始发展现代工业，开始学习研究现代科学技术。

3.8.1 近代中国数学的先驱

近代数学在中国应该说是从清朝晚年的李善兰开始。李善兰（1811—1882），浙江海宁人，中国清代数学家、天文学家、翻译家，近代科学的先驱。

李善兰

1845 年前后李善兰发表了关于“尖锥术”的著作《方圆阐幽》《弧矢启秘》《对数探源》等，这是具有解析几何思想和微积分方法的数学研究成果。另外，他对垛积术（现代组合数学）和素数论也有很深的研究。李善兰还导出了组合数学中关于级数求和的李善兰恒等式。李善兰的最大成就是创立了二次平方根的幂级数展开式以及各种三角函数、反三角函数和对数函数的幂级数展开式，这也是 19 世纪中国数学界最重要的成就。

1852—1859 年，李善兰与英国传教士伟烈亚力等人合作翻译出版了《几何原本》后九卷，以及《代数学》《代微积拾级》《谈天》等西方近代科学著作，这是解析几何、微积分、哥白尼日心说、牛顿力学、近代植物学传入中国的开始，是徐光启之后中国的第二次西方数学的引进，大大推动了中国近代数学的发展。由于这是第一次翻译，许多科学名词没有现成的对应中文词汇，李善兰创译了许多科学名词，如“代数”“函数”“方程式”“微分”“积分”“级数”“植物”“细胞”等等。这些名词创译得很恰当，一直沿用至今，而且还被日本所采用。这是李善兰为近代科学在中国的传播和发展做出的开创性的贡献。

自 1860 年起，李善兰与化学家徐寿、数学家华蘅芳等人一起，积极参与洋务运动中的科技学术活动。1867 年他在南京出版《则古昔斋算学》，汇集了他自己 20 多年来在数学、天文学和弹道学等方面的著作 13 种 24 卷，共约 15 万字。后来他又出版了《考数根法》《粟布演草》《测圆海镜解》等关于数学的著作。

1868 年，李善兰被推荐任北京同文馆天文算学总教习，直至 1882 年去世。在这期间他审定了数学教材，培养了一大批数学人才。所以李善兰是开创中国近代数学的鼻祖。

李善兰之后，1917 年在哈佛大学获得博士学位的胡明复（1891—1927）是中国第一个现代意义上的数学博士，可惜他回国后没有几年就意外溺水身亡了。中国最早的一批数学博士中还有姜立夫（1890—1978，陈省身的老师，曾任中国数学会会长）、孙光远（1900—1979）、杨武之（1896—1973，杨振宁的父亲）、陈建功（1893—1971）等人。

3.8.2 熊庆来、华罗庚

熊庆来（1893—1969），云南人，是我国著名数学家、教育家，数学界的一代宗师。他曾在法国获理科硕士学位，后来又到法国普旺加烈学院从事了两年数论的研究，获法国国家理学博士学位。他创办了中国历史上第一个近代数学研究机构——清华大学算学研究部和东南大学、清华大学等三所大学的数学系以及中国数学报，培养了华罗庚、陈省身等一批享誉国内外的知名数学家。

熊庆来既是千里马又是伯乐，他发现、培养、提携华罗庚的故事是我国数学界的一个佳话。华罗庚青年时代，因家贫念完初中就无力继续上学了。但他刻苦自修数学，1930 年在《科学》杂志上发表了《论苏家驹教授的五次方程之解不能成立》的论文。熊庆来读了他的论文，发现华罗庚是一个数学人才，立即把他请到清华大学，安排在数学系图书馆任助理员，破格做助教工作，后直接升为教授，并前往英国留学，终于把他造就成国际知名的大数学家。

熊庆来在“函数理论”领域造诣很深。他在论文《关于整函数与无穷级的亚纯函数》中定义的无穷级，被数学界称为“熊氏无穷级”，又称“熊氏定理”，被载入世界数学史册，奠定了他在国际数学界的地位。

华罗庚（1910—1985），中国著名数学家，江苏省金坛人。他在被熊庆来看中调到清华大学工作后，就开始了数论的研究。1936 年华罗庚作为访问学者去英国剑桥大学工作。1938 年回国，受聘为西南联大教授。1946 年赴美国，先后在普林斯顿研究院和伊利诺伊大学从事教学和研究工作。1950 年回国，历任清华大学教授，中国科学院数学研究所、应用数学研究所所长，中国数学学会理事长，中国科学院院士，美国国家科学院外籍院士，第三世界科学院院士。

华罗庚

熊庆来

华罗庚主要从事解析数论、矩阵几何学、典型群、自守函数论、多复变函数论、偏微分方程、高维数值积分等领域的研究工作。他在 20 世纪 40 年代，解决了“高斯完整三角和的估计”这一历史难题，得到了最佳误差阶估计。他对 G. H. 哈代与 J. E. 李特尔伍德关于华林问题及 E. 赖特关于塔里问题的研究作了重大的改进，至今仍是最佳结果。在代数方面，华罗庚证明了历史长久遗留的一维射影几何的基本定理；给出了体的正规子体一定包含在它的中心之中这个结果的一个简单而直接的证明，被称为嘉当-布饶尔-华定理。他还与王元合作，在近代数论方法应用研究方面获重要成果，被称为“华—王方法”。1956 年华罗庚获国家自然科学奖一等奖。华罗庚著有《堆垒素数论》《多复变函数论中的典型域的调和分析》《数论导引》等十部专著，其中八部已翻成外文出版。

1985 年华罗庚应邀访问日本，在做学术报告时，突发心脏病去世。

华罗庚十分重视青年数学工作者的培养，在王元、陈景润、万哲先、陆启铿、龚升等的成长过程中无不倾注了他的心血。

3.8.3 苏步青、周炜良

苏步青（1902—2003），中国著名数学家，浙江省平阳人，日本东北帝国大学理学博士，曾任浙江大学教务长，复旦大学教授、校长，中国数学会副理事长，中国科学院院士。苏步青主要从事微分几何学和计算几何学等方面的研究。他在仿射微分几何学的研究中发现了后来以他的名字命名的“苏氏锥面”，在仿射的曲面理论中许多协变几何对象都可以由这个锥面和它的 3 根尖点直线美妙地体现出来。这个成果使他在 20 世纪 30 年代初就成为世界上著名的微分几何学家。苏步青还对射影曲线论和射影曲面论都做了深入研究，他在一般空间微分几何学、高维空间共轭理论等方面的研究工作中也取得了重要的成果。苏步青著有《仿射微分几何》《射影曲面概论》《实用微分几何引论》等多部著作。

周炜良（1911—1995），中国数学家，安徽人，生于上海。20 世纪 20～30 年代去美、德等国留学，并获德国莱比锡大学博士学位。1947 年应邀去美国，主要在霍普金斯大学做研究工作。1977 年退休。周炜良的研究领域是代数几何，他是在 E. 诺特、E. 阿廷和他们的学生范·德·瓦尔登工作的基础上开始自己的研究的。他提出的周炜良坐标和周炜良环，现在都是代数几何学研究的基本工具。他阐明了 E. 嘉当意义下的对称齐次空间可以表示为代数簇，因而能用代数几何的框架研究其几何学性质。在对解析簇的研究中他提出了周炜良定理，这是代数几何领域受到普遍重视的定理，在许多论文里常常把它作为新理论的出发点。他在复解析流形方面也有重要的成果。所以周炜良是 20 世纪代数几何学领域的主要人物之一。陈省身说，“周炜良是国际上领袖的代数几何学家。他的工作有基本性的，也有发现性的，都极富创见。中国近代的数学家，如论创造工作，无人能出其右。”但周炜良性情淡泊，甚至很少参加国际学术会议，所以他的知名度不高，实际上他的学术成就远远超过他所得的荣誉。

3.8.4 吴文俊、冯康、陈景润

吴文俊（1919—2017），中国数学家，浙江省嘉兴人，1949 年获法国斯特拉斯堡大学博士，中国科学院院士，第三世界科学院院士，曾任中国数学会理事长。

吴文俊早年主要研究拓扑学，他在示性类、示嵌类等领域获得一系列重要成果，这些成果被国际数学界称为“吴公式”“吴示性类”“吴示嵌类”，至今仍被国际同行广泛引用。他还在拓扑不变量、代数流形等问题上有创造性工作。1956 年吴文俊因在拓扑学中的示性类和示嵌类方面的卓越成就获中国自然科学奖一等奖。

20世纪70年代后期，在计算机技术大发展的背景下吴文俊开始研究几何定理的机器证明。他从初等几何着手，在计算机上证明了一类高难度的定理，同时也发现了一些新定理，进一步探讨了微分几何的定理证明。他提出了利用机器证明与发现几何定理的新方法。这是国际自动推理界先驱性的工作，被称为吴特征列方法，产生了巨大影响。吴文俊的研究取得了一系列国际领先成果并已应用于国际上当前流行的符号计算软件方面。这项工作为数学研究开辟了一个新的领域，是近代数学史上第一个中国原创的研究成果。1978年吴文俊获全国科学大会奖，1997年获自动推理领域最高奖 Herbrand Award。2000年他获首届国家最高科学技术奖。在中国数学史的研究方面，吴文俊对中国古代数学在数论、代数、几何等方面的成就也提出了精辟的见解。

冯康（1920—1993），中国数学家，出生于南京市，原籍浙江绍兴，中国科学院院士，国际计算力学协会创始理事，全国计算数学学会理事长。

在1957年以前，冯康主要从事基础数学的研究。1965年冯康在《应用数学与计算数学》杂志上发表了论文《基于变分原理的差分格式》，几乎与西方发达国家同时，但是完全独立地创建了有限单元法。有限单元法特别适合于解决复杂的大型问题，并便于在电子计算机上实现，因此在最近半个世纪，随着计算机的飞速发展，有限单元法的使用范围愈来愈广，以至于扩展到大部分科学研究与工程设计的力学分析领域，导致了计算力学学科的产生，对人类社会的进步起了不可估量的作用。

冯康根据自然归化的概念，提出了自然边界元方法。该方法除了具有所有边界元方法共有的优点外，还保留了原来椭圆形边值问题的性质，从而保证了与有限元方法自然而直接地耦合，形成一个有限元与边界元自然耦合的整体性系统，能够灵活适应大型复杂问题的分析计算。这是当前与并行计算相关而兴起的区域分解方法的先驱工作。

冯康于1984年在微分几何和微分方程国际会议上发表了论文《差分格式与辛几何》，首次提出哈密顿力学体系是研究动态问题的最适当的力学体系，并提出了哈密顿体系的辛几何算法。随后他组织研究队伍对哈密顿体系的辛几何算法进行系统的理论研究和广泛的数值实验。经过十余年的努力，取得了丰硕的成果，填补了哈密顿体系计算方法的空白，开创了辛几何算法这一新领域。这是计算物理、计算力学和计算数学相互结合的前沿界面，具有广阔的发展前景。辛算法在计算时能保持体系结构，特别在稳定性与长期跟踪能力上具有独特的优点，已在我国的动力天文、大气海洋、分子动力学等领域的计算中得到了成功的实际应用。

冯康曾获1978年全国科学大会重大成果奖，国家自然科学奖一等奖，国家自然科学奖二等奖等多个奖项。

陈景润（1933—1996），中国数学家，福建省福州人，中国科学院院士。陈景润在希尔伯特第8问题中的“哥德巴赫猜想”的研究中取得了辉煌的成绩，他把筛法用到了极致，得到了“哥德巴赫猜想”研究的最好结果。1966年陈景润发表了题为《表达偶数为一个素数及一个不超过两个素数的乘积之和》（简称“1+2”）的论文，修改后1973年再次发表，这个结果达到了“哥德巴赫猜想”研究的世界最高水平，而且一直保持到现在，从而使他的工作成为“哥德巴赫猜想”研究上的里程碑，而他所发表的成果也被国际数学界誉为“陈氏定理”。

3.8.5 国际华人数学家大会

由著名数学家丘成桐和香港实业家陈启宗发起，从 1998 年开始举办国际华人数学家大会（ICCM）。大会每三年举行一次，至今已举行了七届。首届大会于北京举行。ICCM 设立并颁发的奖项有晨兴数学奖、陈省身奖和泰康中学生数学奖等。晨兴数学奖是国际华人数学家大会的最高奖，该奖项是以全球华人数学家为对象，奖励 45 岁以下在理论及应用数学方面有杰出贡献者。

4 天文学

原始的天文学是上古时候人类通过观察星空逐渐建立的。按照原始天文学的理论，地球是宇宙的中心，太阳围绕着地球旋转。整个中世纪天文学都被这种理论统治着。直到16世纪哥白尼发表了《天体运行论》，以太阳为中心的近代天文学才宣告诞生。这是天文学发展的第一个里程碑，也是近代自然科学产生的标志。望远镜的出现则是天文学发展的第二个里程碑。伽利略用望远镜仰望天空，看到了比人类从远古以来所看到的多得多的天文现象，于是天文学的发展大大加速了，人类很快就对太阳系有了基本了解，并逐渐把研究范围扩大到各种恒星乃至银河系。随着望远镜愈做愈先进，愈来愈多的天体被发现，反过来这又促使人们去研制更先进的望远镜。到了20世纪，随着射电天文学的兴起，出现了射电望远镜，人们看得更远了。白矮星、脉冲星、黑洞等过去完全不了解的天体被陆续发现，现在人们已经可以看到137亿光年范围之外的天象，几乎到达了宇宙的边缘。与此同时，运用物理学最新研究成果来研究天体的天体物理学也大放异彩，科学的恒星演化理论建立了，意义堪比哥白尼《天体运行论》的哈勃定律确立了，宇宙形成的大爆炸理论也提了出来，宇宙学作为一门科学形成了。到了20世纪和21世纪之交，宇宙中存在着的大量暗物质和暗能量相继被发现，于是对暗物质和暗能量问题的探索就成了新世纪物理学和天文学研究的热门课题，也成了推动这些学科发展的重要动力。

4.1 古代的天文学和托勒密体系

泰勒斯（Thales，约公元前7世纪下半叶—前6世纪上半叶）是古希腊第一位哲学家，他提出水是宇宙的本源，设想地是浮在水上的圆盘或圆筒，由于下雨，他以为天上也是水。

毕达哥拉斯提出，大地是球形的，其中央是火，地球围绕中央的火在运动。

柏拉图学派以水晶球模型解释天体运动。按照这个模型，各天体在不同距离的天层上绕地球旋转，各天层是透明的，不影响我们看到在下一天层上运动的天体。

亚里士多德改造了水晶球模型。他在最外层恒星天外面加上一个宗动天，神的力量推动宗动天，使其把运动逐渐传递到下面的天层，使整个天球运转。这一设计为上帝留下了主宰的地位，所以后来的宗教神学把它选定为经典。

亚里士多德去逝后大约100年，希腊天文学家厄拉托色尼（Eratosthenes，约公元前276年—前194年）提出地球为球形体。他利用在同一南北线上的两地在同一天的中午观测太阳高度的办法，测得地球周长为39 600 km，这与实际相当接近。

在公元前4世纪的晚期，埃及的托勒密王朝逐渐繁荣起来，其首都亚历山大是当时世界的学术中心。那里的天文学家阿里斯塔恰斯（Aristarchus，约公元前200年）通过测量日、月、地三者距离和大小的比例，认识到太阳比地球大得多。他提出了地球绕太阳旋转的想法：地球每天自转一周，导致天体的东升西落；地球每年绕太阳公转一周，其他金、木、水、火、土五个行星也绕太阳转。他认为地球绕太阳旋转轨道的直径比起恒星的距离来小得多，即使地球公转，我们也无法发觉恒星的视差。这些先进的思想比当时的观测水平高得多。阿里斯塔恰斯的著作《太阳和月球的大小和距离》在今天我们仍能读到。

随着对天象观测的逐渐深入和愈来愈精确，水晶球模型与观测事实的矛盾愈来愈多。天文学家喜帕恰斯（Hipparchus，约公元前100年）在进行了35年天文观测的基础上，提出了本轮均轮系统模型，用本轮和均轮上天体的复杂运动来描述宇宙，取代了水晶球模型。

古希腊天文学家中最后一位代表是C. 托勒密（Claudius Ptolemaeus，90—168），他的名著《天文学大成》是古希腊天文学成就的总结。他最主要的观点是认为地球位于宇宙中心静止不动。由于他的工作，宇宙的本轮均轮系统得到最后确认，成为统治欧洲天文界1 400多年的传统理论。

托勒密是一位伟大的科学家，他不但在天文学上成就卓著，而且在数学、物理学、地理学、哲学等方面均有贡献。托勒密的地心体系，总结了古希腊人对天空结构的认识，是人们探索宇宙的一个认识阶段。到了中世纪，宗教神学利用地心说作为上帝创造世界的理论支柱，严重束缚了科学的发展。1543年哥白尼提出日心地动说，才推翻了错误的地心说，使天文学乃至整个自然科学开始从神学统治下解放出来。我们在赞扬哥白尼天文学革命的伟大功绩时，也应该历史地看待托勒密的科学地位。

4.2 哥白尼及其《天体运行论》

N. 哥白尼（N. Copernicus，1473—1543），波兰人，18岁进克拉科夫大学学习数学和天文学。24岁去意大利求学，读了许多古希腊名著，10年以后回到波兰，集中精力专门研究天文学。他读了阿里斯塔恰斯的著作，受到启发，认为如果以地球的自转和公转来解释天空的现象，也许更加合理，也简单得多。

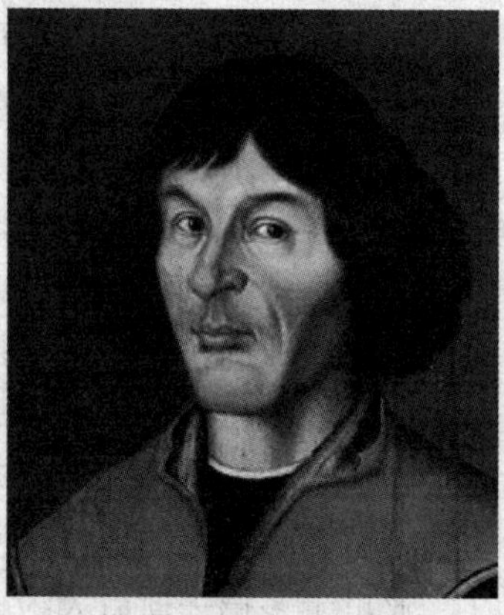
哥白尼

1507年哥白尼开始写《天体运行论》。由于对教会迫害的恐惧，直到重病在身，哥白尼才将手稿付诸出版。这时已经是1543年，离开始动笔整整过了36年。

《天体运行论》一共六卷。全书立论清晰，论据充分，对日月行星的运动都不光停留在定性的讨论上，而是有数学论证和定量探讨，可以据此计算日月行星的星历表，预告各种星球的位置。由于哥白尼的系统论证，日心地动说已不是阿里斯塔恰斯的设想，而成为一个科学的体系。

哥白尼学说的基本要点如下：

(1) 地球不是宇宙中心，只是月亮运动的中心，太阳才是宇宙的中心。行星和地球都绕太阳旋转。行星按距太阳的距离依次为：水星、金星、地球、火星、木星、土星。

(2) 地日距离和众恒星所在的天穹高度相比微不足道。

(3) 天穹的周日旋转是由于地球绕轴自转每天一周所形成。

(4) 太阳周年的视运动不是本身的运动，而是地球绕太阳公转所造成。其他行星的顺行、逆行等现象，可用地球和各行星的共同绕日运动来解释。

(5) 归纳起来，地球有三种运动。其一是地球绕地轴的周日自转运动，其二是围绕太阳的周年运动，其三是用以解释岁差的地轴的回转。

哥白尼在《天体运行论》中还答复了地心说对日心说的种种责难。

哥白尼学说的诞生是一个具有伟大意义的革命事件。

(1) 哥白尼学说动摇了宗教宇宙观的基础，开辟了自然科学的新时代。

(2) 哥白尼学说给经院哲学的宇宙观和方法论以沉重的打击，人们开始接受近代自然科学唯物主义的研究方法。

(3) 哥白尼的学说揭示了太阳系的真实结构，发现了天体运动的真实情况，为天文学的发展开辟了一个新时代。

所以，哥白尼的革命是宇宙观的革命，是方法论的革命，又是天文学的革命。《天体运行论》的出版宣告了近代自然科学的开始。尽管《天体运行论》也存在某些缺陷和错误（如认为太阳是宇宙的中心，天体仍在圆形轨道上匀速运行等），但它的历史意义是永世长存的，它在科学与宗教神学的斗争中起的作用是永不磨灭的。

4.3 伽利略、牛顿和光学望远镜

4.3.1 伽利略与折射望远镜

望远镜是荷兰一位眼镜匠的偶然发明。后来意大利的伽利略在这基础上做成了自己的望远镜。他最初做的两架望远镜现在还保存在佛罗伦萨博物馆里，其中一架直径 4.4 cm、长 1.2 m，能放大 33 倍。伽利略把望远镜指向天空，发现了人类从未看到的天空现象。伽利略这一行动成为天文学发展的里程碑。使用望远镜最初几年的天文发现，比人类用肉眼观测几千年的成果都多。

伽利略制造的望远镜是折射望远镜，其成像效果往往不好，而且用这样的望远镜看星星，经常会看到五颜六色的光斑。后来荷兰天文学家 C. 惠更斯 (C. Huygens，1629—1695) 发现，只要把透镜磨得很平，镜筒加长，成像质量就能提高。1655 年 3 月 25 日惠更斯利用直径 5 cm、筒长 3.6 m、能放大 50 倍的望远镜，发现了土星最大的卫星提坦，即土卫六，这是太阳系各行星中第二大的卫星。同时惠更斯还发现了土星周围的光环。惠更斯的发现激励了欧洲的天文学家努力制作长镜身的折射望远镜。于是望远镜愈做愈长。1673 年波兰天文学家制成长 46 m 的望远镜。为了观测方便，该望远镜只能用木头做镜架，吊在 30 m 高的桅杆上。

伽利略

伽利略望远镜

4.3.2　牛顿与反射望远镜

为了解决折射望远镜镜筒长的问题，牛顿改变了其光路的设计，于 1668 年制成了反射望远镜。反射镜的特点是短而粗。牛顿制作的反射镜，口径 5 cm，镜身长仅 15 cm，可放大 40 倍，成像清晰，可与 2m 长的折射望远镜相媲美。

牛顿望远镜

利用反射望远镜 1781 年 3 月英国天文学家 F.W. 赫歇尔（F.W. Herschel，1738—1822）发现了天王星。这个发现使他一举成名。于是赫歇尔制作的反射镜的口径愈来愈大。1789 年赫歇尔制成口径 122 cm、长 12.2 m 的反射望远镜，这是当时世界上最大的望远镜，并保持这个地位长达半个世纪。

4.3.3　现代的光学望远镜

随着技术的进步，色差问题得到了解决。1862 年美国的克拉克父子（A. G. Clark，父亲 1804—1887，儿子 1832—1897）制成了口径 47 cm 的折射望远镜，他们利用这架望远镜发现了亮度只有天狼星的万分之一的天狼伴星。1870 年以后克拉克父子又先后研制了口径 66 cm、91 cm 和 102 cm的折射望远镜，它们的性能都极好，特别是后两种望远镜直到今天仍属于世界上最好的折射望远镜之列。

口径 254 cm 的胡克望远镜

与研制高性能的折射望远镜同时，巨型口径的反射望远镜也造了出来。1918 年胡克望远镜制成，其口径 254 cm，重 9 万 kg，但操作方便，性能极好。从建造时算起，胡克望远镜是 30 年内唯一一台能够提供银河系实际大小和太阳系各星球信息的望远镜。

为了减少大城市夜晚灯光的干扰，1948 年在离洛杉矶较远的威尔逊山安装了更大的海耳反射望远镜，该镜口径 508 cm，镜筒重 140 t，整个望远镜的可转动部分重 530 t，由天文学家 G. E. 海耳（G. E. Hale，1868—1938）主持研制。这是 20 世纪中叶世界上最大的反射望远镜。

1976 年苏联在高加索山上安装了 6m 口径的反射镜，其口径超过了海耳望远镜，大小在当时为世界第一，但性能未能超过海耳镜。

在 20 世纪末，美国在夏威夷岛海拔4 270 m的山顶上建造了口径 10 m 的凯克（Keck）反射望远镜。这是目前世界上最大的望远镜之一，规模是海耳望远镜的两倍，天文观测精度极高。1999 年，欧洲南方天文台在智利建造了超大望远镜，该镜由 4 台 8 m 直径望远镜组成，其等效直径达到 16 m，可以组成一个干涉阵，做两两干涉观测。在同一年日本在夏威夷建造了直径 8. 3 m 的昴星团望远镜。该镜使用了主动光学和自适应光学技术，可以不断调整镜面的形状以获得最佳成像。

海耳望远镜

凯克望远镜

折射镜和反射镜各有优缺点。折射镜视场大，一次观测可获得较大天区的清晰图景；反射镜口径大，集光多，但视场小，不宜做巡天和延伸天体的工作。因此，也有人研制折反射望远镜，利用折射镜和反射镜性能的巧妙组合以求得到优良的效果。

4.4 太阳系的发现

4.4.1 太阳

太阳的基本参数如下：

日地平均距离	149 598 000 km
半径	696 000 km
质量	1.989×10^{33} g
平均密度	1.409 g/cm^3
总辐射功率	3.83×10^{33} erg/s
中心温度	约 1.5×10^7 K
表面温度	约 6 000 K
年龄	约 45.7 亿年
寿命	约 100 亿年
自转周期	27 天

太阳距银河系中心约 2.6 万光年，太阳系以 250km/s 的速度随整个银河系围绕银心转动，约 2.2～2.5 亿年转一圈。

关于太阳系的起源问题天文界有各种各样的学说，其中影响比较大的是 H. O. G. 阿尔文（H. O. G. Alfven，1908—1995）提出的电离云学说。阿尔文认为，太阳系内的各个行星以及它们的卫星都是由高度电离的气体云形成的。电离的星云具有磁场，其中心部分磁场最强形成太阳，四周的气体云在离太阳不同距离处先后形成四个大小不等的物质云。太阳系中的各个天体都由这四块云中的物质凝聚而成。

4.4.2 八大行星

在牛顿的时代，人们心目中的太阳系就是太阳统治着的土星轨道之内的这块空间，有六大行星和月亮以及木星的四个卫星，它们都按各自的轨道运行着。后来随着科学的发展，六大行星变成了九大行星。按照离太阳距离由近到远排列，它们分别是水星、金星、地球、火星、木星、土星、天王星、海王星和冥王星。2005 年 1 月发现了阋神星，因其体积大于冥王星，冥王星被逐出了九大行星。下面对除了地球以外的太阳系各行星的物理参数和探测情况逐一进行介绍。

1. 水星

水星是类地行星，在八大行星中最小，也是离太阳最近的行星。它在 88 个地球日里就能绕太阳一周，是太阳系中运动最快的行星。

水星的半径为地球的 38.2%，质量为地球的 5.58%，平均密度略低于地球。在八大行星中，除地球外，水星的密度最大。水星上没有水，也没有空气，外观同月球相似，只是水星上有更多的环形山。

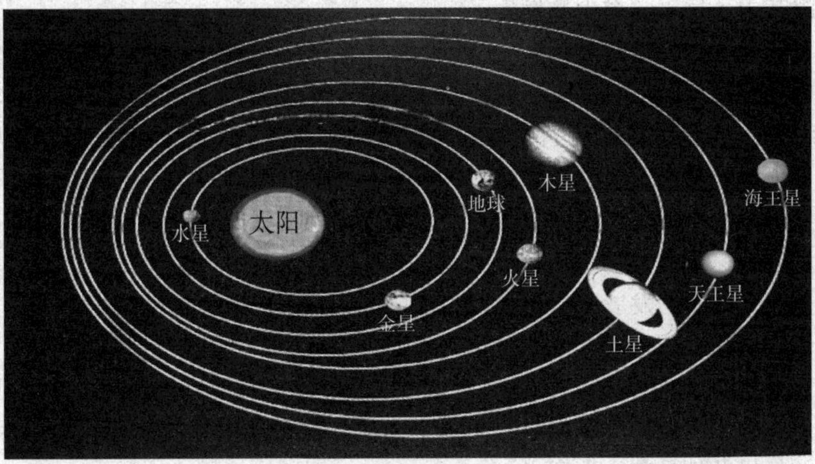

太阳和八大行星

水星轨道的椭圆是最“扁”的。水星的逃逸速度为4.435 km/s。水星的平均地表温度为452.15 K。水星内核的主要成分是铁，估计含铁20 000亿亿 t。

水星离太阳的平均距离为5 790万 km。水星的自转周期为58.646天，自转3周才是一昼夜。

1973年和1974年美国曾发射水手10号宇宙飞船三次对水星进行近距离探测。

2. 金星

金星是一颗类地行星，是太阳系中唯一一颗没有磁场的行星。在八大行星中金星的轨道最接近圆形。

金星是全天中除太阳和月亮外最亮的星，比著名的天狼星（除太阳外全天最亮的恒星）还要亮14倍。

金星的物理参数与地球相似：金星半径约为6 073 km，比地球略小；金星体积是地球的0.88倍；金星质量为地球的五分之四，平均密度略小于地球；金星上逃逸速度为10.4 km/s。但金星与地球的环境却有很大的差别：金星的表面温度很高，达748 K，不存在液态水，因而金星上不太可能有生命存在。

金星的公转周期约为224.70天，自转周期为243天，也就是说，金星的自转恒星日一天比一年还长。金星的自转方向与其他行星相反，是自东向西。因此，在金星上看，太阳是西升东落。

从1961年到2008年，人类已向金星发射了31个空间探测器。1962年美国发射了“水手2号”飞船。飞船发现，金星上存在着大量火山，环境复杂多变，一次闪电竟然持续15 min！1970年苏联发射了“金星”7号，是第一个到达金星进行实地考察的人类使者。

3. 火星

火星是太阳系由内往外数第四颗行星，属于类地行星，直径约为地球的一半，自转周期与地球相近，公转周期接近地球的两倍。火星地表被赤铁矿（氧化铁）覆盖，外表为橘红色，遍布沙丘，没有稳定的液态水。火星大气中以二氧化碳为主，沙尘悬浮其中，每年常有尘暴发生。

火星到地球的最近距离约为5 500万 km，最远距离超过 4 亿 km，两者之间的近距离接触大约每 15 年出现一次。在 2003 年的 8 月 27 日，火星与地球的距离仅为约5 576万 km，是 6 万年来最近的一次。在 2018 年两者之间的距离将为5 760万 km。

由于火星上每个季节的时间比地球上长一倍，再加上火星比地球离太阳远，所以火星上的每个季节都比地球上相同的季节要冷，而且四季差异显著。

火星逃逸速度为 5.02 km/s。火星上的平均温度大约为 218 K。

随着航天技术的发展，探测火星目前已提到日程上来。这是因为：

(1) 火星是地球上人类可以探索的最近行星。

(2) 大约 40 亿年以前，火星与地球气候相似，也有河流、湖泊，甚至可能还有海洋，未知的原因使得火星变成今天这个模样。探索使火星气候变化的原因，对保护地球的气候条件具有重大意义。

(3) 火星有一个巨大的臭氧洞，太阳紫外线没遮拦地照射到火星上。火星研究有助于了解地球臭氧层一旦消失对地球的极端后果。

(4) 在火星上寻找历史上曾经有过的生命化石，是行星探测中最激动人心的目的之一。

(5) 火星探测是许多新技术的试验场地，这些技术包括大气制动、利用火星资源产生氧化剂和燃料、返程用遥控自动仪和取样、远程通讯等。

(6) 虽然南极陨石提供了火星上少数未知地域的样本，但只有空间探测才能窥其全貌。

(7) 从长期来看，火星是一个可供人类移居的星球。查明今天火星上有无绿洲，绿洲上有无生命以及生命存在的形式类型，对将来人类移居火星具有重要的意义。

1975 年 8、9 月间美国先后发射了两个飞船，它们各自飞行了 10 个月分别到达火星并且登陆，向地球发回了 5 万多张火星照片以及大量的探测数据。2011 年 11 月美国发射“好奇”号火星车飞往火星。好奇号是第一辆采用核动力驱动的火星车，2012 年 8 月在火星着陆，展开了为期两年的探测任务。

4. 木星

按照与太阳的距离由近到远排，木星位列第五。木星在太阳系的八大行星中体积和质量最大，其质量比其他七大行星质量总和的 2.5 倍还多，是地球的 317.89 倍，而体积则是地球的1 316倍。木星公转周期约为 11.86 年。木星是太阳系中自转最快的行星，自转一周只需要 9 h 50 min 30 s，所以木星是两极扁、赤道鼓的椭球体。木星在天空中的亮度排第四，仅次于太阳、月球和金星。木星主要由氢和氦组成。木星的表面温度为 105 K（−168 ℃）。

木星是一个流体行星，在大气层之下有一厚达27 000 km 的液态氢层，没有固体表面。木星一直不断地向宇宙空间释放能量，它释放能量的一半来自于它的内部。

大红斑是木星表面的特征性标志，它是木星上最大的风暴气旋，类似地球上的台风，但它的规模要大得多。

1989 年美国从“亚特兰蒂斯”号航天飞机上发射了“伽利略号”木星探测器，

它于1995年12月抵达环木星轨道。"伽利略号"由木星轨道器和再入器两部分组成，在到达木星前约150天时，两者分离。在这以后轨道器环绕木星运行探测，再入器深入木星大气层考察。在发回大量照片后，再入器于2003年9月21日"跳"入木星大气层焚毁。

5. 土星

土星

按照与太阳的距离由近到远排，土星位列第六。土星与木星、天王星及海王星同属气体（类木）巨星。土星有土星环。土星的体积是地球的745倍，质量是地球的95.18倍，都仅次于木星。土星公转周期约29.5年。土星也有四季，只是每一季的时间长达7年多，由于离太阳遥远，即使是夏季土星上也极其寒冷。土星的自转很快，赤道上的自转周期是10 h 14 min，仅次于木星，它由于快速自转而呈扁球形。土星的赤道半径约为60 330 km，土星的平均密度是八大行星中最小的。土星在冲日时的亮度可与天空中最亮的恒星天狼星相比。土星表面的温度约为133 K。

土星主要由氢组成，还有少量的氦和甲烷。另外，土星有一个显著的环系统，其主要成分是冰的微粒和少量的岩石残骸以及尘土。

由于土星表面温度较低而逃逸速度又大（35.6 km/s），使土星保留着几十亿年前形成时所拥有的全部氢和氦。因此，研究土星目前的成分就等于研究太阳系形成初期的原始成分，这对于了解太阳内部活动及其演化有很大帮助。

土星和木星一样，它辐射出的能量约为它从太阳接收到的能量的两倍。这表明土星和木星一样有内在能源。

土卫六是土星系统中最大、太阳系中第二大的卫星（半径2 575 km），比行星中的水星还要大。土卫六是唯一拥有明显大气层的卫星，其大气成分主要是氮。土卫六有一层稠密的大气层和一个液态的表面，土卫六的表面温度在65 K（−208 ℃）到92 K（−181 ℃）之间。土卫六与土星的平均距离为122万km。

1997年美国、欧洲等合作发射了卡西尼号土星探测器。2004年7月它进入土星轨道，并发出了"惠更斯"号探测器前往土卫六。

6. 天王星

按距离太阳远近的次序排列，天王星为太阳系第七颗行星，1781年由英国天文学家赫歇耳发现。天王星与太阳的平均距离为28.69亿km，半径25 900 km，质量约为14.5个地球。公转周期84.32年，自转周期17 h 14 min 24 s，为逆向自转。逃逸速度为21.3 km/s。天王星的大气主要由氢组成。

天王星主要由各种各样挥发性物质组成，例如水、氨和甲烷等。

天王星表面温度约53 K（−220 ℃），对流层顶的温度最低时只有49 K，使天王星成为太阳系中温度最低的行星。

天王星有一个暗淡的行星环系统，由直径约10 m的黑暗粒状物组成。这是继土星环之后，在太阳系内发现的第二个环系统。目前已知天王星环有 13 个圆环。天王星环是相当年轻的，生成的时间比天王星本身要晚许多。

迄今为止只有一个太空探测器探测过天王星，这就是航海家 2 号，它于 1986 年 1 月 24 日到达距离天王星最近的地方。

7. 海王星

按距离太阳远近的次序排列，海王星是环绕太阳运行的第八颗行星。它与太阳的平均距离为 44.96 亿 km，是地球到太阳距离的 30 倍。海王星的直径略小于天王星，体积在太阳系各行星中排第四，但质量比天王星大。海王星的质量大约是地球的 17 倍，而天王星仅为 14 倍。海王星赤道半径为24 766 km；公转周期约 164.8 个地球年；自转周期为 15 h 57 min 59 s；表面逃逸速度为 23.6 km/s。

海王星平均云层温度为 80～120 K，是太阳系最冷的地区之一。海王星核心的温度约为7 000 ℃，相当于太阳的表面温度。海王星大气成分主要是氢、氦和甲烷。海王星放出至太空中的热量是得自太阳热量的 2.61 倍。

海王星内部结构和天王星相似，它们虽然都属于类木行星，但由于它们的密度、组成成分、内部结构等与木星都有明显的不同，因而归结为类木行星的一个子类，叫冰巨星。

因为太远，迄今为止人类还没有发射过海王星探测器。1989 年 8 月 25 日宇宙飞船旅行者 2 号在飞行了 12 年后飞越了海王星。几乎我们所知道的全部关于海王星的信息都来自这次飞越。

4.4.3 天体物理学与行星的发现

1781 年天王星发现以后，就要编算其星历表，预告位置。可是经过对天王星运行轨道的仔细计算并与以前的观测资料对比后，发现天王星的运动总是偏离理论计算轨道的外侧，于是人们猜想可能还有一个未知的行星在更远的地方。

根据天王星偏离理论计算轨道的具体数据，英、法两国的天文学家用天体力学理论反推摄动行星的位置和质量。1846 年 9 月在预测位置附近找到了一颗新的行星，这就是海王星。

1930 年美国天文学家 C. W. 汤博（C. W. Tombaugh，1906—1997）利用照相比较法发现了比海王星还要远很多的冥王星。冥王星距太阳的平均距离约为 40 个天文单位，公转一周 247 年，从它被发现到现在的 80 多年里，它才完成了大约公转一周的 1/3。

法国的天文学家 U. J. J. 勒维烈（U. J. J. Le Verrier，1811—1877）早在 1846 年发现海王星时，就提出可能存在水内星，因为观测到水星轨道在近日点有超常进动。根据发现海王星的经验，勒维烈认为有一个水内星在起作用。但是经过几十年的努力寻找，终无所获。1915 年爱因斯坦广义相对论建立以后大家才知道，水星近日点的超常进动原来是相对论效应引起的。

谈到相对论效应对天文观测的影响，必须要谈谈英国天文学家 A. S. 爱丁顿（A. S. Eddington，1882—1944）的工作。爱丁顿是英国天文学家，同时也是物理学家和数学家。爱丁顿一生最大的特点就是彻底地相信相对论，坚决地支持相对论。

还在提出广义相对论之前，爱因斯坦按照等效原理算出，从地球上观测，经过太阳表面的光线会拐弯，偏折角度 0.83 角秒。在完成广义相对论之后，爱因斯坦对这一问题重新做了计算，把偏折角度修正为 1.7 角秒。爱因斯坦呼吁天文学家，能够通过观测来测量当太阳不在视线附近时某星球的方位，与当太阳在视线附近时该星球的表观方位之间的差异，以便对广义相对论进行验证。爱丁顿对这个观测工作自然有浓厚的兴趣。但太阳光芒万丈，要进行观测只有利用日食的机会。

1919 年 5 月 29 日在地球上发生了持续 6 min 51 s 的日全食，全食带在赤道附近，在非洲和南美洲都能很好地进行观测。于是爱丁顿组织了两支英国天文观测远征队，分别前往非洲的普林西比和巴西的索布拉，同时进行观测。

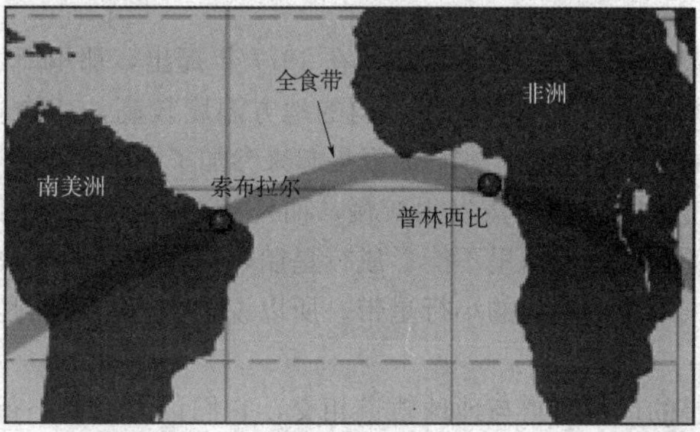

1919 年日食的全食带

1919 年 11 月英国皇家学会和皇家天文学会联合召开会议，正式宣布爱丁顿的观测结果证明爱因斯坦的预言是正确的。

除了宣传相对论、用天文观测验证相对论外，爱丁顿还研究恒星内部结构，在这方面做了大量工作，他的名著《恒星的内部结构》是这方面的集大成者。爱丁顿指出，恒星的平衡是由内向外的光辐射压力与由外向内的重力作用维持的。此外，爱丁顿第一个提出，恒星的能量来源是核聚变，尽管那时核聚变理论还未产生。

4.4.4 小行星

1766 年德国人 J. 提丢斯（J. Titius，1729—1796）发现了各行星距太阳距离的规律：有一数列，从 3 开始，后一数是前一数的 2 倍，即

0　3　6　12　24　48　96　192……

在每个数上加 4 再除以 10，就得到

0.4	0.7	1.0	1.6	2.8	5.2	10.0	19.6	……
水星	金星	地球	火星	？	木星	土星	？	……

这正好是各行星到太阳平均距离的天文单位数，只有 2.8 天文单位处没有行星，土星以后也没有行星，当时只知道最远的是土星。

根据上述规律，德国一些天文学家注意到火星与木星之间空隙非常大，而 2.8 天文单位处没有行星，似乎这里的行星还没有被发现。就在这时赫歇尔发现了天王

星，而且天王星距太阳的距离是 19.2 个天文单位，与提丢斯定则预言的非常一致。这更加使这些天文学家坚信 2.8 天文单位处应该有一个行星。于是德国天文学家 H. 奥伯斯（H. Oblers，1758—1840）等成立了“天体巡警队”，大家分工搜索。

19 世纪前十年“天体巡警队”先后发现了谷神星、智神星、婚神星和灶神星四颗行星，这些行星到太阳的距离都差不多，都是 2.8 天文单位左右，而且都很小。它们统称小行星。上述这四颗星是小行星中最大的，后来又陆续发现了许多小行星。到现在太阳系内已经发现了约 70 万颗小行星，估计全部小行星可能会有几百万颗。小行星的定义是沿椭圆轨道绕太阳运行的小天体，运行轨道大都位于火星与木星之间，它们的主要特点就是小，它们的体积和质量比行星要小得多，小行星带里的所有小行星质量之和还不及月球。小行星还有一个特点，就是不容易挥发出气体和尘埃。

我国天文学家戴文赛（1911—1979）在 1977 年提出，那里所以形不成大行星，是因为该区域内原始物质缺少。火星以内的地方温度较高，冰物质易蒸发而跑掉。木星与土星之间的区域温度低，冰物质凝集起来参加了木星、土星等大行星的形成。在火星与木星轨道之间冰物质蒸发得较慢，而外侧的木星胎迅速长大，引力增强，很快俘获了这里的物质，使这里不能形成行星胎，遗留下来的小块物质只好各自运行，形成散布于火木轨道之间的小行星带。所以说，小行星可能是还未形成大行星的半成品。

有一类小行星的运行轨道与地球轨道相交，它们称为近地小行星。比较大的近地小行星的直径约为 4 km 左右，它们大约有几百个，此外还有大量直径在 1 km 左右的近地小行星。

由于运行轨道相交，近地小行星有可能撞上地球。6 500万年前地球上恐龙的灭绝可能就是小行星与地球相撞的结果。2013 年 2 月 16 日一颗 45 m 直径的小行星在苏门答腊岛上空27 600 km 处（离地球最近距离）掠过地球。但是小行星撞击地球的概率是很低的。根据全世界的地球表面陨石坑分析，直径 500 m 左右的小行星撞击地球的事件，每百万年大约仅为 3 起，更大的小行星就更不容易撞上地球了。

小行星撞击地球固然是严重的自然灾害，但可以采取措施加以避免，例如，可以先算出小行星的运行轨道，然后发射人造卫星并调整其速度，等它与小行星同步飞行时，对小行星施加机械力以改变其运行轨道；也可以用导弹攻击小行星，使其质量发生变化从而改变运行轨道。

4.4.5 彗星

自古以来人们就发现有拖着长长尾巴的彗星经常来光顾太阳系。英国天文学家 E. 哈雷（E. Halley，1656—1742）经过仔细的观测和计算，于 1705 年发表了《彗星天文学》一书，在书中他计算了 24 个彗星的轨道，其中 23 个是抛物线，只有一个是椭圆，太阳在其焦点上。这说明彗星的运动受太阳引力的作用，也是太阳系的成员。哈雷求出其轨道是椭圆的彗星就是 1682 年出现的彗星，同时哈雷还发现 1531 年、1607 年出现的彗星也有类似的很扁的椭圆轨道，它们的间隔时间大约都是

75～76年。哈雷预言1758年底或1759年初这颗彗星还会出现。哈雷在1742年去世，他的预言在1759年变成现实。人们为了纪念哈雷，把这颗彗星命名为哈雷彗星。哈雷彗星最近一次光顾太阳系是1986年。

我国史籍最早记载哈雷彗星是公元前613年，从公元前240年到1910年它共出现过29次，每次出现我国都有记载。不但如此，我国古代对彗星的形态也进行了研究。

在哈雷之前欧洲人也观测到了彗星。1066年诺曼人入侵英格兰，战争前夕天空中出现了哈雷彗星。后来诺曼人赢得了战争，征服了英格兰。作为纪念，诺曼人统帅的妻子把哈雷彗星横亘天际的情景绣在一块挂毯上。

1986年3月6日宇宙飞船发回的哈雷彗星照片

哈雷彗星的轨道扁而长，近日距8 800万km，约为一个天文单位的3/5，远日距53亿km，合35.3个天文单位。彗星由彗头和彗尾两部分组成。彗头包括彗核和彗发、彗云。彗核是彗星最主要的部分，其直径很小，通常只有几千米到十几千米，由水冰、石块、铁、尘埃等构成。彗发是气体和尘埃等组成的雾状物，分布于彗核的周围。彗云是包在彗发之外的云层。当彗星靠近太阳时（约3×10^8 km）开始出现彗尾，并逐渐由小变大，在近日点彗尾达到最大，以后又逐渐变小，直到消失。由于太阳光的压力，彗尾总是指向太阳相反的方向。彗尾是稀薄的物质流，往往不止一条。彗星的长度可达几千万甚至一亿多千米，但密度极小，只有空气的十亿亿分之一，比实验室里的真空还稀薄。

4.5 恒星及其演化

4.5.1 恒星概述

恒星实际上并不是静止的，它们在天空中有自己固有的运动规律，由于距离极其遥远，需要长的时间积累才能发现这一点。在欧洲发现恒星不恒的第一人是哈雷，而在哈雷以前大约一千年，我国唐代的僧一行就发现了恒星不恒。哈雷从学生时代起就对天文学产生了浓厚的兴趣，他20岁时去圣·赫勒那岛，在那里做了人类第一次系统的南天恒星观测，一年多以后编成了第一个南天星表。他把这个表与一千多年前的托勒密的星表对比，发现至少有三颗星的位置与古希腊时不同，而且至少有半度的差别。哈雷认为这是由恒星不恒所造成。

有的恒星光度会发生变化，这就是变星。第一个对变星做研究的是英国一位聋哑青年J. 古德里克（J. Goodricke，1764—1786）。他一生只活了22岁。1782年古德里克发现了英仙座β的亮度在变化。经过不间断的观测，他求出了这个星的光变周期为 2 d 20 h 49 min 9 s。他认为英仙座β的亮度变化是因为有一颗较暗的星和它互相围绕着旋转，这一看法直到 100 多年以后才得到证实。原来英仙座β确实是一颗互相绕转的双星，那颗看不见的伴星很暗，主星较亮，两星相距只有1 100万 km，不及日地距离的十分之一。两颗靠得相当近的星相互绕转，发生交食似地亮度变化，这类变星称为食变星。

变星根据性质的不同可以分为许多类型。现在一般根据光变原因将变星分成三大类：脉动变星、爆发变星和几何变星。脉动变星是由星体一张一缩的脉动引起光变。爆发变星是由星体的爆发引起光变。几何变星是由于星体的运动或其他原因引起光变。食变星属于几何变星。1948 年苏联出版了第一个变星总表，表中变星总数超过一万个。1976 年该表出版第三版补编，变星总数增为25 920个。

在恒星世界有一种双星，用肉眼看去它们是一颗星，在望远镜里是两颗星。这两颗星靠得非常近，以致肉眼分不出来。由于彼此引力的作用，双方都绕共同的质量中心运转。对双星的系统观测和研究是从赫歇尔开始的。1802 年他发现许多双星互相沿椭圆轨道运行，证明双星是有物理联系的体系。这表明牛顿力学在宇宙空间也普遍适用。

双星是小规模的恒星集团，许多著名的亮星都是双星。双星之外还有三合星、四合星，这些星称为聚星。在太阳周围 17 光年范围内共有 60 颗星，其中单星 32 颗，双星 11 对，三合星 2 组。

恒星不仅有双星和聚星，还有十个以上由相互引力束缚在一起的星，这就是星团。星团有球状星团和疏散星团两种。球状星团内恒星比较密集，星体数目可多到几十万，用最大的望远镜也不能把它们分解成单个恒星。现已在银河系内发现球状星团 132 个，估计没发现的更多。疏散星团的成员间星距较大，用小望远镜就可以方便地把它们分解成单颗星。疏散星团一般年龄较轻，甚至只有几百万年。

由于距离关系，我们了解得比较多的恒星都在银河系。银河系中除了太阳以外，还有星团、星云和一千亿颗以上各种各样的恒星以及星际尘埃和星际气体，银河系的物质约 90%都集中在恒星里。银河系的形状是扁平的圆盘，中间厚，边缘薄，好像铁饼，其主要部分为旋涡状，中部叫银核，四周叫银盘。银河的直径大约为十万光年，中间部分厚一万光年。银河系有一个银心和四个旋臂，旋臂主要由星际物质构成，太阳系位于猎户臂内侧，大致在银河系对称平面上。在银河系的主序星的星序中的恒星三分之二是单星。银河也在自转。银河系的年龄估计为 1.36×10^{10}年，差不多与宇宙相同。

恒星离地球都很遥远，测量其距离有重要的意义。最初用来测量恒星距离的方法只有三角视差法，即根据地球公转轨道直径的两端观测的结果，求得恒星的视差，推算出恒星的距离。但当恒星的距离在 300 光年以上时，三角视差太小（小于 0.01″），已基本上与测量误差相当，测量结果已没有意义了。

光谱分析法产生以后，美、德天文学家研究出分光视差法，即通过某些特定谱线的强度比求恒星的绝对星等，进而求得距离。这种方法的测距范围可达 10 万光年。

银河系

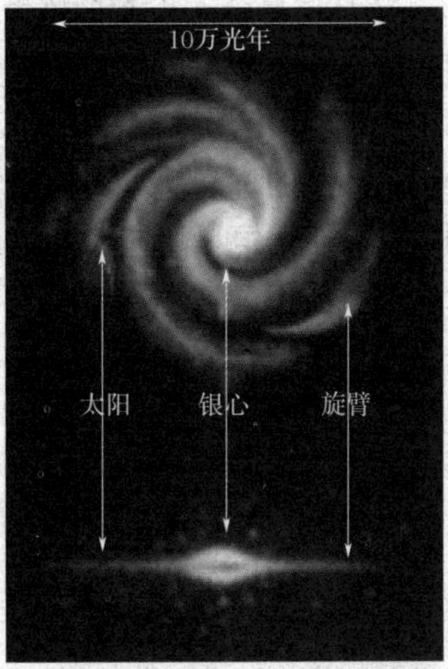

银河系结构图

20 世纪初发现了造父变星，这是一种脉动变星，其亮度与时间是周期性函数关系。1912 年美国的聋哑女天文学家 H. S. 勒维特（H. S. Leavitt，1868—1921）发现造父变星的光变周期与其光度成正比，从而根据光变周期可以算出变星的距离。所以造父变星被人们称为“量天尺”。北极星就是造父变星。造父视差法的测距范围可达1 600万光年。

1929 年美国天文学家 E. P. 哈勃（E. P. Hubble，1889—1953）发现，距离愈远的星系红移量愈大，二者基本上呈线性关系，因此用这个方法可以测河外星系的距离，测距范围达 100 亿光年。

上述几种测距方法中三角视差法最准，其他方法都有误差。

4. 5. 2　恒星的演化

1. 恒星的演化过程

恒星的演化就是一颗恒星从诞生，经过成长、成熟，最后衰老、死亡的过程。完成这过程的动力是恒星内部核聚变产生的能量。这是美国核天体物理学家 W. A. 福勒（W. A. Fowler，1911—1995）提出的理论，已经得到了实验的充分证明。

恒星演化的历史可以分成主序星、红巨星和老年恒星三个阶段。

最初的宇宙大爆炸后生成了无数低温的星际云。这些星际云质量很大。当星际云质量超过临界质量（金斯质量）时，由于万有引力的作用它们不断地向中心收缩，中心的密度愈来愈大。于是引力势能变成动能，同时温度迅速增加。当星际云中心的温度达到约 10^7 K 时，那里开始并且持续不断地产生氢核聚变反应，内部压力大大增加，以致与收缩引力相平衡，星际云不再收缩，变成稳定的恒星，这就是恒星演化史中的主序星阶段。

在主序星阶段，恒星是靠其内部的氢核聚变反应提供能量来维持平衡的。恒星内部通常都有大量的氢存在，因此恒星在主序星阶段的时间很长，大约占恒星总寿命的 80%，这是恒星整个生命最稳定的时期。恒星质量不同，其主序星阶段的时间也不相同。恒星质量愈大，氢的核聚变消耗愈快，主序星阶段就愈短。

到了主序星阶段的最后，恒星中心的氢全部转变为氦。这时中心部分以外区域的温度升高，那里的氢开始作热核反应，从而推动恒星的外层向外膨胀，造成恒星体积急剧增大。于是恒星变成红巨星。红巨星的中心温度很高，那里会产生氦变为碳的核聚变反应。

红巨星之后恒星就变为老年恒星。老年恒星的特点是不稳定，先是氦聚变为碳，然后碳又聚变为氧和镁，氧再聚变为氖和硫，最后全都变成铁，核反应完全停止。这时恒星内部温度，经理论计算约为 6×10^9 K，于是就产生了极强的中微子辐射，大量能量外溢，从而导致恒星的压力下降，在引力的作用下恒星又一次收缩。

对于不同质量的恒星，演化情况各不相同。恒星根据质量的不同可以分成小质量恒星、中等质量恒星和大质量恒星三种。

对于小质量的恒星（恒星质量$<0.5M$，M 为太阳质量），其核心部分的核聚变反应引起的氢消耗很慢，因而寿命很长。根据计算机模拟，小质量恒星的寿命可达数千亿年，迄今为止还没有观测到一颗小质量恒星的演化终点。

对于中等质量恒星（$0.5M<$恒星质量$<6M$），当进入红巨星阶段时，会发生氦变成碳的聚变热核反应。这时温度的变化会直接造成核反应波动，波动产生动能导致恒星外壳脱离恒星变成行星状星云，而恒星只剩下中部核心，最后变成白矮星。比较大的中等质量恒星也可能由红巨星演化成中子星。如果质量还要大，则这种恒星在形成中子星时也可能变成黑洞。太阳属于中等质量恒星，在主序星阶段可能会停留 100 亿年。现在太阳正处于中年。

对于大质量恒星［恒星质量$>$（5～6）M］，核心部分的核反应造成的氢的消耗速度很快。当氢消耗完后核反应就停止了，核反应产生的能量也随之消失，于是恒星内部的平衡被打破。在重力作用下恒星外壳开始塌缩，恒星中央核心部位的温度和压力再度升高。当恒星核心处温度达到 10^8 K 时，氦的核聚变就产生了，核聚变再一次产生能量抵抗重力作用。这时恒星会大大膨胀，体积增大以百倍计，于是就成为红巨星了，其半径接近木星的运行轨道半径。大质量恒星的红巨星阶段的寿命通常为数百万年。当红巨星形成后其核心部分一直在进行核聚变反应。核聚变由氦开始，逐渐向较重的元素转化。与此同时，恒星内部的成分也在逐渐改变，温度也愈来愈高。当热核反应发展到由硅聚合成铁时，由于铁聚合时不能释放能量，反而要吸收能量，于是平衡又遭到破坏，核心塌缩。这时会产生超新星爆发，并辐射大量的中微子，同时形成铀等大原子量的放射性元素。大质量恒星的最终归宿将是黑洞。对于超新星爆发的机制现代天文学尚在研究。

2. 脉冲星和中子星

1967 年英国的天文学家 A. 休伊什（A. Hewish，1924—）和他的女博士生 J. 贝尔（J. Bell，1943—）发现了脉冲星。

脉冲星是一类独特的天体，它们具有一系列不可思议的特殊性质。

首先，它们体积很小，但具有极大的密度。绝大多数脉冲星的质量都与太阳相当，但半径却只有10km左右，密度大于10^{14} g/cm^3，而地球的半径为6 380 km，密度却只有5.5 g/cm^3。

其次，脉冲星的温度极高，其中心温度达6×10^9 K，表面温度也有10^7 K（约为太阳表面温度的2 000倍）。

第三，脉冲星压力特别高，其中心部分的压力竟达10^{28}个大气压。

第四，脉冲星的辐射能力约为太阳的百万倍，是具有极强辐射能力的天体。

第五，脉冲星的磁场特别强，远远超过通常的天体。

第六，由于脉冲星质量大、体积小，其引力场约为地球的10^9倍以上。

最后，脉冲星具有极其稳定的自转特性，其精度甚至超过原子钟，因而被称为宇宙间最好的计时器。脉冲星的自转速度极快，从现在已经发现的脉冲星看，它们的周期基本上约为0.002～4.3 s，比太阳系中自转最快的木星还要大约快十万倍。

由于脉冲星具有上述一系列奇异的性质，所以是很好的极端条件下的太空实验室，能够做在地球上实验室中不能做的实验。脉冲星的发现导致致密态物理学的产生。

脉冲星都是中子星，它们的质量应大于1.44M，但小于3.2M。中子星有喷射电磁粒子流的特性，它每转动一周就从磁极发射一次电磁粒子流。如果这束辐射扫过地球，地球上的天文观测者就能收到辐射，所以脉冲星的脉冲周期就是它的自转周期。但当中子星的辐射束不扫过地球时，地球上就收不到脉冲信号，所以并不是所有的中子星都是脉冲星，只有观测到它的脉冲的中子星才是脉冲星。

3. 白矮星与钱德拉塞卡

天狼星是一颗恒星，很亮，所以很多年以前就引起了人们的注意。1862年美国的克拉克用他新研制的大型望远镜发现了天狼星的伴星，以后天狼星就称作天狼A，伴星称作天狼B。天狼B是一颗暗星，其直径仅比地球稍大，但其质量却与太阳可比拟，因此其密度极大，超过10^6g/cm^3。英国的天文学家爱丁顿认为天狼B属于致密星，在这种恒星的内部，温度很高，原子都电离成原子核和电子，因而星球体积被压缩得很小，密度很大。爱丁顿把这类恒星称为白矮星："白"指温度高，"矮"指体积小。

白矮星的化学成分由其质量决定。对于小质量的白矮星（质量小于0.5M），主要成分是氦。对于中等质量的白矮星（质量在1M左右），主要成分是碳和氧。对于大质量的白矮星（质量为几个M），主要成分是氧、镁和氖。

S. 钱德拉塞卡（Subrahmanyan Chandrasekhar，1910—1995）是印度著名的天文学家（后加入美国籍）。他用相对论和量子力学等现代物理的最新成果对白矮星进行研究，发现当星球上充满非相对论简并电子气体时，白矮星质量愈大，其半径就愈小，白矮星的半径与其质量的立方根成反比。所以白矮星能够保持稳定。经钱德拉塞卡计算，白矮星的质量不会超过太阳质量的1.44倍。这就是著名的钱德拉塞卡极限。钱德拉塞卡指出，质量更大的恒星必须通过某些形式的质量转化，才能最后归宿为白矮星（也许要经过剧烈的爆发）。钱德拉塞卡的理论与当时国际天文界的大权威爱丁顿从经典物理学导出的关于白矮星的理论完全不同。于是经过数次受压制后，在国际天文学联合会关于白矮星的专门会议上，钱德拉塞卡同爱丁顿展开了激烈的辩论，指出了爱丁顿关于白矮星理论的错误及其产生的根源，得到了绝大多数与会代表的认同。钱德拉塞卡与爱丁顿关于白矮星理论的争论推动了天体物理学的发展。

钱德拉塞卡除了关于白矮星的理论之外，在星系动力学、等离子天体物理学和相对论天体物理学等许多方面都有重要的成就。他的巨著《恒星结构研究导论》系统论述了恒星内部结构理论，是恒星结构方面具有里程碑意义的权威著作。

4. 黑洞

黑洞是一类天体，它们质量很大，引力极强。它们的基本特征是有一个封闭的视界，外来的物质和辐射可进入视界以内，而视界内的任何物质却不能从中逸出。

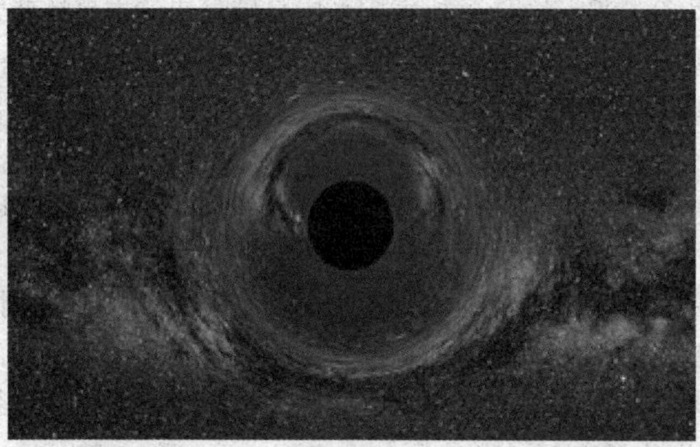

黑洞

1916 年德国物理学家 K. 史瓦西（K. Schwarzschild，1873—1916）求得了根据广义相对论预测的黑洞解。根据史瓦西解，对任何一个球对称的天体都存在一个临界半径，即史瓦西半径 r_s。如果天体的半径小于其临界值，时空将严重弯曲，于是这个天体发射的所有射线，包括光线在内，都将被吸入其核心部分，人们无法直接观察到它们，这就是黑洞之所以”黑”的原因，也是黑洞与其他天体最大的不同点。以 r_s 为半径的边界称为黑洞的视界。史瓦西半径 r_s 的计算公式如下：

$$r_s = 2GM/C^2$$

式中，G 为万有引力常数；M 为天体质量；C 为光速。

如把太阳质量代入上式，r_s 约等于 3 km；如把地球质量代入，r_s 约等于 9 mm，这就是说，只有当太阳半径缩小到 3 km，地球半径缩到小于 1 cm 时，它们才可能成为黑洞。所以黑洞应该是极致密的天体。

黑洞产生的过程类似于中子星。形成黑洞的恒星通常质量很大，形成红巨星后其内部化学元素在高温下开始进行聚变热核反应。反应从氦开始，随着温度不断升高，热核反应持续地向较重的元素演化，一直演化到铁。铁元素不能参与聚变，于是恒星内部能量不够，不能抵抗重力的作用，造成恒星塌缩，最后变成黑洞。黑洞通过吸积也在不断长大。吸积是宇宙中物质由于引力向某个天体的流动，是天体物理中常见的现象。黑洞和恒星、行星都是通过吸积周围的物质而不断长大。

黑洞可按质量大小分类：

(1) 小质量黑洞：质量为 $10M \sim 20M$，在超新星爆发后就会生成。当恒星质量大于 $40M$ 时，可能不经过超新星爆发也能生成黑洞。

(2) 中等质量黑洞：目前还没有观察到。

(3) 超大质量黑洞：质量为 $10^6M \sim 10^{10}M$，在所有已知星系中都有发现。

我们所在的银河系中心部位可能存在着一个巨大的黑洞，在宇宙的大部分星系中可能也都存在着大质量的黑洞。这些黑洞的质量，小的约 10^6M，大的可达 $10^{10}M$。

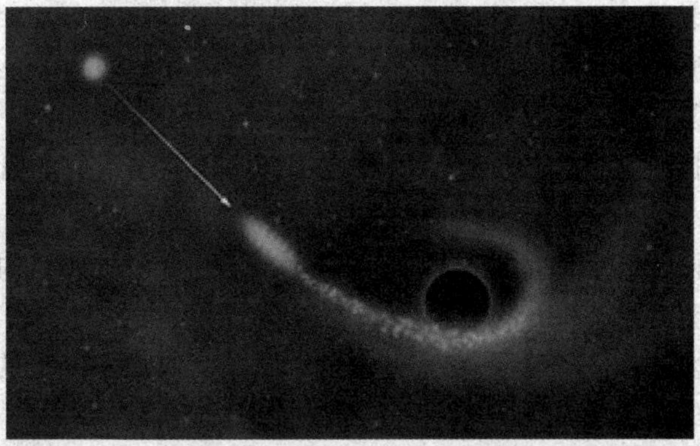

黑洞拉伸、撕裂并吞噬恒星

4.6 对宇宙的新认识

从 20 世纪中叶开始，望远镜技术有了重大发展，射电望远镜和综合孔径射电望远镜相继出现，后来哈勃望远镜又送上了天，这大大开阔了人们的视野，加深了对宇宙的了解。

4.6.1 射电天文学和射电望远镜、哈勃望远镜

1931 年美国贝尔实验室的工程师 K. G. 扬斯基（K. G. Jansky，1905—1950）发现了一种射电噪声。这种噪声具有方向性，随地球的自转而在天空中运动，其周期为 23 h 56 min。扬斯基认为这种噪声来源于太阳系之外，很可能来自银河系中心。扬斯基的发现宣告了射电天文学的诞生。

1937 年美国的射电天文学家 G. 雷柏（G. Reber）建造了世界上第一台射电望远镜，配有直径 9.45 m 的抛物面天线。随后各种各样的射电望远镜陆续制造出来，而且直径愈来愈大，性能愈来愈好。在 20 世纪世界上最大的可移动式射电望远镜是美国西弗吉尼亚州的绿岸射电望远镜，它约有 43 层楼高，直径 110 m，重7 300 t。

射电望远镜是利用射电波（天体的无线电波）来进行观测的，射电波可以穿过尘埃、雾霾，透过光波透不过的介质，因而它观测的天区比光学望远镜要大许多。天文望远镜最重要的指标是分辨率。一般说，射电望远镜的分辨率不如光学望远镜。

为了提高射电望远镜的分辨率，英国的天文学家 M. 赖尔（M. Ryle，1918—1984）研制了射电干涉仪，后来又制成了综合孔径射电望远镜。1971 年剑桥大学建成了当时最先进的、等效直径 5km 的综合孔径射电望远镜。利用这台望远镜天文学家发现了类星体，还获得了宇宙各个历史时间的星系分布图，人类对宇宙的观测范围从大约 10 亿光年扩大到了 100 亿光年以上，几乎达到了宇宙的边界。

为了克服地面上大气层等各种因素对天文观测的影响，1990 年美国与欧洲航天部门合作，把哈勃望远镜送上了太空。哈勃望远镜的观测清晰度为地面望远镜的 10 倍以上。

下面列出哈勃望远镜对天体观测的最主要成果：

（1）通过观测得到的哈勃常数的误差从 100%～200%降为 10%，大大提高了计算求出的宇宙年龄的精度。

（2）首次拍摄到在遥远的黑洞的周围，由气体和尘埃组成的盘状构造在逐步进入黑洞。

（3）观测到两个超大质量恒星簇发生碰撞后产生暗物质环结构，从而证明了暗物质的存在。

（4）2007 年拍摄到一个星系在其重力场作用下变成很多碎块的情形。这给出了宇宙中大量零星的恒星形成的原因。

综合孔径射电望远镜

哈勃太空望远镜

4.6.2 脉冲双星和广义相对论的验证

一颗脉冲星与另一颗中子星（或白矮星）沿轨道相互环绕运动的系统叫脉冲双星。

爱因斯坦曾经预言，在宇宙空间存在着天体辐射的引力波。引力波极其微弱，探测它不仅需要用极其灵敏的仪器，探测实验还必须要在天空中进行。如果脉冲双星是双中子星系统，而且轨道椭率很大，就成了验证引力辐射的理想的天空实验室。

1974 年美国的天体物理学家发现了 PSR1913＋16 脉冲双星系统。这是双中子星系统，两颗子星间没有物质交流，而且轨道椭率很大，轨道周期很短，非常适合进行观测引力辐射的实验。

根据广义相对论的分析，如果能测量出脉冲双星轨道周期的变化，就间接证明了引力辐射的存在。PSR1913+16 脉冲双星系统的实验结果表明，引力辐射引起系统轨道周期的变化率与广义相对论的计算结果相比，误差仅 0.4%。这不但证明了引力波的存在，也证明了广义相对论的正确。

4.6.3 日冕、冕洞和地球的磁层

太阳大气的最外层叫日冕，温度很高。日冕中有一块辐射很弱、气体比较稀薄、亮度比周围小得多的区域，叫冕洞。冕洞总面积约占太阳表面积的 20%，其温度约为 10^6 K，其寿命平均约为六个太阳自转周期，最长为一年。冕洞不断向星际空间发出由等离子体构成的太阳风。当太阳风到达地球附近时，与地球磁场发生作用，就形成一个如彗星状的地球磁层。地球磁层从地表以上 600～1 000 km 处开始，一直向空间延伸到磁层边缘。在太阳风的作用下，朝太阳的一方磁力线被压缩，形成一个很扁的磁层头部；而背着太阳的一方，太阳风使地球磁力线拉长，形成一个很长的磁层尾部，它可以延伸到几百甚至一千个地球半径之外。磁层的存在保护着地球上的生物免受太阳风侵袭。

当太阳风吹来碰到地球磁层后，绝大多数带电粒子沿磁层外围滑走，只有少数能量较高的粒子能突破磁层顶闯入磁层内，形成两个相对赤道对称的地球辐射带。

4.6.4 类星体和星际分子

类星体是人类所观测到的最遥远的天体，离地球至少在 100 亿光年以上。类星体是宇宙中最明亮的天体，它比正常星系亮1 000倍，所以它即便在 100 亿光年以外也能被观测到。但类星体的体积却很小，其直径大约仅为 1 光天（通常星系直径在 10 万光年左右），而其释放的能量却是普通星系的千倍以上。另外，类星体光谱的发射线都有巨大的红移，这表示它们正以飞快的速度远离地球。

从 1960 年第一颗类星体发现以后，在二十多年时间里发现了1 500多颗类星体。1982 年中国天文工作者何香涛提出了一种新的认证类星体方法，很短时间就发现了 500 多颗新类星体。

类星体巨大的能量

长期以来人们一直认为，在宇宙空间只有恒星、行星、星云等天体物质，其他地方都是真空。后来发现，在星际空间充满了各种微小的星际尘埃、稀薄的星际气体、各种宇宙射线以及粒子流。到 20 世纪 60 年代，在发现星际羟基分子（OH）以后，又发现了氰化氢、甲醇、乙醛等大量星际有机分子，后来甚至发现了少量的无机分子。

星际分子的发现对揭开生命起源的奥秘有重要作用。现在科学家在实验室里，模拟太空的自然条件，已经合成了几种氨基酸。所以宇宙空间很可能存在氨基酸的分子。只要条件合适，它们就可能转变为蛋白质，再进一步就发展成有机生命。

4.7 现代宇宙学

4.7.1 早期的现代宇宙学

现代宇宙学的奠基者是爱因斯坦。在牛顿力学时代，人们普遍认为宇宙是无限的，无限多的天体包含着无限大的质量，大体上均匀地散布在无限大的宇宙空间里。但是这种模型同牛顿力学是自相矛盾的，因为如果无限大的空间中均匀地散布着无限多的天体，无限多天体的无限大质量将使宇宙每一点的引力场强度成为无穷大，这显然是不对的，这称为引力佯谬。再者，无限多天体的光度累计将会使天空处处都十分明亮，于是黑夜将和白天一样亮，这显然也是错的，这称为光度佯谬。爱因斯坦认为，这种自相矛盾的局面是由于牛顿力学错误地把宇宙空间看成是平直的欧几里得空间所造成。他根据广义相对论指出，物质的分布会导致时空弯曲，我们实际上生活在一个有着一定曲率的非欧几里得空间中。1917 年爱因斯坦发表了《根据广义相对论对宇宙学所做的考察》一文，这是现代宇宙学的奠基之作。

当时天文界的基本观点是宇宙是静止的，而爱因斯坦由广义相对论得到的宇宙模型却是动态的，为此爱因斯坦在场方程中加了一个常数，以便使得到的模型变为静态。这个常数称为宇宙学常数。

1922 年苏联物理学家 A. 弗里德曼（A. Фридман，1888—1925）提出了基于广义相对论的弗里德曼方程。在弗里德曼方程中宇宙学常数可以消掉，如果状态方程选取得合适，求解弗里德曼方程，可以求出宇宙模型在膨胀。

1927 年比利时神父、物理学家 A. G. E. 勒梅特（A. G. E. Lemaitre，1894—1966）通过求解弗里德曼方程，得出地球同遥远星系的距离与这些星系的红移成正比，也就是说，这些星系正在远离地球。

4.7.2 哈勃定律和宇宙的加速扩张

1929 年美国物理学家埃德温．哈勃（E. P. Hubble，1889—1953）通过近十年的观测和分析，发现所有遥远的星系都在远离地球，距离愈远退行视速度愈大。这就是著名的哈勃定律：

$$v=H_0D$$

式中 v——星系的视向速度，也就是天体的退行速度；

H_0——哈勃常数，由观测获得；

D——星系的距离。

哈勃定律是 20 世纪天文学最重要的成就之一。由哈勃定律可知，宇宙在不断地均匀膨胀，在宇宙任何地方观察，都会看到完全相同的膨胀景象。在任何一个星系观察，其他星系都在向四面八方散开，离它而去，而且星系愈远，散开速度愈大。

1998 年美国和澳大利亚的三位天体物理学家，在对几十颗超新星进行了研究之后，发现宇宙不仅在膨胀，而且在加速膨胀，宇宙膨胀的速度不是恒定的，而是不断加快。后来从对宇宙的年龄、宇宙微波背景辐射、宇宙的大尺度结构、星系团的X射线性质等诸多方面独立观测的结果，证明了宇宙确实在加速膨胀。至于宇宙加速膨胀的原因，目前人们普遍认为是暗能量的作用。这是天文学家第一次给出暗能量存在的证据。

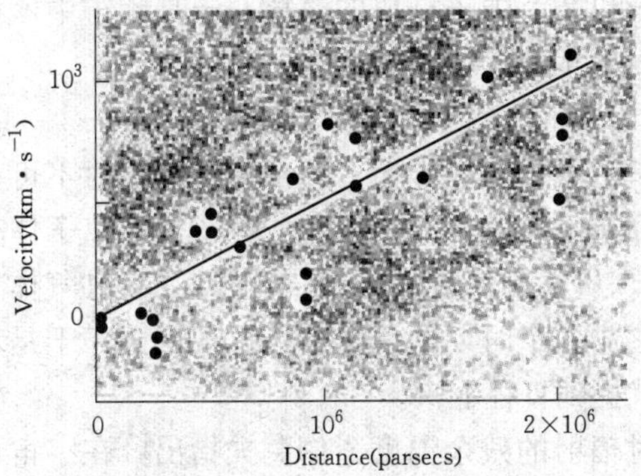

哈勃定律图

哈勃

4.7.3　宇宙形成的大爆炸理论

根据哈勃定律，现在各星系间的距离在不断增大。由此可知，在过去这个距离应该比较小，愈往前推这个距离就愈小，在太初时刻整个宇宙应该集中在一个原生原子上（叫作奇点），这时宇宙的密度极高，几乎是无穷大。经过一个极其猛烈的大爆炸，原生原子被炸成粉碎，向四处飞去的碎片就形成了宇宙中的星系，以后各个星系继续向远处飞，宇宙持续膨胀，逐渐变成今天的状态，而且还在继续膨胀。这就是宇宙形成的大爆炸理论，是由勒梅特首先提出，后来又由苏联理论物理学家G.. 伽莫夫加以完善的。

G.. 伽莫夫（George Gamov，1904—1968），出生于苏联的敖德萨，1934 年移居美国。伽莫夫主要研究核物理，他把核物理理论用来研究恒星的演化。1948 年他提出了热大爆炸宇宙学模型。伽莫夫还预言了宇宙微波背景辐射的存在，这已由A. A. 彭齐亚斯（A. A. Penzias，1933—）等的工作所证实。

随着望远镜的不断发展，支持大爆炸理论的观测证据和研究成果愈来愈多，接受大爆炸理论的人也愈来愈多，现在绝大部分天文学家都用大爆炸理论来解释宇宙的起源及其发展。

根据观测和测量，科学家计算出，大爆炸大约发生在（137.3 ± 1.2）亿年前。在太初时刻，没有物质，只有能量。

大爆炸发生后，温度极高，光子相互碰撞产生了物质粒子。

在大爆炸发生后 10^{-37} s 时，宇宙发生暴涨。

在大爆炸发生后 10^{-5} s 时，宇宙温度 10^{13} K。开始形成质子和中子。

在大爆炸发生后 1.09 s 时，宇宙温度 10^{10} K。这时质子数与中子数之比约为76∶24。

在大爆炸发生后 13.82 s 时，宇宙温度小于 3×10^{9} K。这时质子数与中子数之比约为 83∶17。中子开始衰变成质子＋电子＋反中微子。

在大爆炸发生后大约 3 min 46 s 时，宇宙温度降为约 9×10^{8} K。从这时起直到现在，质子数与中子数之比一直大约保持为 87∶13。这时质子与中子开始合成氘核，随即发生核聚变，形成由 2 个质子和 2 个中子构成的氦核。于是宇宙中氦与氢的质量比达到了 1∶4，宇宙进入氦合成的时期。

在大爆炸发生后大约（3～7）$\times10^{5}$ 年时，宇宙温度大约降为3 000～4 000 K。由于光子与带电粒子的相互作用，光子不能自由地传播，这个时期的辐射不可能被观测到。再往后，宇宙的温度继续下降，氢和氦都开始复合成原子，等离子体变为中性气体，宇宙进入所谓的“复合期”。从这时开始由于宇宙中充满了中性气体，光的传播不再受带电粒子的影响，宇宙形成各个时期的情况都可以观测到，于是利用宇宙微波背景辐射来验证大爆炸理论就提到日程上来。

宇宙微波背景辐射指的是大爆炸时辐射的残余温度。伽莫夫指出，在宇宙形成之时会产生大量辐射，这些辐射绝大部分都变成了物质，但残留辐射仍会均布在宇宙中，这就是宇宙背景。宇宙发展到今天，其背景辐射的波长由于红移应该变成微波，温度也大大降低，估计冷却到 3 K 左右。这需要通过观测来验证。

20 世纪 60 年代初，美国天文学家 A. A. 彭齐亚斯等发现，空间总存在着相当于 3.5 K 的噪声温度。这个残余温度各向同性，并与太阳无关。研究表明，这就是宇宙微波背景辐射。这是对伽莫夫预言的重要验证，是对大爆炸理论强有力的支持，是 20 世纪天体物理的重要成就。

为了研究宇宙最初形成大约 38 万年后的状态，了解当时的微波背景辐射形式，1989 年美国组织实施了 COBE 项目，将相关的仪器安置在卫星上，用专用火箭发射，在卫星上探测宇宙微波背景辐射。

根据大爆炸理论，能谱的原初黑体形状应被保存下来。而 COBE 卫星记录的曲线是极其完美的黑体谱。因此 COBE 的测量结果，为大爆炸理论提供了进一步的支持。

2001 年美国又发射了第二颗宇宙背景各向异性探测卫星 WMAP。WMAP 测出了宇宙中可见物质、暗物质以及暗能量的分配比例：可见物质占 4%，暗物质占 23%，暗能量占 73%。这是一个具有里程碑意义的工作，从此宇宙学就成了精确研究的科学，它的计算第一次能与真实测量的数据进行比较了。

对大爆炸理论另一个重要的支持是轻元素丰度。元素的丰度是该元素在宇宙中的含量对于氢含量的比。实测的氦-4、氘、氦-3、锂-7 等轻元素的丰度，与根据大爆炸理论的计算结果基本符合。

然而在大爆炸产生时宇宙是什么样的？什么因素会引起原生原子发生大爆炸，并逐渐发展形成今天的宇宙？宇宙之外又是什么？宇宙有没有寿命？……这些都是需要进一步探索的问题。

4.8 暗物质和暗能量

暗物质和暗能量是21世纪初科学界最大的谜。1957年诺贝尔物理奖获得者李政道曾多次指出："暗物质是笼罩在20世纪末和21世纪初现代物理学上空的最大乌云，它将预示着物理学的又一次革命。"

4.8.1 什么是暗物质

20世纪30年代，在美国工作的瑞士天文学家F.扎维奇（Fritz Zwicky，1898—1974）通过观测分析发现，在星系团中，看得见的星系只占总质量的1/300以下，而99%以上的质量是看不见的。这种看不见的质量就是暗物质。随后的研究证实了扎维奇的理论。这是人类第一次找到暗物质存在的证据。

从另外一个角度人们也发现了暗物质的存在。爱因斯坦根据相对论算出，宇宙中物质的平均密度应该达到5×10^{-30} g/cm^3，但通过实验发现，宇宙密度还不到这个值的1/100，也就是说，宇宙中的大多数物质都"失踪"了。这种"失踪"的物质就是暗物质。到了20世纪80年代，大多数天体物理学家都相信暗物质大约占宇宙总质量20%以上。

暗物质比电子和光子还要小，它不带电荷，也不与电子发生干扰，除了引力作用之外，它不与任何物质发生相互作用，它能穿越电磁波和引力场，是宇宙的重要组成部分。暗物质的密度很小，但数量巨大，因而总质量很大。暗物质自身不发射电磁辐射，也不与电磁波相互作用。人们目前通过引力产生的效应得知宇宙中有大量暗物质存在着，但不知道它是什么。我们目前所认识的物质大约只占整个宇宙的4%，暗物质占了宇宙的23%，还有73%是暗能量。

当前的暗物质理论认为，暗物质可能是一类大质量弱相互作用的粒子（WIMP）。这种粒子质量可能比普通的粒子更大，而且不参与电磁力作用，运动的速度较为缓慢。WIMP与普通物质的作用非常微弱，所以它们虽然存在于我们周围，却从未被探测到。大质量弱相互作用的粒子被认为拥有自身的"反粒子"，如果两个WIMP粒子碰撞，就发生湮灭，并发出伽马射线。

2006年，美国天文学家利用钱德拉X射线望远镜无意间观测到星系碰撞的过程，这个碰撞极其剧烈，导致暗物质与正常物质分开，因此发现了暗物质存在的直接证据。

据国外媒体报道，不久前宇宙学家在银河核心深处发现了一种神秘物质，它们相撞时产生伽马射线的次数，比其附近区域频繁得多。这正是暗物质的特点。这说明银河核心部位有大量暗物质聚集在一起。

当地时间2013年4月3日，诺贝尔物理奖获得者丁肇中教授在日内瓦欧洲核子中心，首次公布其领导的阿尔法磁谱仪（AMS）项目的第一个实验结果——已发现的40万个正电子可能来自一个共同之源，即脉冲星，或者是人们一直寻找的暗物质。阿尔法磁谱仪（AMS）是安置于太空中的精密粒子探测装置，灵敏度极高，代表了当今科学实验的最高技术手段。所以这个实验结果极其有力地支持了暗物质的存在。

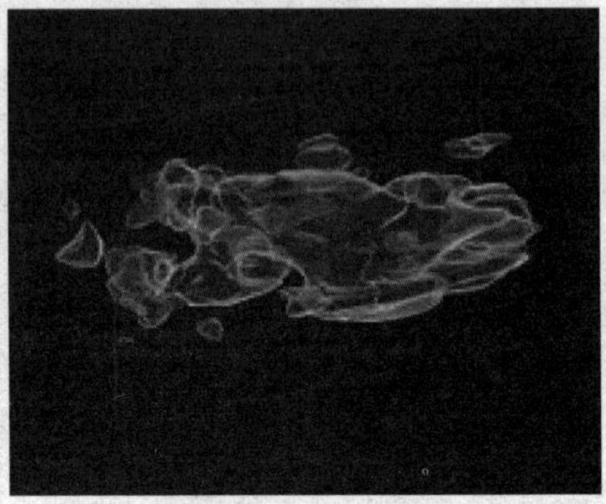

暗物质分布图

2007年1月，70位研究人员经过4年的努力，勾勒出了暗物质三维分布的轮廓。从图上我们可以看到，暗物质并不是弥漫在宇宙的各个地方，它们在某些地方聚集成团状，而在其他地方却根本没有。其次，将星系的图片与这个分布图对比，我们发现，星系与暗物质的位置基本上一一对应。有暗物质的地方，就有恒星和星系，没有暗物质的地方，就什么都没有。另外，由于分布图是对整个宇宙建立的，光需要不同的时间才能到达其中不同的部位，它们离我们的距离也大不相同，所以暗物质的形态在不同的时间是不同的。

4.8.2 什么是暗能量

暗能量是一种看不见的、能推动宇宙万物运动的能量，它只有物质的作用效应，而不具备物质的基本特征。宇宙中所有的恒星和行星的运动都由暗能量与万有引力来推动。暗能量在宇宙中大约占总物质的73%。暗能量的基本特征是具有负压，并在宇宙空间中均匀分布，在任何地方其密度都完全一样，而且完全不结团。暗能量密度的数值极小，约为10^{-26} kg/m^3，也就是说，1 m^{3}的暗能量只有几个氢原子重。太阳系中所有的暗能量加起来，与一颗小行星的质量差不多。暗能量只有在巨大的宇宙空间尺度上和时间跨度上，才能显现出它的巨大威力。

对遥远的超新星的大量观测表明，宇宙在加速膨胀。根据爱因斯坦引力场方程，由宇宙加速膨胀的现象可以推出，在宇宙中存在着压强为负的“暗能量”，这是暗能量存在的重要证据。美国航空航天局（NASA）的科学家也认为，只有暗能量才能引起宇宙这种加速膨胀现象。另外，近年对微波背景辐射的研究也表明，宇宙中所有的普通物质与暗物质的总和大约只占物质总量的1/3左右，短缺的2/3部分就是暗能量。

总之，人类对暗能量问题远没有搞清楚，可这是了解宇宙所必需的。在21世纪之初美国国家研究委员会发布一份题为《建立夸克与宇宙的联系：新世纪11大科学问题》的研究报告，把“暗物质”的本质问题和“暗能量”的性质问题列为11个问题中的第一、第二位。

中国政府对暗物质和暗能量问题的研究也给予了高度重视。2015年已顺利完成的3万亿粒子数的宇宙中微子和暗物质数值模拟，揭示了宇宙大爆炸1 600万年之后至今约137亿年的演化进程。

相信在全世界科学家共同努力下，对暗物质和暗能量问题的探索在不远的将来一定会有所突破，并逐步将其彻底解决。

附：中国的射电天文望远镜 FAST

中国于 2016 年新建了 500 米口径球面射电望远镜（英文是 Five-hundred-meter Aperture Spherical radio Telescope，简称 FAST）。FAST 位于贵州省平塘县，是目前世界上规模最大的射电望远镜，其反射面总面积约 25 万 m^2，有 50 多层楼高。与被评为人类 20 世纪十大工程之首的美国 Arecibo 300 m 望远镜相比，FAST 综合性能提高约 2.25 倍。

FAST 能观测到 137 亿光年以外的太空（即宇宙边缘），这对观测暗物质和暗能量、研究极端状态下的物质结构与物理规律、发现奇异星和夸克星物质等当代最重大的自然科学问题的探索有重大意义。

500 m 口径球面射电望远镜

5
物理（上）

物理是自然科学中最重要的一门学科，人类的生存、活动和发展都离不开物理。人类认识自然界是从力学开始的。在古希腊，阿基米德就发现了杠杆定律和浮体定律。在东汉时期中国就有人认识到弹性变形与外力成正比，也就是现在力学中的胡克定律。经过中世纪漫长黑夜的停滞，到16世纪伽利略出现了，他开创了近代力学，牛顿则加以完善和总结，并作了进一步的创造。于是物理就走上了发展的快车道。

在力学之后，人类对光学和热力学的科学认识也逐渐建立并发展起来。光学，特别是望远镜的进步，大大加深了人类对宇宙的认识。而热力学的完善，则大大推动了工业革命的发展。与此同时，对电学和磁学的研究也开始了，麦克斯韦方程组的出现，把电和光统一了起来。以上所说的都是经典物理，现代物理是从19世纪末X射线、电子和放射性三大发现开始的，随后的相对论、原子结构小太阳系模型和量子力学的出现把现代物理推向了高潮。到了20世纪中叶随着基本粒子的陆续发现和深入研究以及量子电动力学的产生，人类对自然界本质的认识又有了飞跃。人们认识到自然界中存在着、也只存在四种基本的自然力，即引力、电磁力、强相互作用力和弱相互作用力，这是20世纪物理的最大成就之一。于是，建立一种理论把这四种力统一起来就成了当代物理学工作者的奋斗目标。

5.1 力学

5.1.1 古希腊时代的力学

古希腊时代的物理学主要是力学，其代表人物是阿基米德（Archimedes，公元前287年—公元前212年）。阿基米德在物理学上的贡献主要有三点：

（1）杠杆定律的证明。

（2）重心的概念和各种形状物体重心的求法。

阿基米德引入了重心的定义，并用以求各种简单物体、平面及浮体的重心与平衡问题。在他的《论平面形状的平衡或重心》一书中，他论述了三角形、平行四边形、梯形、抛物线截面等的重心求法。特别是他首次利用重心概念将许多二次曲线截面面积问题化为平面直线图形问题加以解决，即利用物理原理解决数学问题。

（3）浮体定律。

物体在水中所受的浮力等于物体所排开水的重量，这是浮体定律，也就是著名的阿基米德原理。浮体定律是流体静力学的基本定律之一，直到今天我们还用这原理造船。

阿基米德还是一个发明家。他发明了用水力推动的、模仿日、月和行星运动的行星仪；他发明了从河上提水的水泵（即阿基米德螺旋提水器），直到现在埃及人还在使用它；他发明了复杂的滑轮系统，把亥洛王造的大船吊到水里。阿基米德说："移动这小小的东西易如反掌，如果给我支点，我能移动整个大地。"

阿基米德

阿基米德著有《论浮体》《论平板的平衡》《论杠杆》《论重心》等物理学著作，他的学生总结了他的研究成果，写了《力学问题》一书。这些论著对后来欧洲科学的发展起了重要的启示作用。

5.1.2 牛顿时代的力学

近代力学是从 G. 伽利略（G. Galilei，1564—1642）开始的，C. 惠更斯（C. Huygens，1629—1695）作了重要的发展，I. 牛顿（Isaac Newton，1643—1727）则加以完善和总结，并做了进一步的创造。

1. 伽利略开天辟地的第一步

整个中世纪力学处在亚里士多德的运动观念统治之下。亚里士多德认为，落体下落的速度与其重量成正比。伽利略从实验和理论两方面证明了亚里士多德是错的，自由落体下落的速度与重量无关。

伽利略在比萨斜塔做了他那著名的实验。他从比萨斜塔的最高层，将一个 1 磅重的铅球和一个 100 磅重的圆球同时放下，两个球一起开始下落，一起落地。

伽利略还从理论上用逻辑的方法证明亚里士多德的错误：设重物 A 以 v_1 的速度下落，而轻物 B 以 v_2 的速度下落。按照亚里士多德的理论，$v_1>v_2$。现在将 A 与 B 两物体捆在一起，则"比较快的物体会被慢的物体延迟了，而慢的物体被快的物体加速了"。设捆绑后 A，B 二物体的下落速度为 v，则 $v_1>v>v_2$。但因捆绑后的物体比 A 重比 B 更重，所以 $v>v_1$。这显然是自相矛盾的，所以亚里士多德的结论是错误的。

伽利略

伽利略通过自己设计的斜面实验，发现了匀加速运动的运动方程：$S=\frac{1}{2}at^2$。

伽利略还进行了下面的实验：他令一物体从静止滚下一个斜面，紧接着又滚上另一个斜面，如果不计摩擦力的作用，它就滚到原来的高度。如果第二个斜面是比较平的，它就会滚很远的距离。伽利略问，如果第二个斜面是水平面，这个物体滚多远？回答是，它将永不停止滚下去。伽利略把物体的这种性质称为“惯性”。

伽利略在这里进行了两种实验。第一种实验是现实的科学实验，即尽可能排除干扰，在最纯粹的状态下做实验，以暴露出自然规律。第二种实验，是设想在没有任何阻力的绝对光滑的平面上做的实验，叫作“理想实验”。这个实验虽然是在想象中做的，但它是建立在可靠的事实基础上的，是抽象的思维与精确的事实的高度结合。这两种实验结合起来就是实验—抽象—推理的方法。伽利略用这个方法发现了惯性定律：物体在不受外力作用的情况下，保持静止或匀速直线运动的状态。这是伽利略对力学的另一个重要贡献。

爱因斯坦高度评价伽利略的方法。他说，“伽利略的发现以及他所应用的科学的推理方法是人类思想史上最伟大的成就之一，而且标志着物理学的真正开端”。

在发现惯性定律的基础上，伽利略提出了相对性原理：力学规律在所有惯性坐标系中是等价的。换句话说，在一系统内部所做的任何力学实验都不能决定这惯性系统是在静止状态还是在做等速直线运动。这是爱因斯坦提出相对性原理的基础。

在这里我们还应该指出，在伽利略之后、牛顿之前，还有一位伟大的物理学家，这就是荷兰的惠更斯。惠更斯是数学家、天文学家，又是力学家。他在力学上有三大贡献：

（1）求得了单摆和复摆的公式：在振幅不大的情况下，摆的周期与摆长的平方根成正比；

（2）求得了物体做圆周运动时，向心加速度和向心力的计算公式；

（3）研究了碰撞问题，确立了动量守恒定律。

此外，惠更斯在光的波动理论方面有突出成就，他还是机械钟的发明者，13岁时他曾自制一台车床。

2. 牛顿的力学体系和万有引力定律

在伽利略和惠更斯大力开展力学研究工作的时候，1643年近代物理学标志性人物牛顿诞生了。1661年牛顿进剑桥大学三一学院学习。1665年为逃避鼠疫，牛顿回到了老家。就在这一年牛顿提出了万有引力定律。牛顿发现万有引力定律的步骤大致如下：

（1）通过想象将地球上的自由落体和抛射体的吸引力伸展到月亮上去

当时通过测量已知地球周长和月亮运行一周的周期，同时还知道地—月距离为地球半径的60倍，于是可求出月亮运行的线速度。根据月亮运行的线速度和地—月距离，即可求得月亮运行的离心加速度 $a=30.017$ 巴黎尺/分^2。

如果地球的引力一直延伸到月亮，使月亮保持在自己的轨道上运行，引力产生的月亮的向心加速度必定是上面求出的数值30.017巴黎尺/分^2。牛顿猜想这个引力一定与地—月距离有关，假设它与距离的平方成反比。

（2）从开普勒（Johannes Kepler，1571—1630）行星运动第三定律推导出引力

与距离平方成反比的规律

牛顿完成这个工作是按行星椭圆轨道，运用微积分推算出来的。为了简化起见，这里我们引用牛顿早期的推算办法。由行星绕太阳运行的离心加速度计算公式，可得

$$a=\frac{v^2}{R}=\frac{\left(\frac{2\pi R}{T}\right)^2}{R}=\frac{4\pi^2 R}{T^2}$$

于是我们求得行星与太阳之间的引力

$$F=ma=\frac{4\pi^2 mR}{T^2}$$

将开普勒第三定律 $R^3=KT^2$ 代入上式，得

$$F=\frac{4\pi^2 mRK}{R^3}=4\pi^2 K\frac{m}{R^2}$$

这就是牛顿所说的“推动行星在轨道上运行的力量必定与它们到旋转中心的距离平方成反比”。

(3) 再由天上回到地上，用月球围绕地球的运动来检验平方反比定律

地球表面的重力加速度为

$$g=\frac{F}{m}=\frac{4\pi^2 Km}{R_e^2 m}=\frac{4\pi^2 K}{R_e^2}$$

式中，R_e 为地球半径。

月亮受地球引力产生的加速度为

$$a_m=\frac{F}{m}=\frac{4\pi^2 K}{R_m^2}$$

式中，R_m 为地—月距离。

所以可求得

$$a_m=g\frac{R_e^2}{R_m^2}$$

将地球半径，重力加速度与地—月距离等数据代入上式，可求得 $a_m=30.017$ 巴黎尺/分^2，与上面计算的实际数据正好相符。于是与平方成反比的关系得到验证。

(4) 考察引力与质量的关系

在 $F=4\pi^2 K\frac{m_1}{R^2}$式中，太阳与行星的引力 F 同行星质量 m_1 成正比，根据作用力与反作用力大小相等方向相反的定律，行星也有一作用力 $F'=-F$ 吸引太阳，由 $F=ma$ 公式，这个力显然与太阳的质量 m_2 成正比。于是 $4\pi^2 K$ 可以写成 Gm_2，G 为万有引力常数。于是得到万有引力公式

$$F=G\frac{m_1 m_2}{R^2}$$

万有引力定律的发现有重大意义：

①它是普遍规律的认识。伽利略研究了地球上的落体定律，是个别场合的认识；

开普勒研究了六个行星，找出共同规律，是特殊场合的认识；而万有引力定律却对于凡是有质量的物体都适用，是这个认识过程的终点。

②它是机制性的认识。通过万有引力定律，行星运动、落体运动的原因和必然性都揭示出来了。这标志着力学发展的一个新阶段。

③万有引力定律的认识是归纳的终点同时又是演绎的起点。由万有引力定律能推导出全部开普勒定律，对于偏离开普勒行星轨道的所谓"摄动"也就能给予合理的解释。一百多年以后正是依靠万有引力定律，从天王星轨道的摄动中推导出海王星的存在，并找到了它。从万有引力定律还可以解释地球的球形形状，并推导出潮汐效应。这种由一条定律的发现导致新定律发现的过程如同雪崩或连锁反应一样，乃是科学革命的特征之一。

牛顿在力学上最重大的贡献就是在伽利略、惠更斯等人的工作基础上，在他自己的万有引力定律的基础上，概括出机械运动的基本规律——牛顿三大定律。这些定律在牛顿的《自然哲学的数学原理》一书中作为古典力学体系的公理给出。在阐明三大定律之前，牛顿在书中先定义了质量、动量、惯性和力等基本概念。在这里最重要的是质量，一旦定义了质量，其他几个概念的定义问题就比较容易了。

牛顿三大定律的发现表明，科学原理的发现并非单是牛顿个人天才的产物，而是从伽利略开始的古典力学发展的必然结果。牛顿的功绩就在于从前人的局部发现中上升到普遍的规律，并从普遍规律的高度加以概括和总结。

5.1.3 拉格朗日、哈密顿和分析力学

在牛顿以后，矢量力学发展成为当时工程力学的各个分支。但是矢量力学不便于进行实际工程问题的计算，于是寻找比牛顿定律更广泛适用的、更简便的普遍原理，就提到了18、19世纪力学家们的议事日程上来。虚功原理、达朗贝尔原理等就先后出现了，最后导致分析力学的产生。

分析力学是力学在18世纪最重要的成就，其奠基者是法国的大科学家拉格朗日(J. L. Lagrange，1736—1813)。拉格朗日的巨著《分析力学》是18世纪力学研究成果的总结。到了19世纪，在拉格朗日工作的基础上，W. R. 哈密顿(W. R. Hamilton，1805—1865)建立了最小作用原理（即哈密顿原理），对分析力学做了进一步的发展。

拉格朗日是法国人，出生在意大利的都灵。他30岁时就因在天文学研究中取得的成果两次获得法国科学院奖。1766年被欧拉推荐为自己的接班人，担任柏林科学院物理数学研究所所长。拉格朗日在柏林科学院整整工作了20年，在这期间他除了力学，还对数学中的代数、数论、微分方程、变分法以及天文学等进行了广泛而深入的研究，取得了极其丰硕的成果。特别是他的《分析力学》一书，在总结历史上各种力学基本原理的基础上，发展了达朗贝尔、欧拉等人的研究成果，提出了运用于静力学和动力学的普遍方程，又引进广义坐标的概念，建立了拉格朗日方程，把力学体系的运动方程从以力为基本概念的牛顿形式，改变为以能量为基本概念的分析力学形式，从而奠定了分析力学的基础，为把力学理论推广应用到物理学其他领

域开辟了道路。在书中他还利用变分法，把宇宙描绘成一个由数字和方程组成的优美和谐的力学体系，动力学在这里达到了登峰造极的地步。哈密顿把《分析力学》这本书称之为“科学诗篇”。

拉格朗日是天体力学的奠基者，在他的研究工作中，约有一半同天体力学有关。天体力学是在牛顿发表万有引力定律（1687）时诞生的，很快成为天文学的主流。它的学科内容和基本理论是在18世纪下半叶建立的，主要奠基者为欧拉、拉格朗日和拉普拉斯等人。拉格朗日的工作主要是用自己在分析力学中的原理和公式，建立起各类天体的运动方程，并对它们求解。其中特别是他建立的拉格朗日行星运动方程，在天体力学中得到了广泛应用，对摄动理论的建立和完善起了重大作用。

在这里一个重要的问题是对三体问题的研究。三体问题是研究各个天体运行轨道的问题。由于要考虑三个天体的相互作用，问题非常复杂，很难求解。拉格朗日对简化的三体问题，即椭圆轨道限制性三体问题做出了突破性的贡献，他发现了限制性三体问题运动方程的五个特解，即拉格朗日平动解。他的这个理论结果在100多年后得到证实。我国嫦娥二号月球探测器在完成月球探测任务离开月球轨道后，就是飞往距离地球150万公里的拉格朗日点，进行深空探测。

拉格朗日同时也是一位大数学家，他在数学的许多领域都做出了重要的贡献。在变分法、微分方程、方程论、数论、函数和无穷级数等许多数学分支他都有重要成果，特别是拉格朗日内插公式和拉格朗日乘子法，直到现在在一些科研领域和工程的研发工作中还经常在使用。

变分法是拉格朗日最早研究的领域，他以欧拉的思路和结果为依据，但从纯分析方法出发，得到更完善的结果。“变分法”这个名字就是拉格朗日在一篇论文中对这个数学分支命的名，后来得到了欧拉的同意。

在微分方程理论方面，拉格朗日对变系数常微分方程研究取得了重要成就。他在降阶过程中提出了以后所称的伴随方程，并对其进行了深入的研究。他系统地研究了微分方程奇解和通解的关系，并指出奇解为原方程积分曲线族的包络线。拉格朗日还是一阶偏微分方程理论的创建者。

在求解代数方程方面，拉格朗日把前人解三、四次代数方程的各种解法，总结为一套标准方法，而且还分析出一般三、四次方程能用代数方法解出的原因。但是在求解五次方程的问题上他没有成功，然而他的想法已蕴含着置换群概念，因而拉格朗日是群论的先驱。他的思想为后来的N. H. 阿贝尔和E. 伽罗华采用并发展，终于解决了高于四次的一般方程为何不能用代数方法求解的问题。

拉格朗日在数论领域有杰出成就。他不但获得了更一般的费马方程 $x^2-Ay^2=B$（A、B、x、y 为整数）的解，并讨论了更广泛的二元二次整系数方程 $ax^2+2bxy+cy^2+2dx+2ey+f=0$，解决了其整数解问题，还证明了费马的另一个猜想：一个正整数能表示为最多四个平方数的和。在1773年拉格朗日又证明了著名的定理：n 是素数的充分必要条件为 $(n-1)!+1$ 能被 n 整除。

总之，近百余年来，数学领域的许多新成就都可以认为直接或间接地溯源于拉格朗日的工作。所以他在数学史上被认为是对分析数学的发展产生全面影响的数学家之一。由于在科学上的贡献，拉格朗日被授予伯爵爵位，去世后安葬在巴黎的先贤祠。

哈密顿是英国人，1805 年出生于爱尔兰的都柏林。他自幼天资过人，3 岁半能读英语，会算术；5 岁能译拉丁语、希腊语和希伯来语，并能背诵荷马史诗；9 岁便熟悉了波斯语、阿拉伯语和印地语；14 岁时已能流利地讲 13 种外语，在都柏林欢迎波斯大使宴会上他用波斯语与大使交谈；22 岁时大学还没毕业就被任命为天文学教授。1834 年，哈密顿从光学研究中受到启发，发表了历史性论文《一种动力学的普遍方法》，也就是哈密顿原理，这是动力学发展过程中的新里程碑。在对复数长期研究的基础上，哈密顿在 1843 年正式提出了四元数，这在代数学中也是一项重要成果。

哈密顿最重要的成就是提出了哈密顿原理，使各种动力学定律都可以从一个变分式推出。根据哈密顿原理我们只需要设定系统在两个点的状态，即最初状态与最终状态，经过求解系统作用量的平稳值，我们就可以得到系统在两个点之间的其他点的状态。这不但适用于经典力学问题，也适用于电磁场，甚至量子力学，而现在哈密顿原理的应用已经延伸到量子场论了。

哈密顿对最小作用量原理进行研究后提出应代之以“极值原理”，因为“自然界的很多现象中作用是极大的或稳定的”。哈密顿又对最小作用量原理引入一组新变量（p_i，q_i）作为独立变量，后来又引入一个新函数 H，经过推导，很容易就可以把拉格朗日方程化为一阶线性微分方程组，即哈密顿正则方程，这就是说，通过变分，可以把微分方程变成最理想、最简单的形式。哈密顿用这个方程阐明的普遍原理，对后来建立量子力学中的薛定谔方程和爱因斯坦的广义相对论都提供了工具。

由于能量观点和拉格朗日方程、哈密顿原理及正则方程，不仅适用于经典力学，也完全适用于量子力学、相对论、电动力学、统计物理、量子场论、基本粒子等各个领域，因而分析力学也就成了理论物理和现代物理的入门课程。

5.1.4　近代力学的发展

随着工业革命的产生，从 18 世纪末开始整个自然科学的发展进入了快车道，而且愈来愈快。物理当然也不例外。热力学和电学分别都产生了重大突破，光学也得到了长足的进展。特别是力学，在欧拉和拉格朗日创建的经典力学引领下，与各种物理和工程问题的结合愈来愈紧密，各种新的力学学科不断涌现，内容愈来愈丰富。作为一个独立的学科，在通常意义上力学主要包括固体力学和流体力学，近半个多世纪又出现了爆炸力学。固体力学可分为刚体力学和变形体力学；流体力学可分为理想流体动力学、黏性流体动力学、不可压缩流体动力学和可压缩流体动力学；爆炸力学则有自己的特点，也涉及爆炸时的固体力学和流体力学。这一节只讨论通常意义下的力学问题，至于热力学、量子力学、电动力学等非通常意义的力学，将在本书物理学其他有关的章节中介绍。

5.1.4.1　固体力学

固体力学在近代的发展大量的是变形体固体力学，所以对固体力学我们这里讨论的主要是变形体固体力学。

变形体固体力学是近代在欧洲开始发展起来的。按照其内容的特点，变形体固体力学大致上可以分为材料力学、结构力学、弹性力学、塑性力学和断裂力学等学科。下面我们对这些学科的发展情况分别进行介绍。

1. 材料力学、结构力学

变形体固体力学最基本的定律是弹性变形与外力成正比的定律，也就是英国的胡克（Robert Hooke，1635—1703）在 17 世纪发现的胡克定律。其实，这个定律我国东汉时期的郑玄已经发现了。从发现胡克定律开始，变形体固体力学随着工程实践中各种力学问题的出现和解决，逐步发展起来。它主要是研究梁的各种变形和应力分布问题，即梁的拉伸、压缩、剪切、弯曲和扭转以及稳定性。到了 19 世纪就形成了材料力学。

材料力学的特点是分析一根梁受载后的变形和应力分布的问题，但工程中碰到的都是若干根梁组合在一起的结构，这超出了材料力学讨论的范围。于是，工程问题结构分析的实际需要促成了结构力学的诞生。结构力学研究的内容是分析组合结构的力学问题。结构力学包括杆系结构力学和板壳结构力学，前者讨论梁的组合结构的分析，后者研究各种不同形状的薄板、厚板以及壳体结构的力学问题。杆系结构力学分析的问题包括以桁架为代表的静定结构以及以刚架组合和连续梁等为代表的超静定结构，而以超静定结构居多。求解超静定问题采用的计算方法主要有力法和变位法（也称位移法或形变法）两种。这两种计算方法中，力法产生得比较早，大约 19 世纪末就已经出现，而变位法在 1914 年才由班迪克森（Bendixen）提出来。对于大规模杆系结构力学问题，超静定次数往往是比较高的，计算工作量很大，由于计算手段的落后，这套算法在工程设计上的应用受到了限制。这个问题在电子计算机发明和有限单元法产生以后才得以解决。

除了力法和变位法两种方法外，对杆系结构力学问题还有一种近似解法，这就是弯矩分配法。这是在变位法基础上产生的一种迭代解法，可以减小计算工作量，它是由克罗斯（H. Cross）在 20 世纪 30 年代提出的，我国学者林同炎对弯矩分配法有重要贡献。

板壳结构力学也称板壳力学，求解的是高阶偏微分方程，这是与杆系结构力学根本不同的。薄板的基本方程是 19 世纪初法国女数学家索菲·热尔曼（S. Germain，1776—1831）给出的，这可能是板壳力学最早的工作。后来德国的克希霍夫（G. R. Kirchhoff，1824—1887）提出了薄板问题的克希霍夫假设，成了薄板分析的基础。19 世纪末在克希霍夫工作的基础上，英国的乐甫（A. E. H. Love，1863—1940）对薄壳提出了克希霍夫—乐甫假设，即直法线假设，并推导出了弹性薄壳的平衡方程，为 20 世纪上半叶板壳力学的大发展奠定了基础。乐甫是 19 世纪末到 20 世纪初弹性力学的大权威，他的《弹性的数学理论教程》一书对 20 世纪以前弹性力学的研究成果进行了全面的总结，对弹性力学的发展产生了很大的影响，因而这本书在三十多年里连续出了 4 版，而每一版的内容都有许多重要的扩充。十月革命以后，在苏联迎来了板壳力学的迅猛发展，出现了一批板壳力学家，做出了不少举世瞩目的成绩，其中最突出的是符拉索夫（В. З. Власов，1906—1958）。他利用变分法，在中长折壳、扁壳、开口薄壁杆件以及壳体的一般理论等各方面取得了许多成果。板壳力学的研究高潮到 20 世纪 50 年代逐渐告一段落，到 60 年代为有限单元法所取代。

2. 弹性力学、塑性力学

材料力学主要是从工程实践发展来的，结构力学又完全建立在材料力学的基础上，因此它们都是工程科学，求出的结果是近似的。对于孔洞附近的应力集中以及结构中几何形状突变部位的应力分布等问题根本无法求解。这就要靠弹性力学了。

弹性力学的基本方程是 19 世纪初法国数学家柯西推导出来的，后来法国的圣维南（Saint-Venant，1797—1886）提出了圣维南原理，使弹性力学能在许多工程问题中得到应用。圣维南还提出了用半逆解法求解弹性力学问题，这方面成功求解的一个著名例子就是杆件的扭转问题。尽管如此，由于问题的复杂，能用弹性力学理论求解的实际问题仍是极其有限的。20 世纪 30 年代苏联的穆斯海里什维利（Мусхелишвили，1891—1976）提出用复变函数保角映射的方法求解弹性力学平面问题，获得了很大的成功。我国的唐立民（1924—2013）发展了穆斯海里什维利的求解弹性力学问题的复变函数方法，将其应用范围从单连通区域扩大到多连通区域，解决了三峡大坝设计中输水洞孔附近的应力分布等一系列问题。

尽管穆斯海里什维利学派的方法对求解弹性力学问题卓有成效，但这方法要求使用者具有相当高深的数学知识，在工程中大量应用几乎是不可能的。直到 20 世纪 60 年代有限单元法的出现才真正解决了弹性力学在工程中实际应用的问题。

这里必须要介绍一下俄国力学家铁木辛柯（С. П. Тимошенко，1878—1972）的工作。铁木辛柯于 1901 年毕业于彼得堡交通道路学院，十月革命后来到美国。1928 年铁木辛柯建立了“美国机械工程师学会力学部”，在弹性力学领域做了许多研究，还组织了多种力学讨论会，推动了美国力学研究工作的开展。铁木辛柯又是一位力学教育家，他编写了大批大学力学和工程专业用的教科书，像《材料力学》《高等动力学》《弹性力学》《工程中的振动问题》《弹性系统的稳定性》《板壳力学》等，一共有 20 多种。这些书深入浅出，论述系统，取材合理，是很优秀的图书，培养了全世界好几代的力学工作者和结构分析工程师。

弹性力学研究的问题有一个限制条件，这就是结构的变形在材料的屈服极限以内。如果结构的变形超过了材料的屈服极限，问题就变成了塑性力学研究的范畴。塑性力学也是固体力学的一个分支，它主要研究固体受力后处于塑性变形状态时，塑性变形与外力的关系，以及物体中的应力场、应变场和有关规律，也研究塑性状态下问题的计算分析方法。物体受到足够大外力的作用后，它的一部分或全部变形会超出弹性范围而进入塑性状态，外力卸除后，变形的一部分或全部并不消失，物体不能完全恢复到原有的形态。

塑性力学的研究，是从 1773 年库仑（Coulomb，1736—1806）研究土壤压力理论，提出土的屈服条件开始的。屈雷斯卡（H. Tresca）于 1864 年根据冲压的实验结果对金属材料提出了最大剪应力屈服条件。1900 年格斯特（Guest）通过薄壁管的联合轴压、扭转和内压试验，初步证实最大剪应力屈服条件。

此后 20 年内进行了许多类似实验，提出多种屈服条件，其中最重要的是冯·米塞斯（von Mises，1883—1953）于 1913 年从数学简化的要求出发提出的屈服条件（后称米塞斯条件）。米塞斯还独立地提出和莱维一致的塑性应力—应变关系（后称为莱维—米塞斯本构关系）。为更好地拟合实验结果，罗伊斯（Reuss）于 1930 年在普朗特（Prandtl，1875—1953）的启示下，提出包括弹性应变部分的三维塑性应力—应变关系。至此，塑性增量理论初步建立。但当时增量理论用来求解具体问题还有很大困难。在 1924 年亨奇（Hencky）提出了塑性全量理论，由于应用方便，该理论曾被纳戴（Nadai）等人，特别是伊柳辛（A. A. Ильюшин）等苏联学者用来解决大量实际问题。

与弹性力学相类似，塑性力学在工程中的大量应用，特别是增量理论的应用，也要等到有限单元法产生之后才有可能。

3. 断裂力学

在第二次世界大战以后高强度和超高强度材料使用得愈来愈多，对传统的强度理论提出了挑战。于是在 20 世纪 50 年代断裂力学应运而生。断裂力学是研究含裂纹的构件的强度与寿命的，是结构损伤容限设计的理论基础。断裂力学分为线弹性断裂力学与弹塑性断裂力学两大类，前者适用于裂纹尖端附近小范围屈服的情况；后者适用于裂纹尖端附近大范围屈服的情况。弹塑性断裂力学发展很快，但是线弹性断裂力学在结构损伤容限设计中仍然占据重要地位。

现代断裂理论大约是在 1948—1957 年间形成的，它是在经典格里菲斯理论的基础上发展起来的。1921 年英国科学家格里菲斯（Griffith，1893—1963）提出了“为什么玻璃的实际强度比从它的分子结构所预期的强度低得多?”的问题，他推测这可能是由于微小的裂纹所引起的应力集中所造成。于是他提出了能量准则，作为判断脆性材料以及与材料裂纹尺寸有关的断裂准则。这就是断裂力学的最早发端。1957 年美国科学家欧文（G. R. Irwin）提出了应力强度因子的概念，这是线弹性断裂力学中最重要的力学参量，它控制裂纹尖端附近的应力场和位移场。到了 20 世纪 60 年代，断裂力学很快发展起来。断裂力学的研究内容为：

①裂纹的起裂条件。

②裂纹在外部载荷和（或）其他因素作用下的扩展过程。

③裂纹扩展到什么程度物体会发生断裂。

另外，为了工程应用的需要，还研究含裂纹的结构在什么条件下破坏；在一定载荷下，可允许结构含有多大裂纹；在结构裂纹和结构工作条件一定的情况下，结构还有多长的寿命等。

5.1.4.2 流体力学

1. 流体力学的产生与发展，N-S 方程

流体力学是力学的一门分支，是研究流体现象以及相关力学行为的科学。按照

流体作用力来分，流体力学可分为流体静力学、流体运动学和流体动力学；按照研究的“力学模型”来分，流体力学可分为理想流体动力学、黏性流体动力学、不可压缩流体动力学、可压缩流体动力学和非牛顿流体力学等，还可按流动物质的种类把流体力学分为水力学和空气动力学。

流体力学诞生的标志是18世纪贝努利方程和欧拉方程的建立。1738年丹尼尔·贝努利出版了《流体动力学》一书。书中用能量守恒定律解决流体的流动问题，发现了“流速增加、压强降低”的贝努利原理，给出了流体动力学的基本方程，即贝努利方程。1755年欧拉推导出了流体平衡与运动方程。然而贝努利和欧拉的流体力学方程讨论的都是理想流体，没有计入流体的黏性。1822年，法国人纳维（L. Navier，1785—1836）建立了黏性流体的基本运动方程；1845年，英国人斯托克斯（G. G. Stokes，1819—1903）又以更合理的基础导出了这个方程。这组方程就是沿用至今的纳维—斯托克斯方程（简称N-S方程），它是流体动力学的理论基础。上面说到的欧拉方程正是N-S方程在黏度为零时的特例。N-S方程在大多数实际情况下是非线性的偏微分方程，极难求解。1883年英国人雷诺（O. Reynolds，1842—1912）用实验证实了黏性流体的两种流动状态——层流和紊流，找到了实验研究黏性流体流动规律的相似准则数——雷诺数，提出了雷诺平均N-S方程，该方程至今还是湍流计算中主要的数学模型。德国的普朗特学派在1904年到1921年间逐步将N-S方程作了简化，建立了边界层理论，同时又提出了许多新概念，广泛应用于飞机和汽轮机的设计上。

20世纪初，以儒科夫斯基、恰普雷金、普朗特等为代表的科学家，创建了以无黏不可压缩流体位势流理论为基础的机翼理论，阐明了空气能把飞机托上天空的原理。机翼理论和边界层理论的建立和发展是流体力学的一次重大进展。随着汽轮机的逐步完善和飞机飞行速度的不断提高，对空气密度变化效应的实验和理论研究得到了加强，这就为高速飞行提供了理论指导。20世纪40年代以后，由于喷气推进和火箭技术的应用，飞行器速度超过声速，进而实现了航天飞行，使气体高速流动的研究进展迅速，形成了气体动力学、物理-化学流体动力学等分支学科。

以这些理论为基础，在20世纪40年代，为研究原子弹、炸药等起爆后激波在空气或水中的传播问题，创建了爆炸波理论。此后，流体力学又发展了许多分支，如超音速空气动力学、高超音速空气动力学、稀薄空气动力学、电磁流体力学、两相（气液或气固）流等等。

2. 流体力学群英：儒科夫斯基、恰普雷金、普朗特、冯·卡门

儒科夫斯基（Н. Е. Жуковский，1847—1921），俄国空气动力学家，航空科学的开拓者。列宁称他为“俄罗斯航空之父”。1907年他运用环流的概念阐明了升力产生的原理，推导了计算公式。这是现代机翼升力理论和理论空气动力学的基础，是儒科夫斯基最重要的贡献。没有这个发现，航空科学的发展是不可能的。儒科夫斯基还发展了飞行动力学，为飞机气动力计算奠定了基础。他最先运用数学方法画出一系列机翼翼型。1912—1918年他提出了一系列关于螺旋桨涡流理论的论文，为设计螺旋桨提供了理论根据。

恰普雷金（С. А. Чаплыгин，1869—1942），苏联的著名力学家。他在 1910 年提出的假说和儒科夫斯基定理一起解决了气流在流线型物体上的作用力问题，被称为恰普雷金—儒科夫斯基假说。从这个假说出发，恰普雷金导出了计算气流在阻塞体上的压力的恰普雷金公式。他后期的工作解决了一系列气体动力学的复杂问题，如举力点的确定、机翼在飞行中的稳定性问题等。1914 年恰普雷金发表了题为《机翼叶栅理论》的论文，其内容后来成为螺旋桨、汽轮机和水力机械的设计依据。

路德维希·普朗特（Ludwig Prandtl，1875—1953），德国物理学家，近代力学奠基人之一。普朗特最有名的工作是创建了流体流动的边界层理论，这在计算飞行器阻力、控制气流分离和计算热交换等问题上都是很重要的。普朗特在 1918—1919 年间提出了“兰开斯特—普朗特机翼理论”，其中包括举力线理论、最小诱导阻力理论以及升力线、升力面理论等，对机翼理论有重要贡献。普朗特还专门研究了带弯度翼型的气动问题，并提出简化的薄翼理论，指出翼尖涡和诱导阻力的本性。普朗特研究了超音速流动，提出普朗特—葛劳渥（Glauert）法则，并与他的学生梅耶（Meyer）一起研究了膨胀波现象（普朗特－梅耶流动），还首次提出超音速喷管设计方法。在湍流理论方面，他提出了层流稳定性和湍流混合长度理论。由于完成了大量的流体力学开创性工作，普朗特被称为“现代流体力学之父”。

西奥多·冯·卡门（Theodore von *Kármán*，1881—1963），匈牙利裔美籍犹太人，是 20 世纪美国最伟大的力学家和工程学家，对于数学、力学在航空和航天以及其他技术领域的应用有重要贡献，被誉为“航空航天时代的科学奇才”。我国著名科学家钱学森、郭永怀和钱伟长等都是他的亲传弟子。

1911 年卡门归纳出钝体阻力理论，即著名的“卡门涡街”理论。这个理论大大改变了当时公认的气动力原则。1939 年，冯·卡门要求钱学森把“亚音速”空气动力学和“超音速”空气动力学两大命题作为博士论文的研究课题，钱学森工作的结果建立起了两个崭新的空气动力学学科，而其中一个命题就是著名的“卡门—钱学森公式”。这个公式是由冯·卡门提出命题，钱学森做出的结果。这个公式第一次发现了在可压缩的气流中，机翼在亚音速飞行时的压强和速度之间的定量关系。1946 年，冯·卡门提出跨音速相似律，它与普朗特的亚音速相似律、钱学森的高超音速相似律和阿克莱的超音速相似律合起来为可压缩空气动力学形成一个完整的基础理论体系。可以说航空学和航天学上一些最光辉的理论、概念都与冯·卡门有关，20 世纪的一些最重要的飞行的成功也都与他有密切的关系。在弹性、振动、传热和结晶学等其他领域冯·卡门也有贡献。

5.1.4.3　爆炸力学

爆炸力学是研究爆炸的发生和发展规律以及爆炸的力学效应的利用和防护的学科，产生于第二次世界大战时期。爆炸力学从力学角度研究化学爆炸、核爆炸、电爆炸、粒子束爆炸（也称辐射爆炸）、高速碰撞等能量突然释放或急剧转化的过程和由此产生的强冲击波、高速流动、大变形和破坏、抛掷等效应。自然界的雷电、地震、火山爆发、陨石碰撞、星体爆发等现象也可用爆炸力学方法来研究。爆炸力学包括爆轰学、冲击波理论、应力波理论、材料动力学、空中爆炸和水中爆炸力学、高速碰撞动力学、粒子束高能量密度动力学、爆破工程力学、爆炸工艺力学、爆炸结构动力学、瞬态力学测量技术等分支学科。爆炸波在介质中的传播以及波所引起的介质流动、变形、破坏和抛掷现象是爆炸力学研究的中心内容。爆轰的流体力学理论是波在可反应介质中当化学反应和力学因素强烈耦合时的流体力学理论。气相、液相、固相、混合相物质的稳态和非稳态爆轰、爆燃和爆轰间的转化、起爆机理和爆轰波结构等都是爆轰学研究的对象。

由于爆炸力学研究的是高功率密度的能量转化过程，大量能量通过高速的波动来传递，历时极短而强度极大，这是爆炸力学的第一个特点。其次，爆炸力学研究中常需考虑力学因素和化学物理因素的耦合、流体特性与固体特性的耦合、载荷和介质的耦合等，因此，多学科的渗透和结合成为爆炸力学发展的必要条件。爆炸研究促进了对流体和固体介质中冲击波理论、流体弹塑性理论、黏塑性固体动力学的探索。爆炸瞬变过程的研究则推动了各种快速采样的实验技术，像高速摄影、脉冲X射线照相、瞬态波形记录等技术的发展。

爆炸力学的重要性是不言而喻的。从国防方面来看，在发展核武器、进行核试验、研究核爆炸防护措施方面，爆炸力学都是重要工具。在各种常规武器弹药的研制、防御方面，也离不开爆炸力学。激光武器和粒子束武器也需要从爆炸力学的角度进行研制。而爆炸力学实验技术（如冲击波高压技术）为冲击载荷下材料的力学性能的研究提供了方法和工具。从国家建设方面看，在矿业、水利和交通运输工程中，用炸药爆破岩石是必不可少的传统方法。在城市改造、国土整治中，控制爆破技术更是不可或缺的。爆炸在机械加工方面也有广泛的应用，如爆炸成型、爆炸焊接、爆炸合成金刚石、爆炸硬化等。爆炸防护在工业安全方面有特殊重要的地位，井下瓦斯爆炸、天然气爆炸、粉尘爆炸（例如铝粉、煤粉、粮食粉末等）等都是生产上必须关注的问题。

5.1.4.4 中国力学工作者的贡献：周培源、钱学森、郭永怀、钱伟长、郑哲敏、黄克智、林同炎

周培源（1902—1993），江苏宜兴人，美国加州理工学院理学博士，理论物理学家、流体力学家，中国科学院院士。曾长期担任中国物理学会理事长，中国力学学会副理事长。历任清华大学教务长，北京大学校长，中国科学院副院长，曾担任国际应用力学大会理事和国际理论与应用力学联合会（IUTAM）理事。1952年在北京大学领导创办了中国第一个力学专业。

周培源在学术上的成就，主要在物理学基础理论的两个重要方面，即爱因斯坦广义相对论中的引力论和流体力学中的湍流理论的研究。对前者他研究并初步证实了广义相对论引力论中“坐标有关”的重要论点，并在20世纪80年代后期获得了科学实验的初步支持；对后者他在脉动方程导出的动力学方程的基础上，引进了必要的假设，建立了湍流理论，后来又提出了两种求解湍流运动的方法，为湍流研究者开辟了崭新的研究途径。特别是第一种解法奠定了湍流模式理论的基础，在国际上被誉为“现代湍流数值计算的奠基性工作”。世界各国不少人都沿着他的方法进行

开拓，形成了“湍流模式理论”流派。因此周培源被称为世界当代流体力学的“四位巨人”之一。

钱学森

郭永怀

钱学森（1911—2009），吴越王钱镠第33世孙，生于上海，祖籍浙江省杭州市，著名科学家，空气动力学家，中国载人航天奠基人，中国科学院及中国工程院院士，中国两弹一星功勋奖章获得者，曾获中科院自然科学奖一等奖、国家科技进步奖特等奖、小罗克韦尔奖章和世界级科学与工程名人称号，被誉为“中国航天之父”。1956年，钱学森任中国科学院力学研究所所长。随后中国力学学会成立，钱学森被一致推举为第一任理事长。

钱学森在从事研究工作的早期，在固体力学方面做过出色的工作，后来他的兴趣转到空气动力学方面，与冯·卡门合作进行了可压缩边界层的研究，创立了“卡门—钱学森”方程；又与郭永怀合作最早在跨音速流动问题中引入上、下临界马赫数的概念；二维无黏性定常亚音速流动中估算压缩性对物体表面压力系数影响的公式，是由冯·卡门和钱学森在1939年推出的；他和冯·卡门一起提出的高超音速流动理论，为飞行器克服音障和热障提供了依据；而以他和冯·卡门名字命名的卡门—钱学森公式则成为空气动力计算上的权威公式，并被用于高亚音速飞机的气动设计。

1954年钱学森发表《工程控制论》一书，把维纳创建的控制论推广到工程技术领域。该书讨论在工程设计和实验中能够直接应用的关于受控工程系统的理论、概念及方法，将其加以整理和总结，提高成科学理论，指导千差万别的工程实践。这本书很快被译成多种文字在世界各国出版。

钱学森的导师冯·卡门这样评价钱学森：“我们的朋友钱学森，是1945年我向美国空军科学顾问组推荐的专家之一。他是当时美国处于领导地位的第一流火箭专家，后来成了世界闻名的新闻人物。钱学森作为加州理工学院火箭小组的元老，曾在第二次世界大战期间对美国火箭研究做出重大贡献。他是一个无可置疑的天才，他的工作大大促进了高速空气动力学和喷气推进科学的发展。他的这种天资是我不常遇到的。我发现他非常富有想象力，他具有天赋的数学才智。”

郭永怀（1909—1968），山东荣成人，著名力学家、应用数学家、空气动力学家，我国近代力学事业的奠基人之一。

郭永怀长期从事航空工程研究，发现了上临界马赫数，发展了奇异摄动理论中的变形坐标法，即国际上公认的PLK方法，倡导了我国的高超音速流、电磁流体力学、爆炸力学的研究，培养出了一批优秀力学人才。他担负了国防科学研究的业务领导工作，为发展我国的导弹、核弹与卫星事业做出了重要贡献。1968年12月郭永怀在出差时飞机失事，以身殉国。1999年被授予“两弹一星荣誉勋章”。

钱伟长（1912—2010），力学家，江苏无锡人，中国科学院院士。钱伟长在板壳内禀统一理论，板壳大挠度问题的摄动解和奇异摄动解，广义变分原理，环壳解析解等方面，做出了突出的贡献。特别是1941年他与导师共同发表了论文《弹性板壳的内禀理论》，得到了任意壳体的非线性方程组，在国际力学界引起了很大的反响。1954年钱伟长提出“圆薄板大挠度理论”，获1956年国家科学奖二等奖，1979年完成的“广义变分原理的研究”，获1982年国家自然科学奖二等奖。

郑哲敏（1924—），原籍浙江鄞县，生于山东济南，钱学森的博士生，爆炸力学专家，中国科学院和中国工程院院士，美国国家工程科学院外籍院士。长期从事固体力学研究，开拓和发展了我国的爆炸力学事业。2013年1月，荣获2012年度国家最高科学技术奖。

在我国，爆炸力学是在20世纪60年代初由钱学森、郭永怀倡导而发展起来的。之后的三十年里，郑哲敏在研究解决爆炸加工、爆破、核爆炸、爆破安全、高速运动的稳定性以及材料的动态力学性质等应用问题中，对创建和发展这门学科做出了杰出的贡献，其中包括提出了薄板在水下爆炸冲击波作用下的变形理论；提出了多种爆炸和冲击的相似律；提出了多种耦合运动的理论，包括两种物体的耦合运动以及同一物体中流体性质和固体性质相互影响的耦合效应的理论等。

黄克智（1927—），力学家，江西南昌人，祖籍福建福州，清华大学工程力学系教授，中国科学院院士。长期从事板壳力学、断裂力学的理论及应用的研究。在壳体理论方面，黄克智研究了壳体分析的各种近似方法，确定了这些近似方法的适用范围和误差量级；他发展了分解合成法，运用应力状态的简单状态的组合来满足全部边界条件而求得最后的解。在断裂力学方面，黄克智对工程中重要的幂硬化材料提出新的扩展裂纹尖端奇异场理论，基本解决了这一国际性难题，并提供了新的结构缺陷评定方法。他利用宏细观结合的本构理论，剖析了形状记忆合金和结构增韧陶瓷的相变变形本构关系。

林同炎（1912—2003），福州人，他是预应力工程理论的研究者及最早实施者，被誉为“预应力先生”，现在全球70%以上的现代建筑都采用了预应力技术。1970年美国土木工程学会将该学会的预应力混凝土奖改称“林同炎奖”，这是第一个以中国人名字命名的科学奖。林同炎教授是第一个入选美国国家工程院的美籍华人，他又是中央研究院院士、中国科学院外籍院士。林同炎的主要作品有：世界上最大的双曲线抛物面壳顶结构的波多黎各体育馆、旧金山地下展览厅（由于抗震效果好，地震时期该展厅成为许多市民的“避难所”）、尼加拉瓜首都马拉瓜18层的美洲银行大厦（在1972年中美洲大地震中安然无恙，鹤立鸡群，而马拉瓜市区万座以上高楼尽悉震毁）。

5.1.5 计算力学

计算力学是在20世纪中期电子计算机出现并逐渐普及的基础上产生并发展起来的，它首先应用于结构分析领域，随后进入流体力学。计算力学利用电子计算机计算的高效率和自动化，解决了大量工程设计中的应力分析和振动计算问题，由此又产生了结构最优化设计。随着电子计算机硬件的持续高速发展，计算力学求解的问题由线性发展到非线性，解题规模也愈来愈大，从而极大地推动了国民经济各个领域方方面面工程的设计，特别是那些愈来愈复杂的现代航空与航天飞行器结构的设计也应用计算力学实现了精确的结构分析，这同时当然也推动了力学理论更深入的发展。可以毫不夸张地说，计算力学是当前力学最活跃的一个分支，现在国民经济任何一个部门都离不开计算力学的应用。

5.1.5.1 结构分析中的数值方法

利用计算力学进行结构分析有很多种方法，像有限单元法、边界元法，加权残数法，还有早就产生的差分法等等，其中以有限单元法最为成熟，应用也最为广泛。

有限单元法的思想在20世纪50年代在欧美一些工业发达国家就产生了，其中最著名的是J. H. 阿吉里斯（J. H. Argyris）的工作。阿吉里斯是希腊裔力学家，在德国工作，20世纪50年代他采用能量法分析复杂结构，并以《复杂超静定结构的现代解法》为题出版了相当于专著的文集，这可以说是有限元思想产生的开始。后来他又领导了世界上第一个大型结构分析程序系统ASKA的研制。与阿吉里斯差不多同时，美国的R. W. 克拉夫（R. W. Clough，1922—?）、英国的O. C. 辛凯维奇（O. C. Zienkiewicz，1922—2009）、中国的冯康（1920—1993），也都先后对结构分析问题提出了类似的思想，做了相应的开创性工作。有限单元法这个名字是克拉夫1960年在论文《平面应力分析中的有限单元法》中取的。

在有限元法创建的早期，在理论上对其进行发展并在工程实际应用上做出重要贡献的是O. C. 辛凯维奇。辛凯维奇是英国著名的工程力学和计算力学家，1998年当选为中国科学院外籍院士。他在有限元法许多具方向性的重大进展上都做出了开创性的贡献，在国际工程界和力学界都有重要影响。1967年辛凯维奇出版了世界有限元领域最早的著作《有限单元法》。这是一本名著，在40年间先后出了五版，每一版内容都有更新，从结构分析发展到固体力学，最后扩展到流体力学，从一卷本扩展成三卷本，凝聚了作者一生的科研成果，培养了全世界几代搞计算力学的师生，是有限元领域的经典之作。

有限单元法首先成功地应用在杆系结构的分析中，紧接着在平面问题的应力计算中也大显身手，但当用来计算板壳问题时却不收敛。这时美国麻省理工学院的华裔学者卞学鐄（1919—2009）教授提出了杂交元，解决了板壳计算的问题。

有限单元法离不开单元的分析，其计算精度与单元的形态和精度有很大的关系。

在 20 世纪 60 年代有限单元法刚诞生时，普遍使用的单元是三角形元。这是一种常应变单元，计算精度并不太高。随着对有限元理论研究的深入，精度更高、计算效果更好的等参元、高次元以及各种各样的不谐调元纷纷出现了，并被大量应用在实际工程问题的有限元计算中。

有限单元法最后归结为求解大型线性代数方程组。这种方程组的解法有三种，即直接法、迭代法和波前法。直接法又有很多种，通常用的是 LDL^T 法。直接法计算效率高，但要求的存储量也大。迭代法正相反，要求的存储量小，但计算需要的机时长。波前法的特点介于直接法和迭代法之间。

利用有限单元法计算工程结构，最重要的问题在于建立合理的计算模型和合理的划分网格，最大的工作量则是准备节点的坐标和单元的拓扑参数数据。于是前处理器应运而生，它能代替计算工作者自动完成有限元计算的建模、划分网格和全部数据准备工作。现在国际上流行的大型有限元商用软件无不带有各自相应的前处理器。当然也有专做建模和划分网格的独立的前处理软件。

与前处理相对应，有限元计算的后处理问题也提到日程上来。对结构的常规静力计算，通常要输出计算模型的每个节点的各个位移和各种应力。随着分析的结构愈来愈复杂，计算规模愈来愈大，求出的计算结果数据愈来愈多，根据输出结果进行分析，那简直是不堪忍受的。于是绘制结构的变形图、各种应力的等值线图、温度场分布图和各种特征对的结构振型图等的后处理软件都开发了出来，现在又发展到利用颜色的不同来表示应力、温度等的变化，大大简化了对计算结果的分析。

对大型复杂结构进行有限元分析一个非常有效的方法是多重多支子结构技术。子结构方法的基本思想是采用多级离散和重复调用的办法实现结构的有限元模型化，这可以大大方便建模和网格生成，也可以在很大程度上（甚至呈数量级地）减少计算工作量。

在工程结构分析中广泛普及静力有限单元法的同时，动力有限元法在结构计算中也得到了大力的推广。结构的动力分析有自振特性分析和动力响应分析两部分内容，前者求的是结构的固有频率及其相应的振型，即模态（特别是基频及其振型），计算的是自由振动；后者则在前者的基础上计入干扰力的影响，求的是结构各部分的动位移和动应力，计算的是考虑阻尼的强迫振动。

自振特性计算求解的是高次方程，因而对大型结构来说，提高计算效率就成了突出的问题。1970 年前后美国的 E. L. 威尔逊（E. L. Wilson，1930—）提出了子空间迭代法，大大提高了自振特性计算的效率。此外，模态综合法、Lanczos 法、动态子结构法等也是常用的自振特性计算方法。

动力响应计算有振型分解法（也称振型叠加法）和逐步积分法两大类算法。前者的思想是将整个体系的动力响应转化为若干个单自由度体系动力响应的组合，以简化计算。后者是针对动力学问题的二阶常微分方程组，用数值积分方法在时域直接求解，主要有纽马克（Newmark）法和我国钟万勰院士于 1993 年提出的精细积分法等。相比起来，逐步积分法用的更加普遍。

上面讲的动力响应问题都是确定性振动问题，在自然界还有另外一大类动力响应问题，这就是随机振动问题。像地震和风对建筑物和桥梁的作用、海浪对船舶和采油平台的作用以及列车在线路上运行时产生的振动等都属于随机振动。由于作用载荷的不确定性，随机振动要用概率统计方法来进行分析。但直到现在，由于计算方法的复杂低效，基于随机振动的概率设计方法在工程领域还远没有得到充分应用。为了提高随机振动的计算效率，我国的林家浩（1941—）教授在20世纪90年代提出了计算随机振动的虚拟激励法。虚拟激励法的主要特点是将随机性分析转化为确定性分析，呈数量级地提高了计算效率，并保持解答的精确性。虚拟激励法的产生有力地推动了随机振动理论成果在桥梁、大坝与工民建的抗震分析中，以及舰船、海洋工程、车辆工程、风工程、航天航空工程、载荷识别问题等多个工程领域中的应用。例如，对世界最高的拱坝——高292 m的小湾拱坝，进行的抗震可靠度的分析；对香港悬索桥青马桥进行的风激振动——三维气动弹性耦合颤振抖振分析；复杂三维车体弹性体的超大规模随机振动的仿真，等等。

除了有限元法以外，边界元法也是计算力学的一种重要方法。但由于需要推导边界积分方程，而且通常由它建立的代数方程组的系数矩阵是非对称满阵，对解题规模有较大的限制，所以边界元法的适用范围远不如有限元法广泛，在工程实际中应用的相对比较少。

5.1.5.2 流体力学中的数值方法

随着计算力学在结构分析领域取得了巨大的成功，在流体力学领域利用计算机进行数值模拟和分析也迅速发展起来，这就是计算流体力学。计算流体力学实际上是计算流体动力学，简称CFD（Computational Fluid Dynamics），是20世纪最后30～40年流体力学领域最重要的成就之一。对计算流体力学的产生做出重要贡献的首推美国的F. H. 哈洛（F. H. Harlow）和J. E. 弗罗姆（J. E. Frome）。1963年他们成功地解决了二维长方形柱体的绕流问题，后来又发表《流体动力学的计算机实验》一文，充分评估了电子计算机在流体力学中的巨大作用，这引起了流体力学领域的广泛注意。因此，人们把20世纪60年代中期看成是计算流体力学诞生的时间。

流体运动的基本方程是N-S方程，研究N-S方程的求解是贯穿流体力学的基本内容。但是由于问题的复杂，迄今为止，只对为数不多的简单问题求得了N-S方程的准确解，对绝大多数问题用解析法对N-S方程仍然无能为力，于是除了实验之外，数值解法就成了研究流体力学唯一的选择了，计算流体力学也就因此大显身手了。

和结构分析中的有限元法相类似，用计算流体力学方法分析流体问题首先也要建立计算模型，然后离散，建立代数方程组并求解。计算流体力学的解法主要有有限差分法、有限单元法和有限体积法等。流体问题的计算规模通常都很大，目前直接模拟湍流的计算网格数已达10^9量级，工业设计中计算流体力学的网格数也已达到10^7量级。

计算流体力学的发展方向主要是研究流体力学的流动机理和工程应用，对于前者主要研究流动非定常稳定性和湍流的机理以及高精度、高效的算法，特别是对涡运动和湍流的研究；对于后者主要结合国民经济发展的需要，解决产品设计和工业生产中的各种问题。由于计算流体力学方法的成本很低，而且能模拟比较复杂的过程，现在它已经成了一种强有力的数值试验和设计的手段，在国民经济许多工程领域都得到了广泛的应用。例如，美国著名的具有高隐身性能、先进的电子系统以及一定的超音速巡航能力的海空军第五代战斗机 F—35 所使用的附面层分离进气道就是利用计算流体力学方法设计的。目前计算流体力学已有 CFX、PHOENICS、FLUENT 等多种商业 CFD 软件问世。

5.1.5.3 结构最优化设计

一个好的结构应该是在保证性能满足要求的前提下，重量轻，而且有足够的强度和刚度。因此，结构设计的一个重要内容是进行强度和刚度分析，并在这基础上进行多方案比较，不断改进结构，这必然伴随着大量的计算。在 20 世纪 60 年代以前，由于计算手段落后造成的计算上的困难，对设计方案计算时总是反复简化，有时甚至根本不进行计算，直接由设计师凭经验拍板。这当然影响设计的质量。随着电子计算机的普及和有限单元法的出现，结构的最优化设计提到日程上来。这是结构设计的一个革命。

结构优化设计有三个要素，即目标函数、约束和设计变量。

目标函数指的是结构优化的目标，例如重量最轻、最大应力最小、结构某部位的位移最小，等等。

约束是优化设计能够实现的条件，指的是对某些设计量的最大值或最小值的限制，例如某部位的结构尺寸、某块板的厚度、结构某个部位的最大应力或最大位移、结构的最低自振频率，等等。

设计变量指的是进行优化设计时要变动的结构参数。结构优化设计可分为尺寸优化、几何形状优化、拓扑优化和布局优化四类。对于不同类型的优化设计，设计变量的选取是不同的，例如，对于尺寸优化问题，通常选板厚、梁的断面参数等作为设计变量；对于几何形状优化问题，通常选结构某些边缘部位上一些边界节点的几何坐标作为设计变量；对于拓扑优化问题，通常以材料分布为设计变量；对于布局优化问题，由于目标函数往往是设计的某一方面的性能最优，设计变量通常由工程的具体要求决定，因此非常复杂，甚至涉及结构类型的优化。

结构优化设计的方法有两大类：准则设计法和数学规划法。准则设计法的特点是简单，而且效率高，主要适用于杆系结构的优化，在实际工程设计中有广泛的应用。缺点是它的算法缺少严格的理论，而且优化的结果只是近似地满足库—塔克条件，不一定最优。数学规划法适合处理非线性规划问题，算法理论严格，对一般工程结构优化问题大都能适用。缺点是，计算需要做的重分析次数较多，工作量大。

准则设计法是从同步失效准则设计和满应力设计发展起来的，这两种方法都是以应力作为约束。后来为了计算以位移、频率等作为约束条件的结构优化设计问题，又出现了理性准则设计法。

在 20 世纪 60 年代，结构优化设计中已经有应用数学规划法的成功算例。数学规划法可分为线性规划法与非线性规划法两大类。所谓线性规划法，指的是问题的目标函数和约束函数都是设计变量的线性函数；否则就是非线性规划法。

对于线性规划问题，解法比较成熟。对于非线性规划问题，可分为无约束非线性规划问题和受约束非线性规划问题。受约束非线性规划问题还可以将问题化成一系列比较简单的受约束数学规划问题来求解，例如序列线性规划算法和序列二次规划算法等。

近年来随着结构优化研究工作的深入开展，准则法与数学规划法开始互相渗透，于是出现了一些把两者结合起来，发挥它们各自优点的新算法，像序列近似规划法等。

现在也有人归纳出第三类结构优化设计方法，叫智能算法，如遗传算法、神经网络等。这类优化方法属非解析类，采用信息处理方式。

5.1.5.4 非线性问题的数值方法

工程中的力学问题其实都是非线性的，由于求解时数学上的困难，过去只能近似地用线性问题模拟之。但是当作用载荷愈来愈大，结构的强化程度愈来愈高时，考虑这些非线性因素就成为必需的了。

非线性力学问题主要有三类，即物理非线性问题、几何非线性问题和边界非线性问题。

物理非线性问题也称材料非线性问题，主要指的是弹塑性问题（工程中如锻压等塑性问题实际上都是从弹塑性问题演变而来）。在这类问题中，当结构某部分的变形超过了材料的屈服极限时，那里材料的弹性模量就由常数变成变形的函数了，也就是变成非线性的了。物理非线性问题的求解有形变理论和流动理论两种理论。形变理论又称全量理论，是以变形的全量作为分析的基础，因此它分析问题的方法与弹性力学是一致的，物理关系比较简单。流动理论又称增量理论，其特点是从应力与应变增量之间的关系入手来研究材料在塑性状态时的力学行为，因而不受加载途径的限制，是对变形过程真实的描述，计算精度高，但也因此增加了分析的工作量。有限元法产生以后，计算繁琐的问题得到了克服，流动理论得到了广泛的使用。

几何非线性问题主要指的是结构大位移和大应变问题。常规的弹性力学建立在小应变的基础之上，位移的高次方项是忽略的。但是当某类结构在外载作用下产生大位移时，位移高次方项的影响就变成不可忽略了，于是弹性力学基本方程变成了非线性的。对于几何非线性问题，平衡条件必须建立在变形后的几何位置上，而这位置事先是未知的，所以通常采用迭代法来求解。这需要用多次反复线性分析来逐步逼近精确解，有限元法正好可以在这个问题上发挥自己的优势。

边界非线性问题主要指的是接触问题。一个结构能进行分析的前提是其边界的每一部分的位移或力的情况都清楚。但是在接触问题中，那些发生接触的部位的位移或力的情况是未知的，于是问题就变成了非线性的。随着有限元法的产生，接触问题的研究得到了飞速的发展。求解接触问题主要有迭代法和数学规划法两类方法。在工程中普遍采用的是按“试验—误差—迭代”格式计算的迭代法，这个方法解题思想简单易懂，编制程序也容易，但是计算工作量大，而且如果对增量步长选择不合适，会导致错误的计算结果。数学规划法是在能量原理基础上建立起来的，它基于接触弹性体的互补条件和不可穿透条件，推导出能量泛函的表达式，然后在接触系统状态方程的控制下对其求极值，把问题转化成求解线性互补问题，这可以保证求解的稳定收敛。

5.1.5.5 计算力学的程序系统

搞计算力学离不开编程序，这是计算力学与其他力学分支最大的不同。最早出现的编程序方法，是用数字的二进制代码表示运算指令，计算数据也用二进制表示，完全按照人对问题的运算过程来编写程序。后来把这种程序叫手工程序。手工程序容易出错，而且查错很不方便。于是算法语言就应运而生。用算法语言编程序比编手工程序要方便得多。在 20 世纪 50～60 年代大量使用的算法语言主要是 FORTRAN 和 ALGOL，后来更先进的 C 语言和 C＋＋逐渐发展起来。

计算力学使用的程序系统有很多，下面介绍几个最重要的。

1. ASKA

ASKA 是世界上第一个大型结构分析程序系统。1967 年在阿吉里斯领导下德国斯图加特的航空与航天结构静动力学研究所（ISD）开始研制 ASKA，1970 年程序的线弹性静力部分开始投入使用，1975 年整个系统的研制工作基本完成。程序系统用标准的 FORTRAN 语言编写，总计约 30 万条语句，单元库有 60 多种单元，具有强大的结构分析功能。美国阿波罗航天计划中的火箭和哥伦比亚号航天飞机、慕尼黑奥林匹克运动场的帐幕式建筑结构等都是用 ASKA 做的结构分析。

2. SAP

SAP 是美国加利福尼亚大学伯克利分校的 E. L. 威尔逊（E. L. Wilson）编制的含有多种单元的有限元通用程序，后来他又编制了适用于微机的有限元程序 SAP81。北京大学的袁明武教授在 SAP81 的基础上将其改造成 SAP84，在我国解决了大量的工程问题。现在 SAP 系列程序已发展到 SAP2000，是一个具有多种分析功能的通用有限元程序。

3. ANSYS

ANSYS 软件是美国 ANSYS 公司研制的大型通用有限元分析软件。ANSYS 公司成立于 1970 年，目前是世界 CAE 行业最大的公司。ANSYS 软件融结构、流体、热、电场、磁场、声场分析于一体，而且在这些领域的分析水平都很高，因此几乎在国民经济各个领域都有广泛的应用。

ANSYS 包括三部分内容：前处理模块，分析计算模块和后处理模块。单元库有 100 多种单元。

ANSYS 公司于 2006 年收购了在流体仿真领域处于领先地位的美国 Fluent 公司，于 2008 年收购了在电路和电磁仿真领域处于领先地位的美国 Ansoft 公司，从而大大提高了在这两个领域的竞争实力。

4. MSC. NASTRAN

MSC. NASTRAN 是大型通用有限元程序系统，是美国国家航空航天局（NASA）于 1966 年主持开发的。1989 年 MSC 公司发布了 MSC. NASTRAN 66 版本，该版本采用了许多有限元领域的最新研究成果。这一年 MSC 公司还推出了自行开发的前后处理程序。近年来 MSC 公司收购了以非线性分析功能闻名于世的 MARC 公司，使它的有限元分析仿真体系功能更加强大。

MSC. NASTRAN 除了具有强大的结构分析功能以外，其主要优势是具有强大的动力学分析功能。MSC. NASTRAN 具有几何非线性、材料非线性和边界非线性等多种非线性分析功能。它可以确定屈曲和后屈曲属性，可以分析热传导问题，求解完全的流-固耦合分析问题，并有强大的气动弹性和颤振分析功能。现在 MSC. NASTRAN 几乎已经成为所有国际大企业的工程分析工具，在各个工业和国防领域都得到了广泛的应用。

5. ABAQUS

ABAQUS 的主要创始人是 D. 希比特（D. Hibbitt），他原来是 MARC 公司的总工程师，1977 年希比特离开 MARC 公司，开始编写 ABAQUS，随后成立了 ABAQUS 公司。现在 ABAQUS 被公认为全世界力量最雄厚的有关固体力学的研究团体。

ABAQUS 程序系统有两个主求解器模块——ABAQUS/Standard 和 ABAQUS/Explicit，前者具有常规的线性和非线性结构分析功能，后者能分析冲击、爆炸等瞬时的动力学问题。ABAQUS 包含人机交互前后处理模块，还提供了专用模块以解决某些特殊问题，像考虑非线性的机构与结构的联合分析、金属与非金属材料疲劳寿命预估等。ABAQUS 单元库中的单元多达 562 种。与其他商用软件相比，ABAQUS 在非线性分析方面的优势特别明显，但是它没有流体模块，不能做流体力学计算。

6. JIFEX

JIFEX 是中国的结构分析通用软件，是由早期的 JIGFEX 程序发展而来。JIGFEX 最早的源程序是 1975 年钟万勰院士在 TQ16 电子计算机上编写的。当时 JIGFEX 研制的目的是充分利用中国计算机的条件，解决实际工程问题，而中国用得比较多的电子计算机 TQ16 内存只有32 768，绝大多数这种计算机的外存——磁鼓还不全好用（只有极少数 TQ16 有 3 个磁鼓可用，每个磁鼓容量14 300），因此程序、数据、计算的中间过程和结果都要放在这一点点存储器里，程序只能写得极其紧凑，计算机空间的利用率达到了极致。随着中国计算机事业的迅速发展，硬件条件不断改善，JIGFEX 的功能和解题能力也急剧扩大，到 21 世纪初发展成了 JIFEX。现在 JIFEX 除了具备常规静力和动力结构分析功能外，还可分析各种材料、几何和边界非线性问题，并具有传热-结构耦合分析、热-接触分析、结构随机振动响应分析以及多层多支子结构计算和多种目标函数的优化设计等功能。JIFEX 已经在航空、航天、机械、发动机、车辆、土木、水利、电力、石化等诸多领域得到了广泛的应用。

5.1.5.6 中国学者对计算力学的贡献：冯康、钱令希、钟万勰、程耿东

这里首先要提到冯康（1920—1993）院士的工作。1965 年冯康发表的论文《基于变分原理的差分格式》，是中国独立于西方系统创建了有限元法的标志。1997 年

春，菲尔兹奖得主、中国科学院外籍院士丘成桐教授曾指出，冯康在有限元计算方面的工作是中国近代数学能够超越西方或与之并驾齐驱的的三个方面工作之一。另外，冯康还提出了自然边界元方法，并提出了哈密顿系统的辛几何算法，填补了哈密顿系统计算方法的空白，开创了辛几何算法这一新领域，对计算力学领域做出了重要的贡献。为此，冯康获得了1997年国家自然科学奖一等奖。

钱令希（1916—2010），江苏无锡人，中国科学院院士，曾任中国力学学会理事长，是国际计算力学协会发起人之一。1950年他发表了论文《余能理论》，提出了一个与势能原理平行的能量变分原理，在力学理论上做出了重要贡献。在文化大革命期间钱令希与钟万勰研究出复杂形状锥、柱结合壳体的有利和不利形式及理论分析方法，该方法成功应用于中国核潜艇的研制。他大力倡导计算力学和结构最优化设计，领导开发出结构优化设计程序系统DDDU，他这个集体也因此获1990年国家教委科技进步一等奖和1991年国家自然科学奖二等奖。

钟万勰（1934—），浙江德清人，中国科学院院士，著名结构力学、计算力学专家，曾任中国计算力学协会第一任主任委员，国际计算力学协会常务执行委员。早年他主要从事壳体和薄壁杆件力学分析的研究，对我国核潜艇的设计与分析做出了贡献。20世纪60年代初他作为主要研究者，与钱令希一起提出了用变分原理确定结构极限承载能力的上、下限的方法，开辟了塑性力学发展的新途径。在电子计算机普及后钟万勰先后研制了通用结构分析程序DDJ和基于多层多支子结构技术的大型通用结构分析程序JIGFEX，在当时国内电子计算机条件相对落后的基础上，解决了上海电视塔等一批工程问题。后来又将JIGFEX发展成为JIFEX软件系统，解决了大量科学研究和工程中的复杂力学问题。在结构优化设计领域和优化程序系统DDDU的研制过程中钟万勰也都发挥了重要的作用。

在力学理论上，钟万勰开创性地提出了一系列崭新的理论和计算方法，如求解各种非线性问题的参变量变分原理，求解动力响应问题的精细积分法，群论在结构分析中的应用等，得到了国际力学界的广泛承认。精细积分方法现已被扩展到广泛的工程和科学领域。特别是他提出的求解弹性力学问题的新体系，突破了弹性力学从建立以来的传统的半逆解法，从根本上改变了弹性力学问题的求解理论。从20世纪90年代以来，钟万勰创建了结构力学与控制理论的模拟关系。他把这一理论应用到振动理论、波的传播和最优控制理论中，都获得了极大的成功。他将最优控制理论、哈密顿数学理论引入到弹性力学，开创辛数学方法在工程力学中的应用；他提出了黎卡提方程的精细积分解法，获得计算机上的精确解，解决了现代控制论中的关键性难点。钟万勰还对辛矩阵本征问题的计算进行了研究，为辛对偶体系与数值方法的结合应用奠定了理论基础。

2010年钟万勰因基于模拟关系的计算力学辛理论体系和数值方法获国家自然科学奖二等奖，2011年又获国际计算与实验科学工程大会（ICCES）终身成就奖。

程耿东（1941—），江苏苏州人，丹麦技术大学博士，中国科学院院士，俄罗斯科学院外籍院士，国际结构与多学科优化学会主席。

程耿东的工作主要在结构优化设计方面，既有理论上的突破，也解决了不少实际工程问题，研究工作达到了国际先进水平。程耿东作为主要完成者参与了研制可以处理多设计变量、多工况、多约束的结构优化程序系统 DDDU，并深入讨论了各种优化方法的关系。该研究成果获国家自然科学奖二等奖。

程耿东对实心弹性薄板的研究表明，为了得到全局最优解，必须扩大设计空间，包括由无限细的密肋加强的板设计。这项研究工作被认为是近代布局优化的先驱。程耿东提出并实现了结构响应灵敏度分析的半解析法，他还和丹麦学者共同研究了误差分析和提高精度的方法。该方法被很多通用结构优化程序采用。

程耿东还指出结构拓扑优化问题奇异最优解的本质是约束函数不连续，并给出了奇异最优解可行域的正确形状，提出了这个问题的一个新解法。这个工作被认为是在该问题的研究上具有里程碑意义的贡献。这项成果获得了 2006 年国家自然科学奖二等奖。

5.2 热力学的发展

尽管人们在生活实践中经常接触到热现象，逐步积累了关于热的知识，但直至 17 世纪人们对热的认识水平还相当落后。热学的发展主要是从 18 世纪开始的：首先是确定了温标，温度计的精度大大提高了；其次，在概念上正确区分了热量和温度二者的不同，并引进了比热的概念；第三，由于无法用热质说来解释新出现的实验事实，开始摆脱了热质说的错误框框，为 19 世纪热的物质运动说的确立奠定了基础。

5.2.1 卡诺循环

18 世纪末蒸汽机的发明和广泛使用，把提高热机效率的研究任务摆到了科学家的面前。热机理论的奠基人是法国工程师 S. 卡诺（Sadi. Carnot，1796—1832）。他是法国青年工程师、热力学的创始人之一。S. 卡诺兼有理论与实验的科学才能，是第一个把热和动力联系起来的人，是热力学的真正的理论基础建立者。

1824 年 S. 卡诺发表了《关于火的动力》一书。在这部著作中卡诺提出了“卡诺热机”和“卡诺循环”的概念及“卡诺原理”（现在称为“卡诺定理”）。S. 卡诺经过仔细分析，发现影响蒸汽机工作效率的因素很复杂，如果同时考虑一切因素，就很难搞清蒸汽机工作的基本原理。于是他用科学抽象的办法，舍弃了与热机工作过程无关紧要的次要因素，构思设计了理想蒸汽机。这台热机没有摩擦和对外热交换，只有最基本的工作过程——热向机械功的转化。S. 卡诺发现，热机必须工作于两个热源之间；热量只有从高温热源 T_1 转移到低温热源 T_2 时才能做功；热机做功的大小与工作物质（如气体）无关，只决定于两个热源之间的温度差。如工作物质由高温热源吸收的热量为 Q_1，向低温热源放出的热量为 Q_2，热机对外做的功为 A，则热机效率

$$\eta=\frac{A}{Q_1}=\frac{Q_1-Q_2}{Q_1}$$

这就是卡诺原理和卡诺定律的公式。它为提高蒸汽机效率提供了最根本的理论原则，并且接近于能量守恒和转化定律（热力学第一定律）。

1832 年 6 月，卡诺患了猩红热，不久后转为脑炎，同年 8 月 24 日因霍乱去世，年仅 36 岁。

卡诺的研究成果当时并没有引起人们的重视，在他去世两年后法国工程师 B. P. E. 克拉佩龙（B. P. E. Clapeyron，1799—1864）又重新研究了它。克拉佩龙把卡诺循环热机的工作表述为四个过程：

（1）理想气体由高温热源吸热，等温膨胀，对外做功。

（2）气体绝热膨胀，对外做功，这时与外界没有热交换，温度降低。

（3）气体与低温热源接触放热，等温压缩，外界对气体做功。

（4）气体绝热压缩，外界再对气体做功，与外界没有热交换，温度升高。

克拉佩龙的研究为卡诺原理在热机上的具体应用铺平了道路。

1850 年德国物理学家 R. J. E. 克劳修斯等人用能量转化的观点揭示了卡诺原理的实质。克劳修斯指出，蒸汽机工作的过程就是热能转移的过程，热机高低热源间能量之差决定着可能转化为机械功的最大效率，这就从理论上解决了提高热机效率的途径。

5.2.2　能量守恒与转化，热力学第一、第二和第三定律

热学研究的不断深入导致了能量守恒与转化定律的发现。德国医生 J. R. 迈尔（J. R. Mayer，1814—1878）、英国物理学家 J. P. 焦耳（J. P. Joule，1818—1889）和德国物理学家亥姆霍茨（Helmholtz）先后独立地发现了能量守恒与转化定律。

1840 年迈尔作为船医随船向热带航行。途中在给船员治病时迈尔发现，患者的静脉血比在欧洲时红亮。迈尔认为，动物体温源于氧化过程产生的热，由于热带炎热，人只需从食物中吸收少量的热即可维持体温，血红素结合多余的氧就显得红亮了。由此迈尔设想，食物经过消化，一部分转变为热，另一部分可以转化为体力，二者的比例可以变化，但总量应该是一个常数，同消化掉的食物相当。回国后经过继续研究，1842 年迈尔算出了热功当量。

与迈尔不同，焦耳不仅用观察和思辨，而且主要用实验发现了能量守恒与转化定律。他通过系统的测量，得到了热的机械当量、化学当量和电当量数据，从而发现了热和功之间的转换关系，并由此得到了能量守恒定律，最终发展出热力学第一定律。此外，焦耳还得出了电流通过导体产生热量的定律，也就是著名的焦耳—楞次定律。他用实验彻底否定了热质说。焦耳通过对气体分子运动速度与温度关系的研究，从理论上奠定了波义耳-马略特和盖-吕萨克定律的基础，并解释了气体对器壁压力的实质。焦耳等还发现当自由扩散气体从高压容器进入低压容器时，大多数气体的温度都要下降。这一现象后来被称为焦耳—汤姆逊效应。这个效应在低温和气体液化方面有广泛的应用。

焦耳完成的最艰苦的研究工作是测定热功当量数值。为了提高测量精度，在将近 40 年的时间里，焦耳先后用各种方法进行了四百多次测量热功当量的实验，最后

得到了 1 cal＝4.15 J（即热功当量为 423.53 kg·m/kcal）的结果。这非常接近现在国际上公认的 1 cal＝4.184 J 的数值。

后人为了纪念焦耳，把能量或功的单位命名为"焦耳"，简称"焦"；并用焦耳姓氏的第一个字母"J"来标记热量以及"功"的物理量。

赫尔曼·亥姆霍茨（Hermann von Helmholtz，1821—1894）是德国物理学家、数学家、生理学家兼心理学家。1845 年他用实验证明肌肉收缩时可出现化学变化，并产生热量，由此感悟了能量守恒问题，并对其进行了系统而深入的研究。1847 年亥姆霍茨在德国物理学会发表演说，讨论了已知的力学的、热学的、电学的、化学的各种科学成果，严谨地论证了各种运动中的能量守恒问题，第一次以数学方式提出了能量守恒定律，随后他将报告整理成专著《力的守恒》出版。

亥姆霍茨的科学成就是多方面的，他在电磁波、热力学和流体力学各个领域的研究工作中都有突破性贡献。另外，亥姆霍茨对人的看和听的生理问题都从物理学角度进行了深入的研究。他关于人的色觉问题提出了杨—亥姆霍茨的三色理论；他的关于听觉原理的学说长期居于听觉理论的统治地位。1863 年亥姆霍茨发表《论音的感觉》一书，该书将生理、解剖研究与数学、物理结合起来，被认为是音乐声学的奠基之作。

讲热力学定律必须要介绍克劳修斯。克劳修斯（R. J. E. Clausius，1822—1888）是德国物理学家，在热力学理论和气体动理论方面有重要贡献。

克劳修斯是历史上精确表示热力学定律的第一人。1850 年，克劳修斯发表了题为《论热的动力以及由此推出的关于热学本身的诸定律》的论文，这是他的最重要的论文。在论文里，他以当时焦耳用实验方法所确立的热功当量为基础，将热力学过程遵守的能量守恒定律归结为热力学第一定律：在一切由热产生功的情况中，必有和所产生的功成正比的热量被消耗掉；反之，消耗同样数量的功，也就会产生同样数量的热。

随后克劳修斯在热力学第一定律的基础上重新研究卡诺的工作，他发现卡诺所揭示的一个热机必须工作于两个热源之间的结论具有原则性的意义，这就是说，热总是要从高温物体传到低温物体，而不可能自行做相反的转化："一个自行动作的机器，不可能把热从低温物体传到高温物体上去，也就是说，想制造一种不消耗任何能量就能永远做功的机器是不可能的（即第一类永动机是不可能实现的）。"这就是热力学第二定律的一种表述。

1851 年英国物理学家开尔文（L. Kelvin，1824—1907）也独立地从卡诺的工作中发现了热力学第二定律：功可以全部转化为热，但任何循环工作的热机都不可能从单一热源使之全部变为有用功。卡诺理想热机的效率不可能等于 100%，也就是说，制造第二类永动机也是不可能的。所以克劳修斯和开尔文是热力学第二定律的两个主要奠基人。

1865 年克劳修斯引入了参数熵，用以直接反映热力学第二定律的概念。如果物体的温度为 T，其热量为 Q，则熵 $S=Q/T$。显然，同样大小的能量，如果其温度较高，则熵较小；温度较低，则熵较大。由于热量总是要从高温物体传到低温物体，因此，一个相对独立的系统总要沿着熵增大的方向运动。克劳修斯证明了“熵增加原理”：任何孤立系统中，系统的熵的总和永远不会减少，或者说自然界的自发过程是朝着熵增加的方向进行的。这是利用熵的概念所表述的热力学第二定律。

在 19 世纪末德国科学家 W. 能斯特（W. Nernst，1864—1941）对低温下的化学反应体系进行了深入的研究。1906 年能斯特发表了著名论文《从热学测量计算化学平衡常数》。他指出，当温度趋近绝对零度时，一个体系的总能量和自由能之差趋于零，但不可能真正为零。因此，绝对零度是达不到的。这就是热力学第三定律。后来美国物理学家 W. F. 吉奥克（W. F. Giauque，1895—1982）利用顺磁性物质在磁化时放热、去磁时吸热的特性，于 1925 年获得了 10^{-4}K 的低温，于 1957 年更获得了 10^{-8}K 的超低温，但始终没有达到绝对零度。

5.2.3 布朗运动和分子运动论

热力学的基本定律说明了热运动的一般规律。但热运动的本质是什么，人们并不了解。1826 年英国植物学家布朗（Brown，1773—1858）发现了分子运动的现象。他用显微镜观察到水中浮悬的藤黄花粉粒子不停地做无规则运动，即布朗运动。开始他认为这是花粉粒子有生命活动能力所引起的，后来才认识到无机性微粒在液体或气体中都有布朗运动产生，这是由液体或气体分子的不平衡撞击所造成。布朗运动显示了物质分子处于永恒的热运动之中。

分子运动论的奠基人是克劳修斯、麦克斯韦和 L. E. 玻尔兹曼（L. E. Boltzmann，1844—1906）。关于麦克斯韦后面将有详细介绍，这里主要介绍克劳修斯和玻尔兹曼的有关工作。

1857 年克劳修斯发表《论热运动形式》的论文，阐述了气体动理论的基本思想。克劳修斯从气体是运动分子集合体的观点出发，认为考察单个分子的运动既不可能也毫无意义，系统的宏观性质不是取决于一个或某些分子的运动，而是取决于大量分子运动的平均值。因此，他提出了统计平均的概念，这是建立分子运动论的前提。这是在物理学中第一次明确提出了统计概念，对统计力学的发展起了开拓性的作用。克劳修斯认为，气体分子在运动时沿各个方向碰撞的机会和分子数相等；分子运动的速度随气体温度的增加而增加，气体的热能就是气体分子运动的动能。在此基础上，他计算了碰撞器壁的分子数和相应的分子的动量变化，得出了因分子碰撞而施加给器壁的压强公式，从而揭示了气体定律的微观本质，并由此推证了波义耳一马略特定律和盖·吕萨克定律。

在上述论文中，克劳修斯第一次通过计算得到了氧、氮、氢三种气体分子在冰点时的速率。然而求出的气体分子运动速度高达每秒数百米，远远大于现实生活中气体扩散的速度。经过仔细思考克劳修斯认识到，尽管单个分子运动的速度非常快，但由于分子间的相互碰撞，分子运动的轨迹十分曲折，就整个分子的集合体而言，其前进的路程就更加漫长，速度远远小于求出的分子运动速度，这也就是气体扩散缓慢的原因。1858 年克劳修斯发表了《关于气体分子的平均自由程》论文，解决了这个问题，开辟了研究气体的输运过程的道路。

对于气体动理论，麦克斯韦也是用概率统计的方法进行研究的。他于 1859 年提出了麦克斯韦定律：当气体在宏观上达到平衡状态时，虽然大量的个别分子的速度一般来说都不相同，并由于相互碰撞而不断发生变化，但平均来说，在某一速度范围内的分子数在总分子数中所占的百分比总是一定的，这个比值只与气体的种类和温度有关。玻尔兹曼在气体动理论问题上的工作主要是推广了麦克斯韦定律，并提出了平衡态气体分子的能量均分定律。总之，分子运动论把宏观的热现象与其微观机制联系起来了，并开创了统计物理这个新的学科。

路德维希·玻尔兹曼是奥地利物理学家和哲学家，热力学和统计物理学的奠基人之一。他最大的功绩是发展了统计力学。这是一门研究大量粒子（原子、分子）集合的宏观运动规律的科学。

1869 年，玻尔兹曼将麦克斯韦速度分布律推广到保守力场（重力场、电场等）作用下的情况，得到了玻尔兹曼分布律。当有保守外力作用时，气体分子在空间的分布是不均匀的。玻尔兹曼分布律是描述当保守外力或保守外力场的作用不可忽略时，处于热平衡状态下的理想气体分子按能量的分布规律。

1872 年，玻尔兹曼建立了玻尔兹曼输运方程，用来描述气体从非平衡态到平衡态过渡的过程。这是描述输运过程的基本方程，是一个非常复杂的非线性的微分积分方程。随后他又从更广和更深的非平衡态的分子动力学出发，引进了分子分布的 H 函数，建立了 H 定理。玻耳兹曼根据 H 定理证明，在达到平衡状态时，气体分子的速度分布趋于麦克斯韦分布。现在玻尔兹曼方程已经成为研究流体、等离子体和中子的输运过程的基础。

1877 年玻尔兹曼又提出了著名的玻尔兹曼熵公式，来描述熵 S 与无序度 Ω 之间的关系：

$$S=k\ln\Omega$$

式中，S 为熵，表示一个系统中分子无序程度的度量；Ω 是可能的微观态数，Ω 越大，系统就越混乱无序；k 为玻尔兹曼常数，$k=1.38\times10^{-23}$ J/K。

玻尔兹曼熵公式对近代物理的发展非常重要，玻尔兹曼去世后这个公式刻在他的墓碑上。

玻尔兹曼的另一个重要成果是推导出了关于黑体辐射的斯特藩—玻尔兹曼定律。

玻尔兹曼大力支持与宣传了麦克斯韦的电磁理论，并测定介质的折射率和相对介电常量与磁导率的关系，证实了麦克斯韦的预言。玻尔兹曼把物理体系的熵和概率联系起来阐明了热力学第二定律的统计性质，并引出能量均分理论（麦克斯韦——玻尔兹曼定律）。他指出，一切自发过程，总是从概率小的状态向概率大的状态变化，从有序向无序变化。

玻尔兹曼与著名化学家奥斯特瓦尔德之间曾发生了“原子论”和“唯能论”的争论，这场论战在科学史上非常著名。论战最终以玻尔兹曼取胜而告终。

玻尔兹曼在晚年因孤独与疾病缠身在意大利杜伊诺自杀。

5.3 电流的发现、电磁学的创立和发展

经典电磁理论的产生和发展基本上可分为静电和静磁的研究、动电研究、电磁感应研究和电磁场研究四个阶段。

5.3.1 静电和静磁

"电"这一名词是英国科学家吉尔伯特（Gilbert，1544—1603）在16世纪首先提出来的。电的英文字取自希腊文"琥珀"，原来在古希腊时期就发现用琥珀与毛皮摩擦会产生电。法国物理学家库仑（Coulomb）于1785年提出了与万有引力定律类似的库仑定律，这是电学史上第一个定量的定律，是电学发展史上的第一次飞跃。高斯在这基础上把点电荷扩展成为区域电荷，从而提出关于电通量的高斯定律。高斯还考虑到，对不同电问题的观察者来说，为了方便起见，最好要有单位以比较其观察结果，于是他第一次为电量确定了一个单位：当两个具有相同电量的点电荷，在真空中相距1cm而相互作用力等于1dyn（达因）时，这两个点电荷各具有1个绝对静电单位的电荷，即1CGSE电量（CGSE表示以库仑定律为基础的静电制单位）。高斯还创建了磁铁的磁矩的第一个绝对量度，从而创建了第一个合理的电磁单位制。

5.3.2 动电的研究、欧姆定律

从静电研究发展到动电（电流）研究是电学发展史上的又一个重大转折。在18世纪80年代，意大利解剖学教授伽伐尼（Galvani，1737—1798）在解剖青蛙时发现在火花放电附近或雷雨天打雷时，与金属环接触的青蛙腿发生痉挛。伽伐尼用"生物电"加以解释。后来意大利物理学教授伏打（Volta，1745—1827）多次重复了伽伐尼的实验，发现不用蛙腿之类的动物，而只用两块不同的金属，中间隔着用盐水浸湿的布片或纸片，也能产生电流，于是他否定了伽伐尼生物电的解释，而提出了"金属电"的解释。1800年伏打制成了人类第一个直流电源——伏打电池。

恒稳电流的产生，推动人们去研究电流在导体中流动的规律。1826年德国人欧姆（Ohm，1787—1854）采用类比、假设加实验的科学方法建立了欧姆定律。欧姆定律是电学的最基本定律，它的发现标志着对电流的研究从定性阶段进入了定量的阶段。

5.3.3 电磁感应和法拉第的贡献

最早对电磁感应问题做出贡献的是丹麦物理学家奥斯特（H. C. Oersted，1777—1851）。1820年他偶然发现，在给导线通电时与导线平行的磁针会发生偏转，如果调换导线两端使电流的方向相反，则磁针偏转的方向也相反，而且磁针与导线平行时磁针偏转角最大（90°），完全垂直时则为0°。奥斯特这一发现奠定了电动机的理论基础。

在奥斯特发现电流磁效应的影响下，法国物理学家A.M. 安培（A.M. Ampere，

1775—1836）做了一系列实验，发现了著名的确定磁针偏转方向的右手定则，同时他还把奥斯特发现的电流磁效应定量化，还发现了安培定律。安培定律是磁场对载流导线作用力的基本定律。安培把这种由于电流而引起的机械运动叫作电动力学。安培定律是电动力学基本定律的起点。

法拉第

真正完成电磁感应研究的是英国19世纪伟大的实验物理学家M. 法拉第（M. Faraday，1791—1867）。法拉第是铁匠的儿子，家境贫困，只上过两年小学。但他胸怀大志，渴求知识，自学成才，20岁成为著名化学家汉弗莱·戴维（H. Davy，1778—1829）的实验助手。法拉第的科研成就是多方面的。他研究了合金钢，首创了金相分析方法。在化学领域他发现了氯气和其他气体的液化方法，还发现了苯。但法拉第最重要的科研成就是发现了感应电流。戴维虽然在科学上有许多了不起的贡献，但他说，他对科学最大的贡献是发现了法拉第。

奥斯特发现的电流的磁效应引起了法拉第的深思：电既能生磁，那么磁能不能生电呢？从1821年开始，法拉第围绕这个问题以惊人的毅力，克服了各种困难，经历了无数次失败，特别是战胜了种种嫉妒和流言蜚语，连续做了十年的实验，终于在1831年发现了感应电流。他把这种现象叫作电磁感应。又过了20年，直到1851年法拉第发现的电磁感应才作为定律被记载下来。除了电磁感应，法拉第的另一重要贡献是提出了力线的概念。法拉第用电力线和磁力线来表示电场和磁场的空间分布，力线上各点的切线方向代表该点的电（磁）场方向，力线的密集程度反应电（磁）场的强弱。磁力线永远是闭合曲线。当导线切割磁力线时就会产生感应电流。法拉第把场看作是带电体或磁体周围的一种物理实在，一种新的不同于粒子的物质实体，这是自牛顿以来物理学基本概念的重大发展。

除了发现电磁感应现象及其定律，法拉第还仔细研究了电解液中的化学现象，证实了用各种不同办法产生的电在本质上都是一样的。1834年他总结出法拉第电解定律：电解释放出来的物质总量和通过的电流总量成正比，也和那种物质的化学当量成正比。这条定律成为联系物理学和化学的桥梁，也是通向发现电子道路的桥梁。

法拉第还发现如果有偏振光通过磁场，其偏振作用就会发生变化。这一发现首次表明了光与磁之间存在着某种关系，因而具有特殊的意义。

法拉第为人质朴、低调、不图名利。按照英国皇室的传统，杰出人物应被授予贵族称号。远自牛顿，近至戴维都曾获此荣耀。但是当内阁根据法拉第的贡献和声望，几次派人来说明此意时，法拉第都谢绝了。他永远是一个来自人民又造福人民的平民科学家。为了专心从事科学研究，他放弃了一切有丰厚报酬的商业性工作。他在1857年还谢绝了皇家学会拟选他为会长的提名，甘愿以平民的身份实现献身科学的诺言。

5.3.4 麦克斯韦的电磁场理论

法拉第提出了“力线”和“场”的概念，但是缺少理论上的论证。这个工作由英国天才的物理学家J. C. 麦克斯韦（J. C. Maxwell，1831—1879）完成。麦克斯韦是从牛顿到爱因斯坦这一整个阶段中最伟大的理论物理学家，经典电动力学的创始人，统计物理学的奠基人之一。

麦克斯韦

1854年麦克斯韦开始研究电磁学。他的主要研究成果是《论法拉第的力线》《论物理的力线》和《电磁场的动力学理论》三篇杰出的论文和集当时电磁学大成的专著《电磁学通论》。在《论法拉第的力线》一文中麦克斯韦用数学语言清晰描述了法拉第关于电磁场的磁力线概念。在《论物理的力线》一文中麦克斯韦突破了法拉第的见解，用两个数学模型建立了全新的电磁场力学模型。他用分子旋涡理论说明电磁现象，得到一组抽象的数学方程，而其电磁学含义则是电磁感应定律的延伸和推广，即“一切变化的磁场总要产生电场”。而最有创见的则是麦克斯韦引入了“位移电流”的概念，通过模型算出了电位移的变化率所相当的电流。他在安培环路定理中加入了位移电流一项，使其物理意义明确变为“变化的电场产生磁场”。

位移电流是电磁波在介质或真空中传播的重要环节，其本质是反映变化着的电场，由于位移电流是激发磁场的源泉，因而其概念和假说的核心思想是变化着的电场激发感应磁场。

“变化的磁场产生电场”和“变化的电场产生磁场”，这揭示了电与磁之间动态互变的关系。这意味着，不仅传导电流可以产生磁场，空间电场的变化也可以产生磁场；反之，不仅变化的磁场能在导体中感生出电流，在空间中也会感生出电场。这种电场是涡旋场，它不断改变其强度，因此它又可以产生变化的磁场。这样一来，就有一连串变化的电场和磁场不断产生，一环连着一环交替出现，并且向四面八方传播开来。这种物质运动的形式就是电磁波。麦克斯韦这篇论文把力学的思路和方法推广到电磁学，得出了电磁场的运动学和动力学方程，前者描述磁场中电荷的运动或电流，后者表明，凡是有磁场变化的地方都会产生感应电场。

麦克斯韦在《电磁场的动力学理论》一文中所采用的观点是场论的观点，他在电磁场理论的基础上进行数学解析，建立了20个电磁场的普遍方程。其中最基本描述电磁场的方程组有4个，它们是3个磁力方程，3个电流方程，3个电动势方程和3个电弹性方程。这就是电磁学教科书中非常著名的麦克斯韦电磁方程组。

由于麦克斯韦方程组是表示场结构的定律，因而有较大的普遍性。这种定律所描述的对象是整个空间，而不像牛顿力学方程那样以物体或带电体所在的一些点为描述对象。

麦克斯韦方程的最大优点在于它的通用性，适用于任何情况，在麦克斯韦以前所有的电磁定律都可由麦克斯韦方程推导出来。

根据麦克斯韦的方程可以证明电磁场的周期振荡，即电磁波的存在。电磁波会通过空间向外传播。根据麦克斯韦方程，可以求得电磁波的速度接近300 000 km/s。麦克斯韦认识到，求出的电磁波速度同所测到的光速是一样的。比较在实验中测定的光速数据和电磁波的传播速度，麦克斯韦谨慎地预言：光是由电磁波构成的，光是电磁波。

因此，麦克斯韦方程不仅是电磁学的基本定律，也是光学的基本定律。所有先前已知的光学定律都可以由麦克斯韦方程导出，许多先前未发现的事实和关系也可由该方程导出。在此基础上，麦克斯韦认为光是频率介于某一范围之内的电磁波。这是人类在认识光的本性方面的又一大进步。正是在这一意义上，人们认为麦克斯韦把光学和电磁学统一起来了，这是19世纪科学史上最伟大的综合之一。

从1785年库仑定律提出开始，到1864年麦克斯韦方程组问世，人类花了近80年的时间才发现了电磁现象的基本规律。麦克斯韦方程组的问世是一件划时代的大事，是19世纪物理学的最伟大的成就。

在《电磁场的动力学理论》文章的最后，麦克斯韦根据前面部分的精确计算，正式向科学界宣告："光和电、磁乃是同一实体的属性的表现，光是按照电磁定律经过场传播的电磁扰动。"这已经不是一种天才的猜想，而是基于缜密科学论证的科学预言。这时麦克斯韦还不到34岁。

在上述三篇论文的基础上，麦克斯韦用统一的思想和方法撰写了巨著《电磁学通论》。这本书被称为继牛顿《自然哲学的数学原理》之后最重要的物理学经典著作。他在书中所采用的统一的思想是法拉第力线和场的思想，统一的方法就是动力学的方法。《电磁学通论》作为电磁学乃至整个物理学的里程碑是当之无愧的，书中关于麦克斯韦方程组的阐述甚至暗示了相对论不变性的内容。因此，麦克斯韦被普遍认为是对物理学最有影响力的物理学家之一。

但是由于思想太超前，内容太深奥，特别是当时还没有发现电磁波，《电磁学通论》一书出版后并没有产生应有的巨大影响。甚至在麦克斯韦去世的1879年，参加他关于电磁理论的讲座的只有两个学生。

除了电磁学以外，麦克斯韦在天文学、热力学以及气体动理论领域都有重要贡献。在天文学方面，麦克斯韦通过详细的推导，否定了拉普拉斯关于土星光环是固体环的假说。在热力学方面，他给出了一系列热力学状态量偏导数间的等式关系，即麦克斯韦关系。在气体动理论方面，麦克斯韦推导出了求已知气体中的分子按某一速度运动的百分比公式，即"麦克斯韦分布式"，这是应用最广泛的科学公式之一。

麦克斯韦的另一项重要工作是筹建了鼎鼎大名的剑桥大学卡文迪许实验室。该实验室对整个物理学的发展产生了极其重要的影响，它甚至被誉为"诺贝尔物理学奖获得者的摇篮"。作为该实验室的第一任主任，麦克斯韦在1871年的就职演说中对实验室未来的教学方针和研究精神作了精彩的论述，这是科学史上一个具有重要意义的文献。

1931年，爱因斯坦在麦克斯韦百年诞辰的纪念会上，评价其建树“是自牛顿以来，物理学最深刻和最富有成果的工作”。在科学史上，称牛顿把天上和地上的运动规律统一起来，是实现物理学第一次大综合，麦克斯韦把电和光统一起来，是实现物理学第二次大综合，因此应与牛顿齐名。在2000年诺贝尔奖颁发100周年之际，英国物理研究所的《物理世界》杂志组织全世界物理记者投票，在100名著名的物理学家中评选“人类有史以来10名最伟大的物理学家”，结果麦克斯韦名列第三，仅次于爱因斯坦和牛顿。

5.3.5 赫兹的贡献

赫兹

1888年兼有理论和实验才能的德国物理学家H. R. 赫兹（H. R. Hertz，1857—1894），用十分简单却有效的实验设备做了一系列的实验，证明了无线电辐射具有波的所有特性，接着，赫兹通过实验确认了电磁波是横波，具有与光类似的特性，如反射、折射、衍射等，并且做了两列电磁波的干涉实验。同时赫兹还证实了在直线传播时，电磁波的传播速度与光速相同，从而证明了电磁波的存在和光与电磁波的同一性，全面验证了麦克斯韦的电磁理论的正确性。赫兹还进一步完善了麦克斯韦方程组，使它更加优美、对称，得出了麦克斯韦方程组的现代形式。赫兹并在一篇论文中提出，电磁场方程可以用偏微分方程表达，这就是后来所说的波动方程。

赫兹的发现具有划时代的意义，它不仅证实了麦克斯韦发现的真理，更重要的是开创了无线电电子技术的新纪元。赫兹的实验结果发表后麦克斯韦的电磁理论才被物理学界普遍接受。因此，从法拉第到麦克斯韦，再到赫兹，形成了电磁学发展的三个阶段。而《电磁学通论》则与达尔文的《物种起源》一起，被称为19世纪自然科学成就的两个最高峰。

赫兹还做了一系列实验，发现了光电效应。1888年1月，赫兹发表了《论动电效应的传播速度》一文，论述了这个发现。由于光电效应，金属表面在光的照射下会释放出光电子。照射的光波长只有在小于某一临界值时才能激发光电子，这个波长称作极限波长，对应的光的频率叫作极限频率，波长的临界值取决于金属材料的种类。发射光电子的能量取决于光的波长，与光强度无关。只要光的频率高于金属的极限频率，光的亮度无论强弱，在不超过 10^{-9} s的瞬时，就会产生光电子。这是光电效应的瞬时性。根据上述事实，爱因斯坦指出，光必定是由与波长有关的严格规定的能量单位（即光子或光量子）所组成，从而建立了光量子理论的基础。

接触力学是研究相互接触的物体之间的变形和应力状态的一门学科。赫兹1882年发表了关于接触力学的著名实验，归纳出了关于接触问题的赫兹公式。这是接触问题研究的开始。赫兹公式直到现在还在国民经济的方方面面，特别是航空、机械、发动机、车辆、交通等领域的产品分析中大量使用。

1894 年赫兹因败血症在波恩去世，享年仅 36 岁。美国物理学家薛默士（Morris H. Shamos）回顾了由伽利略到爱因斯坦的历史上的物理学家，他认为最伟大的实验物理学家属于赫兹。

5.4 光学的发展

5.4.1 牛顿对光学的贡献

讲到光学，首先必须介绍牛顿的工作。牛顿的科学研究工作是从光学开始的，他的第一篇论文讲的就是光学问题，论文的题目是《关于光和色的新理论》。在这篇文章里牛顿首先详细描述了他做过的光学实验，然后提出了对颜色的新见解。他认为应该“有两类颜色。一类是原始的、单纯的，另一类是由这些原始颜色组成的。原始的或本原的颜色为红、黄、绿、蓝和紫。橙黄、靛青等等只是一大堆不确定的中间层颜色。”中间层颜色可以由原始颜色组合生成。牛顿明确指出，“最突出和最奇异的组合是白色，没有一种光线能够单独显现这种颜色。它永远是组合成的，而且要组成它就必须要把所有前面提到的原始颜色按一定比例混合起来。”从而否定了过去认为白色和黑色是两种基本颜色的观念。

《光学》一书是牛顿的主要著作之一，在这本书中牛顿提出了 8 条定义和 8 条原理，总结了当时人们关于光学所知道的一切。在原理中牛顿论述了光反射和折射的基本规律，还描述了光入射到平面、球面和透镜上以后，反射光和折射光光程的几何原理，并清楚地引入了聚焦这一概念。《光学》书中用“假设”部分谈了一系列假设、定理和习题。所有定理都用实验证实。在这里牛顿做出了一些重大的发展，例如关于光的色散现象的发现，关于对颜色本性的解释等。由于色散像差的发现，人们才知道当时的折射望远镜成像不清晰的原因，导致了牛顿研制反射望远镜。《光学》中还描述了光的干涉现象，也就是我们现在所说的牛顿环实验，对薄膜彩色现象做了细致的、定量的解释。牛顿赞成光的微粒说，不承认波动理论，但他却从实验中总结出了光的周期性问题。

在《光学》一书的末尾，牛顿提出了许多有待进一步研究的问题，这些问题对以后的光学乃至整个物理学的发展起了很重要的作用。例如，牛顿提出物体能否对光发生作用，这种作用能否使光发生弯曲；大的物体能否转变为光，光能否转变为物体；光如何使物体变热并把热振动传给物体的各个部分，即光能如何转化为热能，等等。

5.4.2 关于光的本性的论战

在 17 世纪物理学界曾对光的本性进行过激烈的争论，以笛卡尔、胡克和惠更斯为首的一派主张波动说，认为光是波；以牛顿为首的一派则赞成微粒说，认为光是微粒。由于两派的代表人物都是著名的科学家，争得不亦乐乎。

这场争论持续了几十年，虽然最后谁也没有说服谁，不了了之，但由于牛顿的权威，使光的微粒说几乎在一百年时间内居于上风。牛顿赞成微粒说主要基于下列理由：

(1) 波动说当时还不能解释光的直线传播这一事实。

(2) 牛顿把偏振看作光在传播中方向上的不对称，波动说不能解释光的偏振现象。

(3) 对以太的怀疑：天空里没有可觉察到的阻力，所以也就没有物质，没有传递波的介质。

但是牛顿也在思考光的波动问题。他在《光学》疑问 13 中说："不同种类的光线，是否引起不同大小的振动，并按其大小激起不同的颜色感觉，正像空气的振动按其大小而激起不同的声音感觉一样?"可见牛顿虽然赞成微粒说，但他并不绝对排斥波动说，他追求的是真理。

在整个 18 世纪光学几乎没有什么发展，多数科学家赞成光的微粒说，只有欧拉和贝努利坚持以太的波动理论。

1800 年英国医生、物理学家托马斯·杨（Thomas Young，1773—1829）发表了论文，根据光的波动本性解释了牛顿环现象，并描述了杨氏双缝干涉实验，第一次显示了光的干涉现象，并由此成功地测出了红光和紫光的波长，其值分别为 0.7 μm和 0.42 μm，同时托马斯·杨还提出，光是横波。法国工程师菲涅尔（A. J. Fresnel，1788—1827）继续了杨的工作，1815 年他提出了惠更斯—菲涅尔原理，不仅解释了光在各向同性介质中的直线传播，同时也能解释光的衍射现象。1819 年菲涅尔又和别人合作，提供了相互垂直的偏振光不相干涉的证明，这是光的横向振动理论的最终证实。从此开始了波动光学的英雄时期。

1845 年英国科学家法拉第发现了偏振光的振动面在强磁场中旋转的现象，第一次证明了光与电有内在联系。1865 年英国科学家麦克斯韦建立了电磁场理论，说明电磁波以光速传播，所以光是一种电磁现象。这一理论于 1888 年被德国科学家赫兹用实验证实，由此建立了光的电磁理论。光的本性问题只有随着量子光学和现代光学的发展才能真正为人们所认识。

5.5 磁学

5.5.1 塞曼效应

塞曼效应是 19 世纪末由 P. 塞曼（P. Zeeman，1865—1943）通过实验发现，而由 H. A. 洛伦兹（H. A. Lorentz，1853—1928）从理论上加以说明的。塞曼效应的发现，对物理学，特别是对原子微观结构物理学的发展有重要意义。塞曼是荷兰人，他从做博士论文工作开始，就一直研究磁光效应，也就是外加磁场和物质磁性改变引起物质光学性质的变化。他在做实验研究磁场对于钠焰光谱的影响时，发现食盐在氢氧焰高温中发出的光谱线加宽了。洛伦兹立即指出，在磁场方向应当有圆偏振光，并告诉他计算带电粒子的荷质比的方法。塞曼的后续实验结果证明了洛伦兹的理论是完全正确的，而且他求得的荷质比，居然和几个月后J.J.汤姆生从阴极射线实验得到的结果是同一个数量级，这既给予了磁光效应以充分的物质电子论解释，还给电子的存在提供了一个新的证据。

洛伦兹也是荷兰人，是19世纪末、20世纪初著名的理论物理学家。他创立了物质的电子论，研究了运动物质的电动力学理论，提出了洛伦兹变换的理论和公式。

5.5.2 各种粒子磁矩的发现和应用

人们早就知道，各种物质的磁性是很不同的，有的磁性很强，像铁、镍等金属；有的磁性比较弱，像四氧化三铁（Fe_3O_4）和镍铁氧体（$NiFe_2O_4$）等；有的磁性非常弱，像氧化亚铁（FeO）和氧化镍（NiO）等。物质的磁性是由其微观磁性决定的。

自从玻尔在卢瑟福小太阳系理论的基础上提出量子理论后，原子的结构就比较清楚了。由于电子绕原子核旋转，电子就具有一定的轨道磁矩，同时电子本身还自旋，因而具有自旋磁矩。原子中各个电子的轨道磁矩和自旋磁矩相叠加，就构成了整个原子的磁矩。原子磁矩是宏观物质磁性的微观来源。

电子磁矩是德裔美国物理学家库什（P. Kusch，1911—1993）利用磁共振技术测定的。在粒子中，除了电子有磁矩外，质子和中子也都有磁矩。1933年施特恩（O. Stern，1888—1969）用分子束方法测得了氢核的磁矩。对电子磁矩，通常用玻尔磁子μ_B作为其单位，而对质子磁矩则用核磁子μ_N作为其单位。玻尔磁子是由电子的质量确定的物理量，核磁子则是由质子的质量确定的。玻尔磁子与核磁子的比值同电子和质子的质量成反比。

在轻子族中除了电子磁矩外，μ子的磁矩现在也已观测到，其他的轻子，如τ子和各种中微子的磁矩，目前还没有见到测量的实验报道。

下面我们来谈谈顺磁性物质的应用。什么是顺磁性物质？顺磁性物质可以被简化看作是由许多微小的磁棒组成的，这些磁棒可以旋转，但是无法移动。这样的物质受到外部磁场的影响后其磁棒基本上会顺磁力线方向排列，但是这些磁棒互相之间不影响。实际上小磁棒是没有的，起作用的是微观的磁矩。在顺磁性物质中这些磁矩互相之间不影响。物质的顺磁性只有用量子力学才能完全解释。

顺磁性物质中电子磁矩系统可以用来产生低于1 K的超低温度，这是它的一种重要应用。这个方法称作顺磁绝热退磁致冷法。这个方法的基本思想是，将一种顺磁性化合物放在制冷装置中，然后降温，使其温度降到1 K左右，这时再加外磁场，使其等温磁化，然后使磁化的顺磁化合物同环境绝热，再去掉外磁场而退磁，这时电子磁矩系统只能从顺磁化合物中吸收热量，于是顺磁化合物就降温。如果再结合原子核磁矩系统的等温磁化，反复使用，可以使顺磁化合物的温度降到10^{-6}～10^{-9} K。

核磁共振是现代医学中应用非常广泛的一种技术，它实际上是利用质子磁矩的计算机化层析成像术。由于氢原子核就是质子，而氢是生物（包括人类）的主要构成元素之一，它能提供生物各种生理和病理的信息。所以利用氢原子核核磁共振CT，就能获得人体构成组织的大量信息，以便进行临床诊断。除了医学方面的应用，核磁共振还广泛用来进行有机化合物结构的测定。关于核磁共振详见12.2.6。

5.5.3 霍尔效应的深入研究

1879年美国物理学家霍尔（E. H. Hall，1855—1938）发现，当将铜箔放于磁场中（磁场垂直于铜箔平面）再对铜箔纵向通以电流时，在垂直于磁场与电流的方向（即横向）会产生电势。这种电势叫作霍尔电势。霍尔电势与外加的电流之比为霍尔电阻。霍尔电阻与外加磁场的磁感应强度成正比。这种效应称为霍尔效应，也叫作磁场致电流横电势效应。

1980年德国物理学家冯·克利青（K. von Klitzing，1943—）在超低温和超强磁场的极端条件下研究半导体场效应晶体管的霍尔效应时，发现霍尔电阻对应外加磁场变化的函数关系曲线上出现了多个平台（见图）。也就是说，当磁感应强度 B 达到一定数值，并在从该数值开始的一段磁感应强度区间内，纵向电阻 R 变为零，而霍尔电阻 R_H 则变为常数，即出现了平台。当磁感应强度往后继续增加时，平台周期性地出现。

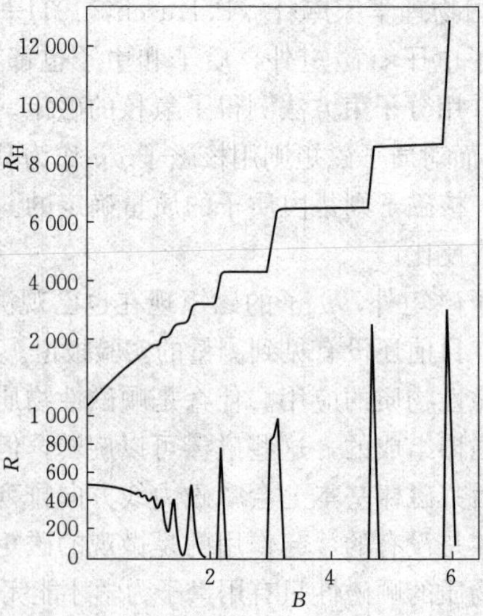

整数量子霍尔效应

由于这是一种宏观量子现象，所以这种霍尔效应称为量子霍尔效应。霍尔电阻平台可以用来作为高精度测量的基准，例如现已用来作为电阻单位欧姆的自然基准。这是量子霍尔效应的一种重要应用。

在冯·克利青发现了量子霍尔效应几年之后，美国物理学家R.B.劳克林（R. B. Laughlin，1950—）、德裔美籍物理学家H.L.施特默（H. L. Störmer，1949—）和华裔美籍物理学家崔琦（1939—）在霍尔效应的研究上又有了新的突破。他们发现，当实验样品纯度更高、磁场更强（≥20特斯拉）、温度更低（<1K）时，

在霍尔电阻对磁感应强度的曲线上，不但出现了多个平台，对应的纵向电阻也变为零，而且这些平台对应的不是霍尔电阻的整数值，而是分数值。这就是说，发现了分数量子霍尔效应。为了区别两种霍尔效应，在这以后冯·克利青发现的量子霍尔效应就改称整数量子霍尔效应。

分数量子霍尔效应与整数量子霍尔效应有质的不同，它不是后者在量上的发展，而是一种新型的物质形态。分数量子霍尔效应是一种普遍现象，其产生取决于材料的纯度以及超低温和超强磁场等物理条件。劳克林等的多次实验和理论分析表明，在超强磁场和 0.001K 级的超低温度条件下，凝聚态材料中的电子系统会形成一种新型量子液体。这种量子液体的物理特性完全由量子力学效应所引起。

在发现分数量子霍尔效应的研究工作中，崔琦做出了重要贡献。崔琦于 1939 年出生于中国河南省宝丰县，父母都是农民。他的家乡在抗战时期是沦陷区，而且经常有天灾，所以崔琦自幼饱经灾难，颠沛流离。1951 年崔琦去香港，靠奖学金读完中学后赴美。1967 年获得物理学博士。1968 年他进入贝尔实验室，在固体电子学研究实验室做研究。1982 年到普林斯顿大学任电气工程系教授。崔琦是美国国家科学院院士。1984 年崔琦获美国物理学会巴克利凝聚态物理学奖。1998 年他被授予美国富兰克林学院物理学奖章。1998 年因发现分数量子霍尔效应，与劳克林等分享诺贝尔物理奖。

6 物理（中）

6.1 世纪之交的三大发现

经典物理学经过约三百多年的发展，到19世纪末已经建立了完整的理论。它包括以牛顿三大定律和万有引力定律为基础的经典力学，以麦克斯韦方程组为基础的电磁场理论和以热力学三定律为基础的热学宏观理论以及以分子运动论与统计物理学所描述的热学微观理论。因此在19世纪末不少物理学家都认为，物理学理论的骨架已经建成，今后的工作只能是扩大这些理论的应用范围和提高实验的精度，也就是说，只能做一些修饰和填补细节的工作。1899年除夕夜在欧洲著名科学家的新年聚餐会上，大会主席开尔文发表了新年贺词，他说："物理学已经可以认为是完成了，下一代物理学家可以做的事情看来不多了。"好在开尔文没有把话说绝，他在贺辞结尾处提到了不尽如人意的一点："在物理学平静而晴朗的天空之远处，还挂着两朵令人不安的小小乌云。"这两朵乌云就是黑体辐射实验和A. A. 迈克尔逊（A. A. Michelson，1852—1931）干涉实验，它们都无法用经典物理学理论解释。正是这两朵乌云带来了20世纪物理学的大革命。

其实，就在开尔文发表新年贺词的时候，物理学已经有三项重大的发现问世了，它们是X射线的发现、电子的发现和放射性的发现。这三项发现都是在实验中做出的，因而物理学界没有及时认识它们对理论发展的深远意义。这三个发现使人们大为震惊：物理学的发展从实验中打开了缺口，使经典物理理论陷入了"危机"。解决危机成了物理学发展的动力。所以物理学界把19世纪末、20世纪初称为物理大革命的前夜。

6.1.1 X射线的发现

X射线是由德国人W. C. 伦琴（W. C. Roentgen，1845—1923）在研究阴极射线时发现的。

对气体导电的研究导致了阴极射线的发现。1858年德国物理学家普吕克尔（J. Plücker）在实验中发现，从阴极会垂直地发射一种射线，它和阴极的材料、大小、形状无关，但随磁铁而偏转。如果在射线行进的路上放一物体，则投射出清晰的阴影。普吕克尔把这种射线称作"阴极射线"。

伦琴重做了前人的实验。为了避免外界对射线管的影响，他用黑色厚纸板把管子包起来。可是他意外地发现，在 1 m 以外的荧光屏发出了荧光。伦琴对这一现象很惊讶，因为阴极射线在空气中行进距离的数量级是分米，决不会使在 1～2 m 以外的荧光屏发光。那么，使荧光屏闪光的射线究竟是什么？伦琴孜孜不倦地重复做他的实验，并在射线管和荧光屏之间放置各种物质来进行观察。伦琴发现，一切物体对这种能激发起强烈荧光的作用都是透明的，包括硬纸板、木板甚至铝板等，只是程度极为不同，而这些物质对于太阳光和紫外线是完全不透明的。伦琴指出："尽管做过多次尝试，我未能借助磁体(即使磁场很强)使 X 射线有任何偏转。"

伦琴在完成了一系列实验后于 1895 年 12 月 28 日向德国维尔茨堡物理学医学学会递交了他的论文《论一种新的射线》。论文的发表引起了人们极大的兴趣，他的报告三个月内印了五次，第五版同时用英、法、意、俄四种文字印成。尤其是他所拍摄的他夫人的手骨像，连戒指都拍得很清楚(见图)，引起了医学界的很大重视，并很快将伦琴射线用于诊断治疗上。现在 X 光设备已经几乎是世界上所有医院必备的医疗器械。

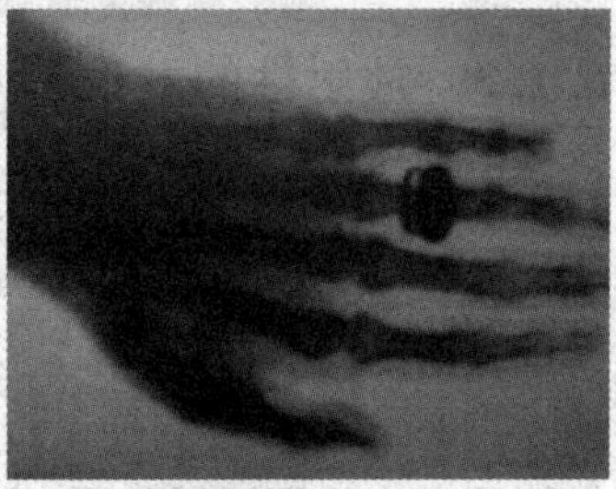
伦琴拍摄的人类的
第一张 X 射线照片

伦琴一生献身科学，对物质利益十分淡薄，他说，"我的发现属于所有的人。但愿我的这一发现能被全世界科学家所利用。这样，它就会更好地服务于全人类……"不仅如此，他还将自己所获诺贝尔奖奖金全部献给维尔茨堡大学，以促进科学的发展。

伦琴射线的发现对物理学的发展具有深远的影响。对 X 射线谱的研究为认识物质的微观结构提供了重要的途径。由于伦琴工作的重大意义，他理所当然地获得了 1901 年颁发的第 1 次诺贝尔物理奖。

6.1.2 电子的发现

第一个用实验证明电子的存在、说明电子是基本粒子的是 J. J. 汤姆生(J. J. Thomson，1856—1940)。汤姆生领导的英国剑桥大学卡文迪许实验室进行了对阴极射线性质的研究。他们首先用实验证明了阴极射线是由阴极发射出来的，其次，成功地完成了阴极射线在静电场中偏转的实验。于是汤姆生得出结论："偏转的方向表明，形成阴极射线的那些粒子是带负电的。"他接着提出，这些粒子是什么？它们是原子还是分子？抑或是更小的物质微粒？为了搞清这些问题，汤姆生对这些带电粒子的电荷与质量之比(e/m)做了一系列的测量。测量结果表明，(e/m)的数量级为 10^7，而且换用不同的电极和不同种类的放电管玻璃都不能影响(e/m)的数值。另外，这些粒子的质量不依赖于放电管中气体的性质。1897 年汤姆生发表了论文，报告了他的实验结果，宣告了电子的发现。后来汤姆生又用威尔逊云室测定了电子的电荷 e，确认其数值就是电解中一个氢原子所带的电量。

汤姆生的工作既解决了阴极射线本质的问题，同时也回答了射线既然由粒子组成，为什么能穿过金属薄层的疑问。汤姆生认为，这是因为粒子的速度相当大，而 e/m 也相当大，说明其质量很小(小于一个氢原子质量的 1/1 000)，因而能穿金属薄层而过。

电子的发现为原子结构的进一步研究打下了基础，对物理学的发展具有重要意义。正是在发现电子的基础上，质子和中子不久也相继被发现了。1918 年卢瑟福在用 α 粒子轰击氮原子核时发现了质子。1932 年 2 月英国的 J. 查德威克(J. Chadwick，1891—1974)重复了居里夫人的女儿和女婿小居里夫妇的实验，用钋加上铍作为源研究贯穿辐射，使发出的辐射不仅撞击氢，还撞击氦和氮，结果发现了中子。

6.1.3 放射性的发现

X 射线发现后，出身于光学研究世家的法国物理学家 A. H. 贝克勒尔(A. H. Becquerel，1852—1908)想到了 X 射线可能同荧光物质有关，于是他开始研究哪些物质能发射 X 射线。

1896 年 2 月贝克勒尔选择铀盐作为实验材料来进行 X 射线的实验。他发现，如果把照相底片用黑纸包严，在其上面再放铀盐，即使把底片放在抽屉里底片上也会有铀盐的轮廓。这说明铀盐自身能发出一种神秘的射线使底片感光。贝克勒尔的进一步实验发现，这种射线的辐射强度不随时间而改变，而且它能引起电离，这就提供了对射线进行定量研究的方法。贝克勒尔指出，一切铀盐都放射相同性质的辐射，而金属铀比在第一批实验中所用的铀盐辐射强度要大三倍半。这就明确表示了放射性是由原子自身的性质所决定的。

这时出生于波兰、到法国求学的 M. 斯克罗多夫斯卡 · 居里(Marie Sklodowska-Curie，1867—1934)(即居里夫人)选择了放射性作为自己博士论文的题目。她首先用实验证明了铀盐辐射的强度与其含铀量成比例，而与其所处的物理和化学条件无关。接着居里夫人着手研究当时已知的所有元素和化合物，看其中是否还有具有放射性的。她发现了钍也具有放射性。此外，她还发现了在某一种矿物中发射出的放射性比根据铀和钍的含量所预计的强度大得多。她估计在这些矿物中含有放射性更强而尚未被人们所知的新元素。要把这种元素分离出来需要进行艰苦卓绝的工作，而她的实验室条件又极差。这时 P. 居里先生(P. Curie，1859—1906)也参加了这项工作。经过艰苦的努力，1898 年 7 月居里夫妇宣布，发现了另一种放射性元素。为了纪念居里夫人的祖国波兰，他们把这个元素命名为“钋”。同年 12 月它们又发现了放射性更强的新元素镭。但是纯镭还没有提炼出来，而没有纯镭就无法测定镭的原子量。于是居里夫妇搞来了一吨铀沥青矿渣，在低矮的棚屋里用手工连续干了整整 4 年，终于提炼出微量的氯化镭，并初步测出镭的原子量为 225(现在测定的精确值为 226)，而居里夫人的体重却整整减轻了 9kg。

居里夫妇的工作不仅是从实验中发现了新的放射性元素，同时也从理论上提出了关于放射性现象的实质的假说，他们认为辐射是一种物质的发射过程，伴随着辐射，放射性物质重量会减少，同时这也是一个能量递减的过程。居里夫人特别指出，这可能和元素的演化有关。

1903 年由于在发现和研究天然放射性方面的开创性工作，居里夫妇和贝克勒尔共同分享了诺贝尔物理奖。1906年居里先生因车祸去世。1911年由于发现了钋和镭并用电离法分离出纯镭，居里夫人又获得了诺贝尔化学奖。居里夫人是第一位获得诺贝尔奖的女性，也是获得两次诺贝尔奖的极少数科学家之一。她去世以后，经法国国会讨论，总统批准，作为对法国有突出贡献的伟人，与居里先生一起安葬在巴黎的先贤祠。

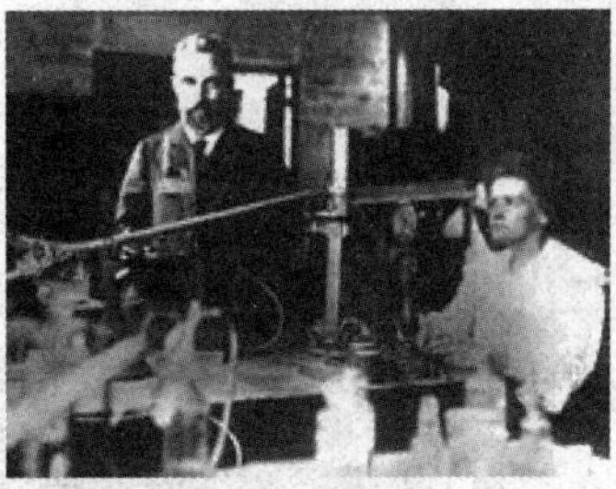

皮埃尔·居里和玛丽·居里

在世界科学史上，玛丽·居里是一个永远不朽的名字。她一生共获得10项奖金、16种奖章、107个荣誉头衔，但她一生都淡泊名利。爱因斯坦曾说："在所有世界著名人物中，玛丽·居里是唯一没有被盛名所宠坏的人。"

在镭提炼成功以后，有人劝居里夫人向政府申请专利权，垄断镭的制造以此发大财。居里夫人对此说，那是违背科学精神的，科学家的研究成果应该公开发表，别人要研制，不应受到任何限制。她又说："何况镭是对病人有好处的，我们不应当借此来谋利。"居里夫妇还把得到的诺贝尔奖奖金，大量地赠送给别人。

居里夫人

1935年在居里夫人去世后，爱因斯坦发表了题为《悼念玛丽·居里》的演讲：

"在像居里夫人这样一位崇高人物结束她的一生的时候，我们不要仅仅满足于回忆她的工作成果对人类已经做出的贡献。一流人物对于时代和历史进程的意义，在其道德品质方面，也许比单纯的才智成就方面还要大，即使是后者，它们取决于品格的程度，也许超过通常所认为的那样……""她一生中最伟大的科学功绩——证明放射性元素的存在并把它们分离出来——之所以能取得，不仅是靠着大胆的直觉，而且也靠着难以想象的在极端困难情况下工作的热忱和顽强，这样的困难，在实验科学的历史中是罕见的。"

在居里夫妇研究天然放射性方面工作的基础上，他们的女儿女婿约里奥·居里夫妇(约里奥·居里先生 Jean Frédéric Joliot-Curie，1900—1958和小居里夫人 Irene Joliot-Curie，1897—1956)在人工放射性的研究上也取得了突破。1934年初小居里夫妇在用钋的试样照射铝箔进行实验时，发现了人工放射性。这是20世纪最重要的发现之一，为人类发现更多的放射性元素开辟了一条全新的道路。我国物理学家钱三强就是在小居里夫人的指导下完成了出色的研究工作而获得博士学位的。

注：钱三强(1913—1992)，浙江湖州人，出生于绍兴，核物理学家，中国原子能科学事业的创始人，"两弹一星"元勋，中国科学院院士，对我国发展核事业做出了卓越的贡献。曾任清华大学物理系教授，中国科学院副院长，中国科协副主席、名誉主席，中国物理学会副理事长、理事长。1936年毕业于清华大学物理系。1940年获法国国家博

士学位。1946 年发现了铀核的三分裂和四分裂特点。同年底，荣获法国科学院亨利·德巴微物理学奖。

小居里夫妇和他们的母亲一样，不但在学术方面造诣很深，而且人品高尚。在第二次世界大战期间巴黎被纳粹占领后，约里奥·居里参加了抵抗运动。1941—1945 年间他担任法国地下组织全国解放阵线的主席。

附：物理学家中的败类——斯塔克

和两代居里夫妇不同，科学家中也有极个别的人行为丑陋、道德败坏，为人们所不齿。德国物理学家 J. 斯塔克(J. Stark，1874—1957)就是这样一个人。

斯塔克在极隧射线的多普勒效应的研究和原子光谱线在电场中的分裂(即斯塔克效应)的研究中做出了重要贡献，证明了玻尔理论的正确，对原子结构的研究和原子物理学的发展具有重要的意义。

然而，斯塔克秉性乖戾，人际关系极坏。不论他在汉诺威技术学院、亚琛大学、还是维尔茨堡大学工作，他与所有同事的关系都弄得很僵，而且后来甚至发展成斗殴。1922 年斯塔克动用诺贝尔奖奖金从事投机经营，并与"反相对论公司"成员来往甚密，而后者是由极端种族主义者和法西斯分子组成的。因而，斯塔克受到了同事的严厉斥责，以致不得不辞职。同年斯塔克曾任理事的"德国科学应急协会"通过全体表决，解除了他的理事职务。1924 年斯塔克被"亥姆霍茨促进物理技术学会"开除。

1930 年斯塔克正式加入纳粹党，并成为纳粹意识形态班子成员。1933 年希特勒上台后任命斯塔克为帝国物理技术研究所所长，1934 年斯塔克由希特勒亲自点名出任"德国科学应急协会(后改名为"德国研究协会")"主席。上任后他一方面对犹太裔科学家大肆迫害，不择手段地攻击和诽谤同行犹太裔科学家，另一方面又用纳粹党人的语言痛骂海森伯，还极力阻止新理论的发展。斯塔克要求科学家们选他当德国物理学会的终身主席，并威胁说："你们要是不愿意，我就使用暴力"。

斯塔克的倒行逆施遭到以劳厄、索末非(A. Sommerfeld，1868—1951)和海森伯等为代表的德国物理学家的反对和抵制，他的野心和权力欲也使纳粹当局其他部门头目不安和嫉恨，于是有关部门找个借口联合起来要求将他撤职查办。1936 年 11 月斯塔克被迫辞去德国研究协会主席职务。1939 年斯塔克从帝国物理技术研究所所长任上退休。

第二次世界大战结束后斯塔克被反纳粹法庭定为纳粹战犯主犯。

6.2 爱因斯坦的贡献

A. 爱因斯坦(A. Einstein，1879—1955)于 1879 年 3 月 14 日诞生在德国的乌尔姆，父亲是一位工程师。大学毕业以后他在瑞士一个专利局找到了一份工作。专利局的职务对爱因斯坦很合适，它的任务是审查新发明的项目，同时他还可以不受干扰地独立思考。1905 年 3 月到 6 月，爱因斯坦连续写出了三篇论文，人们认为，这三篇论文中的每一篇都够得上得一次诺贝尔物理奖，真可以说是下笔如有神。

1905 年爱因斯坦发表的第一篇论文的题目是《关于光的产生和转化的一个启发性

观点》。在这篇文章中爱因斯坦提出了对光电效应现象的一个解释，他认为光是由粒子组成的，这种粒子叫光子，或者叫光量子，光子以光速运动并具有能量和动量。根据他在同一年发表的狭义相对论，以光速运动的物体，静止质量为零，所以光子是没有静止质量的。

爱因斯坦

有了光量子的概念，就很容易解释光电效应。光电效应的通俗解释就是光照到金属上打出电子的现象，或者说，是紫外光的照射使电子从金属表面逸出的现象。这个现象最早是赫兹在研究电磁波时发现的。与黑体辐射实验一样，光电效应也无法用经典物理理论解释。从光的电磁波理论来看，必然要得出下列三个结论：(1)只要光足够强，任何波长或频率的光都能打出电子来；(2)光照射大约 1 ms 后才能打出电子；(3)被打出电子的能量只与光的强度有关而与波长无关。可是实验的结果是：(1)再强的可见光也打不出电子来，必须用一定范围波长的光（例如紫外光）才能打出电子；(2)只要所用的光合适，一经照射就能打出电子，所需时间最多为 10^{-9} s 左右；(3)被打出电子的动能只随光的波长而改变，与光的强度完全无关。光电效应的实验说明光并不仅仅具有波动性。

按照光量子的概念，光电效应可以很直观地看作是金属中的电子吸收光子而获得动能的过程。对固体金属（液体和气体也能产生光电效应），当金属内部的电子吸收了光子而形成光电子时，光子的能量一部分消耗在电子逸出金属表面所需要的功（逸出功 W）上，余下部分则转换成了光电子的动能。每个光子的能量等于光的频率与普朗克常数 h 的乘积，即

$$E=h\upsilon-W$$

这就是爱因斯坦的光电方程。根据这个方程，逸出电子的动能定义为电子电荷与遏止电压（能遏止光电子逸出金属表面所需要的最小电压）的乘积，它与光的频率呈线性关系，而与光的强度无关。因此，只有当光的频率大于或等于与光电子的逸出功有关的某个值时，才能产生光电效应。这样，原来无法解释的波长问题现在就很好解释了：因为电子想要跑出去，就得一次性获得起码的动力（相当于短波光），否则长波光子个数再多也没有用。这个观点描述了量子世界的普遍现象。

这样，光似乎是一群"光子雨"，光的颜色反映出"雨点"的力量。光既是粒子，又是波。光有着波粒二象性。

光的波粒二象性理论虽然很好地解释了光电效应，却没有立即得到物理学界的普遍承认。1914 年美国物理学家 R. A. 密立根（R. A. Millikan，1868—1953）做了精确的实验，证实由光量子理论得到的 h 值与普朗克公式得到的 h 值完全一致，从而证明了爱因斯坦光电效应理论的正确性，光的波粒二象性观点才得到物理学界的公认。

1922 年诺贝尔奖委员会宣布，将 1921 年诺贝尔物理奖授予爱因斯坦，以表彰他"在理论物理学方面的成就，尤其是发现了光电效应的规律"。

1905 年爱因斯坦发表的第二篇论文的题目是《从热的分子运动论看静止液体中

悬浮粒子的运动》。在这篇文章中，爱因斯坦根据气体动理论提出了布朗运动的理论，这种理论为确定玻尔兹曼常数提供了新的、直接的方法，由此还可以确定阿佛伽德罗常数，也为分子的存在提供了确切的证明。后来法国的 J. B. 佩兰(J. B. Perrin，1870—1942)通过乳浊液实验验证了爱因斯坦的理论。

1905 年爱因斯坦发表的第三篇论文的题目是《论运动物体的电动力学》。正是在这篇论文中爱因斯坦提出了狭义相对论。狭义相对论的提出主要是为了解决"以太之谜"。以太的概念是笛卡尔在 17 世纪提出来的。按照笛卡尔的假设，以太是充满整个空间的一种物质，真空中没有空气，但却有这种无所不入的以太。笛卡尔是为了解释光在真空中能传播这一事实才提出以太的假设的，因为当时认为光必须要有一个载体才能传播。到了 19 世纪光具有波动性已经被大多数物理学家承认，以太假说的根基就更被牢牢地树立了。但是以太假说有许多无法解释的矛盾，例如，根本不可能用描述固体、液体和气体这些常见介质的办法来描述以太。举个具体例子：光的偏振现象证明光是一种横波，也就是说，光是垂直于传播方向的一种往返的物质运动。但横向振动只能在固体中存在，因为固体和液体、气体不同，它要反抗任何想改变其形状的企图，所以必须把光以太看成是一种固体物质，这当然是自相矛盾的。

对于以太，人们往往以旧的观念来认识。例如俄罗斯化学家门捷列夫(Менделеев)在他的元素周期表中曾把宇宙以太列为周期表中原子序数为零的物质。

由于以太一直被认为是光传播的媒介，因而不少物理学家都进行了有关光传播的实验，其中最出名的是迈克尔逊实验。迈克尔逊根据光的干涉原理，想利用光的干涉条纹移动量来考察，如果确有以太存在，而且是静止不动的，则由于地球绕太阳转动应当有以太风刮过地球表面，从而测定以太是否被拖拽。实验得到了"零结果"，即或者以太被地球完全拖动，或者根本不存在以太。这使物理学界感到震惊。于是不少物理学家在 50 年内，在不同的季节，不同条件下大量重复了类似的实验，但都得到了同样的结果。

在上述历史背景下爱因斯坦提出了狭义相对论。文中提出了两个基本公设：

(1)把伽利略的相对性原理推广到包括电、光现象在内的其他自然现象中去。这就等于说，只能讨论一个物体相对另一个物体，或者一个参照系相对另一个参照系的相对运动。所以迈克尔逊在实验室里测量不同方向的光速时，无法探测到他们的实验室和地球本身是否在空间运动。

(2)真空中光速不变。用这一假设可以圆满地解释迈克尔逊实验的"零结果"。

以上两个公设的提出，是物理学思想发展史上的一个巨大的进展，是人们对时空观认识的一个变革。

狭义相对论主要有下列四个要点：

(1)同时性的相对性。设两个事件在惯性系 S 中在同一时刻但不在同一地点发生，则在相对于 S 做匀速运动的惯性系 S′中测量，它们将不是同时发生的。

(2)尺缩效应。一个物体相对于观察者静止时，其长度的测量值最大。若它相对于观察者以速度 v 运动时，在运动的方向上其长度要缩短，缩短的值取决于速度的大小，其计算公式如下：

$$L=L_0\sqrt{1-\frac{v^2}{C^2}}$$

式中，L 为物体运动时的长度；L_0 为物体静止时的长度。

(3)钟慢效应。一个时钟相对于观察者静止时，走得最快。当时钟相对于观察者以速度 v 运动时，它就走慢了。走慢的程度取决于时钟运动速度的大小，其计算公式如下：

$$t=\frac{t_0}{\sqrt{1-\frac{v^2}{C^2}}}$$

式中，t 为运动钟周期，t_0 为静止钟周期。

(4)质能关系式和质量增大效应。

$$E=mC^2$$

$$m=\frac{m_0}{\sqrt{1-\frac{v^2}{C^2}}}$$

质能关系式表明，惯性质量和能量永远密切联系而且互成正比变化。这就把经典力学中彼此独立的质量守恒定律和能量守恒定律有机地联系在一起了，可以简称为质量—能量守恒定律。

质能关系式预言了原子核能的利用。1 kg 的核物质蕴藏着 9×10^{16} J 的巨大能量，比化学反应(如火药爆炸等)释放的能量大 9 个数量级。1 g 铀裂变时所释放的能量相当于燃烧 3 t 煤的热量，而聚变(热核)反应时单位质量所释放的能量又是裂变反应的 3 倍多。

提出狭义相对论后，爱因斯坦并没有停步不前，立即又开始了对广义相对论的研究。爱因斯坦提出，是否可以设想，自然规律同参照系的运动状态无关的假设，不仅对惯性参照系成立，而且对加速运动的非惯性参照系也成立？也就是说，相对性原理是否有可能推广到加速参照系？

爱因斯坦抓住了一个早就被确认的事实：在引力场中一切物体都具有同一加速度，这说明惯性质量和引力质量是相等的。爱因斯坦说："在引力场中一切物体都具有同一加速度。这条定律也可以表述为惯性质量同引力质量相等的定律，它当时就使我认识到它的全部重要性。"他写出以下等式：

惯性质量×加速度＝引力质量×引力场强度

可见当惯性质量和引力质量相等时，加速度和引力场强度之间也存在着密切的联系，这就是说，引力场同参照系的相当的加速度在物理上完全等价。这就是"等效原理"，概括成一句话就是：一个存在着均匀引力场的惯性系同一个不存在引力场的做加速度运动的非惯性系是等效的。爱因斯坦就像以伽利略相对性原理和光速不变原理为逻辑出发点创立狭义相对论一样，又以广义相对性假设和等效原理为新的逻辑出发点，创立了广义相对论。

爱因斯坦借助于张量分析和黎曼几何等数学工具，建立了广义相对论的引力场方程。该方程有如下三个特点：

(1)这些方程可以应用于任何参考系。如不考虑引力，则回到狭义相对论的惯性参考系。

(2)这些方程是一种描述引力场变化的结构规律，因而用场的概念取代了超距作用的概念。这是广义相对论同牛顿引力理论的本质区别。

(3)这些方程揭示了我们世界的几何空间不是平直的欧几里得空间，而是弯曲的黎曼空间。时空弯曲的曲率取决于物质的分布，物质分布愈密，曲率愈大，而引力不过是时空弯曲的效应。

广义相对论的验证：

(1)水星近日点的进动。水星是离太阳最近的一颗行星，根据牛顿引力理论计算，其轨道进动速率为 $1^{\circ}32'37''/100$ 年。1859 年天文观测值比理论值快了 $38''$，1882 年观测值比理论值快了 $43''$。用广义相对论计算，得出的进动率与观测值完全一样。

(2)光线在引力场中的弯曲。爱因斯坦于 1915 年预言，一束通过太阳附近引力场的星球光线将偏转 $1.75''$。1919 年英国天文学家爱丁顿利用 5 月 29 日发生日全食的机会，组团去南美和西非进行观测，结果证实了相对论的预言。

(3)光线的引力红移。所谓引力红移是指当光或无线电波从引力场强的地方传播到引力场弱的地方时，波长变长。例如，太阳光从太阳传播到地球时，其光谱线的频率应有红移的现象。1925 年美国天文学家通过对天狼星伴星的观测，证实光谱线红移。

(4)雷达波传播中的时间延缓。从地球发出一雷达波，在到达太阳系内某一行星后会反射回来。由于雷达波经过太阳的引力场，路径应略有弯曲，因此它往返所需的时间应比按直线的理论计算时间略长。1964 年开始做这一实验，1968 年获得成功，时间比无引力场时延缓约 200 μs。

爱因斯坦除了光电效应和相对论以外，对量子论的发展也做出了重要的贡献，他还开创了现代宇宙学的研究，提出了受激辐射的概念，为激光器的发明奠定了理论基础。2000 年初英国物理研究所的《物理世界》杂志举行了一次评选活动，在有史以来 100 名著名的物理学家中评选“10 名最伟大的物理学家”。结果爱因斯坦排名第一，以下依次为牛顿、麦克斯韦、玻尔(Bohr)、海森伯(Heissenberg)、伽利略、费恩曼(Feynman)、狄拉克(Dirac)、薛定谔(Schroedinger)和卢瑟福(Rutherford)。对爱因斯坦的工作无须多加评论，用爱因斯坦在悼念普朗克时讲过的话来评价他自己就再合适不过了：“一个以伟大的创造性观念造福于世界的人，不需要后人赞扬，他的成就本身就已经给了他一个更高的报答。”

6.3 原子和原子核

1904 年英国的 J. J. 汤姆生提出原子结构的“葡萄干蛋糕模型”。根据这个模型，原子是一个电中性球体，其中正电荷就像流体一样均匀地分布在球中，带负电的电子对称地嵌在球内，分别以某种频率在各自的平衡位置附近振动，从而发出电磁辐射，原子光谱所反映出来的辐射频率就等于电子振动的频率。原子的性质取决于电子的数目及其状态。同年日本物理学家长岗半太郎提出了另一种原子结构模型——"土星模型"。这两个原子结构的模型都与实验事实有明显的矛盾,无法解释实验结果。不久卢瑟福(E. Rutherford,1871—1937)提出了小太阳系模型。

6.3.1 卢瑟福的小太阳系模型

E. 卢瑟福出生在新西兰。到英国后在剑桥卡文迪许实验室跟随 J.J. 汤姆生做研究工作。1918 年卢瑟福担任卡文迪许实验室主任。1925 年当选为英国皇家学会会长。

1909 年卢瑟福让助手做 α 散射实验时,发现大约有 1/8 000 的带两个单位正电荷的 α 粒子发生大于 90°的大角度散射,甚至还有反向散射的 α 粒子。这用 J.J. 汤姆生的无核模型是解释不通的。根据这个实验结果卢瑟福设想原子中心有一个体积很小、但密度很大的带正电的核,而带负电的电子则分布在核的周围。1911 年卢瑟福进一步发展了自己的设想,提出了原子的有核行星模型,即小太阳系模型:原子好比一个太阳系,带正电的核就像太阳居于原子的中心,它集中了原子的全部正电荷和原子的几乎全部质量;电子就像行星分布在核外空间绕核运行。

卢瑟福的有核模型比 J.J. 汤姆生的无核模型前进了一大步,但它与经典理论和实验事实仍有矛盾。从经典理论来看,卢瑟福模型不能构成一个稳定系统,因为电子绕原子核运行靠的是原子核与电子之间的静电吸引力作用,这种力使电子获得向心加速度,而根据电动力学,带电粒子获得加速度就要发射电磁波,因此电子一边绕核运行一边辐射电磁波,于是电子的能量和运行轨道都将逐渐变小,以致最后坠落到核上。而事实上原子却是稳定的。按照经典辐射理论,原子中的电子所发射的电磁波的频率与电子绕核运动的周期有关。当电子的运行轨道半径不断变小时,电子绕核旋转的频率愈来愈高,而且是连续的,因而其光谱也是连续的。但事实上原子的光谱是不连续的,这在 19 世纪初就已经发现了。这些矛盾导致了玻尔原子结构模型的产生。

除了原子的小太阳系模型外,卢瑟福另一重要贡献是对放射性元素的射线进行了深入研究。他发现射线有 α 和 β 两种,α 射线就是氦原子核,β 射线则是电子,在此基础上卢瑟福提出了放射性衰变理论,突破了原子永远不变的经典概念。当然,发现质子也是他的一个重要贡献。

6.3.2 玻尔及其定态跃迁原子模型,对应原理

N.玻尔(N. H. D. Bohr,1885—1962)是丹麦著名的物理学家。他一生的大部分时间都用在原子构造的量子理论的研究上,取得了重大的成就,被公认为量子力学哥本哈根学派的领袖。第二次世界大战期间玻尔前往美国,任洛斯阿拉莫斯实验室的曼哈顿计划顾问,参加了第一颗原子弹制造的理论研究。

1913 年玻尔针对卢瑟福原子结构模型的矛盾,运用量子化概念,提出了定态跃迁原子模型理论。他假设绕核运动的电子有许多可能的轨道,电子不能从一个轨道"平滑地"进入另一个轨道,而只能"跃迁"过去。当电子绕原子核在轨道上旋转时,并不会像经典电磁理论预言的那样发光,只有当电子从一个较高能量状态的轨道跃迁到另一

个较低能量状态的轨道时才发光。这样辐射出来的光子能量就是这两条轨道间的能量差。如果电子原来就处在最低能量状态(即基态)的轨道,它就不会跃迁了,除非外面给他能量,使它从基态轨道跃迁到较高能量状态的轨道。这时它不但不发光,相反还要吸收特定能量的光。在玻尔的原子模型中,轨道是“量子化”的,电子在同一条轨道上运行时是不会失去能量的,因此原子也就不会坍塌,并且原子的光谱也不会是连续谱。

N. 玻尔

玻尔的原子结构理论解释了氢光谱的频率规律,阐明了光谱的发射和吸收,使量子理论取得了重大的进展。另外,玻尔的理论还能预言一些新谱系,特别是在氦离子光谱方面显示出特有的效用。可以说,玻尔理论是成功的。但是这个理论并没有完全摆脱经典理论,它只是一种半经典半量子化的理论,还很不完善(理论中保留的“轨道”就是个经典的概念),充其量只能代表一种完备理论被发现之前的一种过渡。尽管如此,玻尔理论却迈出了从经典理论向量子理论发展的极为关键的一步。而且这一理论将光谱学、量子假说和原子小太阳系模型这几个相距较远的物理学研究领域联系在一起,为现代物理学的发展指明了正确的方向,所以它是原子理论和量子理论发展史中的一个重要的里程碑。

1918 年玻尔又提出了另一个重要原理——对应原理。玻尔认识到他的理论并不是一个完整的理论体系,还只是经典理论和量子理论的混合。而他的目标是建立一个能够描述微观尺度的量子过程的基本力学。他认为,按照经典理论来描述的周期性体系的运动和该体系的实际量子运动之间存在着一定的对应关系。经典理论是量子理论的极限近似,而按照对应原理指出的方向,可以由旧理论推导出新理论。

由于对应原理表明了如何从宏观体系过渡到微观体系,所以是从经典理论通向量子理论的桥梁。这在后来量子力学的建立发展过程中得到了充分的验证。这是玻尔对量子物理学的又一重要贡献。海森伯正是在对应原理的指导下,寻求与经典力学相对应的量子力学的各种具体对应关系和对应量,从而建立了矩阵力学。在薛定谔建立量子力学的波动力学理论过程中,对应原理也起了指导作用。

6.3.3 核能和费米、奥本海默

1. 人工核蜕变

1917 年卢瑟福用放射性物质作为 α 粒子源,用 α 粒子去轰击其他原子核,实现了世界上第一个原子核反应。这使得物理学家认识到,用高速粒子轰击原子核是在放射性和核物理领域取得研究进展的好方法。但天然放射性物质作为粒子源所提供的电子以及 α 粒子等,无论是粒子种类还是能量大小都很有限,因此人们开始建造加速器,企图用人工方法研究核反应和核衰变。但是要加速粒子使其能克服核子阻力穿透原子核,需要 400 万 V 的高压,这在 20 世纪 20～30 年代是根本做不到的。1929 年苏联理论物理学家 G. 伽莫夫(G. Гамов,1904—1968)和玻尔提出,按照量子力学微观粒子

具有隧道贯穿效应的特点，只要轰击原子核的粒子足够多，使得能通过隧道效应产生足够的穿越原子核的粒子，加速器所需电压有 50 万 V 就够了。1932 年 4 月 J. D. 科克罗夫特(J. D. Cockcroft，1897—1967)等两位英国科学家研制了第一台高压倍加器，成功地实现了用人工加速粒子轰击锂核产生核衰变的实验。这表明原子核可以在人类的完全控制下发生改变，实验同时也证实了伽莫夫的隧道贯穿效应理论的正确，还证明了爱因斯坦关于质量、能量可以互换理论的正确，因为 α 粒子所获得的附加动能就是来自锂核的质量亏损。这是科学史上的一个里程碑，它开创了原子核物理的新纪元。

2. 费米的贡献

E. 费米(E. Fermi，1901—1954)是意大利人，他在理论物理和实验物理两方面都有重大成就。费米早期的重要工作是建立了将泡利的不相容原理应用于基本粒子时的统计规律和这种统计规律的数学表达式。所谓不相容原理指的是，在电子、质子、中子等基本粒子组成的量子体系内部不能有两个状态完全相同的基本粒子，这些粒子是不相容的：在一个确定状态下，最多只能存在一个粒子。费米建立的数学体系稍后也被狄拉克独立地发展出来，所以被称为费米—狄拉克统计。服从泡利不相容原理的粒子被称为费米子。组成光线的光子不服从泡利不相容原理，光子是相容的。

费米的另一个理论上的重要贡献是提出了自然界中四种基本相互作用之一的弱相互作用力。1933 年费米从理论上解释了 β 衰变。费米认为，就像原子中的电子，由高能量状态下降到低能量状态会发光一样，在 β 衰变中原子核中的质子和中子可以看作是同一个核子的两个不同的量子状态，它们之间的相互转变相当于核子从一个量子状态跃迁到另一个量子状态，在此过程中会放出电子和中微子。所不同的只是，在原子发光中发射的是光子，引起发射的原因是原子中的电磁相互作用；而在 β 衰变中，发射的是电子和中微子。至于引起发射的原因，费米假设它是一种新的相互作用——弱相互作用。

费米在实验物理学方面的主要贡献是用中子轰击大量的不同核素，发现了大量的新的人工放射性元素。在本章第 1 节中讲过，1934 年初小居里夫妇发现了人工放射性。费米想，由于中子不带电，如果用中子代替带正电的 α 粒子进行轰击，可能效果会更好。1934 年春天，费米及其同事开始用中子轰击不同元素的原子核。后来费米又发现，用石蜡过滤后的中子来轰击，由于速度变慢了，效果更好。费米用这个方法，仅仅几个月就成功轰击了 63 种不同的核素，发现了 37 种新的人工放射性元素。后来费米又发现，用物质中的氢原子核去碰撞轰击途中的中子，以降低其速度，更容易引起被轰击物质的核反应。这个方法很快也被各国物理学家所采用。

在 1934 年，元素周期表上一共有 92 个元素，最后一个元素是铀。当用中子轰击铀时，费米他们发现铀被强烈地激活了，并产生出好多种元素。费米认为，由于中子打进铀的原子核里，铀的原子量一定会增加，从而转变成原子序数为 93 的新元素。但是没有实验验证。

在 20 世纪 30 年代末正是法西斯势力最猖獗的时候，而费米的夫人又是犹太人，于是费米夫妇借去斯德哥尔摩领诺贝尔奖的机会逃离意大利到了美国。

受费米工作的启发，德国的 O. 哈恩(O. Hahn，1879—1968)、F. 斯特拉斯曼(F. Strassmann，1902—1980)和奥地利裔瑞典籍女物理学家 L. 梅特涅(L. Meitner，1878—1968)领导的研究小组，在 1934—1938 年间也用慢中子轰击原子核。哈恩轰击的是重金属铀和钍，希望能找到周期表上没有的 93 和 94 号元素。可是经过对实验结果的仔细分析，哈恩发现轰击后铀核分成了两大碎块，这就是原子核的裂变。实验还表明，裂变时要释放很大的能量。

1939 年 1 月哈恩关于原子核裂变的论文发表了，推翻了费米根据实验结果估计铀受中子轰击后可能会产生 93 号元素的判断。

哈恩发现原子核裂变的消息很快就传到了费米的耳中，费米立即意识到这项发现的重大现实意义。因为他知道，裂变的碎片属于含中子数比较多的、不稳定的原子，它有可能再次发射中子，再次产生裂变，如此继续下去，就会产生一连串的“链式反应”。如果链式反应能够控制，形成一种稳定状态，我们就能得到一种新能源——核电。如果将链式反应用在军事上，这就是原子弹。当时正是第二次世界大战战事最激烈的时候，费米知道，如果原子弹被纳粹抢先研制出来，后果不堪设想。于是费米就这个问题提醒了美国海军，但未引起重视。后来爱因斯坦等人写信给罗斯福，美国政府才下决心研究这件事。费米积极参加了这项工作，他到芝加哥大学主持了世界上第一个可持续的核裂变反应实验。1942 年 12 月 2 日这个实验成功地进行了。与此同时美国正式成立了曼哈顿计划工程区，由位于田纳西州橡树岭等地的两个工厂进行生产，实验则由位于新墨西哥州的洛斯阿拉莫斯实验室进行，其负责人是奥本海默。费米也参加了曼哈顿计划，专门负责解决原子弹制造过程中的特殊问题。1945 年 7 月 16 日世界上第一颗原子弹研制成功。

第二次世界大战结束后，费米建立了芝加哥学派，培养了李政道、杨振宁等一大批战后年代的重要物理学家。1954 年费米因胃癌去世，享年 53 岁。为了纪念费米，人们把周期表中第 100 号元素按照费米的名字命名为镄，同时把原子核尺度的单位定为“费米”。1 费米等于 10^{-15} m。

3. 奥本海默

J. R. 奥本海默(J. R. Oppenheimer，1904—1967)，美国物理学家，曼哈顿计划的主要领导者之一，被美国誉为“原子弹之父”。他天资聪颖，兴趣广泛。大学毕业后他到英国剑桥大学深造。1926 年奥本海默转到德国哥廷根大学，跟随玻恩做研究工作。1929 年夏天奥本海默回到美国。第二次世界大战爆发后美国的情报显示，德国在研制原子弹。为抢在纳粹的前面，使其不能用这种大规模杀人武器危害人民，罗斯福接受了爱因斯坦等的建议，开始组织科学家研制原子弹。

1942 年 8 月，奥本海默被任命为研制原子弹的“曼哈顿计划”的实验室主任，在新墨西哥州沙漠建立洛斯阿拉莫斯实验室(Los Alamos Laboratory)，整个计划的经费是 20 亿美元，总工作人数为 10 万人，其中科学家有 4000 人，著名的科学家玻尔、费米、费恩曼、冯·诺伊曼、吴健雄等大师级科学家皆在其内。1945 年 8 月 6 日上午 8 时 15 分 17 秒，美国朝日本广岛投下了第一枚原子弹。

第二次世界大战结束后奥本海默担任原子能委员会总顾问委员会主席，致力于通过联合国来实行原子能的国际控制与和平利用。20 世纪 50 年代麦卡锡主义在美国甚嚣尘上，奥本海默因年轻时曾对共产主义理论感兴趣也受到牵连，遭到起诉，并被吊销了安全特许权。1963 年得到了平反，并被授予费米奖。1967 年奥本海默因喉癌逝世。

6.3.4 原子核物理

1. 原子核的早期模型

正如原子模型的建立是原子物理发展史的重要组成部分一样，原子核模型的建立也是原子核物理发展的重要标志。

费米在 1932 年提出了气体模型，他把核子（质子和中子）看成是几乎没有相互作用的气体分子，把原子核简化为一个球体，核子在其中运动，遵守泡利不相容原理。气体模型的成功之处在于它可以证明质子数与中子数相等的原子核最稳定。这与事实相符。但这模型没有考虑核子之间的强相互作用，难以解释后来发现的许多新事实。

玻尔在 1935 年提出的液滴模型比费米气体模型前进了一步。根据液滴模型，除了少数极轻的原子核外，原子核中每个核子的平均结合能几乎是一常数，即总结合能正比于核子数，这显示了核力的饱和性；另外，原子核的体积正比于核子数，即核的密度近似于一常数，这显示了原子核的不可压缩性。这些性质都与液滴相似，所以把原子核看成是带电的理想液滴。但是早期的液滴模型没有考虑核子运动，所以不能说明核的自旋等重要性质。后来液滴模型虽有所发展，仍不能令人信服地解释原子核的各种性质。

2. 格佩特—迈耶和延森的贡献

1949 年玛利亚·格佩特—迈耶（Maria Goeppert-Mayer，1906—1972）和 J. H. D. 延森（J. H. D. Jensen，1907—1973）同时独立地提出了原子核的壳层模型，获得了巨大的成功。格佩特是德国哥廷根人，是她的家族的第七代教授。格佩特嫁给迈耶后随即迁往美国。第二次世界大战后格佩特在研究工作中发现，2、8、20、28、50、82 和 126 这七个数字很特别，任何一种元素，只要其质子数或中子数有一个与这七个数字中的一个相同，这个元素就会很稳定。格佩特把这七个数称为“幻数”。格佩特认为，原子核有点像洋葱，其质子和中子的层相互围绕着在旋转，幻数应该对应满层或者说“满壳层”的质子数或中子数。她分析了电子之所以具有壳层结构的三个条件，发现对于原子核来说，只要考虑泡利不相容原理，同时还考虑核子的自旋与旋转轨道的耦合，这三个条件同样可以满足，这时在理论上可以重现所有的幻数。

无独有偶，德国海德堡大学的延森也同时独立地提出了几乎与格佩特模型完全一样的模型。延森假设存在着强自旋轨道耦合，在这样的假设前提下他成功地解释了幻数的存在，同时指出幻数的存在反映了原子核具有壳层结构。延森指出，当原子核中存在幻数时，核子充满了某个能级，这时没有核子向更高的能级跃迁，因此这些原子核相当稳定。迈耶夫人和延森各自的论文只差一个月先后寄到了美国《物理学评论》杂志编辑部。不像有些同时独立完成的伟大工作，完成者们为知识产权而争先后，搞得同行关系紧张，格佩特—迈耶与延森却是惺惺相惜。他们以文相识，后来成了好朋友，并合著了《原子核壳结构基本理论》一书。

3. 原子核的集体模型

然而在格佩特—迈耶和延森的原子核壳层模型提出后，物理学家发现，在重元素原子核中电荷分布的不对称性，远远大于壳层模型所预言的，这说明原子核壳层模型还需要改进。20 世纪 50 年代初，N. 玻尔的第四个儿子 A. N. 玻尔（A. N. Bohr，1922—2009）等发现亚原子粒子运动能使原子核变形，从而认识到原子核可以不具备球对称性，这样可以解释实验上观测到的核多极矩之类的性质。于是 A. N. 玻尔等开始研究一种新的原子核模型，在这种模型中，原子核内有单个核子的运动，而同时，原子核作为一个整体可以改变形状，转动它的取向。这类似于一个蜂群，其中每一个蜂都在快速飞动，但是整个蜂群作为一个整体在慢慢地移动。原子核的整体运动受到单个核子运动的强烈影响。反过来，前者也影响后者。1951 年，A. N. 玻尔发表了他对原子核中这两种基本运动方式相互影响的研究成果。其后几年中，他又系统地分析了上述运动对核性质所产生的影响。后来 A. N. 玻尔等发现，的确有一些核，其能级可以通过假定它们形成一个转动谱来解释。

6.4 量子力学

6.4.1 普朗克和旧量子论

区分经典物理和现代物理可以用两个基本量作为判据：光速 c 和普朗克常数 h。$c=3\times10^{10}$ cm/s。当物体的运动速度远小于光速时，可以用经典物理讨论问题；当物体的运动速度接近或等于光速时，必须用相对论讨论问题。$h=6.62606896\times10^{-34}$ J · s。h 同样告诉我们，什么时候可以用经典物理处理问题，什么时候必须用量子力学处理问题。因此普朗克常数的发现，标志着物理学由经典进入了量子时代。

20 世纪初由实验不断发现出新的物理现象，经典物理在解释这些现象时陷入了困境。这些物理现象主要有三个：

(1)黑体辐射问题；

(2)光电效应问题；

(3)原子的稳定性和大小。

普朗克提出了描述量子大小的普朗克常数 h 解决了第一个问题；爱因斯坦在普朗克量子理论的基础上，提出了光量子理论用以解释光电效应，解决了第二个问题；玻尔把量子物理应用于原子结构，正确地解释了氢原子光谱和原子的稳定性，解决了第三个问题。对上述三个问题的研究和解决过程就是量子物理的建立过程。

关于光电效应和原子稳定性问题前面已经做了介绍，这里讨论黑体辐射问题。什么是黑体辐射？黑体是一种极黑的黑箱子。箱子的内壁装有一排排肋状隔墙，整个内部涂抹了漆黑的煤烟，只留一个小孔让光线进去，光线几乎只能进不能出。如果对这只箱子加热，从那个小孔发出来的辐射就可以看成是理想黑体的辐射。测量小孔中的辐射情况就可以研究黑体辐射。

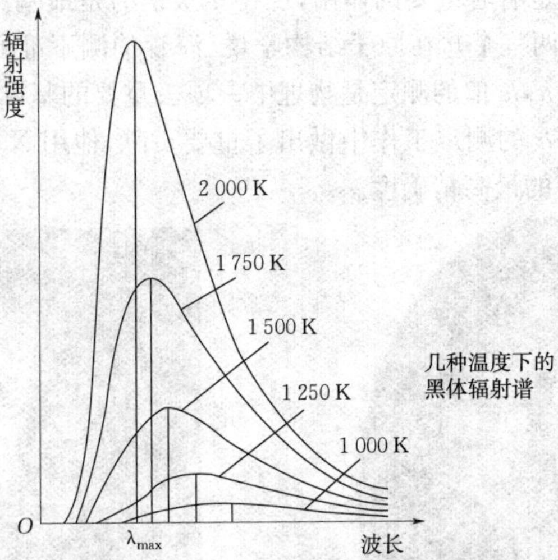

几个不同温度下的黑体辐射的电磁波谱

注:图中横轴为辐射的波长,纵轴为相应的能量密度

19 世纪末对黑体辐射已经进行了仔细的测量,发现来自小孔的辐射强度随波长变化的规律可用上图表示。从图中可见,这是一些长波和短波方向都降落到零的平滑曲线,而在某一波长处有一极大值,此波长与腔壁的温度 T 的乘积是一常数,即 $\lambda_{max}T=C$,这就是维恩(Wien,1864—1928)的位移定律。在这里关键的理论问题是要从物理学基本原理推导出黑体辐射定律,也就是推导出腔内辐射能密度作为波长和温度的函数表达式。当时已有两个公式,一个是 1896 年发表的维恩公式;另一个是 1900 年初发表的瑞利(Rayleigh,1842—1919)—琼斯(Jeans,1877—1946)定律。前者在短波区与实验结果符合,后者在长波区与实验结果符合。

用瑞利—琼斯公式计算辐射能量时,当辐射的波长接近紫外,能量将变成无穷大,这就是所谓的“紫外灾难”。由于瑞利—琼斯公式是根据经典物理学中能量按自由度均分原理得出的,因此所谓的“紫外灾难”也就是经典物理学的灾难。

1900 年普朗克(Max Planck,1858—1947)提出了量子假说,解决了紫外灾难的问题。

普朗克出生在德国的基尔。他的博士论文题目是《关于热力学第二定律》。由于从热力学开始做研究,普朗克很快就接触到黑体辐射问题。经过长时间反复琢磨,普朗克另辟蹊径,他把经典电动力学和熵增加原理用于黑体辐射问题,在维恩和瑞利—琼斯公式之间利用内插法建立了一个普遍公式,这就是普朗克定律。

普朗克定律不仅与实验曲线符合得很好,而且能把维恩公式与瑞利—琼斯定律衔接起来。当波长较短时,它可以回到维恩公式;当波长较长时,它可以近似到瑞利—琼斯定律,而且避免了紫外灾难。于是根据普朗克假说在理论上就准确地推导出了正确的黑体辐射公式。

普朗克的概念在物理上有着普遍的意义,1905 年爱因斯坦用这一概念解释了光电效应,1913 年尼尔斯·玻尔也使用这一概念阐明了他的原子结构学说。而普朗克

常数 h 在理论物理中也有着重要的作用，现在 h 被认为是最基本的物理常数之一（这种基本常数一共只有两三个），在原子结构学说、海森伯测不准原理、辐射学说和许多科学公式中都要用到 h，h 值的测定是物理中一项极重要的基础工作。中国物理学家叶企孙在普朗克常数 h 的测定工作中做出了重要贡献，他用 X 射线测定普朗克常数 h，得出当时测定 h 值的最高精确度。

普朗克

叶企孙

注：叶企孙（1898—1977），上海人，中国卓越的物理学家、教育家，中国物理学界的一代宗师，中国物理学会的创建人之一。1918 年毕业于清华学校，后赴美深造，1923 年获哈佛大学哲学博士学位。1924 年回国后，历任清华大学教授、物理系系主任和理学院院长，中国物理学会第一、二届副会长，1936 年起任会长。

普朗克虽然很快就向德国物理学会报告了他的公式，但当时他无法向人们解释公式的物理意义。于是普朗克继续探索，想从物理学的一些基本理论推导出他的公式。然而无论他用什么方法，总不能从理论上推出这个无疑是正确的公式。后来普朗克从他的公式出发往回反向推导，终于发现，原来在他的公式中隐含着量子化假设，它要求黑体辐射的能量不能取连续的值，而必须是一份一份的，每一份都是某个最小能量单元的整数倍。普朗克将这种最小能量单元称为能量子，简称量子。普朗克发现，辐射能量子的能量等于常量 h 与频率 υ 的乘积：$\varepsilon=h\upsilon$。

千百年来无数的事实证明，无论是动能还是势能都是连续变化的，因而必须放弃量子化假设，可是这就等于放弃与实验事实精确相符的辐射公式；如果坚持这个假设，就要推翻一个习以为常、似乎是天经地义的能量连续概念，这就等于向整个经典物理学挑战。

1900 年 12 月 14 日普朗克在德国物理学会的例会上提出了量子假设，他在题为《关于正常谱中能量分布定律的理论》的论文中系统地、严密地论证了他的黑体辐射公式。能量子假设的提出具有划时代的意义。后来人们把 1900 年 12 月 14 日看作是量子物理学的诞生日。

6.4.2 量子力学的建立

量子力学主要由海森伯（W. Heissenberg，1901—1976）的矩阵力学、薛定谔（E. Schrödinger，1887—1961）的波动方程和狄拉克（P. A. M. Dirac，1902—1984）的工作组成，泡利（W. E. Pauli，1900—1958）和玻恩（M. Born，1882—1970）也做出了重要的贡献。

1. 德布罗意的物质波理论

在正式介绍量子力学创建过程之前，应该先谈谈德布罗意（L. V. de Broglie，1892—1987）的工作。

德布罗意是法国物理学家。在爱因斯坦等人理论的启发下，1923 年 9 月至 10 月间，德布罗意连续在《法国科学院通报》上发表了三篇有关波和量子的论文。第一篇论文提出实物粒子也有波粒二象性。在第二篇论文中，德布罗意提出，在一定情形下，任一运动质点能够被衍射。穿过一个相当小的孔的电子群会表现出衍射现象。在第三篇论文中，他进一步提出："只有满足位相波谐振，才是稳定的轨道。"在随后的博士论文中，他更明确地提出："谐振条件是 $l=n\lambda$，即电子轨道的周长是位相波波长的整数倍。"德布罗意指出："任何物质都伴随着波，而且不可能将物质的运动和波的传播分开。"这就是说，波粒二象性并不只是光才具有的特性，而是一切实物粒子都共有的普遍属性，原来被认为是粒子的东西也同样具有波动性。因而可以说，一切物质都具有波动性。

德布罗意提出了把物质和波动性联系起来的公式：

$$\lambda=\frac{h}{mv}$$

这就是德布罗意关系式，式中 m 为物质质量，v 为其运动速度，λ 为波长，h 为普朗克常数。由德布罗意关系式决定的波称为德布罗意波。

由于普朗克常数极小，所以德布罗意波的波长也极短。例如，地球的德布罗意波的波长是 3.6×10^{-63} m。体重 50 kg、用 $v=10$ m/s 的速度飞跑的人的德布罗意波波长为 1.3×10^{-36} m。因而德布罗意的理论在宏观世界用实验验证是十分困难的。然而对于微观物体，情况就大不相同了：一个在 150 V 电位差下加速的电子的德布罗意波波长为 1 Å（即 10^{-10} m），这相当于原子的尺度，也相当于 X 射线的波长，是可以测量的。1927 年英国的 G. 汤姆生（G. Thomson，1892—1975）等利用金属晶格的大小正好可以用埃量度的特点，通过电子衍射实验证实，电子确实具有波动性。从此德布罗意的物质波理论被普遍接受，薛定谔正是在德布罗意理论的启发下提出了量子力学的波动方程。

2. 海森伯的矩阵力学与测不准原理，玻恩与泡利的贡献

第一个提出完整的量子力学理论的是德国天才物理学家海森伯。海森伯于 1901 年出生，毕业于慕尼黑技术大学，是著名物理学家 A. 索末非（A. Sommerfeld，1868—1951）的得意门生。海森伯认为，玻尔关于电子轨道的概念很可能是一种虚构，因为实际上没有任何实验可以证实电子按一定轨道运行。1925 年初夏海森伯开始考虑放弃

电子轨道的经典图像，直接从光谱频率和跃迁振幅切入来建立量子力学，以便把量子力学建立在这些可由实验观测的量的基础上。他根据玻尔的对应原理，从经典力学的动力学方程入手，把其中的电子坐标换成跃迁振幅，从而得到了跃迁振幅之间的一个关系式。在进行数学运算的过程中，海森伯设立了一些计算符号和规则，其中包括一种不服从常规交换律的乘法规则。在回到哥廷根后，海森伯与奥地利青年物理学家泡利进行了大量的讨论。7 月初海森伯完成了题为《从量子理论重新解释运动学和力学关系》的论文。在这篇论文中他提出一个原则，即应该根据在原则上可以观测的量之间的关系来建立量子力学理论。海森伯在理论中设立的计算规则，即电子位置的坐标与电子速度之间的关系，是这一理论的基本要素，这个规则把普朗克常数作为决定性的因素引入量子力学。这篇论文迈出了创立量子力学关键性的一步。

随后海森伯请玻恩对他的论文做进一步的推敲。通过仔细分析，玻恩发现，海森伯的乘法规则就是矩阵理论。于是玻恩与其学生 P. 约尔丹(P. Jordan)从纯粹数学角度出发，对海森伯所用的方法进行了严密的论证，在这工作的基础上他们合写了题为《关于量子力学》的论文。这是创立量子力学的第二篇论文。后来海森伯又与玻恩、约尔丹合作，写了《关于量子力学Ⅱ》的论文。这是创立量子力学的第三篇论文，文中几乎包括了量子力学的所有要点。这三篇论文奠定了量子力学理论的基础。这种新的力学也称作矩阵力学，它把玻尔的对应原理发展成了完善的数学体系，形成了能给出正确结论的量子力学体系。

在创建矩阵力学以后不久，1927 年海森伯又提出了测不准原理，这是量子力学中的一个最重要的原理。它阐明了量子力学诠释的理论局限性。测不准原理适用于一切宏观和微观现象，但在宏观领域它的影响极小，以致完全可以忽略，而在微观领域它的有效性表现得特别明显。

除了创建量子力学以外，海森伯还提出了同位旋的概念；在磁性理论中他提出了海森伯模型，可以用来定性地研究铁磁物质的铁磁性质，同时也可研究物质的相变问题；他和他的学生在高能宇宙线和介子理论方面也做了大量工作。

海森伯是公认的天才物理学家，像对于在两块平行板之间突然出现湍流的著名问题，他竟然猜出了近似解。1944 年加州理工学院的中国物理学家林家翘在他的博士论文中以分析的方法证明了海森伯的猜测。后来，冯·诺伊曼和托马斯(L. H. Thomas)以数值计算的方式证实了林家翘得到的结果。

在第二次世界大战期间，海森伯曾和核裂变发现者之一 O. 哈恩一起，受纳粹之命发展核反应堆。他虽然不公开反对纳粹统治，但用怠工阻止了纳粹制造原子武器。

前面已经谈到，在创建矩阵力学的工作中玻恩与泡利都是功不可没的。此外，玻恩对薛定谔方程中波函数的物理意义做出了统计解释，即波函数的二次方代表粒子出现的概率，解决了当时物理学家，包括薛定谔本人在内都没有解决的问题。这是一个极其重要的研究成果。玻恩还开创了晶格动力学新学科，主要研究固体中原子怎样结合在一起并产生振动的问题。1954 年他和我国著名物理学家黄昆(1919—2005)合著了《晶格动力学》一书，这本书被国际学术界誉为有关理论的经典著作。而泡利最重要的成就则是提出了泡利不相容原理(也称泡利原理)。这个原理指出，在原子中不能容纳运动状态完全相同的电子，也就是说，一个原子中，任何两个轨道电子的4个量子数不可能完全相同。不相容原理是自然界的基本定律，是量子力学的主要支柱之一。此外，泡利还预言了中微子的存在，参与了量子场论的基础建设，对反常塞曼效应进行理论探索……总而言之，泡利的贡献几乎遍及当时物理学的各个领域。

3. 薛定谔的波动方程

几乎与海森伯创立矩阵力学的同时，奥地利物理学家薛定谔创立了量子力学的另一种形式——波动力学。1925—1926年间，薛定谔在A. 爱因斯坦关于单原子理想气体的量子理论的影响下，又受到L.V. 德布罗意的物质波假说的启发，根据经典物理学中几何光学与牛顿力学之间的类比，提出了量子物理学中对应于波动光学的波动力学方程。薛定谔认为，电子作为传播波的始源，描述其运动应该存在一个与之对应的波动方程。就像光的波动方程决定着光的传播一样，量子的波动方程决定着电子的波的传播，人们可以通过求解波动方程来确定原子内部电子的运动。他一连发表了四篇论文，题目都是《量子化就是本征值问题》，系统地阐述了波动理论，奠定了波动力学的基础。薛定谔的出发点是，经典力学与几何光学在结构上相似。他想，既然几何光学是波动光学在特殊条件下（波长相对短）的近似，那么经典力学也有可能是波动力学的近似，二者构成象征性的比例关系：

经典力学：波动力学＝几何光学：波动光学

由此可见，薛定谔方程并不是推导出来的，而是一种天才的猜想，是量子力学中的一个基本假设，但得到了实验的验证，因此它在量子物理中的地位相当于经典物理中的牛顿方程。量子力学中求解粒子问题常归结为求解薛定谔方程。薛定谔方程广泛地用于原子物理、核物理和固体物理，对于原子、分子、原子核、固体等一系列问题求解的结果都与实际符合得很好。

然而薛定谔方程仅适用于速度不太大的非相对论粒子，方程中也没有计入粒子自旋的特性。当问题涉及相对论效应时，薛定谔方程需要用相对论量子力学方程代替，其中不言而喻自然考虑了粒子的自旋。

1926年3月，薛定谔发现波动力学和矩阵力学在数学上是等价的，是量子力学的两种形式，可以通过数学变换，从一个理论转到另一个理论。同年12月狄拉克也从矩阵力学推出了波动方程。

薛定谔还成功地确定了一系列做不同运动的电子的波动方程，他发现只有当系统的能量取普朗克常数所决定的分立值时，这些方程才有确定的解。在玻尔理论中，电子轨道的这些分立能量值是假设的，而在薛定谔理论中它们完全是由波动方程确定的。这些特定的分立能量值就是波动方程的本征值，每一个本征值相当于一个能级。

薛定谔方程的求解对于简单系统，如氢原子中的电子，没有特殊的困难。薛定谔曾经用自己的方程来计算氢原子的谱线，得到了与用玻尔模型计算相同的结果。但对于复杂系统，必须采用近似方法才能求解。近似求解的方法主要有变分法、有限差分法和微扰法等。

薛定谔的波动力学和海森伯的矩阵力学出发点不同，而且是通过不同的思维过程发展而来的，但是用这两种理论处理同一问题时，却得到相同的结果。海森伯的理论提出的要早一些，可是由于薛定谔所用的数学方法没有与经典的波动理论不同的地方，在解决实际问题时物理学家更愿意使用薛定谔的方法，而且薛定谔方法易于与实验结果相比较。所以薛定谔方程在国际原子物理的文献中是应用最广泛的公式之一。

1944 年薛定谔出版了《生命是什么》一书。在这本书中，薛定谔从物理学家的角度，运用热力学和量子力学理论对生命的本质进行了解释，对物理学家和化学家提出了用理化方式研究生命活动的崭新的课题。正是在这本书的影响下，以沃森和克里克为代表的新的一代生物学家走上了在分子层面研究生物学的道路，九年以后他们发现了 DNA 双螺旋结构。

4. 狄拉克方程，正电子

与海森伯和薛定谔各自创建自己的量子力学理论的同时，英国物理学家狄拉克却致力于把哈密顿体系与量子力学结合起来的研究。狄拉克 1902 年出生在布里斯托尔，是一个天才物理学家，也是量子力学奠基者之一。狄拉克对物理学的主要贡献是：发展了量子力学，提出了描述相对论性费米粒子的量子力学方程，即狄拉克方程，并且从理论上预言了正电子的存在；他预言了磁单极；还有费米—狄拉克统计方面的创造性工作。另外在量子场论尤其是量子电动力学方面他也做出了奠基性的工作。在引力论和引力量子化方面狄拉克也有杰出的贡献。上述这些成就足以使狄拉克成为 20 世纪最伟大的物理学家之一。

狄拉克原来是研究相对论动力学的，1925 年他接触到了海森伯关于矩阵力学的论文，受到了强烈的吸引，于是转向量子力学的研究。经过长时间的苦苦思索，在对应原理的指导下，狄拉克从与经典力学的泊松括号的对应出发，得到了海森伯的对易关系、力学量的运动方程以及玻尔频率条件，并对这种新力学进行了系统深入的研究。1926 年 12 月狄拉克提出了变换理论，从矩阵力学导出了薛定谔方程。1928 年狄拉克把狭义相对论与量子力学相结合，建立了描述自旋为 1/2 及其整数倍的相对论性粒子的波动方程，简称电子运动的相对论性量子力学方程，即狄拉克方程。

狄拉克方程具有两个特点：一是满足相对论的所有要求；二是它能自动地导出电子有自旋的结论，而且能求出其量值，突破了原来量子力学关于电子有自旋的假设。这是一个很大的发展。狄拉克方程的解很特别，既包括正能态，也包括负能态。狄拉克由此做出了存在有正电子的预言，认为正电子是电子的一个镜像，它们具有严格相同的质量，但是电荷符号相反。狄拉克方程能描述电子所有的已知的特性，并做出了与后来所有有关实验结果相符的预言。因此，狄拉克方程是一个正确地描述电子运动的相对论性量子力学方程。1930 年狄拉克出版了《量子力学原理》一书，对量子力学理论作了全面的总结，人们称之为“量子力学的圣经”。相对论电子波动方程的建立，使现代物理学的两大基础量子力学和相对论统一了起来，可以说是现代物理学统一场理论的先驱。

上面已经提到，狄拉克方程具有负能解。1929 年 12 月狄拉克提出“空穴”理论。狄拉克认为，负能态存在于物理真空之中，真空并非真的一无所有，而是一种负能态全被填满、同时正能态全空着的最低能态。正能态电子不可能向已填满的负能态跃迁，但负能态电子却可能向正能态跃迁，这时在负能态中将出现“空穴”，“空穴”是可以观测的，它在实验中将表现为一种带正电荷的正能粒子。狄拉克最初认为这种正能粒子就是质子，后来奥本海默等指出，质子与这种正能粒子的质量相差太远，狄拉克接受了他们的意见。1931 年狄拉克正式提出“空穴”是正电子。狄拉克关于正电子的预言，在第二年就由美国的 C. D. 安德森在对宇宙线的观测中得到了证实。

1930 年美国物理学家 C. D. 安德森(C. D. Anderson，1905—1991)制作了一个云室来研究宇宙线。1932 年 8 月 2 日安德森拍摄到了电子穿过铅板而在云室中停滞下来的景象。由于电子运动和磁场的方向都已知，可以确定，形成弧度的必然是带有正电荷的粒子而不是一般的带负电荷的电子，而由于照片中粒子的轨道为弧形，这显示它没有足够的动量穿透铅板，所以它也不可能是质子。这就得出了唯一可能的结论：照片所显示的是一个带有正电荷的电子——正电子。这证实了狄拉克关于正电子存在的预言。

其实，中国物理学家赵忠尧在安德森之前两年就观测到了正电子，但当时物理界对赵忠尧的实验结果有怀疑。安德森受到赵忠尧实验的启发，继续做这方面的研究才最后获得了成功。

注：赵忠尧(1902—1998)，浙江诸暨人，1925 年毕业于国立东南大学，后到清华大学工作。1930 年赵忠尧在美国留学期间，在实验中发现了 γ 射线通过量子物质时的“反常吸收”，即正负电子对湮灭现象，实验观测到正电子。这是在人类历史上第一次观测到正电子。但当时有的物理学家对赵忠尧的实验结果表示怀疑，而安德森受到赵忠尧工作的启发，意识到赵忠尧的实验结果表明存在着一种人们尚未知道的新物质，于是他在赵忠尧工作的基础上继续研究，终于在云室拍摄到了正电子的照片，得到了物理界的承认，获得了诺贝尔物理奖。

从空穴理论出发，狄拉克提出了反粒子的概念。众所周知，物质是由质子、中子和电子等基本成分构成的。狄拉克指出，宇宙中还存在着反物质，反物质是由反质子、反中子和反电子等反粒子成分构成的物质。正电子就是电子的反粒子。1955 年 E. 西格雷(E. Segre，1905—1989)等美国物理学家用人工的方法在实验室中获得了反质子。现在人们已经发现，不仅在实验室中能获得反粒子，当宇宙线在银河系空间传播时，同星际空间的稀薄物质碰撞也会产生反粒子。

6.4.3 关于量子力学的大论战：索尔维会议

E. 索尔维(E. Ernest Solvay，1838—1922)是比利时工业化学家，但同时也是一个科学家。索尔维特别热心于科学事业，1911 年 10 月，他发起召开国际性学术会议，邀请居里夫人、彭加勒、洛伦兹等当时世界上最杰出的科学家参加，探讨物理学和化学发展中亟待解决的重大问题，会议经费完全由他提供。会议在布鲁塞尔举行，以后每 3 年召开一次，后称索尔维会议，并分为索尔维物理学会议和索尔维化学会议。索尔维会议从 1911 年算起，到 1982 年已举行过 18 次，在这中间虽然曾经两次被世界大战所打断，但战后又恢复传统延续下去。第五次索尔维会议是在 1927 年举行的，由于在这次会议上发生了爱因斯坦与尼尔斯·玻尔的大辩论，以后被称为最著名的索尔维会议。

第五次索尔维会议的与会代表合影示于下图。主要参与人员中，有一些前面已经做了介绍，像爱因斯坦、M. 居里夫人、H. A. 洛伦兹、N. 玻尔、W. K. 海森伯、M. 普朗克、P. A. M. 狄拉克、M. 玻恩、E. 薛定谔、W. 泡利、L. V. 德布罗意等，对于这些科学家的事迹这里就不再赘述了。但有一些参加索尔维会议的科学家的情况，这里还需要介绍一下。

第五届索尔维会议代表合影(1927)

P. 朗之万(Paul Langevin，1872—1946)，法国著名物理学家，法兰西科学院院士，1930 年和 1933 年两届索尔维物理学会议主席。朗之万最重要的贡献是提出了描述布朗运动的朗之万方程。布朗动力学就是采用朗之万方程模拟粒子的轨迹。这种方法现已广泛应用于生物物理和胶体科学。另外，朗之万还发现，利用超声波的特点可以探测海底轮廓、潜水艇的位置以及鱼群的存在等等，这奠定了近代声纳理论的基础。朗之万还促进了中国物理学会的建立，并是中国物理学会第一位名誉会员。由于朗之万在科学上的贡献，去世后被安葬在法国先贤祠。

A. H. 康普顿(A. H. Compton，1892—1962)，美国物理学家。20 世纪 20 年代初，康普顿先后在研究 γ 射线和 X 射线的散射实验时，发现散射波中含有波长增大的波，这就是著名的康普顿效应。康普顿效应不能用经典电磁理论来解释，康普顿借助于爱因斯坦的光子理论，从光子与电子碰撞的角度圆满地解释了此实验现象。康普顿效应是近代物理学的一个重要发现，它第一次从实验上证实了爱因斯坦提出的关于光子具有动量的假设，从而进一步证实了爱因斯坦的光子理论，揭示出光的二象性，导致了近代量子物理学的产生。因此，无论从理论上还是实验上，康普顿效应都具有极其深远的意义。后来康普顿又发现了在天体物理中有重要意义的逆康普顿效应。中国物理学家吴有训对康普顿散射实验作出了重要的贡献。

注：吴有训(1897—1977)，江西高安县人，中国近代物理学奠基人。1920 年毕业于南京高等师范学校。1921 年赴美入芝加哥大学，随康普顿从事物理学研究，1926 年获博士学位，当年回国。以后历任清华大学、交通大学教授，中国物理学会理事长，中国科学院近代物理研究所所长。在参与康普顿的 X 射线散射研究的开创性工作时，吴有训做了大量的基础性实验工作。康普顿最初发表的论文只涉及一种散射物质(石墨)，尽管已经获得了明确的数据，但终究具有局限性，难以令人信服。吴有训在康普顿的指导下，做了七种物质的 X 射线散射曲线，并于 1925 年发表论文，有力地证明了康普顿效应的普遍性。

W. H. 布喇格（W. H. Bragg，1862—1942）和他的儿子 W. L. 布喇格(W. L. Bragg，1890—1971)都是英国著名物理学家。他们推导出反映 X 射线的波长和晶面间距之间的定量关系的布喇格公式，研究出晶体结构分析的方法，从理论和实验两方面证明了晶体结构的周期性与几何对称性，从而奠定了 X 射线谱学及 X 射线结构分析的基础。他们将 X 射线衍射理论和技术应用到无机化学、有机化学、土壤学、金属学、生物学等许多领域，获得了很大的成功。

1927 年第五次索尔维会议召开。参加这次会议的人可分为三大阵营：以玻尔为首的、年纪很轻(大都还不到 30 岁)的一群青年人，包括海森伯、狄拉克、泡利、玻恩等，是哥本哈根学派，他们坚信量子力学是唯一正确的，坚持用量子力学来解释世界。以爱因斯坦为首的、年纪相对稍微大一点的一些物理学家，包括薛定谔、德布罗意等，是哥本哈根反对派，他们认为量子力学的完备性没有得到严格证明，对量子力学提出质疑。除了这两个阵营，还有以康普顿、布喇格父子为首的一些实验物理学家组成的第三集团，他们是实验派，主要关心实验结果，对辩论不表态。参加 1930 年第六次索尔维会议的代表的情况基本上仍旧是这样。

在这两次索尔维会议上，以玻尔为首的哥本哈根学派同以爱因斯坦为首的反对派，进行了关于量子力学的激烈辩论。辩论结果爱因斯坦都输了。但爱因斯坦始终认为，尽管量子力学有大量的实验验证，其理论却是不完备的，波函数并不能精确描写单个体系的状态，它所涉及的是许多体系。哥本哈根学派的统计描述只是一个中间阶段，应当寻求更完备的理论。而玻尔的理论认为，目前量子力学之所以是一个统计理论，是因为存在着还未发现的隐变量。如果发现隐变量，那么因果律还是存在的。

三年以后，当第七次索尔维会议召开时，希特勒已经上台，爱因斯坦被迫离开了德国，不可能来参加会议了，辩论也就中止了。

6.5 宇称的垮台

什么是宇称守恒？宇称守恒是一种规律，根据这种规律，一种现象与其镜中之像，或者都可能，或者都不可能。一切强相互作用以及电磁的相互作用都完全服从这种反射的对称性。在 1955 年以前宇称守恒原理被认为是自然界普遍适用的。

1955 年人们在研究基本粒子时发现，K 介子有时衰变成两个 π 介子，有时却衰变成三个 π 介子。可是这两种介子的质量、电荷、稳定性都一样。自然界不可能会有两种不同的粒子具有完全相同的性质，除非这两种粒子实际上是同一种粒子。如果两种粒子是同一种粒子，则它们交替发射两个和三个 π 介子的衰变方式违反了宇称守恒定律。

1956 年在美国工作的中国物理学家李政道(1926—)和杨振宁(1922—)提出，在强相互作用中宇称守恒定律成立，但在弱相互作用中就不一定了。他们指出，费米在 1933 年发现的 β 衰变弱相互作用从来就无法直接证明是宇称守恒的。如果弱衰变宇称不守恒，矛盾自然就解决了。李政道和杨振宁经过仔细的数学计算，证明了宇称不守恒是可能的，但这需要有实验的证明。这个实验由另一位中国物理学家吴健雄(1912—1997)领导的小组完成了。吴健雄发现，在发射 γ 射线的电磁现象中，宇称是守恒的；但是在 β 衰变的弱相互作用中，宇称不守恒。由于发现了在弱相互作用下宇称不守恒，李政道和杨振宁共同获得了 1957 年的诺贝尔物理奖。

李政道与杨振宁

李政道于 1926 年出生于上海，祖籍是苏州。抗战胜利后由吴大猷教授推荐，被中国政府派去美国深造。1950 年在费米指导下李政道取得芝加哥大学博士学位。他的博士论文被评为“有特殊见解和成就”，列为全校第一名。获诺贝尔奖时李政道年仅 31 岁，是最年轻的诺贝尔奖获得者之一。除了发现在弱相互作用下宇称不守恒，李政道在量子场论、基本粒子理论、核物理、统计力学、流体力学、天体物理等领域也都有重要贡献。

杨振宁 1922 年出生于合肥，抗战期间毕业于西南联大。他父亲杨武之是清华大学的数学教授。抗战胜利后杨振宁到美国读博士学位，导师是美国氢弹之父 E. 特勒(E. Teller，1908—2003)。1948 年取得博士学位。杨振宁特别擅长做理论方面的研究，除了发现在弱相互作用下宇称不守恒之外，他还在粒子物理、统计物理、凝聚态物理、量子场论、数学物理等领域的一系列课题上取得了重大的理论成就，特别是与 R. L. 米尔斯(R. L. Mills)共同提出的“杨—米尔斯方程”以及与 R. 巴克斯特(R. Baxter)共同提出的“杨振宁—巴克斯特方程”更具有重大意义。前者是粒子物理学的标准模型的基础理论，开辟了非阿贝尔规范场的新研究领域。而后者具有基本的数学结构，随着时间的推移慢慢也在物理方面显示出深层次的意义。1990 年 4 位获菲尔兹奖的数学家中就有三位的工作和杨—巴克斯特方程有关。

吴健雄(1912—1997)是江苏太仓人,1934 年毕业于国立中央大学物理系(南京大学物理学院前身)。1936 年入美国加利福尼亚大学,获得博士学位。第二次世界大战期间曾参加曼哈顿工程。1958 年当选为美国科学院院士。她大学毕业后来到美国一直从事实验物理方面的工作,是美国最优秀的实验物理学家之一,被称为“东方居里夫人”。1975 年吴健雄出任美国物理学会第一任女性会长。1978 年吴健雄获首次颁发的沃尔夫物理奖。她的丈夫袁家骝也是著名的物理学家。

吴健雄除了用实验证明了在β衰变的弱相互作用中宇称不守恒之外,还在β衰变理论的其他方面以及高能物理、基本粒子和穆斯堡尔效应等物理领域做了大量有意义的工作。

7 物理（下）

7.1 低温物理和相变

7.1.1 绝对零度和超导

对低温物理最早的研究是1877年法国科学家L.P. 卡耶泰(L.P. Cailletet，1832—1913)液化氧气的工作，他利用气体迅速膨胀可以降温的原理得到了液态氧。后来随着各种高效的制冷机的研制成功，一种种气体被相继液化。1900年人们已经能把温度降低到20 K。于是当时物理学家们认为，在实验上达到绝对零度只是时间问题。可是德国物理学家W.H. 能斯特(W.H. Nernst，1864—1941)却提出了能斯特假设：当温度趋向于绝对零度时，一个系统的总能量和自由能(即可以对外做功的那部分能量)之差趋向于零，其推论就是绝对零度只能无限接近，永远不能达到。能斯特假设就是热力学第三定律，已为大量实验所证实。为此能斯特获得了1920年诺贝尔化学奖。

虽然绝对零度达不到，但物理研究已经证明，所有的气体都可以液化，所谓的"永久气体"是不存在的。1908年荷兰的物理学家H. 卡末林・昂纳斯(H. Kamerlingh-Onnes，1853—1926)利用大型的级联式空气液化器，用液态氢来预冷氦气液化器，逐级降温，以液化氦。最后使温度降到4.25K，终于把氦液化。氦是液化点最低的气体，因此卡末林・昂纳斯被称为绝对零度先生。液化了氦之后卡末林・昂纳斯向更低的温度进军，1910年他达到了1.04K，是当时的世界低温冠军。在这同时他还意外地发现了超导现象，他发现在4.25K时汞还保持着电阻，可是到了4.2K时汞的电阻就突然消失，后来他又发现了铅和锡电阻率的消失。1913年他第一次在论文中使用了"超导电性"这个名词。

超导体发现后物理学家基本上将其当作理想的完全导体来对待。所谓完全导体就是电阻率为零的导体，其中的电流可以无须电场力推动而永远流动不息。由于完全导体内部不存在电场，根据法拉第电磁感应定律，其内部也不可能有随时间变化的磁场，因此磁化状态是不可逆的，外加磁场的变化不能改变"冻结"在完全导体内部的磁通的分布。1933年荷兰的迈斯纳(W. Meissner，1882—1974)等发现，当物质进入超导态后，超导体内部的磁场不仅保持不变，而且实际上等于零，也就是说，超导体好像是一种理想的抗磁体，能把原来存在于体内的磁场排挤出去，这与完全导体有着本质的区别。超导体这种完全抗磁性效应称为迈斯纳效应。迈斯纳效应的发现是超导物理学史上的一个里程碑。根据迈斯纳效应，超导体会将全部磁力线（磁通）排出体外，只在超导体表面约 10^{-5}cm 的薄层内有磁通透入，这是元素超导体的情况。对于某些合金超导体来说，磁通只能并成一簇簇，在超导体内的一些点穿过，就像被“冻结”在这些点，这称为“磁通冻结现象”。

对超导电性的理论解释长期困扰着人们，因为零电阻和迈斯纳效应都无法用麦克斯韦电磁理论解释。20 世纪 30 年代德国物理学家伦敦兄弟 F. 伦敦（F. London，1900—1954）和 H. 伦敦（H. London，1907—1970）为逃避纳粹的迫害来到了英国，他们对超导体的特性进行了深入的研究，得到了两个伦敦方程。第一伦敦方程的物理实质是在电场作用下，超导电子并不会形成稳定电流，电场的作用是使超导电子做加速运动。把第一伦敦方程与麦克斯韦方程组中的描述电磁感应的方程相结合，就得到了第二伦敦方程。第二伦敦方程的物理意义是：对超导体而言，稳定的磁通量就能产生电流。这与法拉第电磁感应定律大不一样。根据法拉第电磁感应定律，“动磁才能生电，稳磁不能生电”，而第二伦敦方程却说，对超导体稳磁也能生电，这就修正了麦克斯韦方程组。根据安培环流定律，稳电能生磁。根据法拉第定律，动磁才能生电。因此麦克斯韦方程组中描述这两个定律的方程是不对称的。伦敦第二方程使这两者变得对称了。这一事实的物理意义非常深刻，它反映了超导体的电磁性质与普通导体有着本质的不同，其根源是超导体在电磁性质上具有更大的对称性。当温度升高时这种对称性被破坏了，超导体就变成通常的导体了。

由伦敦方程再进行一些数学推导，可以证明磁感应强度在超导体内呈指数衰减，即在超导体表面磁感应强度最大。这就从理论上证明了超导体是完全抗磁体。两个伦敦方程说明了超导体的两个基本特性，所以它们的提出也是超导物理发展史上的里程碑。

超导电性在科学研究和经济建设中都有重要的应用价值，例如，在核磁共振成像和粒子加速器等领域的应用，另外，还可用来制造无摩擦轴承、磁悬浮列车、超导电机和超导加速器以及灵敏度很高的超导温度计等。

当前在超导问题的研究上主要是探索更高转变温度的超导体。从 20 世纪 80 年代开始，中国物理学家在这个领域取得了令人瞩目的成就。1987 年初赵忠贤（1941—）团队和国际上少数几个小组几乎同时在镧-钡-铜-氧（La-Ba-Cu-O）体系中获得了 40 K 以上的高温超导体，颠覆了根据 BCS 理论推出的“麦克米兰极限”（39K）。1987 年 2 月，赵忠贤团队又在钇-钡-铜-氧（Y-Ba-Cu-O）体系中发现了临界温度为 93 K 的超导转变，突破液氦的温区而进入了液氮的温区。2008 年 3、4 月间陈仙辉（1963—）团队和赵忠贤团队分别在铁基化合物超导体的研究上做出了突破性的贡献，特别是后者做出了临界温度为 55 K 的钐-铁-砷-氧-氟（Sm-Fe-As-O-F）体系超导体，创造了铁基化合物超导最高临界温度纪录并保持至今。为此，赵忠贤获得了 2016 年度国家最高科学技术奖。

7.1.2 相变

谈及在低温物理中极其重要的相变问题，必须要谈及 J. D. 范德瓦尔斯（J. D. van

der Waals,1837—1923)的工作。范德瓦尔斯是荷兰人,1873 年他发表了《论气态和液态的连续性》的论文,取得了博士学位。在这篇论文中,他提出了非理想气体的状态方程,即范德瓦尔斯方程,这是近似描述实际气体性质的重要方程之一,论证了气液态混合物不仅以连续的方式互相转化,而且事实上它们具有相同的本质(见图)。这比只在理想气体条件下才适用的波义耳—马略特定律大大前进了一步。

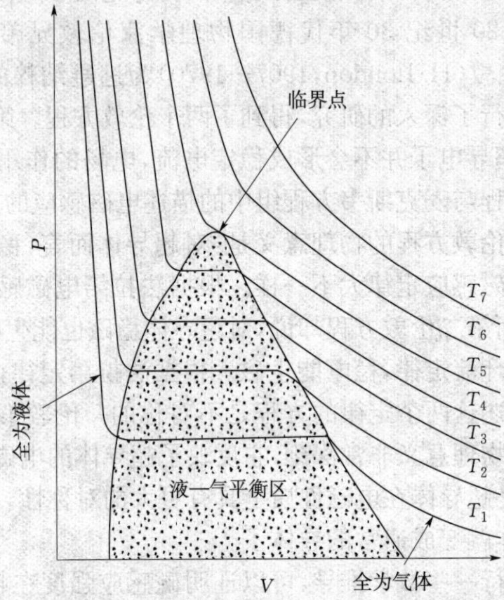

不同温度条件下,二氧化碳气体压力随体积变化的等温曲线

在提出物态方程的基础上范德瓦尔斯又继续前进。他想到,必须考虑分子的体积和分子间的作用力(现在一般称为范德瓦尔斯力),才能真正建立气体和液体的压强、体积、温度三者之间的关系。1880 年范德瓦尔斯发表了第二项重要发现,即“对应态定律”。这个定律指出:如果压强表示成临界压强的单调函数,体积表示成临界体积的单调函数,温度表示成临界温度的单调函数,就可得到适用于所有物质的物态方程的普遍形式。正是由于在这个定律的指导下进行实验,J.杜瓦(J. Dewar,1842—1923)才在 1898 年制成了液态氢,卡末林·昂纳斯才在 1908 年制成了液态氦。1890 年范德瓦尔斯发表了关于“二元溶液理论”的第一篇论文,把物态方程和热力学第二定律结合起来,创造了一种图示法,以吉布斯在《非均匀物质的平衡》这篇论文中首次提出的形式用一个面表示他的数学公式,这是他的又一项重大成就。

尽管范德瓦尔斯在研究工作中注意到了相变时产生的物理现象,但他对相变的本质和普遍规律并没有认识。相变理论是奥地利物理学家 P. 埃伦菲斯特(P. Ehrenfest,1880—1933)提出的。埃伦菲斯特把相变分级:一级相变的特点是某系统在相变点两相的热力学势本身连续,但一阶导数不连续;二级相变的特点是在相变点热力学势及其一阶导数都连续,而二阶导数不连续。如果热力学势及其直到 n-1 阶的导数都连续、而 n 阶导数不连续,则相变称为 n 级相变。二级相变以上的相变,总称为高级相变。固体、液体、气体三态之间的变化属于一级相变。铁磁相变、超导相变等属于二级相变。理想玻色(Bose)气体从无序相到有序相的玻色凝聚相变则是三级相变。自然界中绝大多数的相变都是一级或二级相变,高级相变极少。一级相变的基本特点是在相变点两相共存,而且相变时伴随着潜热的释放或吸收,另外,作为热力学势的一阶导数的比容发生改变。二级相变时没有潜热的释放或吸收,比容也不变,但比热、膨胀系数、压缩系数和磁化率都发生突变。

1937 年苏联的 Л. Д. 朗道(Л. Д. Ландау,1908—1968)提出了二级相变理论,很好解释了铁磁体的性质,也包括了范德瓦尔斯理论。朗道认为两个相的不同主要是因为秩序度的不同。为了描述不同秩序度的两个相,朗道引进了序参量 η,即 $\eta=0$ 时为完全无序;$\eta=1$ 时为完全有序。1950 年苏联科学院院士、物理学家 В. Л. 金兹堡(В. Л. Гинзбург,1916—2009)与朗道共同在朗道上述二级相变理论的基础上,结合超导体的热力学性质,提出了金兹堡—朗道理论(简称 GL 理论)。根据 GL 理论,从正常态向超导态的转变是一个有序化的过程,是二级相变。GL 理论能很好地描述超导体在磁场中的行为,根据 GL 理论得到的临界磁场、相干长度和穿透深度与温度的关系等都与实验符合得很好。GL 理论还给出了两类超导体区分的判据。从 GL 理论出发,再进一步考虑超导体的量子力学和电动力学性质,可推出金兹堡—朗道第一和第二方程。金兹堡—朗道方程可以预言迈斯纳效应,也可以解释混合超导态的许多性质。

苏联科学院院士、物理学家 А. А. 阿布里科索夫(А. А. Абрикосов,1928—2017)在 GL 理论的基础上发现,超导和强大的磁场可以同时存在,这时超导体成为非同质的,磁力线在涡流中以集束形式穿过超导体。超导体这种特点被称为阿布里科索夫涡旋点阵。由于包括纳米在内的新技术的发展,近 10 年来阿布里科索夫的涡旋点阵在科技界愈来愈受到重视。1957 年阿布里科索夫在严格求解金兹堡—朗道方程后,从理论上提出了自然界存在有两类超导体:元素超导体和合金与陶瓷超导体,前者为第Ⅰ类超导体,后者为第Ⅱ类超导体。第Ⅰ类超导体能完全屏蔽磁场,也就是说,磁场无法进入超导体内部;第Ⅱ类超导体只能部分屏蔽磁场,它能在强磁场中保持超导性能。由于第Ⅱ类超导所具有的特殊性质,它可以成为完善和检验固体物理所有基本概念的试验场。

7.1.3 超导的微观机制

上述一切对超导的研究都只是从宏观角度进行的,还没有涉及超导体的微观机制和量子力学根源。从量子场论的水平上说明超导体性质的理论是由 J. 巴丁(J. Bardeen, 1908—1991)、L. N. 库珀(L. N. Cooper, 1930—)和 J. R. 施里弗(J. R. Schrieffer, 1931—)三人通力合作于 1957 年建立的,后来人们用他们三人姓氏的第一个字母将该理论命名为 BCS 理论。在这三人中巴丁是司令,他年龄最大,但他思想敏锐、富于进取精神、善于从新的实验发现中"捕捉"内在的物理实质,而且组织管理能力强,善于发挥集体的力量。库珀是三人团的中坚分子,他为超导态建立了正确的物理图像,即库珀电子对,他认为,库珀电子对在晶格内自由移动形成超导电流。这是现代超导理论的基础。但将"库珀对"这一简单的双电子系统的研究推广到在晶体中与晶格相互作用着的所有电子(10^{19}个电子对)组成的多体系统，在数学上遇到了极大的困难。这时三人团中的少壮派施里弗想出了一个考虑了库珀对的超导基态波函数的可能形式。经过数学处理，他得到了能隙方程、吸引势的简单模型以及绝对零度时的凝聚能，最后建立了 BCS 理论。在 BCS 理论的基础上，伦敦方程、金兹堡—朗道方程等一系列重要的方程都能导出。尽管 BCS 理论对高温超导还完全无能为力，因而它还不是尽善尽美的，但已被誉为自量子理论发展以来对物理学的最重要的贡献之一。

7.1.4 超流和卡皮查

在低温物理领域另一个重要的研究方向是“超流”。与发现超导现象一样，超流现象也是由研究液态氦发现的，发现者是苏联物理学家 П. Л. 卡皮查(П. Л. Капица，1894—1984)。在卡皮查以前人们已经发现，当温度下降到 2.2 K 时液态氦密度最大，而在逐渐冷却的过程中伴随的激烈沸腾，这时却突然停止了。众所周知，对于一般液体，传热能力很低，只有在热源附近才会迅速蒸发，产生气泡。液体内部蒸发后的气泡上升会引起液体沸腾时表面的骚动。如果液体热导率非常高，蒸发就不再限于热源附近，液体气化均匀地在整个液体内部同时进行，所以也就没有气泡形成。液态氦冷却到 2.2 K 时沸腾停止，这意味着这时液态氦的热导率一定非常大。根据计算，这时液态氦的热导率必须突然增大 100 万倍。

无独有偶，1924 年卡末林 · 昂纳斯在测量液态氦的比热时发现，在 2.5 K 以前比热随温度降低而减小，可是到了 2.5 K 比热数值骤升，到 2.2 K 时达到极大，以后再随着温度的降低而迅速减小。由于液态氦的比热曲线形状与希腊字母 λ 非常相似，后来就把氦比热的最高点称为 λ 点(见图)。

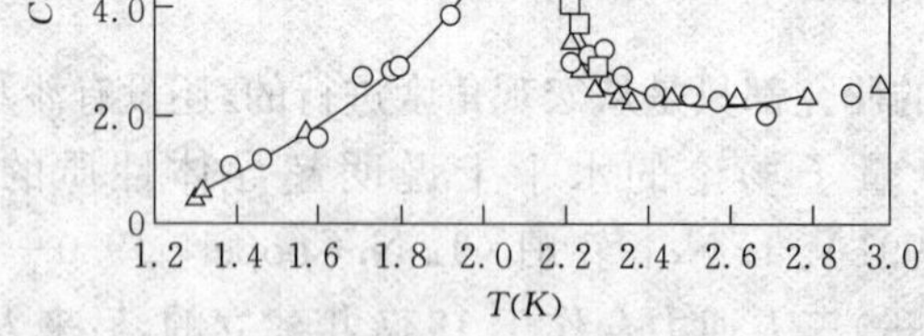

λ 点附近氦的比热曲线

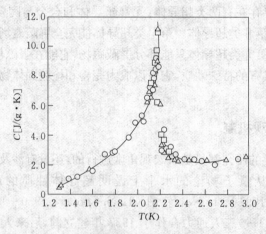

液态氦在 2.2 K 时密度、热导率、比热等性质出现了反常，当时人们认为 2.2 K 就是氦的三相点，2.2 K 温度以下的氦变成了固态，不过这是一种“流动的固体”，即一种液晶。但是通过 X 射线结构分析，可以证明氦在 λ 点的两侧都是液态，而没有一侧是固态。这两侧液态氦的性质明显不同，物理学家把温度高于 λ 点的液态氦叫氦Ⅰ，把

温度低于λ点的液态氦叫氦Ⅱ。氦Ⅱ能反抗重力向上流动，可以从容器内部爬到容器外边来，即所谓"爬壁"现象。与"爬壁"现象类似，氦Ⅱ还有所谓的"喷泉效应"。在液态氦中插入一根玻璃管，玻璃管中氦Ⅱ的液面会比外面的高。当玻璃管足够细时，特别是当在玻璃管中放入一些粉末，使得通道更窄时，液态氦会从玻璃管中向上喷出，像一个"喷泉"。这些都是"热—机械效应"。由于存在温度差，使氦Ⅱ向温度较高的地方流动。

由于在相变点液态氦的熵与比容都没有突变，液态氦超流相变不是一级相变。而在现在的温度测试精度范围内，氦Ⅰ与氦Ⅱ比热在相变点都趋向于向发散方向变化，不能肯定比热在相变点是连续、跃变还是发散，所以难以用埃伦菲斯特相变理论判断液态氦超流相变的级数。为此将氦Ⅰ(即液态氦正常相)与氦Ⅱ(即液态氦超流相)之间的相变称为λ相变。

1938年卡皮查发现，液态氦在流过毛细管或两块平板之间的窄缝时，几乎没有黏滞性。更令人惊奇的是，当毛细管管径愈细或平板间缝隙愈窄时，液态氦通过得愈快，即阻力愈小。卡皮查给这个新现象起了个名字叫"超流动性"。在超流态(温度低于λ点)液态氦的黏性(内摩擦力)趋于消失，而且热导率异常高。

卡皮查，1894年出生在俄罗斯圣彼得堡附近，是一个沙皇将军的儿子。1919年卡皮查毕业于列宁格勒工艺学院。那时正是十月革命以后不久，国内战争在激烈地进行，卫生条件很差，传染病流行。卡皮查的儿子、父亲、妻子和女儿都先后得病死了，卡皮查悲痛欲绝。在苏联物理学之父A. Ф. 约飞(A. Ф. Иоффе，1880—1960)的全力帮助下，卡皮查于1921年赴英国，在剑桥大学卡文迪许实验室做研究工作。在剑桥卡皮查干得十分出色。1928年他发现，各种金属的电阻都随磁场强度线性上升，后来这被称为卡皮查线性定律。1929年卡皮查被选为英国皇家学会会员，成为200多年来第一个非英国籍人士的会员。皇家学会还从百万富翁、化学家蒙德(Mond)的遗产中拨出一笔钱为卡皮查建立了一个专门研究所，称为英国皇家学会蒙德研究所，卡皮查任研究所第一任所长。卡皮查每年夏天都回苏联探望母亲。苏联政府一再要求他回国从事科学研究，卡皮查一直没有同意。1934年卡皮查去莫斯科参加一次国际学术会议后被留在国内。苏联政府为他建造了一个规模相当于蒙德研究所的研究所，即瓦维洛夫物理问题研究所，由他任所长。在瓦维洛夫研究所内卡皮查培养了E. M. 栗弗席兹(E. M. Лифшиц，1915—1985)等一大批青年物理学家。在20世纪50年代苏联建设新西伯利亚科学城的过程中卡皮查起了决定性的作用。在第二次世界大战期间卡皮查利用他发明的低压膨胀涡轮进行氧气生产和应用的研究，并出任氧气工业部部长。卡皮查的研究领域十分广泛，除了低温物理外，在强磁场物理、核物理、固体物理等多个领域都有重要的贡献。1941年卡皮查还发现，当热量从固体通过固体与超流液态氦的界面时，界面两侧的温度有一个不连续的跃变。这一现象称为卡皮查热阻，其形成机理一直是低温物理领域的一项重要研究课题。

卡皮查最重要的成就是在接近绝对零度的条件下发现了超流，但是他未能对这个物理现象的原因进行说明，在理论上对超流给予解释的是朗道。

7.1.5 朗道

朗道是犹太人，1908年出生在俄国的巴库。从童年起他就酷爱数学，是著名的神童。他7岁学完了中学数学课程，13岁时学会了微积分。1924年16岁的朗道从巴库大学毕业后，接着又进列宁格勒大学物理系学习。1929—1931年朗道先后对德国、荷兰、英国和丹麦等国进行了学术访问，在访问中他结识了玻尔、海森伯等物理学家。特别是玻尔，朗道与他长期保持着良好的友谊。这次访问对朗道以后的学术生涯有重要的影响。

从1931年起朗道在苏联哈尔科夫担任物理技术研究院理论物理系主任，于是哈尔科夫成了当时苏联的理论物理中心。1937年朗道到莫斯科担任苏联科学院物理问题研究所的理论部负责人。朗道号称是世界上最后一个全能的物理学家，他的研究工作几乎涵盖了从流体力学到量子场论的所有理论物理的分支。

朗道最出色的工作是1940—1941年间创立的液态氦Ⅱ的超流动性量子力学理论。朗道认为，液态氦的能态在不同的温度时是不同的。在绝对零度时氦Ⅱ处于基态，即液体没有任何运动。当温度从绝对零度上升时，氦Ⅱ就被激发了。所谓激发就是说，氦Ⅱ液体开始振动了。朗道把固体物理中声子的概念用到了液态氦里，他认为可以把液态氦的振动当作波场，然后再将其量子化。量子化后得到的波场的量子就是声子，就像电磁场的量子是光子一样。不过声子不是真正的粒子，只能算是一种“准粒子”。所谓“准粒子”就是像粒子但又不是粒子，计算时可以把它当成粒子，所有处理粒子的数学方法全都适用。朗道用声子的数学计算方法，解释了2 K之下液态氦为什么会无摩擦地流动，为什么其热导率比室温下铜的热导率大800倍等问题。朗道预言，在^{3}He超流态中有两种不同的声的传播速度：一种是人们熟悉的压力波，另一种就是“第二声”或“零点声”，这是一种温度波。1944年朗道的预言被实验所证实。

1958年在朗道50寿辰之际，苏联学术界把他对物理学的十大贡献刻在石板上作为寿礼，借用先知摩西十诫之名称之为“朗道十诫”。

朗道十诫是朗道对物理学的主要贡献，除此之外，在其他方面朗道还有非常多的成果，他的贡献几乎遍及物理学的各个领域，诸如核物理、固体物理、等离子体物理、宇宙线物理、高能物理、天体物理、原子碰撞理论、热力学、量子电动力学、气体分子运动理论等等。朗道在物质凝聚态的研究方面进行过许多继往开来的基础性工作，有人认为，从固体物理学到凝聚态物理学的过渡，可以认为是从朗道的工作开始的。

除了研究工作，朗道还和他的得意门生E.M.栗弗席兹一起撰写了一本包罗万象的《理论物理教程》。该书共分九卷，几乎涉及理论物理的所有领域。该书的特点是内容全面，阐述清楚，数学推导详细而严谨，是全世界公认的、供物理系高年级学生、研究生和博士生用的、最优秀的理论物理参考书，被译成许多国家的文字。朗道一生的著作多达120余部，涉及当时物理学的各个领域。

朗道对学生的挑选极为严格，他按照攻读理论物理的最低要求，制订了一份考试目录，其中包括两次数学考试和七次理论物理考试，只有通过所有考试的人才能成为他讨论班的正式成员。人们称之为“朗道障碍”。从1934—1961年27年间一共只有

47 人通过朗道的考试，其中 7 人后来成为苏联科学院院士。

朗道虽然在科学上取得了空前的成功，但是在学术上朗道还多少有些“学阀”作风，有些被朗道枪毙掉的论文，后来被证明是很重要的，这是极其遗憾的。当然，这些都是白璧上的瑕疵，不能求全责备的。

1962 年 1 月 7 日朗道发生车祸，身受 7 处重伤，11 根骨头和头骨折断。苏联政府立即组织抢救，请来了全世界的第一流医学专家为朗道做手术，终于挽救了他的生命。对朗道的抢救成了世界救护史上的空前事例。由于诺贝尔奖不能授予去世的科学家，朗道的车祸使诺贝尔委员会产生了紧迫感。经过讨论，诺贝尔委员会决定把当年的物理奖授予朗道，表彰他在 24 年前提出的理论。鉴于朗道的健康状况，颁奖仪式专门为他破例在莫斯科举行，由瑞典驻苏联大使代表瑞典国王授奖。由于车祸朗道昏迷了 57 天，到 10 月公布他获诺贝尔物理奖时他还不能下床，但还记得足够的英语能与记者谈话。然而朗道的生命虽然得救，他的创造力却再也没有能恢复。1968 年朗道去世。

7.2 基本粒子的探索和量子场论

基本粒子理论是现代物理学的主要内容之一，基本粒子的探索贯穿了现代物理学建立、研究和发展的始终。

1897 年英国的 J.J. 汤姆生在研究阴极射线的性质时发现了电子。这是人类发现的第一个基本粒子。

1918 年卢瑟福用 α 粒子轰击氮原子核时发现了质子。

1932 年 1 月小居里夫妇用强大的钋试样研究贯穿辐射时发现了中子，但是他们没有认识到这是一种新的粒子。半个多月以后英国的查德威克重复了小居里夫妇的实验，发现了中子。

发现中子后人们认识到原子核是由质子和中子组成的，电子则围绕着原子核旋转。那么，是什么力使质子和中子牢固地结合在一起？当时人们熟悉的自然力只有万有引力和电磁力。质子是带正电的，质子与质子之间存在着静电排斥力，这不但不能使他们结合起来组成原子核，而且还会使它们彼此分离。粒子之间的万有引力虽然是吸引力，但其强度只是电磁力强度的 10^{-37}，靠万有引力根本无法抵消静电相斥力。物理学家们意识到，原子核的稳定性表明，核中的粒子间必定存在着一种新的强大的束缚力。

7.2.1 汤川秀树的预言

1934 年日本物理学家汤川秀树(1907—1981)提出了介子场理论。汤川秀树假设质子和质子间，质子和中子间，中子和中子间，也就是说，在构成原子核的任何两个核子之间，都存在一种相互吸引的作用力，即核力。核力的强度是相同的，而且在近距离时，远比电荷间的库仑作用力为强。核力的力程极短，只在原子核的尺度内起作用，所以在日常生活中人们从来没有感觉到核力的存在。在核力起作用的范围内，核力的强度比电磁力大 100 倍以上，所以静电斥力不会破坏原子核的稳定性，但当距离稍大时核力即减弱为零。核力是一种与粒子的带电状态完全无关的强大的吸引力，称为强相互作用力。它是由于交换一种称为介子的粒子而产生的相互作用。汤川把核力场与电磁场相类比，认为在原子核中应该存在一个传递核力的媒介粒子。这媒介粒子应该具有静止质量，而且质量介于质子和电子质量之间，所以汤川将其称为介子。由于各核子间的作用力是相同的，这就要求介子的电荷为 $\pm e$ 或者为零。汤川把两个核子之间的相互作用看成是一个核子发射一个介子，而另一个核子吸收这个介子。根据相对论和不确定原理，他算出介子的质量大约是电子的 200 倍。

1937 年人们在宇宙线中发现了一种很像电子的粒子，其质量约为电子的 207 倍。当时人们认为这就是汤川预言的介子了，把它命名为 μ 介子。但是经过仔细观察，发现这种粒子全然不与核子发生作用，它并没有预期的强相互作用性质。我国物理学家张文裕(1910—1992)在 1948 年用云室研究了 μ 介子，也证明了 μ 介子不参与强相互作用。于是人们断定 μ 介子不是汤川预言的那种粒子，就将其改称为 μ 子。μ 子是人类发现的又一种基本粒子。

1947 年英国人鲍威尔(C. F. Powell，1903—1969)利用乳胶照相法在实验中发现了汤川预言的粒子，并将其命名为 π 介子。π 介子的寿命为 2×10^{-8} s，并且可以衰变为 μ 子，同时还产生中微子。

π 介子的发现在高能物理领域具有划时代的意义，从此基本粒子物理开始作为一门独立的学科出现了。

下面从数值上对这自然界存在的四种力的大小做一比较。假设强相互作用力为 1，则电磁力大约为 10^{-2}，弱相互作用力大约为 10^{-5}，而引力仅为 10^{-38}，可见与其他三种力相比引力的作用几乎可以忽略。如果原子中的电子不是因电磁力的作用被束缚于原子核外面，而是因引力的作用而被束缚，则仅仅一个氢原子就有目前我们所观测到的宇宙那么大。

7.2.2 夸克模型

随着被发现的基本粒子种类的增多，物理学家们逐渐认识到，基本粒子并不是理想的基本单元。1963 年美国理论物理学家盖尔曼(M. Gell-Mann，1929—)等提出了夸克的概念，1968 年 J.I. 弗里德曼(J. I. Friedman，1930—)等三位美国物理学家在利用高能加速器产生的轻子轰击核子的实验中发现了夸克，实验结果还表明，质子里的夸克数为 3，夸克的自旋为 1/2。于是三夸克模型被提了出来。根据三夸克模型，质子、中子和介子都是由夸克组成的。组成一个质子或中子需要三个夸克，组成一个介子需要一个夸克和一个反夸克。质子由两个上夸克和一个下夸克组成，中子由两个下夸克和一个上夸克组成。为了使质子具有正确的电荷数，夸克必须携带 1/3 或 2/3 个电子电荷单位。由于质子和中子以及介子是通过强相互作用力发生作用的，它们统称为强子。在夸克模型的发展中人们发现，必须给每种夸克加上“红”“绿”“蓝”三种“颜色”标记，或者说“色量子数”，否则在构造某些强子时必定会违反泡利不相容原理。色量子数对于夸克之间的相互作用就像电荷对于电磁相互作用一样，表示发生作用的能力。

在夸克模型建立之初,人们认为只需要三种夸克就足以构造所有的强子了,这就是上夸克(u)、下夸克(d)和奇异夸克(s)。到了 20 世纪 70 年代,理论和实验的研究都表明,应该存在有六种夸克:除了上述三种夸克外,还应该有粲夸克(c)、底夸克(b)和顶夸克(t)。研究还表明,夸克只能作为强子的组分存在于强子内部,它们本身没有单独存在的自由。夸克不能直接被观测到,也不能被分离出来,这种现象叫作"夸克禁闭"。这与构成原子和原子核的组分粒子大不相同。

1969 年美国斯坦福直线加速器中心用速度接近光速的电子轰击氢靶中的质子。实验数据证实质子内部的小硬点带的电荷正好是夸克的分数电荷。1973 年欧洲核子研究中心用高能中微子轰击质子的实验结果,与上述电子轰击的实验结果一致。再考虑到由上夸克、下夸克和奇异夸克组成的两夸克态或三夸克态构成的粒子已经在普通物质或宇宙线中多有发现,所以这三种夸克的存在毋庸置疑。然而对于粲夸克、底夸克和顶夸克却必须通过高能物理实验才能发现可能包含它们的束缚态粒子。这个工作用了 21 年才完成。

丁肇中

粲夸克是由李希特(B. Richter,1931—)和丁肇中(1936—)分别领导的两个实验组于 1974 年同时发现的,他们两人因此共同获得 1976 年诺贝尔物理奖。李希特是美国斯坦福大学的物理学家。丁肇中祖籍山东,1936 年出生于美国密歇根州,父母亲都是教授。丁肇中出生后两个月就随母亲回到中国,20 岁时又到美国去读大学。丁肇中是搞实验物理的,他先后在欧洲核子研究中心、美国哥伦比亚大学和德国汉堡德意志电子同步加速器研究中心、美国布鲁克黑文国立实验室等著名实验室工作过,有丰富的实验工作经验。丁肇中通过测量高能质子打击铍靶产生的正负电子对的有效质量谱,发现了长寿命大质量的新粒子(即 J 粒子)。J 粒子是粲夸克与其反粒子组成的束缚态粒子,直接证实了粲夸克的存在。

底夸克用符号 b 表示,为第三代夸克,其质量是质子的 4 倍多。1964 年克罗宁(J. Cronin,1931—2016)和菲奇(V. Fitch,1923—2015)两位美国物理学家在 K 介子的衰变中发现了 CP 破坏现象,并用电弱统一理论进行了解释。1973 年,日本物理学家小林诚(1944—)和益川敏英(1940—)为解释 CP 破坏在理论上引入了底夸克。1977 年,费米实验室发现了底夸克的存在。

注:CP 是粒子物理学中两个对称运算的乘积:C 对称即电荷对称,量子操作为电荷共轭运算,这个运算将一个带电荷粒子转化为其反粒子;P 是宇称,宇称运算造成一个物理系统的镜像。CP 破坏指的是 CP 对称被破坏了。

顶夸克是 1994 年 4 月在美国费米实验室发现的。它用符号 t 表示,属于费米子中的第三代夸克,是已知最重的粒子,质量与锇原子相当,电荷为+2/3,寿命极短,在

1×10^{-24} s 内衰变成其他粒子。顶夸克是最后一种被人类发现的夸克。

夸克是怎样产生的？当粒子（电子或质子）以极高的速度（接近光速）发生碰撞时，才有可能产生“夸克”这样的基本粒子。而且由于碰撞产生的夸克能量相当高，它很快就会衰变成其他物质。因此，只有在实验室中，以粒子加速器将电子或质子加速，并使它们在高速下发生碰撞，同时以极精密的仪器进行测量，才能测出夸克的存在。经由实验观测与理论推算，科学家认为自然界中夸克应该有 6 种。现在这 6 种夸克都发现了。

在标准模型中夸克是唯一一种能经受引力、电磁、强相互作用和弱相互作用四种基本力的基本粒子，同时也是现在所知道的唯一一种基本电荷非整数的粒子。夸克的种类称为味。夸克每一种味都对应有一种反夸克，反夸克的各种特性及其大小与夸克都一样，只是正负不同。

7.2.3 关于轻子

轻子是因为归入这一类的粒子的质量都比质子小许多而得名。轻子包括电子、μ 子、τ 子和三种中微子。

轻子没有“色”的性质，所以它们的作用力（电磁力和弱相互作用力）随着距离的增加会变得愈来愈小。轻子不参与强相互作用。

电子是最先发现的轻子，它的质量最小，自旋为 1/2，电荷为－1。

1937 年在宇宙射线中发现了 μ 子。μ 子的性质与电子类似，自旋也是 1/2，电荷也是－1，只是质量比较大，约为电子的 200 倍。

1962 年 L. M. 莱德曼（L. M. Lederman，1922—）等三位美国哥伦比亚大学的物理学家发现了轻子二重态。原来在 π 介子衰变成 μ 子时产生的中微子与原子核 β 衰变时产生的中微子是不一样的，前者只伴随着 μ 子出现，后者只伴随着电子出现，前者称为 μ 子型中微子，后者称为电子型中微子。轻子二重态的发现为以后电磁相互作用和弱相互作用统一理论（简称电弱统一理论）的创建奠定了基础，具有重要意义。

1975 年美国斯坦福大学的物理学家 M. L. 佩尔（M. L. Perl，1927—）发现，在电子与正电子对撞后会产生一种新的粒子。这种粒子比较重，它的质量大约是质子的两倍，是电子的 3500 倍，但性质却与电子相近，自旋量子数也为 1/2，电荷也是－1，也不参与强相互作用。这种粒子被命名为 τ 子。由于 τ 子不参与强相互作用，具有轻子的特点，所以被归入轻子一类，但它的质量又很大，所以称为重轻子。τ 子可以衰变成 μ 子和中微子，但这种中微子与电子型中微子和 μ 子型中微子都不同，它是 τ 子型中微子。

根据理论研究和实验结果，物理学家认为，宇宙中共有三种中微子，即与电子相关的电子中微子 υ_e，与 μ 子相关的 μ 中微子 υ_μ，以及与 τ 子相关的 τ 中微子 υ_τ。这三种中微子的电荷都是零，自旋都是 1/2，但质量却有很大差别：如以电子质量为 1，则这三种中微子的质量分别为 $m_{\upsilon_e}<0.4\times10^{-4}$，$m_{\upsilon_\mu}<0.59$，$m_{\upsilon_\tau}<78$。如果每种中微子都与一种与其相应的轻子相配，将得到 6 种轻子。再考虑每个轻子都有一个相应的反粒子，我们将有 12 种轻子。这 12 种轻子可以分成三组，每 4 种轻子为一组，即 e^-、υ_e、

e^+、$\bar{\upsilon}_e$——第1组；μ^-、υ_μ、μ^+、$\bar{\upsilon}_\mu$——第2组；τ^-、υ_τ、τ^+、$\bar{\upsilon}_\tau$——第3组。在这里$\bar{\upsilon}_e$、$\bar{\upsilon}_\mu$与$\bar{\upsilon}_\tau$分别为电子型中微子、μ子型中微子和τ子型中微子的反粒子。

上一小节我们介绍了夸克，这里又介绍了轻子，将二者做一对比是很有意思的事情。

(1)夸克有上夸克、下夸克、粲夸克、奇异夸克、顶夸克和底夸克共六种，轻子也有电子、μ子、τ子和三种中微子共六种。

(2)夸克都有电荷，而且电荷都是分数；轻子中三种中微子都是电中性，不带电荷，而另外三种轻子带的电荷都是-1。

(3)夸克的自旋都是1/2，轻子的自旋也都是1/2。

(4)夸克有三种“颜色”，而轻子是无“色”的。

(5)各种夸克的质量以上夸克和下夸克为最小，仅约为电子质量的10倍左右；粲夸克、奇异夸克和底夸克的质量都约为电子质量的$10^2\sim10^3$倍；顶夸克的质量最大，约为电子质量的340 000倍。各种轻子的质量以电子中微子υ_e为最小，小于电子质量的10^{-4}，其他两种中微子的质量也比较小，μ中微子υ_μ质量小于电子，τ中微子υ_τ质量小于80个电子的质量；μ子与τ子的质量则都比电子大2～3个数量级。

(6)夸克用来描述强相互作用、弱相互作用和电磁作用三种自然界的相互作用，而轻子只用来描述电磁作用和弱相互作用，不参与强相互作用。

7.2.4 关于光子

光子是又一种基本粒子，功能是传递电磁相互作用，是一种规范玻色子，自旋为1，不带电。

光子的概念是爱因斯坦在1905年至1917年间提出的。这一概念的提出带动了物理学多个领域的巨大进展，例如激光、玻色－爱因斯坦凝聚、量子场论、量子力学的统计诠释、量子光学和量子计算等。根据粒子物理的标准模型，光子是所有电场和磁场的产生原因，光子的内秉属性，例如质量、电荷、自旋等，是由规范对称性所决定的。

光子是电磁辐射的载体，而在量子场论中光子被认为是电磁相互作用的媒介子。与大多数基本粒子相比，光子的静止质量为零，所以它在真空中的传播速度是光速。

与其他量子一样，光子具有波粒二象性：光子能够表现出经典波的折射、干涉、衍射等性质；而光子的粒子性则表现为和物质相互作用时不像经典的粒子那样可以传递任意值的能量，光子只能传递量子化的能量。

光子静止质量为零是经典电磁理论的基本假设之一。但有些科学家则认为，光子可能有静止质量。

注：中国科学家罗俊等的实验表明，在任何情况下，光子的静止质量都不会超过10^{-54} kg。根据计算：

中子的质量：$1.674\,9\times10^{-27}$ kg；中子的半径：1.113 fm(fm是费米，1 fm$=10^{-15}$ m)。

质子的质量：$1.672\,6\times10^{-27}$ kg；质子的半径：1.113 fm。

电子的质量：9.1094×10^{-31} kg；电子的半径：0.091 fm。

临界光子的质量：9.347 5×10^{-36} kg；临界光子的半径：0.003 fm。

临界光子的频率：6.339 470×10^{14} Hz；

临界光子的波长：472.898 3 nm，正好位于太阳光谱能量辐射的峰值位置。

7.2.5 电磁作用与量子电动力学

量子电动力学(Quantum Electrodynamics，英文简写为QED)是量子场论中的一个分支，它研究的对象是电磁相互作用的量子性质(即光子的发射和吸收)、带电粒子的产生和湮没、带电粒子间的散射、带电粒子与光子间的散射，等等。

在20世纪20年代量子力学产生以后，物理学家已经认识到，要搞清微观现象中光子与电子的电磁相互作用，必须把经典电磁理论同狄拉克相对论量子力学结合起来。这就是量子电动力学，是第一个量子场论理论。

在量子电动力学里，理论中的所有电磁场都用光子来描述，带电粒子可以是经典的、量子的、非相对论的和相对论的。所以量子电动力学概括了原子物理、分子物理、固体物理、核物理和粒子物理各个领域中的电磁相互作用的基本原理。

对于大量通过粒子相互作用发生的过程，量子电动力学方程的求解都要采用近似办法。如果相互作用强度不大，可以将其当成微扰，按照相互作用的次数逐级展开来处理：一级微扰表示经历了一次作用，二级微扰表示经历了两次作用，其余依次类推。然而研究表明，微扰的最低次近似计算结果与实验符合得很好，但当计算到微扰的高级项时，计算中出现了无穷大。

对于这种计算中的发散问题，美国物理学家R.P.费恩曼(R.P.Feynman，1918—1988)提出了量子力学路径积分法予以解决。

与费恩曼几乎同时，日本物理学家朝永振一郎(1906—1979)以其超多时理论为基础，也找到了一种可以避开量子电动力学中发散困难而求解其方程的方法，即重正化方法。

与此同时，美国物理学家J.S.施温格尔(J.S.Schwinger，1918—1994)提出了把无穷大归并入物理质量和物理电荷之中的重正化理论，也独立地解决了这个发散困难的问题。

现在物理学界把他们的方法统称为重正化方法。

费恩曼除了在重正化理论上有重要贡献外，他还创造了微扰计算的一种图形表示(即费恩曼图)，以及与其对应的、计算有关过程跃迁概率的计算规则——费恩曼规则，可以为所考虑的物理过程提供直观图像，从而能清楚地表现复杂的微扰展开，对微扰计算带来了很大的方便。

费恩曼还发展了量子力学理论，他不受已有的海森伯的矩阵力学和薛定谔的波动方程这两种方法的限制，独立地提出用跃迁振幅的空间—时间描述来处理概率问题，这成了第三种量子力学的表述法。

费恩曼还和盖尔曼在弱相互作用领域，比如β衰变方面，做了一些奠基性工作。

在2000年诺贝尔奖颁发100周年之际，英国物理研究所的《物理世界》杂志组织全世界物理记者投票，在100名著名的物理学家中评选"人类有史以来10名最伟大的物理学家”,结果 R.P. 费恩曼名列第七。

重正化方法可能将使量子电动力学成为人类历史上最为精确的物理理论,它是相对论性量子场论中发展得最完善的基本理论,其预言已经全部被实验所证实。例如竹下东一郎计算的精细结构常数,竟然到小数点后第八位都与实验完全一致,就充分说明了这个问题。此外,它对统计物理也是有用的工具,因而被称为“物理学的珍宝”,将对今后物理学的发展产生深远的影响。

量子电动力学有三大支柱实验:

(1)兰姆移位。按照量子电动力学理论,计算求出的这种能级移动的精度非常高,而且不管实验的精度怎么提高,理论计算结果总与实验相吻合。

(2)电子反常磁矩实验。原子中的电子有两种运动,即自旋和绕原子核的轨道运动。这两种运动分别产生磁矩,前者叫作自旋磁矩,后者叫作轨道磁矩。对于不处于原子中的自由电子,就只有自旋磁矩,也简称电子磁矩,这是电子的内禀属性。

各种粒子的电子磁矩可通过实验测定。但实验测定的结果并不与理论计算完全相符,其间差别称为反常磁矩。粒子产生的电磁场对其自身的作用导致自旋磁矩产生微小变化,从而产生反常磁矩。用量子电动力学理论计算反常磁矩,所求得的结果与实验测定符合得极好,误差仅为 10^{-10} 量级。

(3)μ 子反常磁矩实验。与电子反常磁矩实验情况类似。

7.2.6 关于弱相互作用

弱相互作用是费米在解释原子核 β 衰变时提出的假说。费米认为,β 衰变是原子核中的中子在一种未知的新的力作用下衰变为质子、电子和中微子的过程。这种新的力就是弱相互作用力,它的作用范围也只在原子核的尺度以内,数值比电磁作用力要小得多。

弱相互作用的第一个理论是 1934 年费米建立的“四费米子理论”。根据这个理论衰变过程可以分为:

(1)轻子衰变。参加衰变过程以及最后产生的全部是轻子,例如,μ 子衰变为电子、一个中微子和一个反中微子。

(2)半轻子衰变。参加衰变过程和最后产生的是两个轻子和两个强子,例如,中子衰变为质子、电子和中微子。

(3)非轻子衰变。没有轻子只有强子参加衰变过程,产生的也是强子,例如,K 介子衰变为两个 π 介子。

费米理论没有引入传递弱相互作用的粒子。

低能物理实验证明费米理论虽然基本上正确,然而是近似的,而且有局限性。

在 20 世纪 40 年代末,李政道、M. 罗森布拉斯、杨振宁模仿电磁相互作用的情况,提出了弱相互作用是通过中间玻色子传递的假说。根据这个假说,中间玻色子的自旋为 1,与光子相同。而且除了带电的中间玻色子 W^+ 和 W^- 粒子外,还可能存在中性的中间玻色子 Z^0 粒子。

考虑用场来传递弱相互作用力的模型如下:一个轻子或强子放出一个中间玻色

子，本身变成另一个同类粒子；放出的中间玻色子带走了一部分能量和一个单位电荷（或正或负）。当这个中间玻色子被另一个粒子（轻子或强子）吸收时把能量和电荷传给该粒子，使其增加或减少一个单位的电荷而成为另一个同类粒子。

这里需要解释一下什么是玻色子。1920年印度物理学家玻色（S. Bose，1894—1974）与爱因斯坦合作，提出了“玻色—爱因斯坦统计法”。遵守玻色—爱因斯坦统计法的统计规则的基本粒子叫作玻色子。

玻色子具有如下特点：

(1)自旋是零或者整数。

(2)不遵守泡利不相容原理。

(3)负责传递各种作用力，像光子传递电磁力，W玻色子和Z玻色子传递弱核力，胶子传递强核力。

(4)在极低温度时可以产生玻色—爱因斯坦凝聚。

(5)符合玻色—爱因斯坦统计。

除了玻色子，标准模型中还有另外一大类基本粒子，这就是费米子。费米子的特点是：

(1)自旋是半整数的。

(2)遵守泡利不相容原理。

(3)是构成物质的粒子（即原材料）。

后来人们发现，弱相互作用与电磁相互作用有不少相似之处，于是弱相互作用的理论形式也就被电弱统一理论所代替。

电弱统一理论主要是格拉肖、萨拉姆和温伯格三人建立的，特别是格拉肖（S. L. Glashow，1932—），不仅是电弱统一理论的主要创建者，还是粒子物理标准模型奠基人之一。1975年，他和合作者一起在温伯格－萨拉姆模型、电弱统一理论、量子色动力学的基础上提出了把弱相互作用、电磁相互作用和强相互作用统一起来的大统一理论，即粒子物理标准模型，这是20世纪物理学取得的重要成就之一。

A. 萨拉姆（A. Salam，1926—1996）是巴基斯坦物理学家，巴基斯坦的科学之父，长期从事基本粒子和量子场论的研究。1968年他独立地提出了通过希格斯机制使中间玻色子获得静止质量的电弱统一规范理论，即温伯格－萨拉姆理论，另外，在1973年还提出了统一描述夸克和轻子的帕提－萨拉姆模型，预言了质子的衰变。

S. 温伯格（S. Weinberg，1933—）是犹太裔美国物理学家，他建立了关于轻子的电弱统一模型。

20世纪70年代初韦尔特曼（M. J. G. Veltman，1931—）和特霍夫特（G. 't Hooft，1946—）两位荷兰物理学家提出了维数正规化的概念，并研制了一套电子计算机程序，很好地完成了电弱统一理论的计算。随后他们又用这个方法解决了量子色动力学重正化的问题，从而为标准模型的建立奠定了理论基础。

电弱统一理论牵涉到的基本粒子有 W^+、W^- 和 Z^0 三种中间玻色子和光子，它们的质量起初都为零。根据希格斯机制（见 7.2.10）三种中间玻色子都会获得质量，光子的质量则保持为零。当这四种粒子的质量还都为零时，它们与夸克（或轻子）的作用强度都相同；当 W^+、W^- 和 Z^0 获得质量后它们与夸克（或轻子）的作用强度变弱，而且变成短程力，这就是弱相互作用，应该通过实验能观测到。

1973 年欧洲核子研究中心（CERN）找到了由中性中间玻色子 Z^0 引起的不交换电荷的弱作用过程。1983 年 1 月和 6 月欧洲核子研究中心以意大利物理学家鲁比亚（C. Rubbia，1934—）为首的国际研究小组在质子—反质子对撞机的实验中分别找到了 W^+、W^- 和 Z^0 三种中间玻色子，其质量与理论预言惊人的一致。

W^+、W^- 和 Z^0 的发现证明了电磁相互作用与弱相互作用是由同一类型的规范粒子传递的，二者的本质是统一的。这个发现宣告了电弱统一理论的诞生。

7.2.7 强相互作用和量子色动力学

量子色动力学，简称 QCD，是一个描述夸克之间强相互作用的标准动力学理论，它是粒子物理标准模型的一个组成部分，是从量子电动力学的理论和方法中得到启示才建立并发展起来的。

量子电动力学描述电磁相互作用，量子色动力学描述强相互作用。电磁相互作用是长程相互作用，媒介粒子是光子，而强相互作用是短程的，媒介粒子是胶子。

胶子是一种负责传递强核力的玻色子，是又一种基本粒子。胶子的电荷为零，但自旋是 1。它们通常假设为无质量。胶子把夸克捆绑在一起，使之形成质子、中子及其他强子，所以胶子是维持原子核稳定的重要因素。胶子具有色荷，具有色荷的夸克之间的强相互作用是通过交换胶子而实现的，胶子之间也有强相互作用。

量子色动力学引入了一个新的自由度，叫色，夸克之间的相互作用力叫色力。量子色动力学名称中的“色”字的意思是，夸克或胶子由于带色彼此产生强相互作用。因此，这个“色”字相当于量子电动力学中的“电”字：物体由于带“电”而产生电磁相互作用。胶子可以有 8 种色，所以胶子总共有 8 种。

量子色动力学具有夸克禁闭、渐进自由等奇异性质。关于夸克禁闭前面已经做了解释，这里解释一下夸克的渐进自由理论。

当夸克之间距离愈近时，强相互作用力愈弱。当夸克之间非常接近时，强相互作用力将变得非常小，这时夸克完全可以作为自由粒子活动。这种现象叫作渐进自由，即渐进不束缚性。与此相反，当夸克之间的距离增大时，强相互作用力将随之变大。这与万有引力作用规律正相反。当然夸克之间的距离不可能超出原子核的范围。

夸克的渐进自由理论是 1973 年由格罗斯（D. Gross，1941—）等三位美国物理学家提出的。这个理论有完善的数学模型，在理论上是严格的。夸克的渐进自由理论可以对自然界各种作用力进行统一的描述。最近几年这一理论已经在欧洲核子研究中心的实验中得到了很好的验证。

在传递相互作用方面，胶子与光子起的作用类似：光子只同带电粒子发生作用，而胶子只同带色粒子发生作用。但光子不带电荷，光子与光子之间不能直接发生作用；而胶子是带色荷的，胶子与胶子之间能够直接发生作用。这是胶子与光子的重要区别。

量子色动力学属于规范理论，因而是可重正化的，其微扰论展开式可以计算到高阶。

量子色动力学可以描述组成强子的夸克同与色量子数相联系的规范场的相互作用,它可以统一地描述强子的结构和它们之间的强相互作用。

强子(Hadron)是一种亚原子粒子。强子包括重子和介子。按照标准模型,强子由夸克、反夸克和胶子组成。质子和中子都属于重子。

强相互作用与其他相互作用相比有如下特点:

(1)作用强度大。

(2)强相互作用是短程力,但力程比弱相互作用的力程长,约为 10^{-15} m,约等于原子核中核子间的距离。

(3)强相互作用比其他三种基本作用有更大的对称性,例如遵守宇称守恒,而弱相互作用是不遵守宇称守恒定律的。

(4)20 世纪 70 年代以来,在深度非弹性散射(用高能加速器产生的轻子轰击核子的实验)等一系列高能量实验中发现一些新现象,表明强相互作用在小于 10^{-16} m 的短距离内随距离减小而变弱。

7.2.8 关于中微子

在 19 世纪末 20 世纪初刚发现放射性并对其进行探索的时候,人们发现,在量子世界中能量的吸收和发射是不连续的。不仅原子的光谱不连续,而且原子核放出的 α 射线和 γ 射线也不连续,这是由于它们被原子核在不同能级间跃迁时释放所造成,符合量子力学规律。然而物质在 β 衰变过程中释放的 β 射线能谱却是连续的,而且能量减小了。

1930 年奥地利物理学家泡利提出了一个假说:在 β 衰变过程中,除了电子,同时还发射出另外一种粒子,是这种新粒子带走了一部分能量,导致能量不守恒。泡利猜测,这种新粒子的静止质量为零,不带电,以光速运行。由于这种新粒子不带电,泡利将其命名为中子。1932 年查德威克发现了真正的中子,泡利的"中子"就改称中微子。中微子与物质的相互作用极弱,甚至当时的高精度仪器都很难测出。

1933 年费米提出了 β 衰变的理论,定量地描述了 β 射线能谱连续和 β 衰变半衰期的规律。

1941 年中国浙江大学核物理学家王淦昌(1907—1998)在美国杂志《物理学评论》上发表了题为《关于探测中微子的一个建议》的论文,提出了间接地检验中微子存在的方法。两个月后物理学家艾伦(J. S. Allen)部分实现了王淦昌的设想,但没有全部完成他的实验计划。

1956 年俄裔美籍物理学家 F. 莱因斯(F. Reines,1918—1998)等经过三年不懈的努力,利用一个核反应堆制造出了中微子,证明了中微子的存在。

1962 年美国物理学家莱德曼等发现了 μ 中微子,这是第二种中微子。

美国物理学家 R. 戴维斯(R. Davis,1914—2006)专门研制了一个探测器,并将其埋藏在美国一个 1 500 m 深的矿井中。经过 30 年的探测,戴维斯共发现了来自太阳的约 2000 个中微子。1968 年戴维斯发现太阳中微子会失踪。

日本的物理学家小柴昌俊(1926—)利用中微子与水中的氢和氧的原子核发生反应产生电子时会发出微弱的闪光的特点，研制了探测器，以捕捉中微子。1987 年小柴昌俊不仅证明了太阳中微子的存在，还发现在超新星的爆发过程中有中微子释放出来。

1989 年欧洲核子研究中心证明中微子存在，而且预言自然界只存在有三种中微子。

为了探测大气中的中微子，日本和美国合作进行了超神冈实验。1998 年超神冈实验获得了中微子有静止质量的证据，同时发现了中微子振荡现象。

中微子振荡指的是，当中微子在以接近光速飞行时从一种类型转变成另一种类型的现象。这是中微子很重要的一种性质，它解释了人们在几十年以前就已经发现、并一直为之困惑不解的太阳中微子失踪之谜。

2000 年美国费米实验室发现了 τ 中微子，这是第三种中微子。

至此，预言的三种中微子全部被发现。

2001 年加拿大 SNO 实验证实失踪的太阳中微子转换成了其他类型中微子。

2012 年 3 月我国大亚湾中微子实验国际合作组宣布，在实验中发现了一种新的中微子振荡，并测量到其振荡概率。这是对物质世界基本规律认识的重要补充。

总之，根据现在对中微子的研究结果，我们可以对其描述如下：中微子是轻子的一种，是组成自然界的最基本粒子之一。中微子以接近光速运动，它穿透力极强，可自由穿过地球。中微子只受弱相互作用力作用，大多数粒子物理和核物理的过程都会产生中微子，像核裂变、核聚变、β 衰变、超新星爆发、宇宙射线等。太阳是个巨大的中微子源，它每秒会产生 10^{38} 个中微子，由此可算出，每秒钟大约有 10^{15} 个来自太阳的中微子穿透我们每个人的身体。除太阳外，许多星球都辐射中微子。在宇宙中有相当多的中微子存在，大约 $1cm^3$ 有 100 个。中微子与其他物质的相互作用十分微弱，在 100 亿个中微子中大约只有一个会与其他物质发生反应，因而中微子极难发现。

7.2.9 关于标准模型

基本粒子的电弱统一理论是量子电动力学和弱相互作用理论融合在一起的理论，电弱统一理论结合描述强相互作用的量子色动力学，就形成了基本粒子的标准模型。标准模型可以精确描述基本粒子及其相互作用的规律，标准模型与广义相对论引力理论相结合，还可以很好地描述天体物理和地球物理中的许多现象。

标准模型是 20 世纪 70 年代初建立的，从它建立的时候开始科学家就对它进行严格的实验检验。到现在为止，标准模型已经经受了在 10^{-15} m 范围内的各种检验。检验结果表明，理论计算与所有的实验都符合得极好。但是标准模型无法解释物质质量产生的来源。

标准模型是描述基本粒子之间各种基本相互作用的模型，它隶属于量子场论的范畴，并与量子力学及狭义相对论兼容，是自牛顿经典物理产生以后最接近大一统理论的一套物理理论。标准模型以夸克模型为结构载体，其奠基人一般认为是格拉肖等人。标准模型包含费米子和玻色子以及希格斯粒子。费米子为拥有半整数的自旋并遵守泡利不相容原理的粒子;玻色子则拥有整数自旋而并不遵守泡利不相容原理。费米子就是组成物质的粒子,而玻色子则负责传递各种作用力。在标准模型中电弱统一理论与量子色动力学合并为一,即把费米子与玻色子配对起来,以描述费米子之间的力。

标准模型的主要内容包括:

(1)物质的基本组成单元是三代带色夸克和三代轻子。

(2)这些基本粒子之间作用着强相互作用、电磁相互作用、弱相互作用和引力相互作用四种基本相互作用。

(3)除了引力作用外,其他三种作用的媒介场都是规范场。

(4)传递强相互作用的是胶子,其自旋为 1,共有 8 种;传递弱相互作用的是 3 种中间玻色子 W^+、W^- 和 Z^0,其自旋也为 1;传递电磁相互作用的是光子,其自旋也为 1,只有 1 种。

(5)希格斯粒子引导规范组的对称性自发破缺,因而它是物质的质量之源,是电子和各种夸克产生质量的基础。

标准模型能解释粒子物理的主要规律,而且到目前为止,几乎所有对以上除了引力之外的三种力的实验结果都合乎这套理论的预测。特别是,在 1991—1992 年间利用北京谱仪(BES)重新测量了 τ 子的质量,将其原来的测量精度提高了 5 倍,使实验结果与理论计算更加接近。

标准模型还有一些没有解决的问题,例如,它没有描述引力的作用(尽管它的数值小因而可以忽略),标准模型更深层次的基本规律的研究,自然界中物质比反物质多很多的原因分析等等,特别是关于暗物质和暗能量的问题,像它们的组成是什么,它们与标准模型中的粒子有什么关系等等。这些当代最热门问题的探索给标准模型提出了大量新的课题。

需要指出,标准模型的产生还有另外一个源头,这就是 1954 年杨振宁和美国物理学家 R. L. 米尔斯(R. L. Mills,1927—1999)提出的量子场理论。该理论揭示出规范不变性可能是电磁作用以及其他作用的共同本质,从而开辟了用规范原理来统一各种相互作用的新途径。什么是规范不变性?规范不变性就是规范对称性。具有规范对称性的场叫规范场。电磁场就是一种最简单的规范场。杨振宁与米尔斯发现,规范对称性就是在对粒子波函数进行一种相位变换下所具有的不变性。杨振宁—米尔斯理论是现代规范场理论的基础,是 20 世纪下半叶物理学的重要的突破。这个当时没有引起物理学界重视的理论,通过后来许多学者于 1960 到 1970 年间引入的对称性自发破缺与渐进自由的观念,发展成今天的标准模型。

7.2.10 希格斯粒子的发现

英国物理学家希格斯(P. W. Higgs,1929—)于 1964 年预言存在有一种基本粒子,即希格斯粒子(又称希格斯玻色子)。希格斯先提出了希格斯机制。根据希格斯机制,宇宙的任何地方,无论是在星球间还是星球上,无论是在真空中还是空气中,甚至在物质的内部,都充满了我们看不见的希格斯场。希格斯场会引起电弱相互作用的对称性自发破缺，并将质量赋予规范玻色子和费米子。希格斯粒子是希格斯场的场量子化激发，希格斯粒子的自旋为零，不带电，希格斯粒子的质量通过自相互作用获得，希格斯粒子非常不稳定，生成后会立即衰变。

希格斯认为，希格斯玻色子是物质的质量之源，是电子和各种夸克产生质量的基础，其他粒子都在希格斯玻色子的场中运动并产生惯性，进而形成质量，构成宇宙。因此希格斯玻色子是标准模型的基石，是所有基本粒子中最重要的。人们把它叫作“上帝粒子”。可以说，没有希格斯玻色子就没有宇宙，没有人类，没有世上的一切。

2012 年 7 月位于日内瓦的欧洲核子研究中心宣布，该中心的两个强子对撞实验项目——ATLAS 和 CMS 发现了同一种新粒子，该粒子的许多特征与希格斯玻色子一致。2013 年 3 月该中心宣布，大量数据的分析结果表明，2012 年发现的新粒子就是希格斯玻色子。

7.2.11 基本粒子探索的总结

标准模型中的基本粒子总共有 62 种，它们可分成 7 大类：

(1)夸克。上夸克、下夸克、粲夸克、奇异夸克、顶夸克、底夸克，共 6 味，每味有红、绿、蓝三种颜色，共 18 种，每种夸克各有自己对应的反粒子，因此夸克总共有 36 种不同状态。

(2)轻子。电子 e、μ 子、τ 子和各自的中微子，共 6 种，加上这些轻子各自对应的反粒子，轻子总共有 12 种。

(3)胶子。传递强相互作用的媒介，共 8 种。

(4)中间玻色子。传递弱相互作用的媒介，共 3 种，即 W^+、W^- 和 Z^0。

(5)光子。传递电磁作用的媒介，1 种。

(6)引力子。传递万有引力的假想粒子，1 种。

(7)希格斯粒子，1 种。

在这 62 种基本粒子中，除了引力子以外，其他 61 种粒子都已发现。

由于引力子迄今没有找到，标准模型只能认为是近似完善的模型，还不能认为是完全完善的模型。但是万有引力在数值上非常小，引力子没有找到的影响不大。

7.3 激光制冷和玻色——爱因斯坦凝聚(BEC)

1924 年印度物理学家玻色(Bose)用统计方法对光粒子进行了理论研究，并写了一封信把研究结果告诉了爱因斯坦。爱因斯坦意识到玻色工作的重要意义，立即着手对该问题进行深入的研究。他将玻色对光子(粒子数不守恒)研究使用的方法推广到原子(粒子数守恒)，并于 1924 年和 1925 年连续发表了两篇文章，预言当温度足够低时，所有的原子会突然聚集在一种尽可能低的能量状态，所有的原子将变成同一个原子，这时会发生相变，会有新的物质状态产生。这就是物质的第五态。这意味着人类可以控制物质。

1938 年英国的物理学家 F. 伦敦提出，液态氦(^{4}He)的超流现象就是玻色—爱因斯坦凝聚的反映，他还算出了液氦的临界温度是 3.2K。这是 BEC 理论的第一个实际例证。但由于当时人们的实验手段水平的局限，对 BEC 理论的研究在半个多世纪里进展一直很缓慢。

20 世纪末美国斯坦福大学的美籍华裔朱棣文（1948—）等创造的激光冷却和原子捕陷的技术，为人工实现玻色—爱因斯坦凝聚创造了条件。

由于原子的运动速度可达 500 m/s 左右，要进行玻色—爱因斯坦凝聚的研究，必须要把原子的运动速度降下来然后予以捕捉。美国和苏联一些物理学家于 20 世纪 70 年代对上述课题做了许多工作。在这些工作的影响下，朱棣文想到了激光冷却的办法，成功地解决了这个问题。为此朱棣文获得了 1997 年诺贝尔物理奖。

用激光影响原子的运动，基于原子对光子的吸收和再发射。原子处于一定的能级状态，能级的跃迁就是原子对光子的吸收和发射过程。利用激光冷却原子的主要工作原理（即多普勒冷却）是利用原子的共振来吸收与其运动方向相对的光子，然后原子再自发辐射。在激光照射下，如果激光的频率与原子的自振频率一致，就会引起原子能级的跃迁，这时原子会吸收光子。与此同时，原子又会因跃迁而向四周无方向性地发射同样的光子。原子每吸收一个光子，都能得到与其运动方向相反的动量，使原来的动量减少一点。由于原子从吸收光子到射出光子再回到基态为时极短，仅 30 ns（$1\ \mathrm{ns}=10^{-9}\ \mathrm{s}$），因而在很短时间内，原子就可以吸收巨大数量的光子，减少的动量也逐渐积累起来，而自发辐射的光子是散射，没有一定的方向，其合成总动量为零，于是达到了原子减速的目的。这时的原子就好像掉进了一个黏稠的胶状物海洋，无论向哪个方向运动，都会受到很大的阻力。这叫“光学黏胶”。原子的速度变慢了，温度也就降低了。然后再将由两个平行线圈构成的磁阱和用对射激光束形成的光阱结合起来，形成磁光阱，将原子囚禁在其一个小区域中加以冷却，这就可以获得更低温度的“光学黏胶”，最后将原子捕获。

在激光制冷研究的基础上，在 20 世纪 80 年代中期朱棣文等提出，冷却的碱金属原子稀薄气体可以形成只有弱相互作用、比较纯的“玻色—爱因斯坦凝聚”。1995 年美国物理学家 E. 康奈尔（E. Cornell，1961—）等和德国物理学家 W. 科特勒（W. Ketterle，1957—）在激光冷却、捕陷速度低的碱金属原子的基础上，分别独立地几乎同时实现了碱金属原子气体的玻色—爱因斯坦凝聚。

E. 康奈尔等在 2×10^{-7} K（比 −273.16℃的绝对零度高 200 nK，$1\ \mathrm{nK}=10^{-9}\ \mathrm{K}$）的极端低温下实现了大约 2 000 个铷原子的玻色—爱因斯坦凝聚，而几乎同时德国的 W. 科特勒用钠原子也完成了同样的实验。必须指出，实现玻色—爱因斯坦凝聚除了要有极端低温的条件外，还必须要保证原子在极端低温下的气体状态，而一般元素的原子在接近绝对零度时多半不能满足这个条件。康奈尔和科特勒分别选择都是碱金属的铷和钠做工质，它们都能在极低温度下保持气体状态并产生相变变成液体，不会高度聚集形成固体。这是这两个实验获得成功的另一个重要条件。

康奈尔等三人实验的成功是玻色—爱因斯坦凝聚研究历史上的一个重要的里程碑。随后对玻色—爱因斯坦凝聚问题的研究蓬勃开展起来，并取得了一系列新的研究成果，像发现了玻色—爱因斯坦凝聚中的相干性、超冷费米原子气体、约瑟夫森效应等等。在可以预见的将来，这种对物质控制的新途径必将给精密测量和纳米技术等科技领域带来革命性的变化。玻色—爱因斯坦凝聚体还可以用来模拟黑洞，研究一些在地球上无法仔细观察的宇宙现象，这将引发天体物理研究的革命。

除了玻色—爱因斯坦凝聚，激光制冷技术还可以用来做精确测量，特别是做重力测量。朱棣文团队利用这个技术，用极高的精度（达 3×10^{-10}）测算出了单个原子的重力加速度，发现单个原子的重力加速度和宏观物体相同。这是现代版的比萨斜塔实验。“测量单个原子重力加速度”的工作作为重大科研成果曾入选 1999 年世界十大科技，与“哈勃望远镜发现最遥远的天体”等并列。

此外，在生物科技上人们可以利用激光冷却技术捕获 DNA 分子，并将其分离出来，以便受人的控制；可以解读 DNA 的密码；可以用聚焦激光束做“光学镊子”，捕捉细菌而不将其杀死。

7.4 应用物理

随着 19 世纪以来物理发现愈来愈多，应用物理相应地也得到了愈来愈快的发展，各种发明，诸如无线电通讯、全息摄影、电子管、高压技术、光纤通信、发光二极管 LED、巨磁电阻效应……林林总总，简直像雨后春笋，不断涌现。由于篇幅所限，本书不可能把这些发明创造一一加以介绍，这里只对几个最重要的发明予以简要的说明。

7.4.1 电子计算机的发明

电子计算机的发明是 20 世纪科技界最重要的事件，其意义怎么估计都不过分，可以说，所有现代的科学技术成果以及国家方方面面的建设、发展都离不开电子计算机的应用。电子计算机是一个极其复杂的装置，而且随着科技的进步，它本身也以愈来愈快的速度在发展。我们这里不可能对它的整个发展过程以及每一代的特点进行全面系统的介绍，只是粗略介绍一下它的发明过程。

1944 年，第二次世界大战正处在白热化的阶段，美国的曼哈顿计划也正在如火如荼地进行。研制原子弹必须要研究原子核的反应过程，要对一个反应的传播做出“是”或“否”的回答。解决这一问题需要进行几十亿次的逻辑指令和数学运算，尽管对最终的计算结果并不要求十分精确，但所有的中间运算过程一个都不能少，而且准确度要尽可能高。这个工作计算量之大可以想象。洛斯阿拉莫斯实验室为此聘用了一百多名女计算员，利用手摇计算机从早算到晚。但仍然远远不能满足需要。1944 年夏季的一天，研制原子弹负责人之一的数学大师冯·诺伊曼有事外出，他在火车站候车时与美国弹道实验室的军方负责人戈德斯坦不期而遇，两人交谈了起来。当时，戈德斯坦每天必须交出一批弹道曲线，而每条弹道曲线都要通过大量计算才能画出。为此弹道实验室雇佣了一批技术人员专门计算弹道曲线，但仍完不成任务。于是实验室写了一份《高速电子管计算装置的使用》的备忘录，准备研制电子计算装置。这就是第一台电子计算机 ENIAC（Electronic Numerical Integrator and Calculator）最初的方案。在交谈中，戈德斯坦对冯·诺伊曼讲了他们研制 ENIAC 的计划以及进展情况。冯·诺伊曼立即意识到这项工作的深远意义，对原子弹的研制也非常有用，于是他马上参加了进来，积极投身于电子计算机的开发。

在电子计算机的研发过程中冯．诺依曼充分发挥了他的数学天才。他建议在电子计算机中采用二进制，并预言二进制的采用将大大简化机器的逻辑线路。他在电子计算机的逻辑体制中引入了代码，编制了各种程序。1945 年 6 月按照冯·诺伊曼思想开发的存储程序通用电子计算机的方案 EDVAC(Electronic Discrete Variable Automatic Computer)诞生了。报告广泛而具体地介绍了制造电子计算机和程序设计的新思想。这是电子计算机发展史上一个划时代的文献。它向世界宣告：电子计算机的时代开始了。

EDVAC 方案的要点是：

(1)计算机由运算器、控制器、存储器、输入设备和输出设备组成。

(2)计算机需要完成的计算任务和执行流程是按照事先编好的程序进行的。

(3)计算程序需要事先输入到存储器中储存起来，计算原始数据和程序运算的最终结果以及中间计算结果，也存放在存储器中。

(4)计算机能自动连续地完成全部计算。

(5)程序运行所需要的信息和计算结果通过输入/输出设备完成。

在 EDVAC 方案的基础上，世界第一台电子数字计算机 ENIAC 于 1946 年问世。它是由美国宾夕法尼亚大学莫尔电工学院制造的，它的体积庞大，占地面积 170 多 m^2，重量约 30 t，用了 18 000 个电子管，消耗近 150 kW 的电力，运算速度每秒 5 000 次加法。

ENIAC 的制造当然是整个团队努力的结果，但它的每一个重要问题的解决及其处理办法几乎都带有冯·诺伊曼的烙印，所以，冯·诺伊曼被公认为“计算机之父”。

上面介绍的是电子计算机硬件的发明过程，但使用电子计算机还必须要有操作系统，也就是系统软件。根据具体电子计算机硬件和软件的相应要求，编制应用程序，准备好原始数据，才能进行所需要的科学或工程计算。由于篇幅所限，关于电子计算机系统软件的研发问题这里就不做介绍了。这方面的文献很多，读者可以参阅有关的书籍。

7.4.2 晶体管的发明

晶体管是由美国贝尔实验室 W. 肖克利(W. Shockley，1910—1989)等发明的。贝尔实验室创建于 1925 年，现在是全世界最大的由企业办的科学实验室之一。1987 年贝尔实验室有职工 21 000 人，其中专家 3 400 人，科研经费 20 亿美元，规模可见一斑。迄今为止贝尔实验室已经有 11 人获得了诺贝尔物理奖，科研实力极其雄厚。第二次世界大战结束后，从 1946 年 1 月起贝尔实验室开始研制新一代的电子管，由固体物理研究组归口，具体由肖克利负责。固体物理研究组最初有 7 名成员，都是优秀的科学工作者，巴丁和 W. 布拉顿(W. Brattain，1902—1987)都是其中成员，他们的目标是研制半导体放大器。

肖克利先提出了日后的“场效应管”的思想。但由于工艺上的困难，这个想法当时还无法实现。于是研究组转向学习电子管的发明经验，在半导体上也加上第三极。

1947 年 12 月他们发现，当作为第三极的探针离半导体某一极限很近时，流过探针电流的微小变化会导致半导体电流发生很大的变化，这意味着半导体放大器的试验获得了成功。1948 年 7 月他们公布了这个发明，这就是晶体三极管。1950 年 4 月肖克利领导他的团队制成了第一个结型晶体管。在这基础上 1954 年出现了第一批硅晶体管。20 世纪 60 年代初发明了平面晶体管，开辟了通往现代集成电路的道路。由于发明了晶体管，肖克利、巴丁和布拉顿共同获得了 1956 年的诺贝尔物理奖。

1955 年肖克利离开了贝尔实验室，到加州创办了肖克利半导体实验室，这就是现在硅谷的前身，所以现在一般认为肖克利是硅谷的第一公民。肖克利挑选了八个各方面都很优秀的人，开始了新的征程。但肖克利不善于经营管理，也不善于团结人，几年下来计划的目标完全没有达到。于是他招来的八个人同时提出辞职。1960 年肖克利把实验室卖了，1968 年它永远地关闭了。但是肖克利的“叛逆八人帮”却成了硅谷最重要的火种。几年后，他们发明了集成电路，影响了整个世界。

集成电路指的是这样的硅芯片，它集二极管、晶体管以及电阻、电容等许多电子器件于一体，从而使一个芯片具有一个电路的功能(见图)。集成电路的出现以及随后的发展，使电子器件的体积和成本都得到了极大的、不可思议的降低。芯片上元器件的数目基本上是每 18～24 个月翻一番。例如，美国英特尔公司 1971 年推出的 4004 微处理器芯片有 2 300 个晶体管，而 1993 年推出的英特尔奔腾芯片上有 320 万个晶体管。集成电路的性能也因此得到了极大的提高。现在微电子学成了一切现代技术发展的基础。但是必须承认，微电子学是在半导体物理学的基础上发展起来的，而集成电路技术的源头是肖克利他们 20 世纪 40 年代在贝尔实验室发明的晶体管。

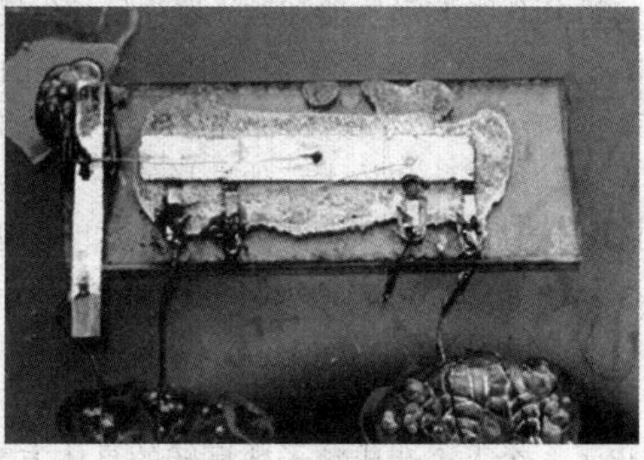

世界上第一块集成电路板

需要指出，巴丁是个出色的固体物理学家，在发明了晶体管以后，巴丁又与人合作于 1957 年提出了被称为 BCS 理论的超导电性理论，从而于 1972 年再次获得诺贝尔物理奖。巴丁是唯一的两次诺贝尔物理奖的获得者。

7.4.3 激光器的发明

根据 20 世纪物理学的研究成果已经搞清，普通光源的发光，源于原子的自发辐射。原子中的电子有受激吸收和自发辐射两种过程。受激吸收是电子吸收了作用于其上的外来能量，而从低能级跃迁到高能级的过程。外来能量可以是光能、电能、热能等。处于高能级的电子寿命仅 $10^{-8}\sim10^{-9}$ s，它们会自发地向低能级跃迁，这时将有光辐射产生，这就是自发辐射的过程。原子在自发辐射时辐射的光是没有一定方向的，各发光原子的发光过程也各自独立、互不相关，位相和偏振状态也各不相同，发射光的频率也不是单一的，而有一个范围。由于辐射的光分散向四面八方，能量也就分散了，所以普通光源辐射光的能量不强。

1916 年爱因斯坦提出了受激辐射的概念：如果处于高能级的原子受到外来光子的作用，当该原子的跃迁频率正好与外来光子的频率一致时，它就会从高能级跳到低能级，并发出与外来光子完全相同的另一光子（频率、发射方向、偏振态、位相和速率等与外来诱发光子都一样）。于是一个光子变成了两个光子。如果条件合适，光就会像雪崩一样得到放大和加强。特别值得注意的是，这样放大的光是一般自然条件下得不到的“相干光”。不过爱因斯坦并没有想到利用受激辐射来实现光的放大。因为诱发光子不但能引起受激辐射，也能引起受激吸收。根据玻尔兹曼统计分布，平衡态中在低能级上布居的粒子数总比在高能级上布居的粒子数多，靠受激辐射来实现光的放大实际上是不可能的。要使受激辐射占主导地位，就必须使处于高能级上的粒子布居数多于低能级上的粒子布居数，即“粒子数反转”。由于技术上的困难，在爱因斯坦提出受激辐射理论后的许多年内，这一理论仅仅局限于对光学问题进行理论上的探讨。

基于爱因斯坦的理论，在 C. H. 汤斯（C. H. Townes，1915—）、A. M. 普罗霍洛夫（A. M. Прохоров，1916—2002）、Н. Г. 巴索夫（Н. Г. Басов，1922—2001）、A. L. 肖洛（A. L. Schawlow，1921—1999）和 T. H. 梅曼（T. H. Maiman，1927—2007）等的不懈努力下，在 20 世纪 50～60 年代微波激射器和激光器先后被发明了出来。

激光器的前身是微波激射器。第一台微波激射器是由美国人汤斯发明的。这个问题的难点在于要研制一种器件以产生微波，而器件尺寸必须极小。汤斯利用分子体系的受激辐射，实现了电磁波的震荡和放大。他选择氨分子作为激活介质，花了两年时间，于 1954 年制成了氨分子振荡器，即微波激射器。这个物理过程叫作“受激辐射微波放大”，英文是 Microwave Amplification by Stimulated Emission of Radiation，将英文字的字头连起来，就是 MASER。

几乎与汤斯同时，莫斯科的普罗霍洛夫和巴索夫，在研究了获得量子放大与震荡的可能性的基础上，提出了一个人工造成粒子数反转的具体方案，实现了微波的放大和震荡。他们用的工质是氟化铯。普罗霍洛夫和巴索夫还用量子力学对分子放大与震荡的理论进行了详尽的分析。汤斯等首先做成了实验，而普罗霍洛夫与巴索夫在理论上奠定了基础。

在制成微波激射器的基础上，汤斯开始考虑研制波长更短的激射器的问题。他采用了肖洛关于改进光学干涉仪的建议，绕过了设计合适的谐振腔的难点，解决了问题。1958 年 12 月汤斯与肖洛发表了《红外区和光激射器》的论文，对理论和具体设计都进行了详细的阐述（包括改进光学干涉仪以及工质、泵源等各方面的问题），从而奠定了激光器的研制基础。

在汤斯与肖洛论文的启发下，1960 年 6 月美国休斯公司的梅曼制成了第一台激光器——红宝石激光器。同年苏联的巴索夫制成了半导体激光器。1961 年 8 月中国科学院长春光学精密机械研究所研制成功了红宝石激光器。

1960 年从伊朗来到美国的 A. 贾万(A. Javan)研制成了以气体为工作介质的激光器,也就是氦氖激光器。氦氖激光器具有里程碑的意义,一方面它实现了激光的连续性,为应用开辟了广阔的前景,另一方面它证明了可以用放电方法产生激光,为激光器展示了多种可能的发展渠道。

激光器全称的英文是 Light Amplification by Stimulated Emission of Radiation,简称为 LASER,中文名称最初按其音译叫“莱塞”,后来钱学森建议将莱塞改称激光。

激光的特性:

(1)亮度极高。氙灯的亮度与太阳相当,是激光问世以前最亮的人工光源,而红宝石激光器发出的激光亮度达氙灯的几百亿倍,这种激光器发出的光束照在月球上的光斑,地球上的人用肉眼都可看见。

(2)颜色极纯。激光器发出的光的波长分布范围极窄,这决定了其单色性超过任何一种单色光源。

(3)能量密度极大。在各种电磁波中,无线电波波长最长,约为 0.3 m 至数千米,以后依次为微波、红外线、可见光、紫外线、伦琴射线和伽马射线,伽马射线波长最短,约为 $10^{-10}\sim10^{-14}$ m,而激光的波长比伽马射线还要短。由于电磁波的能量与频率成正比,因此激光的能量是比较大的,另外,激光通常只作用在一个点上,作用面积很小,因而激光的能量密度极大,用来做武器十分合适。

(4)定向发光。激光光束的发散度只有 0.05°左右,光线几乎平行。1962 年人类第一次用激光照射月球,光斑范围不到 2 000 m。

激光应用的范围十分广泛,像工业领域的激光切割、激光焊接、激光表面处理,医疗领域的微创手术以及激光武器、激光通讯等等,不胜枚举。所以激光器的发明是应用物理的一项极其重要的成果。

7.4.4 爱迪生和特斯拉的贡献

讲应用物理离不开讲爱迪生的贡献。T. A. 爱迪生(T. A. Edison,1847—1931)是美国人,著名的发明家。他发明了留声机、电灯、同步发报机、活动电影摄影机、放映机和有声电影、电表,改良了电话机,做出了许多重要的技术发明,一生申请了 1328 种专利,是名副其实的发明大王。

N. 特斯拉(N. Tesla,1856—1943)是克罗地亚人,是与爱迪生同时代的享誉世界的发明家。他完成了异步电动机、特斯拉涡轮机、无线电遥控技术以及特斯拉线圈等许多重要发明。特斯拉年轻时曾在巴黎的爱迪生公司工作,1884 年来到美国,成为美国爱迪生公司的一个雇员。一次,他与爱迪生谈起发电机与电动机的改进问题,爱迪生对他说,你要是能把改进的发电机和电动机研制出来,我给你 5 万美元(相当于现在 100 万美元)。差不多过了一年,特斯拉真的造出了新的发电机。爱迪生公司从中获得了巨大的利润。当特斯拉去找爱迪生要这 5 万美元时,爱迪生却对他说,你不知道我们美国人喜欢开玩笑吗。特斯拉一气之下,立即辞职。

诺贝尔奖委员会本来计划以成功地做出了多项重大发明为由，把 1912 年的诺贝尔物理奖同时颁发给爱迪生和特斯拉，但是特斯拉由于上述原因，宁可不获奖，也不愿意和爱迪生一起接受诺贝尔奖。

特斯拉最广为人知的成就是发明了交流电，并研制了世界上第一台交流发电机。而爱迪生一直搞的是直流电。尽管直流电也是不可或缺的，但交流电具有更大的优越性，它便宜、远距离输电方便、效率高，因而特斯拉的工作就成了对爱迪生的挑战。于是爱迪生想方设法打压特斯拉。他大造舆论，说交流电不安全，使用交流电会给人带来性命之忧，并多次展示狗和猫如何因触交流电而立即死亡。但真理毕竟会战胜谬误，交流电并没有因为爱迪生的反对而停止其发展，现在交流电在数不胜数的领域得到了应用，是世界上采用的主要的电流形式。

除了上述大量发明之外，特斯拉还利用尼亚加拉大瀑布的落差，于 1897 年设计建造了世界上第一座十万马力的水电站——尼亚加拉水电站，后来又陆续建造了类似的十几座水电站，形成了尼亚加拉水电站群。由于尼亚加拉水电站采用了交流供电，用高压电实现了远距离送电，它几乎供应了美国整个纽约州和加拿大安大略省所需电力的四分之一，而且直到现在还在继续发电。现在在尼亚加拉大瀑布附近还矗立着特斯拉的雕像。

特斯拉一直主张，搞发明、搞科学研究是为人类谋幸福，所以他从不在意发明给自己带来的好处。特斯拉一生获得了大约一千个发明专利，其中最重要的就是交流电专利。按照当时美国的专利法，特斯拉可以按照生产出的交流电功率来收版税，这是一笔巨大的财富。但特斯拉却决定放弃交流电专利权，条件是交流电专利永远公开。于是交流电就成了免费的发明，而特斯拉却一直生活拮据直到去世。

关于特斯拉最奇怪的一件事是通古斯大爆炸。1908 年 6 月 30 日在西伯利亚东部渺无人烟的通古斯河畔曾发生大爆炸(见图)，爆炸威力极大，70km 以外的人都被灼伤。据估算爆炸威力相当于 1 000 个广岛原子弹。有人推测这是特斯拉的一次交流电试验，因为从爆炸后通古斯河畔树木的炭化程度和土地的磁化情况看，爆炸像是球形闪电释放的巨大能量所引起，而在当时特斯拉是世界上唯一能在实验室制造球形闪电的人，而且当时特斯拉正在伊尔库茨克，那里离通古斯不远、并且可以望见爆炸。在爆炸前特斯拉还多次前去图书馆查阅西伯利亚的地图，在爆炸当天他还以拍电影之名召集当地群众见证了大爆炸。然而推测终归是推测，100 多年过去了，到现在为止还没有找到足够的证据，证明通古斯大爆炸是特斯拉所为。

通古斯大爆炸

8 化学(上)

化学是研究物质化学变化的科学。在古时候人类在生产和生活的实践中就对化学有所接触,并开始对它有了朦胧的认识。化学作为一门科学到17世纪波义耳时才诞生。但随后燃素说统治了化学差不多100年,直到18世纪末拉瓦锡才彻底粉碎了燃素说,建立了科学的氧化理论,并编制了第一张元素表,于是无机化学的理论开始形成。19世纪60年代门捷列夫发现了元素周期律,初步建成了无机化学理论体系。

比无机化学的发展稍晚,19世纪20年代维勒实现了人工合成尿素,打破了有机物与无机物之间不可逾越的鸿沟,有机化学就此发展起来,有机合成的时代也由此开始。有机化合物通常只由碳、氢、氧等为数不多的元素组成,但其结构极为复杂,而且有同分异构现象,因而种类极多。于是搞清有机化合物的结构式就成了有机合成的一个重要工作。

到了20世纪,随着热力学和统计思想引入化学,以及量子力学的出现,物理化学和量子化学应运而生,并且得到了飞速的发展。电子计算机的产生更催生了计算化学。与此同时,埃米尔·费歇尔对糖类、蛋白质和核酸的探索,开始了对构成生命的三种最重要基础物质的研究,开创了化学与生命科学结合的新时代,生物化学由此诞生,并成为化学的一个重要分支。可以想见,在21世纪化学的发展趋势必将从宏观走向微观,逐渐趋于理论化、精细化,并以全新的面貌展现在我们面前。

8.1 18世纪以前的化学

在古代,关于化学最早的理论是亚里士多德的四元性学说。亚里士多德认为,自然界以土、水、气、火四种元素为原质而构成,每一个复杂物体的四种原质构成比例不同。他还认为,土、水、气、火之间可以相互转化。这一理论影响了古代的炼金术士,他们想,既然各原质可以相互转化,由其他金属一定也可以炼成金。于是就产生了炼金术。炼金术在亚历山大城流行了三百多年,后来被罗马皇帝下令禁止了。但到了中世纪炼金术又流行起来,但没有发生本质的变化。

进入16世纪以后,在欧洲开始了炼金术向化学的过渡。到了17世纪,英国科学家波义耳(R. Boyle,1627—1691)从根本上改变了人类对化学的认识,从此化学确立为一门独立的科学。

波义耳认为,化学主要研究物质的组成、化合与分解,他建立了元素与化合物等化学的基本概念。他给“元素”下了一个清楚的定义:“元素乃是不能分解的最简单的物质。"波义耳写道,"元素不能用任何其他物体造成,也不能彼此相互造成。元素是直接合成所谓完全混合物的成分,也是完全混合物最终分解成的要素。"波义耳在这里所指的"完全混合物"实际上就是化合物。正确给出元素的定义是波义耳对化学最重要的贡献。此外,波义耳第一次引入了化学分析的概念,开始了分析化学的研究。他认为实验室的研究工作具有头等重要的意义,而化学研究必须建立在大量实验观察的基础上。他对酸和碱的性质做了许多研究工作,发现了酸和碱的一些通性,提到了许多盐的特点,还发现酸同碱发生作用后二者的特征性质都消失而生成中性的盐等许多重要的化学现象。波义耳考察了指示剂的用途,描述了许多检验方法,记录下许多可用于定性分析的试剂。这些工作奠定了化学研究中定性分析的基础。所以波义耳被认为是近代化学的奠基人。

8.2 拉瓦锡——近代化学之父

18 世纪的化学可以称之为燃素说的化学。由于冶金工业的发展,研究燃烧引起的化学反应成了普遍的要求,再加上当时所知道的各种化学方法几乎无一不与燃烧有关,于是就促使化学家们集中研究燃烧反应,这就导致必然要提出一个综合性的化学理论来统一解释燃烧反应的过程。

1669 年德国化学家和医生贝歇尔(Becher,1635—1682)提出,一切物质均由气、水、土三要素组成,而一切金属都由"土"组成。"土"有三种土质:可燃的油状土质、流动性的汞状土质和坚固性的石状土质。燃烧时放出可燃油状土质,留下汞状和石状土质。1703 年斯塔尔(Stahl,1660—1734)将"可燃油状土质"一词改名为燃素,这就是燃素说。

燃素说开始只是用来解释燃烧现象,但后来逐步被推广用来解释其他化学现象。例如,金属溶于酸放出氢气,被认为是放出燃素:

$$Zn + 2HCl = ZnCl_2 + H_2\uparrow$$

燃素说比炼金术士的理论体系解释了更多的现象,在化学理论的发展过程中,它的出现是一个飞跃。但是燃素说从根本上说是错误的,它把燃烧的真实过程弄颠倒了:本来是氧化,它说成是放出燃素;本来是还原,是分解,它却说成是吸入燃素。

1750 年苏格兰人布莱克(Black)发现了碳酸气,打破了宇宙间只有一种气——空气的观点。1766 年卡文迪许(H. Cavendish,1731—1810)发现了氢。1774 年普利斯特列(J. Priestley,1733—1804)发现了氧。于是人们开始深入地研究这些气体的性质。18 世纪最伟大的化学家拉瓦锡(A. -L. de Lavoiser,1743—1794)也就在这个时候登上了历史舞台。

拉瓦锡是法国人,从小就对科学表现出了浓厚的兴趣。他在 1772—1777 年间做了一系列燃烧实验,对前人做过的所有燃烧实验都一一进行了审查。1777 年 9 月,拉瓦锡发表了《燃烧通论》,提出了他的新的燃烧学说。拉瓦锡燃烧学说的要点如下:

(1)燃烧时均有火质或光放出。

(2)物体只能在纯粹空气(氧气)中燃烧。

(3)燃烧时有“纯粹空气的破坏或分解”，燃烧物体的增重精确等于“被破坏或分解的”空气的重量。

(4)已燃物质通常变为酸，但金属则变为残烬(这里所说的酸指的是现代意义上的无水酸，如 SO_2、CO_2 等，它们溶于水后将生成各种酸)。

拉瓦锡

拉瓦锡的燃烧氧化学说并没有立即得到化学家们的承认。1781 年卡文迪许发现“可燃空气”(H_2)和“失燃素空气”(O_2)可以合成水。拉瓦锡长期以来都搞不清“可燃空气”燃烧后会变成什么，1783 年当他知道了卡文迪许的实验后，立即重复做这个实验，并做出正确解释：可燃空气是一个元素，失燃素空气就是氧，也是一个元素，这两种元素能合成水，而水是化合物。这种解释给燃素说以一个决定性的打击。于是燃烧氧化学说开始得到广大化学家的承认。

拉瓦锡另一项重要的贡献是进行化学术语革命。当时流行的化学术语很混乱，例如“砷酪”，似乎是美味的东西，其实是剧毒品；有些则反映了燃素说的错误，例如“得燃素空气”之类。1787 年拉瓦锡与一些同行提出倡议，给化学术语重新命名。他们根据希腊文和拉丁文创造了一些新的名词：失燃素空气取名为氧，可燃空气取名为氢，纯木炭元素取名为碳，金属灰渣改称氧化物，等等。

新的化学名词有很大的优越性，但开始时并未受到法国科学院的欢迎。拉瓦锡认为，只有编写新教科书才能使新的化学体系和名词得到承认。1789 年拉瓦锡编写了《化学基本教程》一书。在这本书中首次出现了元素表，在这个元素表中共有 33 个元素，其中有 23 个在今天看来仍是名副其实的元素，有 10 个不是真正的元素，像光和热以及一些化合物。只有推翻了燃素说之后才有条件编出元素表，因为只有这时，什么是元素，什么是化合物，才能明确区分开来。

拉瓦锡的第三个重要贡献是发现了质量守恒定律。拉瓦锡因为对各种化学反应，特别是燃烧反应，进行了精确的定量分析，知道反应前后的物质质量不变，于是他发现了质量守恒定律，并将其清晰地表述在《化学基本教程》一书中。他还首创了化学反应方程式。《化学基本教程》完整地阐述了燃烧氧化学说，提出了质量守恒定律和化学反应方程，采用了新的化学术语，列出了元素表，这标志着在化学上由旧理论体系跃进到新理论体系的一场伟大的革命。因此《化学基本教程》的重要性可以同牛顿的《自然哲学的数学原理》和达尔文的《物种起源》相提并论。由于在化学领域一系列的重大贡献，拉瓦锡被后人称为近代化学之父。

然而拉瓦锡的命运是悲惨的。他虽然 25 岁就被选为法国科学院院士，但后来却当上征税官，包税剥削人民，而且修筑城墙以阻截逃税者。在法国大革命巴黎爆发起义时他又指挥监狱守卒运送军火，反抗起义，因此民愤较大。1793 年国民政府下令逮捕征税官，拉瓦锡被捕入狱，第二年被判死刑。他请求剥夺他的一切而让他当一名配药师，但被法院驳回。他又请求缓刑两个星期，以便完成关于发汗化学成分的研究，但又被法院驳回。辩护律师向法院提出："许多欧洲的科学家指出，拉瓦锡在那些给法国带来荣誉的人当中，居杰出地位。"可是法院院长回答说："共和国不需要科学家。"就这样拉瓦锡被送上了断头台。但是拉瓦锡直到临死还在进行科学研究。当时流行一种说法，在人的头颅被砍下后人可能还有感觉，拉瓦锡就和刽子手约定，在他的头被砍下后他将尽可能多眨眼，以此来验证这个说法的正确性，请刽子手观察并数数。结果拉瓦锡一共眨了11次眼，这是他最后的科学研究。法国大数学力学家拉格朗日闻知拉瓦锡被处死后仰天长叹："砍掉这个头颅只需片刻，但造出另一个这样的头颅来或许需要100年才行。"

8.3　门捷列夫和元素周期表、元素周期律及其现代化

19世纪初，英国的道尔顿(Dalton，1766—1844)提出了原子论，并于1803年编制了历史上第一张原子量表。由于当时不知道在复合的原子(化合物)中有几个原子，这些原子又分属哪个元素，第一张原子量表中的大多数原子量都没有算准。

1811年，意大利科学家阿佛伽德罗(A. Avogadro，1776—1856)提出了分子的概念。阿佛伽德罗指出，不是同体积的气体在同温同压下有相同的原子数，而是同体积的气体在同温同压下有相同的分子数。这就是著名的阿佛伽德罗定律。阿佛伽德罗将原子的概念同分子的概念严加区别，他认为，气体的最小粒子不是简单的原子，而是由一定数目的原子由吸引力结合成的单分子，在相互化合中分子是可以分割的。阿佛伽德罗定律对原子量的测定工作，起到了重大的推动作用。有了分子学说，道尔顿所不能解决的问题——判明一种化合物中各种原子的数目——得到了解决。原来道尔顿认为水的分子式是HO，氨的分子式是NH，现在根据分子学说大家都清楚了，水和氨的分子式分别是H_2O和NH_3。

在道尔顿原子论确立以后，化学家们就分头对各元素测定原子量。德国化学家德贝莱纳(Doebereiner)发现，在当时知道的54个元素中有五个"三元素组"，如"锂—钠—钾"，"钙—锶—钡"等。在每个三元素组中，各元素性质相似，而且中间元素的化学性质介于前后两个元素之间，它们的原子量也介于前后两个元素之间，而且基本上相当于前后二者的算术平均值。这就启迪人们去思考，各种元素之间有没有什么内在联系，元素的原子量同其化学性质是否有某种关系。1862年法国化学家尚古多(Chancourtois)提出了螺旋线图，1865年英国化学家纽兰兹(Newlands，1837—1898)提出了"八音律"，都进一步加深了对化学元素按原子量排列规律的认识。1869年俄国化学家门捷列夫(Д. И. Менделеев，1834—1907)提出了第1张元素周期表，揭示了元素的周期规律。

门捷列夫的元素周期律有三个基本要点：

(1)元素的性质取决于其原子量的大小，并随其原子量的增加而呈周期性变化。这就是元素的周期律。表中横行相当于周期，竖行相当于族，与现在的周期表已经很接近了。惰性气体元素因当时尚未被发现，所以没有列入表中。

(2)可以根据元素周期律修正某些元素的原子量。

例如，铍(Be)的当量为 4.7，当时根据其氧化物的性质与 Al_2O_3 接近而认定它也是 3 价的，按照原子量等于当量乘以原子价的公式，算出铍的原子量为 14.1。但当时已知氮的原子量也是 14。门捷列夫认为，若把铍与氮并列或连续排列都会破坏周期律，他推断铍应是 2 价，即铍的氧化物是 BeO 而不是 Be_2O_3，铍的原子量应是 9.4，这样就可把铍排在锂和硼之间的空位上。到了 19 世纪 80 年代，原来主张铍的氧化物分子式是 Be_2O_3 的瑞典化学家，通过实验证实了铍的氧化物分子式是 BeO，即铍是 2 价的。

门捷列夫

(3)可以根据周期律预言某些元素的存在以及这些元素在表中的位置和性质。

例如，根据 1871 年门捷列夫的周期表，第 4 行第 3 副族有一个未知元素，其原子量应为 44，门捷列夫预言它应是类硼；第 4 行第 3 主族有一个未知元素，其原子量应为 68，门捷列夫预言它是类铝；第 4 行第 4 主族有一个未知元素，其原子量应为 72，门捷列夫预言它应是类硅。

1875 年法国化学家布瓦波德朗(Boisbaudran)发现了镓(Ga)，测出比重是 4.7。门捷列夫立即函告他，说镓正是类铝，但比重应在 5.9～6.0 之间。布瓦波德朗将镓反复提纯，最后测得镓的比重为 5.96。这是科学史上破天荒第一次预言一个新元素的发现。后来钪(Sc)、锗(Ge)和钋(Po)的发现也完全证明了门捷列夫预言的正确。

1906 年门捷列夫发表了完整的元素周期表。这个表与他以前的周期表有一个明显的不同点，就是增加了一个零族，即惰性气体元素族。惰性气体元素中最先发现的是氩，后来又发现了氦以及氪、氖、氙三种惰性气体元素。氩的发现是英国科学家瑞利(Rayleigh，1842—1919)与拉姆齐(W. Ramsay，1852—1916)的功劳，而氦、氪、氖与氙则全是拉姆齐发现的。

元素周期律的发现具有重大的意义，它统一了整个无机化学，是无机界的达尔文主义。从此无机化学就成了一门以研究元素周期表内各种元素及化合物的性能和化学变化为主的学科。根据这个规律，不但可以有计划有目的地寻找新元素或人工合成新元素，而且可以了若指掌地全面把握各种元素的性质。这标志着无机化学的成熟。另外，元素周期律是化学联系原子物理、原子核物理和量子力学的纽带。它启发人们思考：为什么元素性质有周期性的变化？这是不是与原子结构有关？对原子结构的深入研究又反过来促使周期律向现代化发展。

门捷列夫在他 1906 年发表的元素周期表中，把氩的原子量 39.9 错误地修正为 38，以便把它排在钾(原子量为 39.15)之前；把镍的原子量 58.7 错误地修正为 59，以便勉强地将其排在钴(原子量为 59)之后；把碲(Te)的原子量 127.7 错误地修正为 127，以便勉强地将其排在碘(原子量为 127)之前。门捷列夫直到晚年仍不能对这些“反常”现象做出解释。

直到20世纪，当原子结构的奥秘揭示出来以后，人们才认识到上述反常现象产生的原因。1913年荷兰物理学家范德布洛克提出了原子序假设：元素在周期表中排列的序数等于该元素原子具有的电子数。这一假说开始把元素在周期表中排列的序数同原子结构联系起来。1913—1914年间英国物理学家莫斯莱（H. G. J. Moseley，1887—1915）发现，各元素的标识X射线波长的变化取决于它们在周期表中排列的次序，随着各元素在周期表中排列序号的增加，它们的X射线波长将减小。这个发现非常重要。可惜莫斯莱生不逢时，1915年8月他在第一次世界大战前线阵亡。战后化学家们发展了莫斯莱的工作，精确测定了各种元素的X射线谱。1916年德国化学家柯塞尔（Kössel，1888—1956）用原子序代替原子量，建立了第一个按原子序排列的元素周期表，从而揭示出元素周期律更深一层的本质——元素的化学性质是原子序数的周期函数。柯塞尔指出，元素是核电荷数相同的一类原子的总称。原子序表征原子核内的质子数，即核电荷数或核外的电子数，原子量是核内的质子数与中子数之和。元素原子的电子层结构的周期性决定着元素性质的周期性。

20世纪初，美国化学家理查兹（T. W. Richards，1868—1928）发展了两种重要的实验方法，大大改进了原子量的测量技术。他和他的团队先后精确测定了30多种元素的原子量。尽管这些原子量以前的数值与精确值相比只有微小的差别，但由于原子量是整个化学的基础，理查兹的工作仍具有重要的意义。

1910年，英国放射化学家索迪（F. Soddy，1877—1956）提出了同位素假说，他认为在自然界存在物理和化学性质完全一样、但原子量和放射性不同的同一化学元素变种。1913年索迪又发现了放射性元素蜕变的位移规律。理查兹精确测定了不同来源的放射性铅的原子量，证明了放射性元素蜕变位移规律的正确，同时也证明了同位素的存在。同位素的发现以及稍后质谱仪的发明，进一步深化了人们对化学世界的认识，既揭示了元素的原子量为什么都不是整数的原因，也解决了门捷列夫元素周期表中某些元素如按其原子量大小顺序排列将破坏化学性质周期变化规律的问题。

质谱仪是英国化学家阿斯顿发明的，利用质谱仪可以分析同位素并测量其质量和丰度（该元素的各种同位素在自然界中所占的比例），对研究同位素和提高原子量的测量精度有重要作用（关于阿斯顿发明质谱仪的情况详见9.4.2）。阿斯顿首先使用质谱仪对氖进行了重新测定，证明氖的确存在^{20}Ne和^{22}Ne两种同位素，又因它们在氖气中的比例约为10∶1所以氖元素的平均原子量约为20.2。随后，阿斯顿使用质谱仪测定了几乎所有元素的同位素，他在71种元素中发现了202种同位素。这表明几乎所有的元素都存在着同位素，同位素的存在是个普遍的现象。不仅如此，阿斯顿的工作还证实自然界中的各个元素实际上都是该元素的几种同位素的混合体，因此该元素的原子量也是依据这些同位素的丰度而得到的平均原子量，故而元素的原子量都不是整数。

阿斯顿的工作还揭示了元素质量的整数法则。至于为什么元素质量存在整数法则，随着原子结构秘密被揭开，质子、中子等基本粒子被揭示，这个问题也就迎刃而解了。

根据同位素理论，门捷列夫所发现的元素周期表的“反常”现象也得到了解决。门捷列夫所说的“反常”现象指的是氩和钾，钴和镍以及碲和碘这三对元素，如果将它们按照原子量大小顺序排列，将破坏化学性质周期变化的规律。例如，氩(Ar)的原子序是18，其核外电子有3层(2,8,8)，因此排在第3行(即第3周期)，其最外层电子数为8，结构稳定而不活泼，属零族，即惰性气体族。钾(K)的原子序是19，其核外电子有4层(2,8,8,1)，因此排在第4行，其最外层电子数为1，容易失去而成为一价正离子K^+，金属性特别强，属第1族，即碱金属族。为什么排在前面的氩的原子量(39.948)会大于排在后面的钾的原子量(39.098)呢？原来氩有三种同位素：^{36}Ar、^{38}Ar和^{40}Ar，其中质量最大的同位素^{40}Ar最多，占自然界中氩总量的99.63%；而钾也有三种同位素：^{39}K、^{40}K和^{41}K，其中质量最小的同位素^{39}K最多，占钾总量的93.31%，因而氩的平均原子量反而大于钾。钴和镍以及碲和碘的情况也是如此。这就解决了门捷列夫元素周期律的理论困难而实现了元素周期律的现代化。

8.4 无机化学在20世纪的进展

8.4.1 同位素的应用

1910年索迪提出了同位素假说，随后理查兹证明了同位素的存在，再稍后阿斯顿发明了质谱仪，并用它发现了大量的同位素。但直到20世纪30年代氢的同位素还始终没有被发现。

1931年，美国化学家尤里(H. C. Urey，1893—1981)通过液态氢的气化实验，从残液中发现了原子量为2的氢的同位素氘(这就是所谓的“重氢”)。尤里立即对其用光谱分析法做了鉴定。尤里发现氘是同位素化学领域的一个重要突破。后来英、美的科学家们又发现了原子量为3的氚，这是氢的具有放射性的另一重要同位素。

在这以后尤里又继续前进，研究出了分离同位素的化学方法。于是，分离同位素的工作从实验室走了出来，扩大了规模，很多同位素作为示踪物在化学领域、地质学领域和生物学领域都得到了广泛的应用，尤里也就成了同位素化学方面公认的权威。重氢在原子能工业中有重要用途。在第二次世界大战时，尤里领导实现了重水分离和铀同位素的大规模分离，使第一批原子弹的制造成为可能。

1940年科学界发现，宇宙射线撞击空气中的^{12}C原子会产生它的放射性同位素^{14}C。在这个发现的启发下，美国化学家利比(W. F. Libby，1908—1980)于1949年提出，地球大气中二氧化碳里^{14}C含量的百分比是相同的，其半衰期约为(5 568±30)年。由于火山爆发、地震等地壳变动的原因，植物埋入地下。这时新陈代谢停止，变成了化石，于是化石里原来植物吸收的二氧化碳中含的^{14}C开始逐渐蜕变。如能测出化石中^{14}C的含量就可以根据其半衰期计算出化石的年代。利比的这个方法对考古和地质勘探是极其有用的，所以这方法一提出，第一个实际应用就是测埃及金字塔建造的年代。后来测定北京周口店出土的“山顶洞人”生活年代，也是利比方法的功劳(原来认为山顶洞人生活的年代距今约十万年左右，现已搞清，他们生活在距今约一万九千年以前)。利比发明的方法是同位素应用的一个重要方面。

匈牙利裔德国、丹麦、瑞典籍的科学家赫维西(G. C. de Hevesy,1885—1966)利用同位素之间基本性质相同难以分开的特点,创立了放射性示踪原子方法。这个方法对人体生理过程以及植物代谢过程的研究都有重要意义。放射性示踪原子法是同位素应用的又一个重要方面。

8.4.2 穆瓦桑分离单质氟

在1869年门捷列夫提出他的第一个元素周期表时,人们对最轻的卤族氟已经有所了解,知道氟性质极其活泼,而且腐蚀性强,但是没有人能够制取单质的氟,因为氟有剧毒。从19世纪以来许多化学家做过这方面的努力,结果全都铩羽而归。英国著名化学家H. 戴维、法国著名化学家盖·吕萨克以及爱尔兰科学院院士诺克斯兄弟等都中了毒,有的险些牺牲,有的经过了几年休养才恢复健康。也有个别的化学家为此献出了自己的生命。在化学界,氟成了死亡元素,大家"谈氟色变"。

这时伟大的法国化学家H. 穆瓦桑(H. Moissan,1852—1907)以"为科学献身"的超人勇气,迎难而上,开始了制取单质氟的探索。在探索工作开始时穆瓦桑也遭受过失败,也中毒休克过,后来他不断改进实验方法,终于制出了人类历史上第一升单质氟,开创了氟化学的新领域,并逐渐发现了氟和氟化物的许多新的性质和用途。穆瓦桑的成就是伟大的,但他为此也付出了沉重的代价,二十多年剧毒环境下的生活和实验,严重损害了穆瓦桑的健康,以至于他在获得诺贝尔奖三个月之后就去世了。穆瓦桑为科学而献身的品质是全世界科学工作者的榜样,他的精神永远值得我们铭记。

8.4.3 超铀元素的制取

1789年德国化学家克拉普罗特(M. H. Klaproth,1743—1817)从沥青铀矿中分离出了铀。铀的原子序数为92,当时是自然界中能够找到的最重元素。到了19、20世纪,新的元素接二连三地发现了出来,元素周期表也在不断完善,但是铀一直保持着原子量最重的冠军,在不同版本的元素周期表中铀始终排在最后一位。于是人们开始思考,自然界中果真没有超铀元素存在吗?20世纪40年代美国的麦克米伦(E. M. McMillan,1907—1991)在一次用高速中子轰击铀的实验中,除了铀裂变的产物外,还得到了93号元素镎。不久西博格(G. T. Seaborg,1912—1999)分离出了94号元素钚。随后他们再接再厉,连续制取了从95号元素镅到103号元素铹一共9种超铀元素。在这以后半个世纪,各国科学家先后制取了从104号元素𬬻到112号元素鎶以及113号元素(因存在时间仅344μs即释放α粒子而衰变,故未命名)和114号元素𫓧一共11种超铀元素。

一般说,原子序数愈大,原子核愈大,半衰期愈短,原子愈不稳定。现在有理论说,原子核的正电荷数不得大于137,否则原子的内层电子会被吸入核内,导致电子壳层崩溃。如果这个理论成立,显然不可能存在原子序数大于137的元素。当然,这个理论有待将来实验的验证。

8.5 有机化学的产生与发展

与无机物相对立，自然界中还存在着大量有机物，像动植物等。有机物的化学与无机物有明显的不同，因而与无机化学相对应，研究动植物等有机物的化学被称作“有机化学”。“有机化学”这个名词是瑞典化学家贝采利乌斯（J. J. Berzelius，1779—1848）于 1806 年建议采用的。

8.5.1 维勒人工合成尿素

在元素周期律发现和完善之后，无机化学已经成熟，可有机化学仍被生命力论统治着。生命力论认为，有机物质只能靠生命力在动植物有机体内产生，而不能在实验室或工厂里由无机物质合成。当时流行的有机化学定义是，动植物的或在生命力影响下生成的物质的化学。这就人为地在无机物和有机物之间制造了一条不可逾越的鸿沟。

1828 年德国化学家维勒（F. Wöhler，1800—1882）首先由无机物氰酸铵人工合成了尿素。尿素是有机物，这在当时已是公认的事实，这就宣告了有机界和无机界是相通的，敲响了生命力论的丧钟。维勒一生发表过化学论文 270 多篇，获得世界各国给予的荣誉达 317 种，对化学做出了很大的贡献。但是维勒一生最重要的成就是人工合成尿素，这开创了一个有机合成的新时代，是化学史上的一个重要的里程碑。

维勒之后，德国化学家柯尔贝（Kolbe，1818—1884）、法国化学家贝特罗（P. E. M. Berthelot，1827—1907）、俄国化学家布特列洛夫（A. M. Бутлеров，1828—1886）和英国化学家帕金（W. H. Perkin，1838—1907）先后分别用各种各样的无机物合成了醋酸、脂肪、糖类和苯胺紫染料等有机化合物，贝特罗还首次提出了“有机合成”的概念。于是生命力论自然而然宣告破产了。

8.5.2 有机结构理论

有机合成促进了经典有机结构理论的建立。经典有机结构理论的发展经历了基团论、类型论和价键理论三个阶段。基团论和类型论是早期的理论，都不成熟，使用不久就都不用了。19 世纪中叶价键理论的出现才真正建立起了经典有机结构理论。

价键理论可以分为两个阶段，即经典有机化学时期和现代有机化学时期。一般认为，1858 年德国化学家凯库勒（F. A. Kekule，1829—1896）提出他的价键理论是经典有机化学时期的开始，这个时期一直延续到 20 世纪初，1916 年价键电子理论的引入则认为开创了现代有机化学时期。

凯库勒的价键理论认为，有机化合物分子是由其组成的原子通过键结合而成的，所以实际上有机化学是研究共价键化合物的化学。由于在所有已知的化合物中，一个氢原子只能与一个其他元素的原子结合，氢的价数就认为是一价，当作价的单位。一种元素的价数就是能够与其一个原子结合的氢原子的个数。凯库勒还提出，在一个分子中碳原子之间可以互相结合，这是一个非常重要的概念。凯库勒对有机化学的另一重大贡献是提出了苯环结构的理论。1864 年冬天，凯库勒对苯结构的研究获得了重大的突破。经过深思熟虑，他认识到苯不同于具有开链结构的脂肪族化合物，它的结构含有封闭的碳原子环，从而他正确写出了苯的结构式。凯库勒同时还指出，苯环中六个碳原子是由单键与双键交替相连的，以便保持碳原子为四价。1865 年凯库勒发表了《论芳香族化合物的结构》论文，第一次提出了苯的环状结构理论。这一理论极大地促进了芳香族化学的发展和有机化学工业的进步。苯环结构的诞生是有机化学发展史上的一块里程碑，是凯库勒在有机化学发展史上做出的卓越贡献。

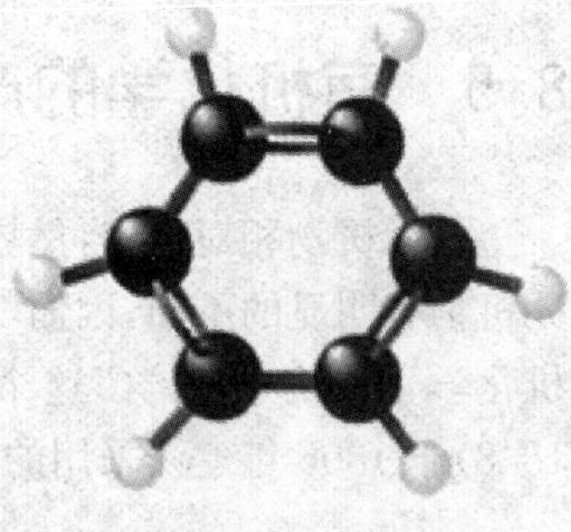

苯环

在凯库勒之后，有机化合物在结构测定以及反应和分类方面都取得很大进展。但价键只是化学家从实践经验得出的一种概念，其本质尚未搞清。

19 世纪末 J. J 汤姆生发现了电子。随后卢瑟福的工作深化了人们对原子结构的认识。1916 年美国物理化学家路易斯(G. N. Lewis，1875—1946)等人提出了价键的电子理论。于是经典有机化学发展到了现代有机化学。

路易斯等人认为，各原子外层电子的相互作用是使各原子结合在一起的原因。相互作用的外层电子如从一个原子转移到另一个原子，则形成离子键；两个原子如果共用外层电子，则形成共价键。通过电子的转移或共用，使相互作用的原子的外层电子都获得惰性气体的电子构型。这样，价键的图像表示法中用来表示价键的短划“—”，实际上是两个原子的一对共用电子对。

1927 年以后，海特勒(W. H. Heitler，1904—1981)和伦敦等用量子力学处理分子结构问题，完善了价键的电子理论，为化学键提出了一个数学模型。后来马利肯用分子轨道理论来处理分子结构，其结果与价键的电子理论所得到的大体一致，解决了许多当时不能回答的问题。

8.5.3 同分异构现象

18 世纪末法国化学家普罗斯(Proust，1754—1826)提出，物质的性质由其组成决定：组成相同，则性质相同；组成不同，则性质不同。也就是说，组成与性质之间存在着一一对应的关系。在 1824 年前后德国化学家李比希(J. von Liebig，1803—1873)制得了雷酸银。经研究发现，李比希的雷酸银同维勒制得的氰酸银相比，尽管组成完全一样，性质却完全不同，前者容易爆炸，后者却很稳定。李比希的老师盖·吕萨克指出，“为了解释这种差别，必须假设元素之间结合的形式不同”。这是同分异构思想的萌芽。

1828 年维勒由氰酸铵(NH_4OCN)合成了尿素[$CO(NH_2)_2$]，这也是一对同分异构体。1830 年贝采利乌斯发现葡萄酸与酒石酸也是一对同分异构体。1832 年贝采利乌斯发表论文提出了“同分异构”的概念。在有机化学中同分异构的现象是极其普遍的。尽管有机化合物往往主要只由碳、氢、氧、氮等几种元素组成，但由于大量同分异构体的存在，造成有机化合物种类极多，而其组成却比无机化合物简单得多。

有机化合物和无机化合物之间没有绝对的分界。有机化学之所以成为化学中的一个独立学科，是因为有机化合物确有其内在的联系和特性。有机化合物基本上都含有碳。碳元素一般是通过与别的元素的原子共用外层电子而达到稳定的电子构型的（即形成共价键）。这种共价键的结合方式决定了有机化合物的特性。大多数有机化合物具有熔点较低、可以燃烧、易溶于有机溶剂等性质，这与无机化合物的性质有很大不同。另外，在含多个碳原子的有机化合物分子中，碳原子互相结合形成分子的骨架，这种骨架有直链、支链、环状等多种形式，别的元素的原子就连接在该骨架上。在元素周期表中，没有一种别的元素能像碳那样以多种方式彼此牢固地结合。

8.5.4　E. 费歇尔的贡献

E.费歇尔

E. 费歇尔（Emil Fischer，1852—1919），德国最知名的学者之一。在19世纪下半叶和20世纪初，是世界有机化学领域的领袖，他发现了苯肼，对糖类、嘌呤类有机化合物和蛋白质的研究都取得了突出的成就，是生物化学的创始人。他荣获了1902年的诺贝尔化学奖。

1852年E. 费歇尔出生在德国波恩一个实业家的家庭，从小对化学和物理有浓厚的兴趣。22岁时他在斯特拉斯堡大学获得博士学位，随后就开始了他充满了科学创新传奇的辉煌的一生。E. 费歇尔做的研究工作主要在染料、糖类、嘌呤类化合物和蛋白质（主要是氨基酸、多肽）四个方面，现分别介绍如下。

在染料方面，E. 费歇尔最主要的成就是对品红的研究。碱性品红是霍夫曼于1858年得到的，它可以直接染毛、丝及棉织品，还可作为试剂用来鉴别酮和醛。但霍夫曼没搞清品红是什么。E. 费歇尔仔细地研究了品红的性质，为合成这一染料提供了实验基础。

在研究染料的过程中，E. 费歇尔发现了化合物苯肼，它是联氨（NH_2NH_2）中氢原子被苯基所取代而生成的化合物（$C_6H_5NHNH_2$），是鉴定醛和酮的更好试剂，这成为他以后研究工作的重要工具。

30岁以后E. 费歇尔开始了糖化学的研究。他发现苯肼与糖反应会产生脎，不同的糖可以形成不同结晶状态和熔点的脎，运用这一简单的机理便可以鉴别各种糖，从而解决了当时对糖类进行鉴别的难题。从1884年起E. 费歇尔花费了10年时间，系统地研究了各种糖类，合成了50多种糖分子。

E. 费歇尔对糖类研究的另一个突破性成就是解决了有机化合物的构型问题。他指认构型的方法在文献中被称为“费歇尔惯例”。利用费歇尔惯例E. 费歇尔成功地解决了醇、羧酸和氨基酸等类化合物的构型问题。

E. 费歇尔通过实验发现，葡萄糖实际上并不是直链状结构，他推测葡萄糖可能是一种环状结构。正是在E. 费歇尔上述思想的启发下，英国化学家霍沃思深入探索了糖的结构，取得了一系列突破性的成果。

1899年E. 费歇尔确定了尿酸的结构，继而转向研究嘌呤类化合物。他确定了多种嘌呤分子的结构式，并探索了嘌呤类化合物与糖类及磷酸的结合，指出由它们能够得到构成细胞的主要成分——核酸，从而为生物化学的发展奠定了基础。

E. 费歇尔对嘌呤类化合物的研究工作，导致了多年以后一系列重大科研成果的产生，包括沃森和克里克发现DNA双螺旋结构的重大成就、托德在核苷、核苷酸和辅酶方面的研究成果以及萨瑟兰发现细胞间化学信息传递机制的普遍法则等。这些都是获得诺贝尔奖的成果。

E. 费歇尔研究的第四个方向是对氨基酸、多肽及蛋白质的研究。蛋白质的结构非常复杂，一个分子往往有几千个原子。蛋白质分解后的基本产物是氨基酸。E. 费歇尔从氨基酸开始研究蛋白质。他发展和改进了许多分析方法，从而认识了全部20种氨基酸中的19种。自然界中有几十万种蛋白质，这些蛋白质都是由这20种氨基酸以不同数量比例和不同排列方式结合而成的。在进一步探索蛋白质的合成方法时，E. 费歇尔发现将氨基酸合成，首先得到的是多肽。将蛋白质进行分解首先得到的也是多肽。根据这一实验事实，1902年E. 费歇尔提出了蛋白质的多肽结构学说。他指出：蛋白质分子是许多氨基酸以肽键结合而成的、长链高分子化合物。两个氨基酸分子结合成二肽，三个氨基酸分子结合成三肽，多个氨基酸分子结合成多肽。随后他由简单到复杂，合成了100多种多肽化合物。他发现，随着多肽分子中氨基酸数目的增加，蛋白质的特征反应会愈来愈明显。1907年他制取了由18种氨基酸分子组成的多肽，成为当时的重要科学新闻。

我们知道，核酸、蛋白质和糖类是构成生命的三种基础物质，研究这三种物质的组成、结构和合成方法是化学的重要课题，也是生命科学和医学的科研工作者密切关注的问题，而这三大领域探索工作的开创者竟然都是E. 费歇尔一个人，所以他是现代核酸、蛋白质和糖类研究的开山鼻祖，他为现代核酸、蛋白质和糖类的研究奠定了一个重要的基础。

8.6 天然物有机化学

天然物有机化学主要研究从各种矿物中和动植物体内分离、提取得到的各种天然有机化合物，包括激素、抗菌素、毒素、维生素、生物碱、核酸、糖类、蛋白质等等，研究它们的组成、结构、性能和合成方法。这是有机化学研究工作的一个极其重要的领域。

8.6.1 萜类化合物、叶绿素与血红素

萜类化合物是自然界中广泛存在于生物体内的天然有机物，包括香精油等香料、樟脑、山道年、β-胡萝卜素、维生素A等，由于它们的分子结构内有各种各样的环，所以属于环状化合物。萜类化合物是食品工业、医药卫生工业、化妆品工业中的主要原料和添加剂，在消炎、镇痛、驱蛔虫、治疗烧伤等诸多方面都有重要的应用。但是它们总

是和一些结构相似的化合物混在一起，很难用常规的办法进行分离。19世纪末德国的瓦拉赫(O. Wallach，1847—1931)对萜类化合物做了开拓性研究工作，他找到了一种制备纯净的萜烯类化合物的方法，并用这种方法成功地制备了8种纯萜烯类化合物。后来瓦拉赫又测定了香精油等一系列萜烯类化合物的结构，研究了它们的特性。在1895—1905年，瓦拉赫首次成功地人工合成了香料，在脂环族化合物的研究中做出了重要贡献。

叶绿素是植物的绿色色素，它的功能是把二氧化碳转化为碳水化合物，同时释放出氧气，把太阳光能转化为化学能。叶绿素的分子式极其复杂，搞清其结构式更加困难。这两项工作是由R. M. 维尔施泰特(R. M. Willstätter，1872—1942)和H. 费歇尔(H. Fischer，1881—1945)两位德国化学家分别完成的。

维尔施泰特是犹太人，从1905年开始他顶住社会上的歧视，经过艰苦卓绝的努力，克服了大量困难，终于搞清楚了叶绿素的分子式，后来又与其学生考察了200多种植物，发现不同植物的叶绿素都是相同的。在维尔施泰特工作的基础上，H. 费歇尔经过大量合成研究，于1940年提出了叶绿素的结构式。除了叶绿素以外，H. 费歇尔还对血红素做了大量的研究工作，取得了出色的成绩。血红素是脊椎动物血液的红色色素，其结构式与叶绿素很相似。血红素的代谢产物是胆紫素，而叶绿素的生物降解产物之一是叶赤素。叶赤素可以通过一系列化学反应转化成脱氧叶赤素。H. 费歇尔经过化学合成，证明胆紫素与脱氧叶赤素是同一化合物。这说明叶绿素与血红素尽管分别在完全不同的植物与动物中起着构成最基本生命过程的作用，它们在化学上的关系却非常密切。这是一个生命的奇迹。

8.6.2 胆固醇的研究

200多年前人类在胆结石中发现了一种固体状醇，所以将其称为胆固醇。胆固醇属于甾族化合物，所以也叫胆甾醇。“甾”字是一个新造的象形字，甾字下面的“田”表示这类化合物的分子骨架有4个稠并的环，而字的上面部分表示3个侧链。

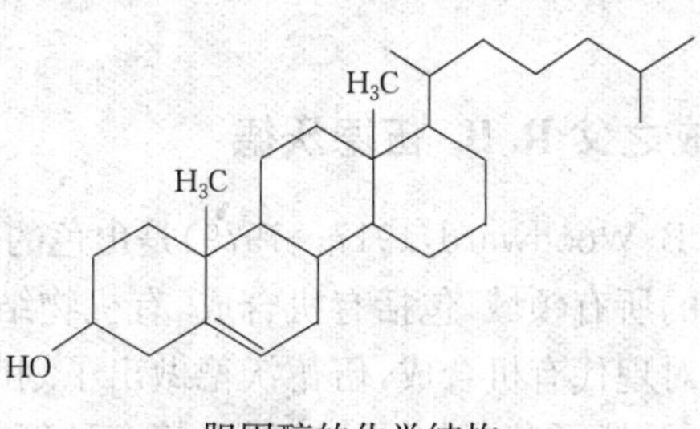

胆固醇的化学结构

除了胆以外，在脑、神经、脊椎、血液等组织的细胞中也都含有胆固醇，每100ml血液中大约含有200mg胆固醇。在人体中，胆固醇的总量约占人体重的0.2%，是人体所不可缺少的，但是也不能过多，胆固醇过多会引起高血压、冠心病，也会造成胆结石，导致黄疸。胆固醇在人体内会发生转变，变成各种类固醇。

尽管人类发现胆固醇已经有多年的历史，但由于它结构复杂，到19世纪末对其结构还一无所知。在用纯化学方法进行分析的年代，搞清胆固醇结构，被认为是有机化学领域最困难的问题之一。德国化学家 A. 温道斯(A. Windaus,1876—1959)迎难而上,对胆固醇结构的分析测定工作做出了突出的贡献。他从 1901 年开始进行胆固醇结构的研究和测定工作,这个工作他持续不断地干了 30 年。1903 年温道斯发表了第一篇题为"胆甾醇"的论文。1907 年他合成了组胺,这是一种具有重要的生理学性质的化合物。1932 年温道斯确定了胆固醇的正确结构式。温道斯还发现其他许多化合物也具有与胆甾醇相类似的结构特点和性质,他把这类化合物归并成一族,后来定名为甾族化合物。温道斯是甾族化合物研究的主要创始人。

与温道斯同时致力于甾族化合物研究并取得重要成果的还有一位德国化学家,他就是 H. O. 维兰德(H. O. Wieland,1877—1957)。维兰德与温道斯是好朋友,他研究的是与胆固醇密切相关的胆酸的结构。胆是一种重要的消化器官,它所分泌的含胆酸的胆汁,是消化过程中不可缺少的物质。维兰德把胆酸和胆固醇联系了起来,确定胆酸也是甾族化合物。他成功地从胆中提取出胆汁酸,并经过近 20 年坚持不懈的努力,基本上搞清楚了胆汁酸的结构以及胆汁酸和胆酸的关系。他根据各种胆汁酸及其相关衍生物的氧化、降解等多种化学反应,最终得出了胆酸分子的结构式。

8.6.3 冯·拜耳合成有机染料

在 19 世纪人们已经使用染料,当时是从植物的根、皮、花和叶中提取色素作为染料的。这些都是天然染料。到了 19 世纪中叶随着炼钢业的发展,焦炭的需求大幅度增加。焦炭是通过煤干馏制得的,其副产品是煤焦油。英国的帕金(Perkin)正是利用煤焦油分离出来的产品,经过 100 多次试验,制成了第一个人工合成的染料——苯胺紫,于是人造染料开始登上了历史舞台。

在染料化学方面德国的化学家冯·拜耳(A. von Baeyer,1835—1917)做出了杰出的贡献。他的主要工作是在有机合成领域,最出色的成就是合成了有机染料靛蓝。拜尔研究靛蓝的工作从 1865 年开始,一直延续了 20 多年。1883 年拜尔发表了靛蓝的分子结构。1890 年他实现了工业合成靛蓝。拜尔的工作还导致了许多新型染料的产生。

8.6.4 现代有机合成之父 R. B. 伍德沃德

R. B. 伍德沃德(R. B. Woodward,1917—1979)是出色的美国有机化学家,他的成就几乎覆盖了有机化学的所有领域,包括有机合成、有机物结构测定、生物遗传学、理论有机化学等。特别是对现代有机合成,伍德沃德做出了划时代的贡献,他先后合成了奎宁、胆固醇、可的松、马钱子碱、利血平、叶绿素等多种复杂有机化合物,其中包括近 20 种极难合成的复杂天然有机化合物。所以他被称为"现代有机合成之父",并获得了 1965 年诺贝尔化学奖。

伍德沃德的有机合成工作是从生物碱开始的。生物碱是一类含氮的有机化合物,由于它们多具有显著的生理效能,又呈碱性,所以称为生物碱。许多中草药之所以能治病,就是因为它们含有某种生物碱。现在人们已经知道的生物碱在 3 000 种以上。对生物碱的研究是现代有机化学发展水平的标志。1944 年,伍德沃德与其学生完成了用于治疗疟疾的奎宁生物碱的人工合成。这是伍德沃德一生所做大量有机合成工作的开始。尽管当时的合成工艺无法做到工业化批量生产，然而这却是化学合成的一个里程碑。伍德沃德采用的化学合成方法是，先按照合成对象分子的立体结构，选择合适的起始物质，对整个合成工作进行周密的设计，然后将起始物质作为中间体，通过成环开环，把需要的部分结构固定下来，随后再进行下一轮的开环成环，再一次固定需要的部分结构，依此类推，直到最后得到合成对象的分子。

伍德沃德

在 20 世纪 60 年代早期，伍德沃德开始对极其复杂的天然产物分子——维生素 B12 进行合成。维生素 B12 对人体维持正常生长，对上皮组织细胞的正常新生，对红细胞的产生都有极其重要的作用，但其结构极为复杂，它有 181 个原子，在空间呈魔毡状分布，性质又极为脆弱，受到强酸、强碱、高温的作用都会分解，这就给人工合成造成极大的困难。所以，在伍德沃德之前，维生素 B12 只能从动物的内脏中用人工方法提炼，价格极为昂贵，且供不应求。伍德沃德在英国的霍奇金(D. C. Hodgkin，1910—1994)测定的 B12 结构的基础上，设计了一个拼接式合成方案，即先合成维生素 B12 的各个局部，然后再把它们对接起来，完成最后合成。伍德沃德组织了 14 个国家的 110 位化学家协同攻关，历时 11 年，共做了近千个复杂的有机合成实验，最后终于成功地合成了维生素 B12，在有机化学历史上树立了一个新的里程碑。

在维生素 B12 之后伍德沃德又实现了极其复杂的红霉素的全合成，这是他合成的最后一种天然化合物。红霉素在理论上应该有 262144 种旋光异构体，而真正的天然化合物红霉素只是其中的一种，合成工作的困难可想而知。伍德沃德组织了一支高水平的研究队伍，艰苦奋斗了 20 多年，于 1981 年终于完成了这个工作。在报道红霉素全合成这一成果的论文上，与伍德沃德一起署名的竟有 49 人。

除了复杂的有机合成，在 20 世纪 50 年代早期，伍德沃德与英国化学家威尔金森一起提出了由有机分子和铁原子构成的二茂铁分子的新颖结构。这个事件被当作是元素有机化学的开端。该学科如今已发展成为一门具有重要工业价值的学科。

另外，在分子轨道理论的应用方面伍德沃德也有建树。在合成维生素 B12 的过程中，伍德沃德参考了日本化学家福井谦一提出的“前线轨道理论”，和自己的学生兼助手霍夫曼一起，提出了分子轨道对称守恒原理。这一理论发展了化学反应过程的理论，用对称性简单直观地解释了许多有机化学过程，阐释了维生素 B12 合成过程中碰到的问题，引导整个合成工作最后取得成功。

1979 年伍德沃德因积劳成疾去世，终年 62 岁。

8.6.5　E.J. 科里的逆合成分析法

20 世纪 60 年代美国化学家 E.J. 科里(E.J. Corey，1928—)创造了一种独特的有机合成法——逆合成分析法，使有机合成方案系统化并符合逻辑，使有机合成工作的设计从个别的具体办法上升成为完整的理论。与化学家们早先的做法不同，逆合成分析法是从目标分子入手，按照可再结合的原则，在合适的化学键上进行分割，得到几个前体化合物，然后再把前体化合物作为目标分子，如法炮制，得到前体化合物的前体化合物，依此类推，一直分割下去，直到获得简单的或者有商品供应的前体化合物为止。然后再反过来，将最后得到的前体化合物小分子，逆原来分割的顺序，通过合成反应逐个地结合起来，经过必要的修饰，得到目标分子。所以逆合成分析法分析的是目标分子的整个合成路线，解决的是整个有机合成的普遍策略，科里也因此被誉为伍德沃德的学术接班人。

科里除了提出逆合成分析的理论外，他还运用计算机技术于有机合成的设计，他根据逆合成理论编制了第一个计算机辅助有机合成路线的设计程序 OCSS，将伍德沃德开创的合成艺术变为合成科学，使合成设计变成一门可以学习的科学，而不是取决于个人的本事。他发明了 50 多种试剂和合成方法。

8.7　有机金属化学、元素有机化学和立体化学

在 19 世纪，人们普遍认为有机化学主要研究的是碳、氢、氧和氮、硫、氯以及其他一些非金属元素的化学问题，与金属没有什么关系。20 世纪初法国化学家萨巴蒂埃(P. Sabatier，1854—1941)在研究有机物的氢化反应时，发现了金属镍粉的催化作用。他发现这时金属实际上并没有进入到最后的反应产物中，而只是起了催化作用。比萨巴蒂埃稍晚，法国化学家 V. 格里雅(V. Grignard，1871—1935)发现了格里雅反应，把镁引进了有机化合物。格里雅研究用镁进行缩合反应时，发现烷基卤化物易溶于醚类溶剂，与镁反应生成烷基卤化镁(通式 RMgX)。由于这类化合物在合成精细化工所需的基本原料中有广泛的应用，它就成了一种重要的有机合成手段。后来烷基卤化镁就称为格里雅试剂。格里雅试剂与格里雅反应的发现是化学这门科学在 20 世纪最有开创性的工作之一。于是一门新学科有机金属化学诞生了。

1951 年美国化学家波森(P. L. Pauson)在用环戊二烯的格里雅试剂与氯化铁进行反应时得到了一种橙色针状结晶，气味类似樟脑，这就是二茂铁 $Fe(C_5H_5)_2$。伍德沃德与英国化学家威尔金森(G. Wilkinson，1921—1996)推测，二茂铁的结构是二价铁离子在中间，两边各有一个环戊二烯负离子，它们的环平面是平行的，也就是说，是“夹心面包”式的。这种结构形式后来得到了 E. O. 费歇尔(E. O. Fischer，1918—?)工作的证实。

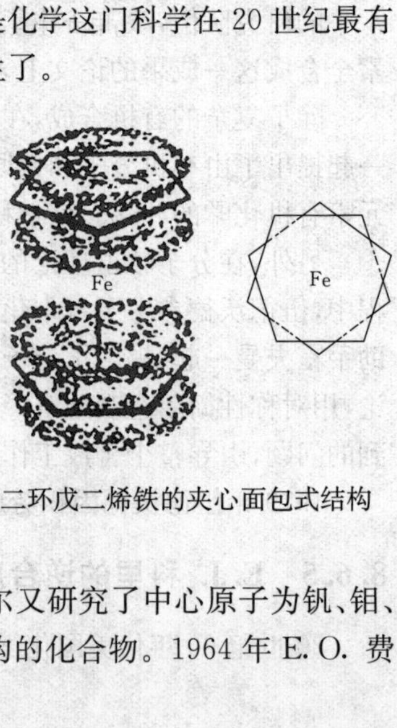

二环戊二烯铁的夹心面包式结构

除了研究二茂铁以外，E. O. 费歇尔于 1954 年合成了二苯铬，并测定了它的结构也是两个平行的苯环、中间镶嵌一个铬原子的“夹心面包”。后来 E. O. 费歇尔又研究了中心原子为钒、钼、钴、镍等的芳烃金属络合物，证实了它们都是夹心式结构的化合物。1964 年 E. O. 费

歇尔制取了第一种碳烯与过渡金属形成的化合物，后来又制取了第一种碳炔与过渡金属形成的化合物，为开创过渡金属有机化学和茂化学的研究领域做出了开拓性的贡献。

威尔金森除了建立二茂铁的夹心面包式结构理论外，他还研究了二茂铁的物理、化学性质，还合成了钨、铬、钼的茂基化合物，研究了过渡金属的羰基化合物和羧化物以及过渡金属与氢的配位键，开发了这些金属络合物在催化反应中的活性。

在 E. O. 费歇尔和威尔金森开创性工作的基础上，化学家们又发现其他的过渡金属（如钛、钴、镍、铬等）也可与环戊二烯基 $C_5H_5^-$ 形成类似的化合物。

于是从二茂铁的发现开始，出现了持续不断的把元素引入有机化学的工作，元素有机化学的新学科出现了。

化合物的性质不仅与其组成有关，还取决于其组成原子在空间的排列，于是就出现了立体化学。创立立体化学主要是荷兰化学家范托夫（J. H. Van't Hoff，1852—1911）和法国化学家勒贝尔（Le Bel）的功劳。1874 年在凯库勒理论的基础上范托夫和勒贝尔分别提出了碳的四面体构型学说：碳原子占据正四面体的中心，其四个价键指向正四面体的四个顶点，并在此基础上解释了一些有机物分子的旋光异构现象。立体化学就这样诞生了。化合物分子中结构排列的影响在无机物和有机物中都有表现，但在有机物中表现得特别明显。特别是同分异构现象，只有在立体化学中才能对其进行深入的研究。

一般的有机化合物都可能有不止一个的分子结构，只有通过构象分析才能找出最安定的结构，这也就是这种化合物最可能存在的结构形式。所谓“构象”，就是由于绕单键的旋转，分子在三维空间中各种可能的排列。构象分析就是分析化合物不同构象的能量、稳定性以及各基团的相对位置等，以认识化合物的物理化学性质。不同构象的分子可能会具有完全不同的性质，例如疯牛病就是由于牛脑中的脑蛋白的构象转化成了另一种，而使牛脑变成了海绵状，导致无药可治而死亡。挪威化学家 O. 哈塞尔（O. Hassel，1897—1981）提出了构象分析的原理和方法，对立体化学做出了重大贡献。

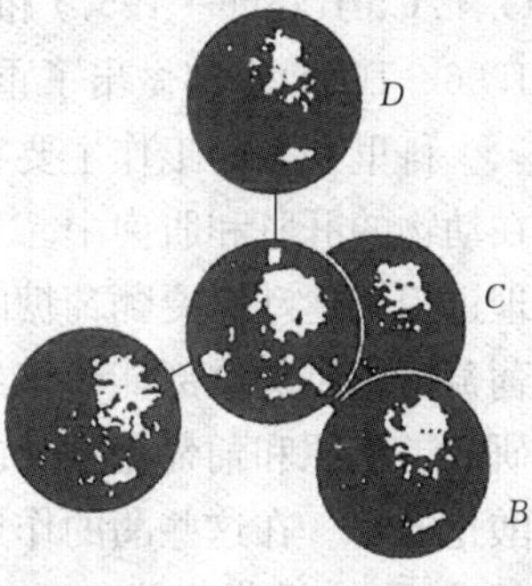

碳原子的正四面体模型

受哈塞尔工作的启发，英国化学家巴顿（D. H. R. Barton，1918—1998）对构象分析做了进一步的探讨。他设计了多种有机化合物的分子模型，以搞清分子内原子的空间排列与相互作用的关系。巴顿指出了分子特性与其空间构型以及构象间的关系，从而建立了一套构象分析的法则，使构象分析成为化学分析中的一个重要手段，在近半个世纪得到了迅猛的发展。巴顿还把立体化学推广到甾类化合物。

除了哈塞尔和巴顿以外，前南斯拉夫（瑞士籍）的 V. 普雷洛格（V. Prelog，1906—1998）和英国的 J. W. 康福斯（J. W. Cornforth，1917—2013）也对立体化学做了重要贡献。普雷洛格主要研究有机分子和反应的立体化学，他在生物碱、抗菌素等天然化合物的立体化学的研究中有重要贡献，特别是对酶反应特异性机理和酶活性部位的结构分析都做出了有里程碑意义的成就。他还进一步揭示了有机物分子复杂的立体化学异构现象，阐明了各种"手性"分子的光学特性和形成不同异构体的反应机理和历程，这对有机立体化学的发展是一个重大贡献。康福斯则把立体化学应用到酶催化反应中，揭示了酶的催化反应过程是以严格的立体化学方式进行的。这就是说，在研究产生反应的同时应考虑构型的变化。这是一个极其重要的发现。

8.8 生命体中的化学

8.8.1 对糖类的研究

第一个对生命体中的化学做出重大贡献的当然是德国的E. 费歇尔。在E. 费歇尔大量工作的基础上英国化学家霍沃思（W. Haworth，1883—1950）又做了重要的发展。E. 费歇尔曾经认为醛糖和酮糖是开链的，但他随后的实验得出了开链结构不应该有的结果，这意味着单糖可能有闭环结构。根据E. 费歇尔的实验结果，霍沃思提出了葡萄糖的闭环结构模型，并通过构象分析，发现了己糖和戊糖等单糖的两种可能的结构形式：吡喃型结构和呋喃型结构。这是第一次把构象的概念引入有机化学，也是立体化学的成功应用。

在糖类的研究上捷克裔美国化学家科里夫妇（C. F. Cori，1896—1984，与G. T. Cori，1896—1957）和出生在法国的阿根廷生物化学家莱洛瓦（L. F. Leloir，1906—1987）也都做出了重要贡献。

科里夫妇的工作主要在糖原方面。糖原是动物体内的流动的葡萄糖储存库，分布在动物的肝脏和肌肉中。当身体中游离的葡萄糖过剩时，就转化为糖原；当身体的生理过程和运动需要葡萄糖时，糖原就分解，释放出葡萄糖。体重70 kg的人，体内游离葡萄糖提供的全部能量仅约40 kcal，而其糖原则能提供约600 kcal能量。科里夫妇研究了糖原和葡萄糖之间的酶催化转化过程。他们发现，肌肉和肝脏中含有使糖原磷酸化的酶。在这些酶的作用下，糖原产生葡萄糖—1—磷酸（即科里酯）和分子量变小的糖原，然后葡萄糖—1—磷酸在磷酸葡萄糖变位酶的催化下，转变为葡萄糖—6—磷酸。在肝脏的磷酸酯酶的作用下，葡萄糖—6—磷酸转化为葡萄糖，扩散入血液就成为血糖。这就是科里夫妇揭示出的糖原发生生物分解的过程。但是尽管糖原磷酸化酶也能催化糖原的合成，这个过程的逆反应却是另外一个样子。这个问题是由阿根廷的莱洛瓦解决的。莱洛瓦和他的团队把肌肉或肝脏提取物与尿核苷二磷酸葡萄糖共同温育，用糖原合成酶催化，成功合成了糖原。这就是生物体内糖原合成的过程。莱洛瓦和科里夫妇的工作第一次用实例证明了生物体中糖原的合成和分解的途径是相互独立的。这是一个非常重要的发现。

8.8.2 对发酵和酶的研究

19世纪中晚期学术界对发酵本质曾发生过激烈的争论。巴斯德等大科学家认为，发酵必须要有细菌介入才能进行，德国化学家E. 布赫纳（E. Buchner，1860—

1917)等则持相反的意见。后来布赫纳用实验证明了发酵主要是酵素而不是酵母细胞起作用。酵素是酵母细胞产生的酶。酵素有活体酵素和非活体酵素之分,二者都能发酵。

在布赫纳工作的基础上,英国的生物化学家哈登(A. Harden,1865—1940)对酒化酶进行了研究。他发现发酵不仅需要酶,还需要辅酶。酶是蛋白质,辅酶则是一种小分子,不是蛋白质,它对于酶的作用是不可少的。

德裔瑞典籍生化学家冯．奥伊勒-切尔平(H. von Euler-Chelpin,1873—1964)对酶与辅酶都进行了系统研究。他指出,在进行催化反应之前酶先要与底物结合(被催化而发生反应的分子称为这种酶的底物),这是由它们彼此间的亲和力引起的。他提出了二亲和理论,把酶和底物结合问题的研究提高到了亚分子水平。冯·奥伊勒-切尔平还发现发酵反应在很早的阶段就需要辅酶。他把这种辅酶称为辅酶Ⅰ,这是一类极重要的生物活化分子,在动植物体内分布极广。但是它在细胞中含量极少,在 1 kg 酵母中最多只有 0.02 g 辅酶Ⅰ。冯·奥伊勒-切尔平等的研究阐明了辅酶Ⅰ的结构,并通过实验证明了使糖发酵的酶必须与辅酶合作,才能表现出发酵活性。他还发现维生素对于生命之所以重要是由于它们组成了辅酶的一部分。由于酶只需要微小的剂量,所以辅酶和维生素也都只需要微小的剂量。

哈登对发酵问题的另一个重要贡献是揭示磷酸盐在发酵过程中的重要作用。现在化学家们已普遍认识到磷酸盐基团在生物化学的每一方面都起着基本的作用。哈登还发现了中间代谢作用,并对其进行了研究,以探索在活组织内不断发生着的各种化学反应过程中生成的许多作为中间体的化合物。现今,中间代谢是生物化学中最活跃和最重要的分支之一。

8.8.3 光合作用

生物有植物和动物两大类。动物靠外界供给的有机物存活,植物则靠二氧化碳和水,通过光合作用生成碳水化合物得以存活。所以光合作用间接地也为人类和动物提供氧气和食物,是我们这个星球上最重要的化学反应。

研究光合作用首先要搞清楚,植物吸收二氧化碳后首先产生了什么反应。在这个问题上美国科学家卡尔文(M. Calvin,1911—1997)做出了根本性的贡献。卡尔文证明了,植物吸收二氧化碳后的最初反应是,二氧化碳被固定到植物中的“二氧化碳受体”核酮糖上,从而产生了有机化合物磷酸甘油酸。他发现为了把磷酸甘油酸还原成碳水化合物,植物需要提供还原剂和高能磷酸酯,这时植物要利用光能。

光合作用的总反应可用下式表示:

$$CO_2 + H_2O \xrightarrow[\text{叶绿素}]{\text{光}} (CH_2O)_n + O_2$$

式中,$(CH_2O)_n$ 表示碳水化合物。

卡尔文利用碳的同位素碳 14,追踪二氧化碳一步步变成碳水化合物的过程,他发现只经过 30 s 的光合作用,二氧化碳就能转化成许多种化合物。而当缩短光合作用的时间,观察其最初若干毫秒的作用时,只发现磷酸甘油酸,因而磷酸甘油酸是在光合作用下二氧化碳转化的第一个产物。由此卡尔文得出了光合作用整个反应过程的步骤，也就是从最初产物到最后产生各种碳水化合物的过程。上述卡尔文发现的有关植物光合作用的反应过程，即植物的叶绿素通过光合作用把二氧化碳转化为机体内的碳水化合物的循环过程，人们称为卡尔文循环。这是自然界最基本的生命过程。

1961 年英国科学家米切尔(P. D. Mitchell，1920—1992)提出了“化学渗透假说”，解释了生物体中能量储存的原理。人们那时已经认识到从太阳光和食物获得的能量有一部分储存在三磷酸腺苷(ATP)的载体分子中。然而 ATP 只能即时供应能量，并不能长期储存能量。在普通细胞中，ATP 分子形成后只要 1 min 就被消耗掉。生命要想延续，就必须不断地从 ADP 和无机磷酸盐合成 ATP。米切尔认为，电子转移和 ATP 合成系统的酶定位在膜上，有确定的取向。电子的转移使质子发生跨膜的定向迁移。因此在电子转移过程中产生的跨膜电化学质子梯度成为 ATP 合成的驱动力。也就是说，有机物的氧化或光合与从 ADP 合成 ATP(即磷酸化)这两个过程是由质子动力来偶联的。大量实验的结果表明米切尔的理论是正确的，现在“化学渗透假说”已经成为细胞生物能学的基础。

在米切尔的理论得到科学界的普遍接受后，测定光合反应中心的结构并搞清光合作用过程的细节就提到日程上来。在这个研究中三位德国科学家 H. 米歇尔(H. Michel，1948—)、J. 戴森霍弗(J. Deisenhofer，1943—)和 R. 胡贝尔(R. Huber，1937—)做出了突破性的贡献。他们选择紫菌的光合反应中心蛋白的结晶研究作为切入点，先成功分离了紫菌的光合反应中心，获得了光合反应中心的第一颗晶体，随后用 X 射线衍射技术完成了整个光合反应中心结构的测定，搞清了光合作用过程的细节。整个光合反应中心分子的总长度约为 13nm，其内核的椭圆形截面的两轴长分别为 7nm 和 3nm。三位德国科学家所揭示的光合作用详细过程如下：位于膜的外周质一侧的特殊对在吸收光子后，激活特殊对上的一个电子，然后通过反应中心的分子链，进行一连串的电子传递过程。第 1 个电子传递过程是特殊对把电子传到临近的脱镁叶绿素分子，用时约 3×10^{-12} s(3 ps)。第 2 个电子传递过程是电子从脱镁叶绿素分子传到醌分子(Q_A)，用时约 2×10^{-10} s(200 ps)。由于 1 个醌分子只接受 1 个电子，在下一个电子到来之前，已接受的第 1 个电子将传给第 2 个醌分子(Q_B)，这是第 3 个电子传递过程，用时约 6×10^{-6} s(6 μs)。电子传递结束后下一步光合作用将形成一个跨膜的电荷分离过程，并提供能量，最后合成糖。这是人类第一次成功地测出膜蛋白的三维结构，阐明了光合作用的机理，具有重大的意义。

8.8.4 测定蛋白质结构

测定蛋白质结构的工作是由英国化学家桑格(F. Sanger，1918—2013)完成的。

桑格出生于 1918 年，1943 年获剑桥大学哲学博士学位。那时生化学界对蛋白质的实质存在着争议。有些人认为蛋白质只是随机的混合物，没有确定的化学组成，无法用化学方法研究。桑格做博士后的研究工作就是要找到蛋白质确定的化学组成——也就是氨基酸链的序列。当时已经知道胰岛素蛋白质有很丰富的自由氨基，如果能找出一种办法，可以准确鉴定出胰岛素上的自由氨基，就可以得到有关胰岛素的长度和氨基酸成分等的信息，也就确定了蛋白质结构。蛋白质由 20 种氨基酸首尾相连再盘曲缠绕构成，结构极其复杂。桑格需要寻找一种化学物质，能“黏”在自由的氨基酸上作为标记以便于测定。桑格采用了二硝基苯法（DNP 法），并选择了恰当的试剂。这种试剂在常温下就能和自由的氨基稳定地发生反应，而且在“黏住”氨基后会呈现出黄色。在进行测定工作时桑格先将蛋白质彻底打碎，然后提取出只被标记黏住的那个氨基酸并进行分析。经过十年努力，在 1955 年桑格将牛胰岛素的氨基酸序列完整地测定出来，同时证明蛋白质具有明确构造。

在蛋白质之后桑格又开始对 DNA 进行测序。DNA 比蛋白质长得多，对其测序极其困难。桑格采用了与测定蛋白质结构相反的办法，不在“打碎”DNA 的过程中对其进行测序，而在合成 DNA 的过程中寻找其序列信息。他利用模板对想测序的 DNA 序列进行合成，然后通过“人造字母”让 DNA 合成终止。人造字母能发出荧光，告诉研究人员在合成终止位置上的是什么字母。桑格这个 DNA 测序法后来被命名为“桑格测序法”。桑格测序法给生物科学带来了巨大的影响，后来人类基因组计划就使用桑格测序法为人类的 DNA 进行了测序。

由于在测定蛋白质结构和 DNA 测序工作中的卓越成就，桑格两次获得了诺贝尔化学奖。迄今为止，桑格是唯一一个两次获得诺贝尔化学奖的人。

9 化学（下）

9.1 物理化学与量子化学

物理化学就是用物理学的思想、概念和方法来研究探索化学问题。物理化学是在19世纪末诞生的，其主要创立者是奥斯特瓦尔德、范托夫和阿伦尼乌斯三人，因此他们三人通常被称为物理化学三杰。

9.1.1 物理化学三杰：范托夫、奥斯特瓦尔德、阿伦尼乌斯

J. H. 范托夫（J. H. van't Hoff，1852—1911），荷兰化学家，生于鹿特丹，1901年由于“发现了溶液中的化学动力学法则和渗透压规律以及对立体化学和化学平衡理论做出的贡献”，成为第一位诺贝尔化学奖的获得者。

1875年22岁的范托夫发表了《空间化学》一文，提出分子的空间立体结构的假说，首创“不对称碳原子”概念，初步解决了物质的旋光性与结构的关系。这项研究结果立刻在化学界引起了巨大的反响，并由此产生了立体化学这门新学科。

范托夫还研究了渗透压现象。在19世纪初人们发现，橡树中存在一种能驱动汁液沿着树干向上扩散到树杈的压力，这就是液体的渗透压。1885年范托夫证明了物质在液体中的溶解类似于气体在空间中的扩散，而且溶解在溶液中的物质的渗透压与理想气体的压力相似，遵守同样的定律：渗透压的作用可以用类似于理想气体方程式的公式来描述，即 $PV=iRT$，式中的 i 是考虑物质异常特性的系数。在用化学热力学方法透彻研究溶液渗透压本质的基础上，范托夫提出了溶液体系的化学热力学基本规律，从而开创了溶液物理化学的研究方向。同时他还提出了近代化学中亲和力的概念。

范托夫还对化学动力学问题进行了深入的研究。他指出化学反应的速度与反应物分子的浓度成正比。他还提出了化学反应的双向进行和可逆性问题，并指出化学反应的平衡状态是方向相反的两个化学反应达到动态平衡的结果。他还将化学热力学思想应用于化学平衡问题的研究，提出了一个把温度、反应热和平衡常数联系在一起的数学公式，完善了经典化学热力学理论。

奥斯特瓦尔德（F. W. Ostwald，1853—1932）是出生于拉脱维亚的德国籍物理化学家。奥斯特瓦尔德对化学动力学有重要贡献。他测定了在稀溶液中用碱中和酸时发生的体积变化，随后建立了研究反应速率全过程的实验方法和理论。1888年奥斯

特瓦尔德从质量作用定律和电离理论出发，推导出描述电导、电离度和离子浓度关系的奥斯特瓦尔德稀释定律，并且通过大量实验验证了这一关系。1891 年奥斯特瓦尔德使用电离理论成功解释了酸碱指示剂的原理，随后又提出了奥斯特瓦尔德指示剂理论，最先对酸碱指示剂的变色机理给予解释。他在对结晶过程的分析中引入了物理化学中的自由能概念，并提出了奥斯特瓦尔德规则，指出液体在结晶过程中总是先生成最不稳定的晶相，然后逐步向稳定晶相转变，所以会有多种晶相共存的现象。

奥斯特瓦尔德最重要的贡献是对催化问题的研究。他提出了催化剂的本质，即催化剂可以加快反应的速度，但不是反应发生的诱因。奥斯特瓦尔德指出，催化剂是靠降低物质的活化能而起作用的，催化剂并不参加到化学反应的最终产物中去，而只是改变这一反应的速率。奥斯特瓦尔德还指出，“工业的关键在于催化剂的使用”，他提出了由氨经过催化氧化制造硝酸的奥斯特瓦尔德法。

1891 年左右奥斯特瓦尔德开始形成了他的“能量学”（energetics）概念，认为能量是唯一真实的存在，物质只是能量的表现形式。他反对原子论，与玻耳兹曼、普朗克等人产生了长期的论战。

1887 年奥斯特瓦尔德和范托夫共同创办了《物理化学杂志》，这是化学史上第一份物理化学杂志，使得物理化学得以成为近代化学一门独立的分支，同时也成为其他化学分支的理论基础。

阿伦尼乌斯（Svante August Arrhenius，1859—1927）是瑞典物理化学家，他最重要的贡献是创立电离学说。他指出，电解质溶于水，其分子能离解成导电的离子，这是电解质导电的根本原因，这个过程称为电离。溶液愈稀，电解质电离度愈大，电导值也愈大。将溶液无限稀释时，分子全部离解为离子，溶液电导值达到最大。电离学说是物理化学上的重大突破，也是化学发展史上的重要里程碑，它解释了溶液的许多性质和溶液的渗透压偏差、依数性等，构筑起物理和化学间的重要桥梁。根据电离学说，阿伦尼乌斯给出了酸、碱、盐真正的定义。他指出，溶液中离子的种类决定了溶液的性质：产生氢离子（H^+）的物质为酸类，产生氢氧根离子（OH^-）的物质为碱类，盐类离解后溶液中既没有氢离子，也没有氢氧根离子。

阿伦尼乌斯在化学动力学方面也做出了出色的成绩。他发现了温度对化学反应速率有强烈的影响。他指出，反应体系中存在着两类分子：活化分子和非活化分子，前者数量少，但能量高，后者则相反。非活化分子吸收一定能量后能转化为活化分子。化学反应的进行取决于活化分子的存在。温度上升，活化分子的浓度也增加，化学反应的速率也相应加大。据此他提出了著名的化学反应速率的指数定律，即关于化学反应速率的阿伦尼乌斯公式，大大加速了化学动力学的发展。

9.1.2 化学反应动力学

我们在中学做化学实验时，往往只知道在老师指导下正确实现化学反应，并不知道，化学反应究竟是怎样进行的，化学反应的速度是由哪些因素决定的，等等。这些问题是 20 世纪化学领域的一个大的研究方向——化学反应动力学。

M. 博登斯坦（M. Bodenstein，1871—1942）是德国物理化学家。1913 年，他在研

究氢与氯生成氯化氢的光化学反应的实验时发现，一个具有足够能量的光量子能够引起十万个化学反应，由此他认为在反应过程中可能存在着活性中间体，从而提出了链反应的概念。所谓链反应指的是，当光照到氯和氢的混合体时，氯先被活化而生成活性中间体，然后再与氢反应生成氯化氢和氢的活性中间体，后者再与氯反应生成氯化氢和氯的活性中间体。反应周而复始进行下去，就形成了一条反应链。在反应链的每一个环节上都有氯化氢产生。这是化学动力学中的一个全新的思想，是总反应动力学研究深入到其组成的各基元反应的动力学研究的标志。1918 年能斯特将博登斯坦的活性中间体定义为自由基，并提出了氯化氢光化学合成的链反应机理。不久人们发现，对非光化学反应也存在链反应，N_2O_5的分解反应就是链反应。同时链反应的存在也被实验证实。

C. 欣谢尔伍德(C. Hinshelwood，1897—1967)是英国物理化学家。他早年研究过固体火药的慢速率分解。1930 年他研究了氢气和氧气混合生成水的反应，发现当氢和氧的混合气体压力小的时候不发生反应，只是达到一定的临界压力时才能反应，超过临界压力后反应迅速进行，甚至会发生爆炸。欣谢尔伍德得出结论：火药分解和氢氧生成水等反应都是按照链反应机理进行的。当气体压力小时，活化粒子很可能碰到容器内壁而失去活化能造成链断裂，所以反应进行得很慢；在气体压力高于临界压力时，活化粒子大量形成甚至成倍增加，于是反应速率也相应地出现几何式的增长。

H. H. 谢苗诺夫(H. H. Семенов，1896—1986)是苏联化学家，科学院院士，是认识到链反应在化学动力学中具有普遍意义的第一人。1927 年以后，谢苗诺夫系统地研究了链反应机理。他认为，在反应过程中有可能形成多种“中间产物”，在链反应中，这种“中间产物”就是“自由基”。“自由基”的数量和活性决定着反应的方向、历程和形式。谢苗诺夫用磷蒸气的氧化反应证明了热化学反应也是链反应，因此自由基可以由光、也可以由热的激发而产生。

谢苗诺夫发现，链反应不仅有简单的直链反应，还会有复杂的“支链”反应。所谓支链反应指的是，在某些链反应中，一个自由基传递物能够生成两个以上的新自由基，各个新自由基又能如法炮制，使自由基的数量按照指数规律增加，结果链反应的反应速率瞬间能达到极大，甚至引起爆炸。许多燃烧反应都是支链反应。谢苗诺夫指出，链反应有着普遍的意义和广泛的实用价值。在理论上，谢苗诺夫广泛地研究了各种类型的链反应，提出了链反应的普遍模式，他还试图用这种反应机理解释新发现的化学振荡现象。在应用上，谢苗诺夫把链反应机理用于燃烧和爆炸过程的研究，揭示出燃烧和爆炸的联系和区别。他指出，燃烧是缓慢的爆炸，爆炸则是激烈的燃烧，他还阐述了燃烧和爆炸的机制。

在化学史上，在相当长的一段时间中，化学家只注重于化学的始态和终态的研究，而忽视了过程，使化学动力学和化学过程的研究，落后于其他领域的研究。而化学反应过程正是化学作为更复杂的科学区别于物理学的基础和标志，对其进行研究有重大的意义。谢苗诺夫的支链反应理论，能够正确地说明，链反应如何开始、如何进行以及反应过程中的复杂变化和可能的方向，同时，还能得出关于反应速度的许多有价值的结论。在谢苗诺夫的支链反应理论的指导下，甚至还能做到调控反应过程，使化学反应在希望的方向上进行，所以，他的这一辉煌成果，不仅可用来指导完善现有的化学工艺，而且还可以指导研究新的化学工艺，大大深化了人们对化学反应过程的认识。因此，化学家们一致认为："谢苗诺夫的支链反应理论的提出是理论化学研究的一个里程碑。"

这里需要介绍一下自由基的概念。在一个化学反应中，或在外界（光、热、辐射等）影响下，分子中共价键断裂，这时若共用电子对变为一方所独占，则形成离子；若分裂的结果使共用电子对分属于两个原子（或基团），则形成自由基。在书写时，一般在原子符号或者原子团符号旁边加上一个"·"表示没有成对的电子，如氢自由基（H·，即氢原子）、甲基自由基（CH_3·）等。自由基的特点有二，一是化学反应活性高；二是具有磁矩。第一个自由基是1900年在美国发现的。自由基反应在燃烧、气体化学、聚合反应等各种化学学科中扮演很重要的角色。

人体内活性氧自由基固然对免疫和信号传导过程有用，但外界环境中的阳光辐射、空气污染、吸烟、农药等都会使人体产生过多的活性氧自由基，使核酸突变，从而导致人体正常细胞和组织的损坏，引起心脏病、老年痴呆症、帕金森病和肿瘤等疾病。因此自由基清除剂的研究对提高人类健康水平有重大意义。人类对自由基的研究，始于21世纪初，最初的研究主要是自由基的化学反应过程，随后自由基知识渗透到生物学领域，现在已形成了一个以化学、物理学和生物、医学相结合为特征的自由基生物学和自由基医学新领域。

化学动力学研究的是化学反应过程中的各种问题，然而溶液形态物质的化学反应速率通常极快，以致无法对其进行研究。

德国化学家M. 艾根（M. Eigen，1927—）和合作者发展了研究反应时间在1 ms以下的极快反应动力学的方法，解决了这个问题。艾根的方法是给予化学反应完成后处于平衡状态的体系一个高速的、突然而微弱的干扰，使外界参数稍微偏离平衡，然后利用电导、光谱等手段监测体系再回到平衡状态的过程，从而得到体系中化学反应的速率常数。突然的干扰可以是短时间提高溶液的温度，瞬时改变反应体系的压力或电场等。用这种方法，经过不断改进，能对在10^{-8} s内完成的极快反应进行观测和研究。将"快"反应的概念一下子提高了4～5个数量级。艾根把这个方法取名为弛豫法。艾根用弛豫法测定了酸碱中和反应和水的离解平衡等一系列过程的反应速率，测定工作的时间速率基本上都达到了纳秒数量级。

关于快速反应动力学研究的发展必须提到英国诺里什（R. G. W. Norrish，1897—1978）的工作。诺里什的主要成就是和波特（G. Porter，1920—2002）共同提出了闪光光解法。他们在20世纪40年代研制的高速电子闪光装置可在1 ms内发出能量高达10 000 J的闪光，从而产生活性极高的自由基，使链反应得以开始并迅速进行。闪光光解法在产生的初期主要用于气相体系的反应，后来逐渐扩展到溶液体系和气体的动力学研究。在20世纪70年代以后波特与其助手研制了脉冲时间仅为1 ps（10^{-12} s）的闪光装置，把闪光分解反应的研究水平提高到皮秒级的时间标度。

为了寻找能研究更快的反应动力学的方法，人们开始着眼于研究化学反应的细节。由于气体和液体中的分子运动都是随机的，要研究化学反应的细节只有研究其单个分子间的碰撞过程，这是分子反应动力学研究的范围。20 世纪 60 年代美国的化学家赫施巴赫(D. R. Herschbach，1932—)和中国台湾化学家李远哲(1936—)第一次用交叉分子束技术，实现了在单次碰撞条件下对单个分子间发生的化学反应机理进行研究，并获得成功。所谓“交叉分子束”方法是使两个相互垂直射出的分子束发生碰撞以发生反应，从而对其进行研究。1985 年李远哲发表了对 $F+H_2$ 化学反应的动力学的详细研究结果，提出了一些重要的结论，被同行誉为分子反应动力学发展的里程碑。

加拿大化学家波拉尼(J. C. Polanyi，1929—)用红外化学发光技术，研究在分子碰撞造成的化学反应过程中新生成产物分子在转动和振动能级上的分布情况，用以分析化学反应的历程和机理，也得到了很好的效果。这与采用交叉分子束方法的研究有异曲同工之妙。

20 世纪 80 年代末，出生于埃及、具有埃及和美国双重国籍的化学家泽维尔(A. H. Zewail，1946—)利用激光技术实现了对只存在几个飞秒($1\ fs=10^{-15}\ s$)的化学反应过渡态的拍摄，直接观测到了化学反应历程。这就是飞秒化学。泽维尔的具体做法是，先利用基于钛-蓝宝石的超快激光脉冲对反应物进行激发，引发化学反应，紧接着在紧随其后的第二个飞秒量级的瞬间对过渡态进行光谱观测。由于这时新生成的过渡态还没有变为别的物质，就拍摄到了只存在几个飞秒的过渡态。诺贝尔委员会在给泽维尔颁奖的公报中说，“任何化学反应的速率都不可能比飞秒量级更快”，“泽维尔教授的贡献使我们可以断言，化学家研究反应历程的努力已接近终点”。

9.1.3 化学反应中的电子转移，非平衡态热力学

M. 陶布(M. Taube，1915—2005)是出生于加拿大的美国化学家。他的主要贡献是阐明了化学反应过程中电子转移的机制。他在配位化合物的氧化还原反应机理的研究中，发现电子转移有外界和内界两种途径，并用放射性示踪原子揭示了电子转移的过程，从而对配位化学做出了重要贡献。

几乎与陶布同时，同样也是出生于加拿大的美国化学家 R. A. 马库斯(R. A. Marcus，1923—)研究了溶液中的电子转移过程，提出了化学系统中的电子转移反应理论，还发现了“反向效应”。马库斯指出，电子转移反应的速度同电子的给予体与接受体之间的距离、反应自由能变化的情况以及反应物与周围溶剂重新组合能量的大小有关。他给出了电子转移反应速率常数和活化能变化等的计算公式。马库斯发现，电子给体化合物与电子受体化合物间发生电子转移时的速度，同电子给体的氧化电位与电子受体的还原电位间的差值有关。当这一差值是负值时，一般说来，其绝对值愈大，则转移的速度愈快，但当差值达到某一临界值时，其绝对值继续增大反而会使转移速度降低，即出现反转的现象。这一理论是马库斯大约在 20 世纪 50 年代从理论上推导出的，但一直未能从实验中得到验证。20 世纪 80 年代末美国化学界在实验中证实了反向效应。于是马库斯的电子转移反应理论终于得到了科学界的承认。现在这个理论已经在多个研究领域得到应用。

马库斯还与 F. O. 赖斯(F. O. Rice)等共同提出了单分子反应理论，这是当前研究高能分子的一种重要理论工具。

与化学反应动力学领域的科学研究蓬勃发展的同时，从 20 世纪 20 年代开始非平衡态热力学(也称不可逆过程热力学)问题的研究也迅速发展起来。

经典热力学讨论的是一个孤立体系达到平衡时的状态，然而平衡是相对的，不平衡才是绝对的。同样，自然界中绝大多数的反应过程并不是可逆的，而是不可逆的。显然，研究体系的不平衡状态和不可逆过程更接近实际情况。挪威裔美籍物理化学家昂萨格(L. Onsager，1903—1976)对不可逆过程热力学理论的线性问题做了奠基性工作。他于 1931 年在《物理学评论》上发表了《不可逆过程的倒易关系》的著名论文，提出了当一个体系中有两个不可逆过程同时发生时，它们之间的温度梯度、能量梯度以及能量流和质量流四者之间的复杂关系的处理办法，建立了一个适用于任何复杂体系的理论方程，这就是现在以他的名字命名的昂萨格倒易原理。这是粒子微观运动方程的时间反演不变性在宏观尺度上的反映，是线性不可逆过程热力学的主要理论之一。这一关系的确立和后来他所提出的关于定态的能量最小耗散原理，为不可逆过程热力学的定量理论及其应用奠定了基础。

除了昂萨格，在不可逆过程热力学的研究方面，比利时科学家 I. 普里高金(I. Prigogine，1917—2003)也作了重要贡献。1945 年普利高金提出了最小熵产生定理，该定理与昂萨格的倒易原理共同构成了线性非平衡态热力学的理论基础。后来普里高金和他的同事又发展了非线性不可逆过程热力学的稳定性理论，为认识自然界中(特别是生命体系中)发生的各种自组织现象开辟了一条新路。

9.1.4 量子化学的创建和发展，鲍林等的贡献

1927 年德国物理学家 W. H. 海特勒(W. H. Heitler，1904—1981)从化学角度用量子力学方法计算氢分子结构取得成功，于是量子化学就此诞生了。

L. C. 鲍林(L. C. Pauling，1901—1994)是美国著名化学家，量子化学和结构生物学的先驱者之一。1954 年因在化学键方面的工作获得诺贝尔化学奖，1962 年因反对核弹在地面测试的行动获得诺贝尔和平奖，成为有史以来获得不同诺贝尔奖项的两个人之一(另一位是居里夫人)。鲍林被认为是 20 世纪对化学科学影响最大的人之一，他所撰写的《化学键的本质》一书被认为是化学史上最重要的著作之一。他所提出的许多概念和理论，如价键理论、杂化轨道理论、电负度、共振理论、蛋白质二级结构等，如今已成为化学领域最基础和最广泛使用的概念。

鲍林

鲍林最重要的工作是对化学键理论和量子化学的突破性贡献。他在 1928—1931 年连续发表了 7 篇论文，提出了完整的化学键理论和杂化轨道的理论。鲍林理论的根据是电子运动不仅具有粒子性，同时还有波动性。而波又是可以叠加的。鲍林认为，碳原子和周围四个氢原子成键时，所使用的轨道不是原来的 s

轨道或 p 轨道，而是二者经混杂、叠加而成的“杂化轨道”，这种杂化轨道在能量和方向上的分配是对称均衡的。量子力学计算显示这四个杂化轨道在空间上形成正四面体，从而成功的解释了甲烷的正四面体结构。1939 年鲍林出版了在化学史上有划时代意义的《化学键的本质》一书。这部书彻底改变了人们对化学键的认识，将其从直观的、臆想的概念升华为定量的和理性的高度。在该书出版后不到 30 年内，共被引用超过 16 000次，至今仍有许多高水平学术论文引用该书观点。

鲍林在研究化学键键能的过程中发现，对于同核双原子的分子，化学键的键能会随着原子序数的变化而发生变化。为了半定量或定性描述各种化学键的键能以及其变化趋势，鲍林于 1932 年首先提出了用以描述原子核对电子吸引能力的电负性概念，并且提出了定量衡量原子电负性的计算公式。电负性是描述元素化学性质的重要指标之一。

在 20 世纪 30～40 年代鲍林提出了共振论，这是有机化学结构基本理论之一。他用变分法求解复杂分子体系化学键的薛定谔方程，得到体系总能量最低的波函数形式。这样，体系的化学键结构就表示成为若干种不同结构的杂化体。为了形象地解释这种计算结果的物理意义，鲍林提出共振论，即体系的真实电子状态是介于这些可能状态之间的一种状态，分子是在不同化学键结构之间共振的。鲍林将共振论用于对苯分子结构的解释获得成功，使得共振论成为有机化学结构基本理论之一。到了 20 世纪 80 年代，随着分子轨道理论的出现和发展，共振论方法作为一种相对粗糙的近似处理使用得比较少了，但是在有机化学领域，共振论仍是解释物质结构，尤其是共轭体系电子结构的有力工具。

1932 年，鲍林预言，惰性气体可以与其他元素化合生成化合物。他从量子化学观点出发，认为较重的惰性气体原子，可能会与那些特别容易接受电子的元素形成化合物。这一预言，在 1962 年被证实。

鲍林后来把兴趣转到了生物大分子的研究。他在这方面最初的工作是对血红蛋白结构的确定。他通过实验首先证实，在获得氧和失去氧的状态下，血红蛋白的结构是不同的。为了进一步精确测定蛋白质结构，鲍林采用了 X 射线衍射晶体结构测试的方法，并且推导了经衍射图谱计算蛋白质中重原子坐标的公式。迄今为止，人类已知的绝大部分蛋白质结构都是经由这种方法测定获得的。结合血红蛋白的晶体衍射图谱，鲍林提出蛋白质中的肽链在空间是呈螺旋形排列的，这就是最早的 α 螺旋结构模型，沃森和克里克提出的 DNA 双螺旋结构模型就是受了鲍林的启发。1951 年鲍林结合他对血红蛋白进行的实验研究以及对肽链和肽平面化学结构的理论研究，提出了 α 螺旋和 β 折叠是蛋白质二级结构的基本构建单元的理论。这一理论成为 20 世纪生物化学若干基本理论之一。

1954 年以后，鲍林开始转向大脑的结构与功能的研究，他提出了有关麻醉和精神病的分子学基础。他认为，对精神病分子学基础的了解，有助于对精神病的治疗。鲍林是第一个提出“分子病”概念的人。他通过研究发现，镰刀形红细胞贫血症是一种分子病。他还研究了分子医学，写了《矫形分子的精神病学》的论文，指出：分子医学的研究，对解开记忆和意识之谜有着决定性的意义。

1994年鲍林因病逝世。英国《新科学家》周刊将他评为人类有史以来20位最杰出的科学家之一，与爱因斯坦、牛顿、居里夫人等并列。

R. S. 马利肯（R. S. Mulliken，1896—1986）是美国物理化学家，主要从事结构化学和同位素方面的研究。他在1928年提出了分子轨道理论：将分子看成是由一堆原子核和一堆电子组成的整体，电子运动用分子轨道波函数描述，分子轨道波函数由原子轨道结合而成。1952年马利肯又用量子力学理论阐明了原子结合成分子时的电子轨道，发展了他的分子轨道理论。分子轨道理论可以解决价键理论所不能解决的问题。1922年他还分离了汞的同位素，并研究了同位素的分离方法。

在马利肯的分子轨道理论基础上，德国化学家休克尔（E. Hückel，1896—1980）提出了休克尔规则，对有机化学中的芳香性问题做了解释。休克尔的另一个重要贡献是提出了简单分子轨道理论，该理论在量子有机化学里可以用来定性描述有机分子的结构和反应性能，因而得到了广泛的应用。

在分子轨道理论的应用方面日本化学家福井谦一（1918—1998）和美国化学家R. 霍夫曼（R. Hoffmann，1937—）以及R. B. 伍德沃德做了极其出色的工作。霍夫曼和伍德沃德以福井谦一提出的前线轨道理论为工具，以维生素的合成问题作为切入点，经过深入分析，终于在1965年提出了分子轨道对称守恒原理，又称伍德沃德—霍夫曼规则。这个理论是从维生素的合成工作中总结出来的，它又指导了维生素的合成。它用分子轨道波函数中不同能量的轨道相位问题来解释有机化学中一些复杂反应的机制，不仅阐明了一系列协同反应的机理和过程，而且在解释和预示一系列化学反应的方向、难易程度和产物的立体构型方面具有重要的指导作用，从而把量子化学由静态发展到动态的阶段。

量子化学是在量子力学的影响下发展起来的，所以用物理方法求解量子化学问题是顺理成章的事。美国物理学家W. 科恩（W. Kohn，1923—2016）在这方面做出了杰出的贡献。他长期致力于分子体系的分析理论及其解法的研究。1964—1965年科恩提出：一个量子力学体系的能量仅由其电子密度所决定，因而知道分布在空间任意一点上的平均电子数已经足够了，没有必要考虑每一个单电子的运动行为。处理这个量比处理薛定谔方程中复杂的波函数要容易得多。他同时还提出一种方法来建立方程，由方程的解可以求得体系的电子密度和能量。科恩把这种方法称为密度泛函理论。传统的分子性质计算基于每个单电子运动的描述，使得计算本身在数学上非常复杂，这种求解分子体系波动方程的方法的计算工作量与电子数目的4次方成正比，对于大分子，计算工作量极大。密度泛函理论可以大大简化原子间成键问题的数学处理，这是目前许多计算得以实现的先决条件。它已经在化学中得到广泛应用，而且因为方法简单，可以应用于较大的分子，酶反应机制的理论计算就是其成功应用的典型实例。

与科恩几乎同时还有一位科学家也在从事量子化学的研究，并取得了卓越的成就，这就是J. A. 波普尔（J. A. Pople，1925—）。波普尔是美国科学家，出生于英国。波普尔开拓和发展的方法，为物质结构、分子的特性及化学反应过程的理论研究做出了重要贡献。波普尔基于量子力学基本理论，发展了多种量子化学计算方法。他开发了名叫 GAUSSIAN 的程序系统，应用这个程序系统，人们只要把一个分子或一个化学反应的特征输入计算机中，就可得到该分子的性质或该化学反应可能产生的结果。波普尔的计算方法和程序已经应用于化学的各个分支，包括制药化学和对蛋白质与其他分子相互作用规律的探讨，甚至用于对星际物质构成的研究。

量子有机化学是运用量子化学的计算方法研究有机分子静态和动态性质的学科。现代有机化学理论主要包括物理有机化学和理论有机化学两大分支，前者以现代实验方法为主，后者则以理论计算方法为主。理论有机化学主要是运用量子化学和化学统计力学的基本理论分析讨论有机化学中的某些规律，例如分子的电子结构和立体构型、与结构相关的性能等。理论有机化学在方法论上以近似方法为主。这是由于有机分子是多原子物质，每个原子又由多层电子构成。如果严格考虑分子中各原子及其电子之间的相互作用力，就要处理复杂的分子波函数，这就是所谓的“多体问题”，目前在理论上尚有困难。所以量子化学家从实际出发，发展出许多程度不同的近似计算方法。

量子有机化学近似方法主要包括杂化轨道理论、分子轨道的线性组合方法和从头算法。

杂化轨道理论和分子轨道的线性组合方法为现今大多数有机化学家所接受，其中分子轨道的线性组合方法更易接受，因为由已知的基本分子轨道，通过线性代数方法组合成各种特有的新的分子轨道，比较容易模拟出所研究的分子所具有的性质。例如，最早出现的休克尔分子轨道法，由于计算方法简便，在有机化学中被普遍应用来定性描述有机分子的结构和反应性能。从 20 世纪 60 年代起，一些半定量的自洽场近似方法应用也日益增长，例如由波普尔引入的全略微分重叠法、间略微分重叠法和 M. J. S. 杜瓦的改进间略微分重叠法等。到了 20 世纪 70 年代，从头算法发展了起来，它考虑了所有参与作用的原子和电子的相互作用力，计算精确度大为提高。不过这种计算只能借助于大型快速电子计算机和专门的计算程序才能实现。该法计算结果准确，与现代实验方法所得结果相当。

量子化学理论和计算的丰硕成果正在引起整个化学学科的革命。今天，量子化学已应用于化学的所有分支和分子物理学，它在提供分子的性质和分子间相互作用的定量信息的同时，也致力于深入了解那些不可能完全从实验上观测的化学过程，从根本上加深了人们对化学世界的认识。

9.2 高分子化学与软物质，胶体化学

高分子科学是研究高分子化合物的科学，它包括高分子化学、高分子物理和高分子工艺三个领域。高分子化学主要研究高分子化合物的结构合成、化学反应、物理化学、加工成型和应用等方面的问题，它研究的主要对象是塑料、合成橡胶和合成纤维等。现在高分子合成材料，已经与金属材料和无机非金属材料并列，构成材料世界的三大支柱，而且高分子合成工业也已经具有相当的规模，高分子产品也已经成了国民经济各个领域以及人们日常生活中不可或缺的东西。

9.2.1 高分子化合物

高分子化合物是由许多相同的原子集团作为基本链节接合而成的化合物，它的分子量往往是几万、几十万、甚至上百万。高分子结构的形状就像一根有几十米长的麻绳。有些高分子长链之间又有短链相结，从而形成网状。又由于大分子相互之间存在引力，这些长链不但各自卷曲而且相互缠绕。由于分子大，长链一头受热时，另一头还不热，故熔化前有个软化过程，这就使它具有良好的可塑性，正是这种内在结构，使它具有包括电绝缘在内的许多特性，成为新型的优质材料。

高分子化合物有天然的和人工合成的两种。对天然高分子人类早就有所接触，人体内的蛋白质和核酸就都是高分子。从化学层面看，1826 年，法拉第通过元素分析发现橡胶的单体分子是 C_5H_8，后来人们测出 C_5H_8 的结构是异戊二烯。这是人们了解构成某些天然高分子化合物单体的开始。

1839 年美国人古德伊尔(Goodyear，1800—1860)，偶然发现天然橡胶与硫黄共热后变为富有弹性、可塑的材料，明显改变了性能。这一发现促进了天然橡胶工业的建立。天然橡胶这一处理方法，在化学上叫作高分子的化学改性，在工业上叫作天然橡胶的硫化处理。

橡胶具有巨大的工业用途，但其产地主要集中在亚洲热带地区，其产量又很有限，于是欧美一些工业发达国家就开始研究橡胶以及其他高分子化合物的人工改性。他们首先将纤维素进行化学改性，获得了第一种人造塑料——赛璐珞和人造丝。于是从 1889 年开始，在法、英、美、德等国各种人造丝、粘胶纤维、合成塑料纷纷出现，各种合成橡胶工厂也都建立起来。

然而当时人们对高分子化合物的了解是很肤浅的，人们不知道高分子化合物的分子量，不明白它们为什么没有固定的熔点和沸点，不易形成结晶，等等。于是搞清高分子化合物的组成、结构及合成方法，就提到化学家们的议事日程上来了。

9.2.2 施陶丁格的贡献

1861 年英国化学家 T. 格雷阿姆(T. Graham，1805—1869)提出了高分子的胶体理论，认为高分子是由一些小的结晶分子所形成，其溶液具有胶体性质。这理论在一定程度上解释了高分子化合物的某些特性，因而得到许多化学家(称为胶体论者)的支持。

1922 年，德国化学家 H. 施陶丁格(H. Staudinger，1881—1965)提出了关于高分子的新观点。施陶丁格认为，高分子是由长链大分子构成的。这个观点还有实验的支持。这动摇了传统的高分子胶体理论的基础，于是双方展开了长达数年之久的激烈辩论。后来施陶丁格发现，高分子化合物的黏度与其分子量有密切的关系。他根据实验结果，经过深入的研究，引入了比黏度，建立了线性分子黏度与分子量的关系，这就是著名的施陶丁格公式。同时愈来愈多的实验表明，橡胶与纤维素等确是具有长链的高分子。而利用超离心机对高分子化合物的分子量进行测量的结果表明，高分子化合物的分子量的确是从几万到几百万。这一事实成为施陶丁格大分子理论的直接证据。

1932年，施陶丁格总结了自己的大分子理论，出版了划时代的巨著《高分子有机化合物》。这是高分子科学诞生的标志。1932年以后人们利用末端基成功地测定了纤维素的分子量，同时施陶丁格实验室利用渗透压法也获得了纤维素分子量，二者完全一致。这宣告了施陶丁格高分子理论的完全成立。

高分子化合物与小分子化合物不同，由于合成高分子的化学反应可以随机地开始和停止，因此，合成高分子是长短、大小不同的高分子的混合物，其分子量是平均值，称为平均分子量；另外，除了平均分子量，决定高分子性能的还有分子量分布，即各种分子量的分子分布情况，这些都是高分子化合物性能的不同寻常之处。

具有聚集态结构的高分子称为高聚物。高聚物在国民经济的不同领域都得到了重要的应用。由于高聚物的性能与结构取决于加工成型的方法，因此，要取得高聚物的优良性能，必须采用适当的加工成型方式，使它形成适当的结构。例如，成纤的高聚物，在纺丝以后必须在特定温度下进行牵伸取向，才能达到较高强度。

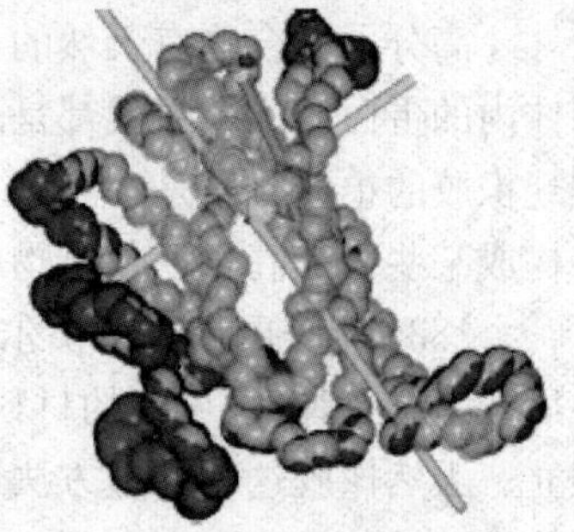

高分子

高分子材料的用途极其广阔。首先，可以用作绝缘材料，这是发展电子工业所不可或缺的。其次，可以用作结构材料，在许多场合代替木材、金属等。第三，由于高分子具有质轻、不腐、不蚀、色彩绚丽等优点，在机械零件、车船材料、工业管道和容器、医疗器械、农用薄膜、包装用瓶、盒、纸等许多方面得到了大量应用。第四，合成纤维具有轻柔、不绉、强韧等优点，又不与粮食争地，是天然纤维棉、毛、丝、麻等所不能比拟的。第五，合成橡胶生产不受产地条件限制，还可生产多品种，这些都远非天然橡胶可比。第六，有些高分子材料的强度和韧性已远超常规材料，而耐热高分子材料，已经可以长期在300℃条件下使用，有的甚至能承受5 000～10 000℃的高温。

当然，使用高分子材料必须解决防火的问题。另外，易老化、不耐久，是高分子材料的又一个缺点。而设法处理作为废物扔掉的高分子垃圾，使其能及时分解消失，则是大量使用高分子材料的第三个必须解决的问题。

9.2.3 弗洛里、齐格勒、纳塔、白川英树等的工作

高分子溶液领域的研究是施陶丁格开拓的，然而高分子溶液的理论则主要由弗洛里所发展。弗洛里（P. J. Flory，1910—1985）是德国移民的后裔，美国科学家，他的工作在理论和实验两方面奠定了高分子物理和化学的基础。弗洛里在高分子科学中最早的工作，是研究聚合物动力学。经过深入探索，他得出反应活性与分子尺寸无关的结论。利用这个结论和直接的统计方法，就可以计算分子量的分布。这个结果叫作最可几分布。最可几分布描述在一个理想的聚合反应中的产物分布（尽管是近似的）。这是弗洛里对高分子化学的第一个重要贡献。

在第二次世界大战期间弗洛里引入了链转移这个重要概念，改进了动力学方程，使高分子尺寸分布更易被理解，同时他将聚合物统计理论用于非线性分子，建立了凝胶理论。在这期间弗洛里对高分子物理做出了重要贡献，他提出了高分子溶液热力学

理论,即弗洛里—合金斯格子理论。应用这个理论推导出的自由能,可以很容易描述高分子溶液的渗透压、蒸气压和相平衡等热力学性质,从而解决了表征高分子化合物分子量及其分布、高分子链在溶液中的形态参数等问题。1940 年弗洛里为高分子混合物建立了统计理论。1948 年弗洛里完成了他的代表作《高分子化学原理》。

弗洛里还把最早由 W. 库恩(W. Kurn)提出的排除体积的概念引入高分子物理,并对排除体积效应做了适当的理论处理,这是他对高分子物理的又一重要贡献。排除体积理论指出,一个长链分子的一部分无法占据已被该分子另一部分占据的体积,因此,溶液中的高分子链末端之间的平均距离比不计排除体积的情况更远。排除体积概念的引入,是高分子物理理论的重要飞跃,这一概念对分析溶液中长链分子的行为非常有用,有效解释了当时若干与先前理论不符的实验结果。

在晚年,弗洛里进一步深入研究高聚物长链分子的构象与性能的关系。他用图绘出大分子的结构,为现代塑料工业奠定了基础。终其一生,弗洛里在高分子物理和化学领域的研究,不论在理论还是实验方面,都取得了极其辉煌的成就。

20 世纪 50 年代由于德国人 K. K. 齐格勒(K. K. Ziegler,1898—1973)以及随后意大利人 G. 纳塔(Giulio Natta,1903—1979)的努力,高分子工业得到了飞速的发展。

齐格勒是德国有机化学家,他最主要的成就是发明了齐格勒催化剂和低压聚乙烯合成法,成功实现了用齐格勒催化剂使乙烯在常温常压下聚合成高分子量的线性聚乙烯,这是一项重大的科研成果,为高分子化学和配位催化作用开辟了广阔的研究领域。

纳塔是意大利著名的高分子化学家。他的主要贡献是改进了齐格勒催化剂,使其发展成为齐格勒—纳塔催化剂,同时还发明了有规立构的聚丙烯合成方法,使聚丙烯的制造成为可能,随后迅速形成生产能力,使聚丙烯成为当时世界上产量最高的塑料,大大推动了高分子工业的发展。

1967 年日本的白川英树(1936—)在利用齐格勒—纳塔催化剂进行聚乙炔聚合机理的研究时,由于疏忽,多加了一千倍的催化剂,结果制成了纯度很高的薄膜状聚乙炔。1976 年美国化学家马克迪亚米德(A. G. MacDiarmid,1927—)与白川英树先后通过加入溴和碘蒸气来对聚乙炔进行掺杂,结果发现电导增加了一千万倍。原来聚合物不掺杂时是绝缘体。掺杂后,它的电导增加,低的可以像硅、锗,是半导体,高的可以像铜、铁,是良导体。于是导电塑料产生了。后来美国物理学家黑格(Heeger,1936—)利用孤子导电的概念对聚乙炔导电性进行了理论上的说明。目前,导电塑料已经批量生产。

9.2.4 席格蒙迪和胶体化学

胶体体系在自然界大量存在,对生产和科学技术都有重要的影响。1861 年英国化学家格雷厄姆将一些在水中扩散很慢、而且不能或很难透过薄膜的物质命名为胶体(如明胶、硅胶等)。这是人类对胶体最早的认识。事实上,经典的胶体体系由无数小质点构成,这些质点的尺寸在 $10^{-7}\sim10^{-4}$ cm 之间,它们大于化学研究的分子。胶体体系的特点是不稳定、不易扩散、渗透压很低。胶体和溶液都是分散体系,但溶液中溶质都是以单个分子或离子状态存在,整个体系是单相的,而胶体则是多相体系。另外,溶液属于热力学上的平衡体系,而胶体则属于热力学上的不稳定体系。

奥地利的 R. 席格蒙迪(R. Zsigmondy,1865—1929)是研究胶体化学的第一人。席格蒙迪的主要贡献有:(1)研制成超显微镜,分辨率达到 10nm,可用以观察研究胶体粒子的性质和布朗运动,从而确定了与分散介质一起构成胶体体系的物质微粒的尺寸。(2)研究胶体金,解决了金质宝石红玻璃的形成和结构问题。(3)发明超过滤器,用以获得浓缩的溶液,广泛应用于分析化学以及水的净化。

几乎与席格蒙迪同时,法国物理学家佩兰(J. B. Perrin,1870—1942)也在研究胶体问题,并取得了重要成果。佩兰的工作主要是用实验研究胶体粒子在胶体溶液中的分布规律。1905 年爱因斯坦发表了关于布朗运动的数学理论,同时还提出了测量分子尺寸的方法。在爱因斯坦文章的启发下,佩兰做了一系列实验,他发现胶粒在平衡状态下是铅垂分布的,高度愈高、胶粒愈少。这完全符合胶体的动力学性质,也与爱因斯坦的理论相一致。在后续的实验中佩兰又发现,在胶粒平衡时,在一定的条件下,可以从密度分布准确算出原子的实际大小。佩兰的工作以铁的事实证明了原子的存在,这在科学上是极其重要的实验。

研究胶体问题离不开精细的实验,离不开显微镜。在这个问题上瑞典化学家斯维德贝格(T. Svedberg,1884—1971)做出了突出的贡献。他研制成功了超离心机,可以用光学方法跟踪超显微镜观察不到的微小粒子的沉降。第 1 台超离心机所产生的离心加速度达到了重力加速度的 5000 倍。利用超离心机以及后来改进的、用涡轮机驱动的更高转速的超离心机,斯维德贝格研究了蛋白质、血红蛋白、血蓝蛋白等许多大分子,开创了分子生物学研究的新纪元。

9.3 富勒烯与石墨烯的发现和应用

富勒烯是金刚石、石墨和无定形碳之外碳元素的另一种同素异形体。1985 年英国的 H. W. 克罗托(H. W. Kroto,1939—)和美国的 R. E. 斯莫利(R. E. Smally,1943—)以及 R. F. 柯尔(R. F. Curl,1933—)发现了富勒烯 C_{60}。它的形状像一个足球,是 12 个正五边形和 20 个正六边形构成的 32 面体。

克罗托推断,C_{60}是碳的又一种同素异形体,而含偶数碳原子的团簇都能形成封闭的笼。也就是说,除了 C_{60}之外,C_{20}、C_{24}、C_{50}、C_{70}、C_{90}等等都是笼状结构的碳原子团簇。例如,C_{70}就是 12 个正五边形和 25 个正六边形构成的橄榄球状的笼状结构,特征与 C_{60}相似。由于 C_{60}分子与加拿大蒙特利尔世博会的球形薄壳建筑很相似,克罗托等以该建筑设计师的名字为 C_{60}系列的笼状结构的碳原子团簇命名,即称为富勒烯。现在已经知道,在富勒烯中 C_{60}和 C_{70}是最常见的,也是能够批量生产的。富勒烯的中文标准写法为[60]富勒烯,也可写成碳 60,或 C_{60}。

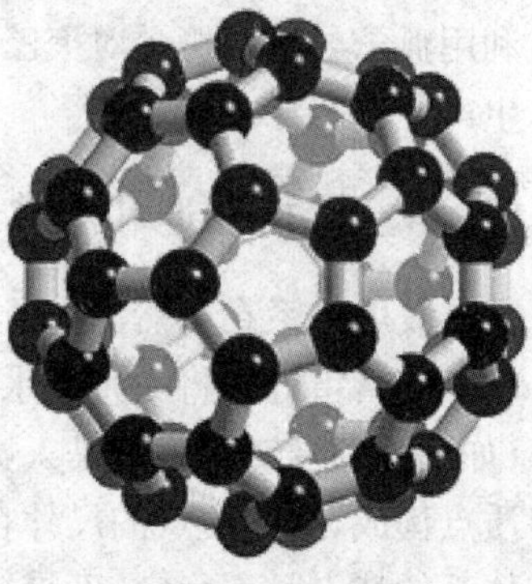

富勒烯的球棍模型

1991 年富勒烯结构被准确测定。另外,研究表明,在自然界中,甚至在太空中,也存在有富勒烯分子。

C_{60}分子具有芳香性,溶于苯呈酱红色。C_{60}有润滑性,可能成为超级润滑剂。它的硬度比钻石还硬,而韧度(延展性)比钢强100倍,它的导电性比铜强,而重量只有铜的六分之一。C_{60}分子可以和金属结合,也可以和非金属负离子结合。当碱金属原子和C_{60}结合时,电子从金属原子转到C_{60}分子上,可形成具有超导性能的M_xC_{60},其中M为K、Rb、Cs等元素;x为掺进的碱金属原子的数目。

在富勒烯研究的推动下,1991年日本电子公司(NEC)的饭岛澄男(1939—)博士发现了一种更加奇特的碳结构——碳纳米管,即巴基管。这是一种中空的富勒烯管,是一种一维量子材料,径向尺寸为纳米量级,轴向尺寸为微米量级,管子两端基本上都封口。碳纳米管是数层到数十层的同轴圆管,主要由呈六边形排列的碳原子构成。层与层之间保持固定的距离,约0.34nm,直径一般为2～20nm。碳纳米管具有良好的力学性能,其抗拉强度约为钢的100倍,密度却只有钢的1/6;它的弹性模量约为钢的5倍。碳纳米管是目前可制备出来的比强度最高的材料。碳纳米管极硬,其硬度与金刚石相当,但却拥有极好的柔韧性。此外,碳纳米管的熔点是已知材料中最高的。所以碳纳米管可能在材料科学、电子学和纳米技术方面以及航空、航天等空间技术领域具有巨大的应用价值。

富勒烯的应用情况和将来可能的应用前景:

(1)储存能量。完全氢化的富勒烯能最大限度地存储能量,制成可充电电池。C_{60}电极能够通过氢而发生电化学充电反应,而生成的$C_{60}Hx$可以用很高的效率放电。

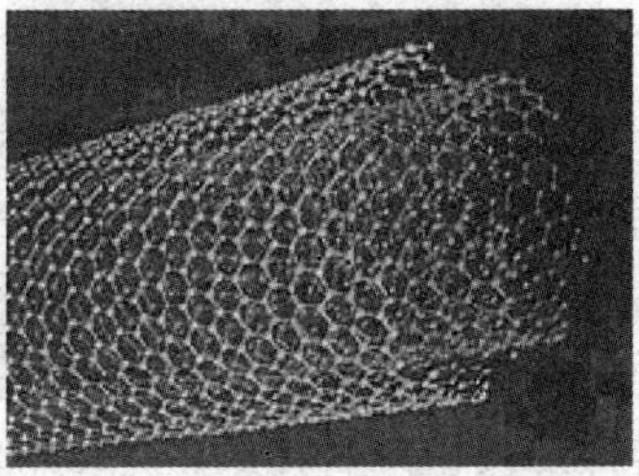
碳纳米管

(2)催化剂。富勒烯可以作为一类新的催化剂材料的基础,还可以作为催化剂载体而与其他催化剂结合,催化其他的反应。

(3)抗癌药物。美国已经发现,巴基球对一种导致艾滋病的HIV病毒酶有杀伤作用,而不伤害宿主细胞。

(4)光学材料。研究表明,C_{60}和C_{70}等富勒烯都是良好的非线性光学材料,C_{76}甚至还具有光偏振性。这些性质使得C_{60}在激光光学通信和光学计算机方面有很好的应用前景。

(5)光导体。美国发现用1%的C_{60}掺杂的PVK聚合物是一类全新的高性能光导体,类似的产品已经应用于静电复印技术中。掺杂富勒烯材料在印刷及光通信等方面将获得巨大的应用。

(6)超导材料。掺杂C_{60}超导体的发现是超导领域的又一重大成果。1991年北京大学在国内首次获得了K_3C_{60}和Rb_3C_{60}超导体,超导转变温度分别为18 K和28 K,其超导相达75%,达到了当时国际先进水平。理论分析和一些实验结果显示,在更大的富勒烯分子掺杂化合物中有可能以更大幅度提高超导临界温度。此外,富勒烯化合物超导体还具有较高的临界磁场和临界电流密度,所以掺杂富勒烯超导体可能在包括磁悬浮列车、高速计算机开关器件、长距离电力输送等很多方面得到应用。

另外，理论计算已经证明，不掺杂的 C_{60} 是一种直接能隙半导体，日本三菱电气公司的研究人员已经用 C_{60} 制成了一种新型富勒烯半导体。

(7)润滑剂和研磨剂。C_{60} 具有圆球形状，是所有分子中最圆的，而在分子水平上，它又异常坚硬；另外，C_{60} 的结构使其具有特殊的稳定性，这使得 C_{60} 可能成为高级润滑剂的核心材料。将 C_{60} 完全氟化得到的 $C_{60}F_{60}$ 是一种超级耐高温材料，这种白色粉末状物质是比 C_{60} 更好的优良润滑剂，可广泛应用于高技术领域。另外，C_{60} 分子的特殊形状和极强的抵抗外界压力的能力使其有希望转化成为一类新的超高硬度的研磨材料。

(8)人造金刚石。通过在室温下加高压的办法有可能将 C_{60} 直接转化为金刚石。

(9)用于高能物理实验。C_{60} 能够得到或失去电子形成离子，C_{60} 离子可以用作物理碰撞的高能轰击粒子。1992 年法国已经做了这方面的实验。

(10)C_{60} 的升华点大约是 600℃，这是比较低的，因此用富勒烯实现在不规则形状表面上的气体沉积覆盖相对来说很容易。

在富勒烯出现以后不久，对碳的研究又有了新的突破。2004 年两位在俄罗斯出生的英国物理学家盖姆(A. Geim，1958—)和诺沃肖洛夫(K. Novoselov，1974—)在实验室制造出了石墨烯。石墨烯是单层石墨片，极薄，300 万张石墨片才能堆积成 1 mm 厚的石墨层。平常我们见到的石墨就是这样堆积成的。

石墨烯

石墨烯只有一个原子厚，因此是人类第一次发现的二维晶体材料。它是单层网，每一个网格都是一个六边形，每个网格节点都是一个碳原子(见图)。石墨烯是最薄的材料，同时强度极高，它的抗拉强度高出最好的钢材 200 倍以上。它又有极好的韧性，拉伸幅度能达到自身尺寸的 20%。石墨烯几乎是完全透明的，它只吸收 2.3%的光，它又非常致密，即使是氦原子这样最小的气体原子也无法穿透。石墨烯极硬，其硬度甚至超过金刚石。在石墨烯中，电子的运动速度达光速的 1/300，远远超过了电子在一般导体中的运动速度。所以石墨烯的电阻率仅为 $10^{-6}\,\Omega\cdot cm$，比银还要低，这使得石墨烯具有极好的导电性。另外，在电子迁移时石墨烯的电子能量不会损耗，而在传统的半导体和导体制成的电子计算机芯片中，由于电子和原子的碰撞消耗了 70%以上的电能。石墨烯的导热系数也很高，达 5 300W/(m·K)，高于碳纳米管和金刚石。

根据层数的不同，石墨烯可分为单层石墨烯、双层石墨烯、3～10 层的少层石墨烯和 10 层以上、厚度小于 10nm 的多层石墨烯。石墨烯是这些不同层数石墨烯的统称。不同层数的石墨烯可以适应不同的应用上的需要。盖姆和诺沃肖洛夫已经在单层和双层石墨烯体系中分别发现了整数量子霍尔效应和常温条件下的量子霍尔效应。

由于具有奇特的物理性质，石墨烯拥有几乎无限的应用前景。首先，可以利用石墨烯建立现代物理实验室，以验证一些理论物理问题，而不需要使用电子加速装置。其次，可替代硅制造超微型晶体管，以生产超级计算机。用石墨烯取代硅，计算机处理器的运行速度将会提高数百倍。第三，石墨烯片层是单层的原子，可以用来制作传感器和探测装置，当外来的分子与其接触时，其性质将立即发生某些变化。第四，利用石墨烯强度极高、韧性极好、硬度极大等奇特的物理性质，用来制造飞船、卫星、大飞机等是非常合适的。第五，开发成功的石墨烯超级电池已经解决了新能源汽车电池容量不足和充电时间长的问题。第六，由于透明性好，在移动设备显示屏等方面石墨烯有广阔的应用市场。第七，石墨烯能通过掺合的办法将某些性能传给其他材料，例如，在塑料里掺入百分之一的石墨烯，能使塑料具有良好的导电性，在塑料里掺入千分之一的石墨烯，能使塑料的抗热性能提高 30℃。因此利用石墨烯可以开发出又薄又轻、强度高、韧性好的新型材料，用来制造汽车、飞机等各种运输装备。

人类使用石墨已经有很长的历史，30 多年以前发现了富勒烯，仅仅过了几年碳纳米管制造了出来，又过了十几年石墨烯也出现了。在近几十年人们对碳的认识和研究水平有了极大的提高。石墨、富勒烯、碳纳米管和石墨烯都是碳的同素异形体：石墨烯是单层碳原子结构；富勒烯是球形碳原子结构；碳纳米管的立体管部分可由石墨烯片层卷曲而成，两端可各由半个富勒烯封口；石墨可由石墨烯堆垛而成。因此，石墨、富勒烯和碳纳米管都可以看成由石墨烯转化而来，石墨烯可以认为是这三者的母亲。

中国对石墨烯的研究差不多与国外处于同一水平。中科院微电子所已经在实验室条件下研制出了石墨烯器件。2015 年中国国家金融信息中心指数研究院发布的全球首个石墨烯指数评价结果显示，全球石墨烯产业发展实力排名前三位是美国、日本和中国。

9.4 化学分析技术的发展

分析化学是研究物质的化学组成与结构信息以及探索这些问题的相关理论和分析方法的科学，是化学学科的一个重要分支。分析化学的主要任务是鉴定物质的化学组成、测定物质的有关组分的含量、确定物质的结构和存在形态以及其与物质性质之间的关系等，所以分析化学是化学家最基础的训练之一。

9.4.1 20 世纪以前的化学分析技术

17 世纪在玻璃制造业中出现了吹管法，后来人们把这个方法用在化学分析中，成了化学分析技术中最早采用的方法。吹管法是干法，其优点是分析迅速、所需样品量少，又可用于野外勘探和普查矿产资源，所以一直沿用到 19 世纪。

化学无机定性、定量分析的奠基人是 18 世纪的瑞典化学家 T. O. 贝格曼(T. O. Bergman，1735—1784)。他最先提出金属元素除金属态外，也可以其他形式离析和称量，特别是用水中难溶的形式，这是重量分析中湿法的起源。后来德国化学家 M. H. 克拉普罗特(M. H. Klaproth，1743—1817)改进了重量分析的步骤，设计了多种非金属元素测定步骤，对分析化学做出了重要贡献。克拉普罗特准确地测定了近 200 种矿物的成分及玻璃、非铁合金等工业产品的组分。1789 年他发现了元素铀、锆，1808 年又发现了元素铈。

19 世纪初分析化学的代表人物是瑞典化学家 J. J. 贝采利乌斯。他引入了一些新试剂和一些新技巧，并使用无灰滤纸、低灰分滤纸和洗涤瓶。他是第一位把原子量测得比较精确的化学家，他以氧作标准测定了四十多种元素的原子量。除无机物外，他还测定过有机物中元素的百分数。除了分析，他还发现并首次制取了硅、钍、硒等好几种元素；他首先使用"有机化学"的概念；是"电化二元论"的提出者；他还发现了"同分异构"现象并首先提出了"催化"概念。

1829 年德国化学家 H. 罗泽（H. Rose，1795—1864）首次明确提出并制定了系统的定性分析法。1841 年德国化学家 C. R. 弗雷泽纽斯（C. R. Fresenius，1818—1897）提出了溶液中金属元素定性分析法的修订方案，并将其写入教科书《定性化学分析导论》中。这就是流传至今的称作"硫化氢系统分析"的早期形式，当时立即得到广泛的应用。弗雷泽纽斯是 19 世纪分析化学领域的重要人物之一，他于 1862 年创办了影响深远的《分析化学》杂志，他编写的《定性分析》和《定量分析》两书曾译成中文（中译本分别名为《化学考质》和《化学求数》）。

随着工业的发展，定性分析逐渐不能满足需要了，于是重量法应运而生。到 19 世纪中叶重量分析法已经成熟，但精度不够。随后美国化学家 T. W. 理查兹改进了原子量测定技术，大大提高了测量精度，先后测出了铜、镁等 25 种元素的准确的原子量。重量分析法一直到 20 世纪初还在使用。

在重量法广泛应用的同时，19 世纪又出现了容量分析法，这就是滴定法。其做法是将一定浓度的试剂溶液加到被测物质的试液中，在化学反应完成后，根据消耗的试剂的量确定被测物质的量。滴定分析使用方便、准确，所用仪器简单，在 19 世纪得到大量使用。对滴定法有重要贡献的是 19 世纪法国的化学家和物理学家 J. L. 盖·吕萨克（Joseph Louis Gay-Lussac，1778—1850）。1833 年盖·吕萨克提出了银量法，由于精度高，这个方法成为当时各国采用的标准分析法。后来他又提出了氧化还原滴定法，加上几乎与此同时出现的酸碱滴定法、沉淀滴定法等，使滴定法成了与重量法并驾齐驱的化学分析方法。除了滴定法，盖·吕萨克还发现了硼；并和英国的戴维几乎同时发现了碘；他还发明了制备碱金属的新方法；他还将有机结构理论中的"基"的概念发展成"基团"。盖·吕萨克在物理方面最重要的贡献则是发现了关于气体膨胀的盖·吕萨克定律，即当气体质量和压强不变时体积随温度作线性变化的定律。

19 世纪化学分析技术的另一重大进步是光学分析法的出现。比色法是最早产生的光学分析法，它的理论基于溶液对光的吸收定律。1870 年法国人研制出了较实用的目视比色仪，后来在德国又出现了利用滤光片的分光光度计。这些仪器一直沿用到 20 世纪中叶。1859 年德国化学家 R. W. 本森（R. W. Bunsen，1811—?）和物理学家 G. R. 克希霍夫（G. R. Kirchhoff，1824—1887）在比色法的基础上合作制造了第一台实用的光谱分析仪，并通过实验揭示了太阳光谱中的暗线与火焰、电弧光谱中明线的一致性。于是光谱分析成了化学家的重要检测手段。1860 年本森等用光谱分析法发现了铯、铷、铊、铟等元素。

此外，电化学分析法在 18、19 世纪也逐渐发展起来，但这些方法与当时流行的重量分析法、容量分析法相比，并没有什么明显的优点，因而没有得到普及。然而正是在电化学分析法的基础上，在 20 世纪产生了极谱分析法，这是电化学发展史上的文艺复兴，是分析化学的重大突破。关于极谱分析本节后面有详细的介绍，这里不多赘述。

总而言之，19世纪分析化学研究的主要是物质的化学组成，依据的理论是化学原理，重点解决的是分析技术的准确性。而到了20世纪情况就完全不同了，根据工业和科学的发展需要，20世纪分析化学研究的是物质分子结构的测定，依据的理论是物理化学，甚至纯粹物理理论，创新的热点则是分析灵敏度的提高和自动化。

从9.4.2开始，后面各节讲的都是分析化学在20世纪的发展，这个过程可以分为三个阶段：

(1)从20世纪之初到第二次世界大战是第一阶段，这一阶段分析化学发展的特点是利用世纪之交物理方面的最新成果来解决化学分析上的问题。

(2)从第二次世界大战结束到20世纪70年代是第二阶段，这一阶段的特点是仪器分析方法得到了大发展。

(3)从20世纪70年代末算起是第三阶段，这一阶段的特点是利用迅猛发展的电子计算机技术，实现了分析化学的现代化，从常量分析到微量分析，从组成分析到形态分析，从总体分析到微区分析，从离线分析到在线分析，都能提供大量的、全面的、准确的信息。

9.4.2 阿斯顿发明质谱仪

F. W. 阿斯顿(F. W. Aston，1877—1945)，是英国物理学家，质谱仪的发明者。他长期从事同位素和质谱分析的研究。他发明了聚焦性能较高的质谱仪，后又不断改进，提高测量精度。通过用质谱仪对许多元素的同位素及其丰度的测量，他证明了同位素的普遍存在。同时根据对同位素的研究，阿斯顿还提出了元素质量的整数法则。

第一台质谱仪测量的精度达到千分之一。随着阿斯顿的不断努力，二十年之后质谱仪的精度竟达到了百万分之一。用质谱法测定元素同位素的原子量可准确到六位有效数字。因此质谱法成了现代测定元素原子量的主要方法。现在通过质谱仪，已测出地球上存在的同位素达489种，其中稳定同位素有264种，天然放射性同位素有225种，此外还发现人工放射性同位素达两千多种，可以说，现代原子量的数值几乎都是用质谱仪测定的。

用质谱法测定原子量时必须同时测定同位素的丰度。由于有些元素的同位素组成因元素的来源不同而不稳定，所以实测的某些元素的原子量每隔两年要修订一次。20世纪90年代中国化学家张青莲(1908—2006)采用质谱法测定了铟、铱、锗、铈、锑、铕等10种元素的原子量，其中对锗的原子量，将原来的(72.61±0.02)改正为(72.64±0.01)，并指出，这个大幅度的改正，是因为原来测定锗的原子量时不知道锗有5种同位素，利用低值锗测定原子量造成了这个偏差。张青莲新测定的10个元素的原子量值分别于1991—2005年间全部被国际原子量委员会采用为新的国际标准，为化学科学做出了贡献。

9.4.3 X射线衍射技术的应用

在德国物理学家劳厄和英国物理学家布喇格父子创建X射线衍射技术的基础

上，X 射线晶体结构分析理论建立起来了，经典的结构晶体学开始逐渐向现代结构晶体学发展。然而做衍射分析，必须要有足够尺寸的整体结晶，这比较困难。1916 年德国科学家德拜(P. J. W. Debye，1884—1966)和瑞士化学家谢乐(P. Scherrer)创造了 X 射线衍射分析的粉末法，解决了单晶难以制造的问题，从而使 X 射线衍射技术得到了大规模推广。德拜等还提出了衍射强度公式，奠定了分析复杂晶体结构的理论基础。与此同时，德国物理学家玻恩(M. Born)等利用 X 射线测定的晶体结构数据来计算点阵能，搞清了离子晶体中正、负离子静电引力的本质，推动了分子结构理论的发展。

随着构象分析方法的发展(详见第 8.7)，X 射线衍射技术的作用得到了更充分的发挥，很多科学工作者都把它作为有力的武器来解决自己研究领域的难题，并获得了成功。例如，生物化学家沃森、克里克和威尔金斯正是应用 X 射线衍射技术发现了 DNA 的双螺旋结构；英国生物学家肯德鲁(J. C. Kendrew，1917—1997)和佩鲁茨(M. F. Perutz，1914—2002)也是利用 X 射线衍射技术揭示了血红蛋白和肌红蛋白的三维结构；英国女化学家霍奇金也是应用 X 射线衍射技术测定了青霉素和维生素 B_{12} 的结构；再如德国化学家戴森霍弗、胡贝尔和米歇尔也是用 X 射线衍射技术测定了光合作用反应中心的三维结构。这些都是得诺贝尔奖的重大科研成果。仅以生物大分子的结构测定为例，到 1986 年为止，用 X 射线衍射技术就测定了 280 个左右的生物大分子。

上面这些例子足以说明，X 射线衍射技术对测定各种化学和生物分子的组成结构有多么巨大的威力。然而晶体的 X 射线衍射分析得到的仅仅是一幅衍射图像，要想获得真正的晶体结构还有大量工作要做。美国数学家豪普特曼(H. A. Hauptman，1917—?)和化学家卡勒(J. Karle，1918—?)合作，创建了高效的直接法，解决了这个问题。用 X 射线衍射技术进行晶体结构分析，需要解决晶体中原子位置与衍射强度之间的数学关系问题，也就是所谓的“晶体结构测定中的相角问题”。豪普特曼与卡勒用统计数学的方法分析晶体的 X 射线衍射数据，推导出与衍射强度相关的数学表达式，从这个公式可以直接从衍射强度的统计中获得相关的衍射相角的信息。直接法的实质就是利用电子计算机辅助计算，由 X 射线衍射图像直接得到晶体的三维结构，因而可以大幅度提高效率。过去用 X 射线衍射技术分析晶体的立体结构通常需要数月甚至一两年的时间，而利用直接法只要几天就够了。现在直接法已经成为用 X 射线衍射技术测定晶体三维空间结构的最主要方法，特别是在蛋白质、激素、抗生素等大分子生物物质的分子结构分析中是无可替代的。

9.4.4 海洛夫斯基发明极谱分析法

1879 年德国物理学家亥姆霍茨(H. von Helmhotz)指出，在固体—液体界面之间存在着一个固定的双电层，并提出了关于双电层的理论，他还推导出了计算双电层之间电位的公式。亥姆霍茨的工作引起了当时众多科学家的兴趣，推动了科学界对电毛细现象和滴汞电极特性的研究。1922 年捷克斯洛伐克化学家海洛夫斯基(J. Heyrovsky，1890—1967)正是在这些研究工作的基础上，提出了极谱法。三年后他与志方益三合作，利用滴汞电极制造了第一台极谱仪。极谱法是一种通过测定电解过程中所得到的电流—电位曲线来确定溶液中被测成分浓度的电化学分析方法。它的灵敏度达 10^{-7}～10^{-9}，相对误差仅为±2%，分析速度快，所需样品少，通常可同时测定 4～5 种物质，而且不用预先分离。极谱法对绝大部分化学元素都适用，还可以用于有机分析和溶液反应的化学平衡以及化学反应速率的研究。

极谱法的发明大大促进了电化学反应机理的研究，在海洛夫斯基工作的影响下，不久极谱动力学电流理论就问世了，进一步深化了极谱理论的研究。

在发明极谱法后海洛夫斯基继续前进，1935 年他推导了极谱波的电流和电位关系式，奠定了极谱定性分析的理论基础。1941 年海洛夫斯基将极谱仪与示波器联用，提出示波极谱法。此外，他还提出了导数极谱和微分极谱等方法。由于海洛夫斯基的持续努力，极谱学迅速发展起来，在 20 世纪 30 年代之后，每年世界上都有大量有关极谱分析的研究和应用的论文发表。极谱分析的应用已遍及工业生产、疾病治疗、地质勘探、食品质量监控、大气环保等多个领域。所以极谱法是当代最重要的一种化学分析方法。

9.4.5 恩斯特创立高分辨率核磁共振法

20 世纪 40 年代美国的珀塞尔（E. M. Purcell，1912—1997）和布洛赫（F. Bloch，1905—1983）在德国施特恩（O. Stern，1888—1969）和美国拉比（I. I. J. Rabi，1898—1988）早期工作的基础上，各自独立地发展出在原理上相互类似的、精度极高的、新的测量原子核磁矩的实验方法，1946 年他们几乎同时发现了核磁共振。于是在 20 世纪 50～60 年代连续波核磁共振波谱学获得了迅猛的发展，而化学家则用这个新方法来解决物质结构分析中的难题。

1965 年瑞士化学家恩斯特（R. R. Ernst，1933—）用傅里叶变换改造了核磁共振方法，将其灵敏度提高了将近两个数量级。过去由于同位素丰度低而难以测定的 ^{13}C 等原子的测定问题都得到了解决。随后恩斯特连续推出了二维（即双频）、三维以及多维的核磁共振法，把核磁共振波谱学发展到一个崭新的水平。常规的核磁共振谱通常称为一维核磁共振谱，其信号强度是一个频率的函数；而二维核磁共振谱的信号强度是两个频率的函数。二者的区别在于，后者可以提供前者所无法获得的信息。而且二维核磁共振谱与 X 射线衍射法不同，它不要求提供被测量物质的单晶，可以对它们在溶液中的结构直接进行测量，这大大方便了它的推广使用。后来，恩斯特还发展了一次激发三维成像技术，又一次大幅度提高了核磁共振的灵敏度。此外，在二维核磁共振谱基础上研制的核磁共振成像仪，由于能清晰反映人体内状况，在临床诊断上发挥了极其重要的作用，成了不可替代的现代医疗设备。核磁共振法从发明出来之后立即得到了广泛的应用，现在它已经成为有机化合物结构测定的重要工具，加上与其他仪器的配合使用，目前用核磁共振法鉴定的化合物已超过了十几万种。现在化学界把紫外光谱、红外光谱、核磁共振谱和质谱称为四大谱，一个新有机化合物的合成，必须要有它的四大谱数据予以支持，方为可靠。

由于篇幅所限，有一些重要的、20 世纪新创造的分析方法，包括各种光谱分析法、蒂塞利乌斯（A. W. K. Tiselius，1902—1971）发明的电泳法、马丁（A. J. P. Martin，

1910—2002)和辛格(R. L. M. Synge,1914—1994)发明的分配层析法、赫维西创立的放射性示踪法、普雷格尔(F. Pregl,1869—1930)发明的有机化合物微量分析的技术、哈塞尔和巴顿等提出的构象分析方法、克鲁格(A. Klug,1926—)将X射线衍射技术用于电子显微镜的技术等,这里都不详细阐述了。

9.5 F. 哈伯的功与过

一些有远见的化学家曾经指出:为了使子孙后代免于饥饿,我们必须寄希望于科学家能将空气中丰富的氮固定下来并转化为可利用的形式,因此实现大气固氮在20世纪初是众多科学家瞩目的重大课题。哈伯(F. Haber,1868—1934)生逢其时。哈伯是德国犹太人,出生于德国西里西亚的布雷斯劳(现为波兰的弗罗茨瓦夫)。他全力以赴投身于这项工作,在合成氨的理论研究和工艺条件试验方面都做出了重大贡献,终于第一个从空气中制造出了氨,实现了合成氨的工业生产。

利用氮、氢为原料合成氨的工业化生产是一个很难的课题,1795年就有人尝试在常压下进行氨的合成,后来又有人把压力提高到50个大气压做合成氨的试验,结果都失败了。

哈伯首先做了一系列实验,探索合成氨的最佳物理化学条件。哈伯发现,氮气和氢气的混合气体在高温高压的条件下再施加催化剂作用就可以合成氨。他通过大量的实验和计算,找到了合成氨所需要的温度和压力以及催化剂,并设计了原料气的循环工艺,这就是合成氨的哈伯法。于是哈伯先将他设计的工艺流程申请了专利,然后与德国当时最大的化工企业合作,组织了工厂工程技术人员实施自己设计的合成氨工艺。化工专家博施(C. Bosch,1874—1940)则主持了高压反应器的结构设计,成功地解决了在高温高压下进行合成氨化学反应的问题。经过初步试验,哈伯法(后改称哈伯—博施法)基本可行,成本低,生产效率高。但是他们用的催化剂是锇,锇在地球上的储量极少,又难于加工,必须另找高效稳定、又容易加工的催化剂。为此哈伯又花了两年时间,进行了6 500多次试验,测试了约2 500种不同的配方,最后选定了含铅镁促进剂的铁催化剂。1913年哈伯的合成氨设想实现了,一个日产30 t的合成氨工厂终于建成并投产。

除了合成氨之外,哈伯对电极过程的本质问题、自由能方程中的"不确定热力学常数"问题、硝基苯的还原作用问题、燃料电池问题、铁的电化学问题等不同领域的许多问题都做过深入的研究,并取得令人瞩目的成果。

1914年第一次世界大战爆发,哈伯受民族沙文主义的影响,承担了战争所需要的材料的供应和研制工作。他曾错误地认为,毒气进攻乃是一种缩短战争时间的好办法,从而担任了德国施行毒气战的科学负责人。

1915年4月22日德军在伊普雷战役中,在6 km宽的前沿阵地上,在5 min内施放了180 t氯气。据估计,英法军队约有15 000人中毒,不少人窒息而死。这是战争史上第一次大规模的毒气战。此后,交战的双方都使用毒气,而且毒气的品种有了新的发展。这遭到了欧洲各国人民,特别是科学家们的一致谴责。哈伯也因此在思想上受到很大的震动。战后哈伯利用他在威廉物理化学研究所——世界第一流的研究所的领导地位，努力加强同世界各国科研机构的联系，并给予来德国工作学习的各国科技工作者以热情的指导，以进行忏悔，并改变他在战争期间给人们留下的不好印象。那时哈伯的实验室有将近一半的成员来自其他国家。1933 年希特勒上台，将哈伯改名为犹太人哈伯，威廉研究所也改组。哈伯被迫逃亡瑞士，第二年去世。

9.6 诺贝尔和诺贝尔奖

9.6.1 诺贝尔的生平

A.诺贝尔（A. B. Nobel，1833—1896）出生在瑞典的斯德哥尔摩。父亲是个机械工程师，同时也研制炸药。在家庭的影响下，诺贝尔从年轻时开始就对炸药产生了浓厚的兴趣。当时硝化甘油已经发明，但因为容易引起爆炸，而且无法控制，使用受到限制。诺贝尔认识到，如能控制爆炸，可以用硝化甘油来制造炸药。当时中国发明的火药早已传到了欧洲。诺贝尔想到，如果把火药与硝化甘油混在一起，利用火药引爆，也许会引起强烈的爆炸。于是他把火药与硝化甘油按各种不同的比例混合在一起，做了大量的实验，最后获得了成功，发明了用少量火药引爆硝化甘油的技术。

诺贝尔

然而用火药引爆硝化甘油的技术没有真正过关。1864 年 9 月诺贝尔在进行实验时硝化甘油发生了大爆炸，诺贝尔本人由于爆炸时恰好不在现场才躲过一劫。事后诺贝尔对事故进行了冷静的分析，认识到问题出在引爆装置上，需要另找引爆物。经过多方寻找、反复实验，诺贝尔最终找到了合适的引爆物——雷酸汞，并发明了用雷酸汞引爆硝化甘油的技术，这就是雷管。雷管的发明是爆炸学的一个重大的突破，是一个里程碑。

但是硝化甘油炸药不易储藏，造出来后放置时间稍长它就会分解；而且运输困难，在强烈震动时仍然容易引起爆炸。尽管诺贝尔对这个问题做了大量宣传，提出了严重警告，但因搬运硝化甘油炸药而造成的爆炸事故仍然层出不穷。于是以瑞典为首的许多西方国家都下令严禁运输硝化甘油炸药。这意味着诺贝尔必须提高炸药的稳定性以确保其运输安全。

经过多种方案的实验，最后诺贝尔找到了矽藻土。这种物质化学性质稳定，而且对液体的吸收能力很强。诺贝尔利用它，制成了一种化学性能稳定的黄色炸药。经过反复试验获得了完全的成功。为了进一步提高黄色炸药的爆炸力，诺贝尔继续前进，又发明了胶质炸药，后来又发明了效果更好的无烟炸药。

诺贝尔非常勤奋，终其一生他都在不停地思考、实验，因而完成了大量的发明创造。他取得了 255 项专利，其中 129 项是关于炸药的，人称炸药大王。由于事业上的成功，诺贝尔拥有巨大的财富，据计算他大约拥有920万美元，在19世纪这是很可观的，他的工厂几乎遍布欧美各发达国家。1896年诺贝尔去世，享年63岁。诺贝尔终身未娶，因而没有子女，他的财产处理就成了一个大问题。经过多方考虑，最后诺贝尔决定用他自己的财产设立诺贝尔奖，以鼓励科技工作者对自然界进行更深的探索，做出更多的发明创造，对人类的发展做更大的贡献；对文学从业人员，则鼓励他们写出更多更好的作品服务于人民；同时，也鼓励政治活动家能在避免战争、促进世界和平的事业中发挥更大的作用。诺贝尔在遗嘱中写道："我的整个遗产的不动产部分，可作以下处理：由指定遗嘱执行人进行安全可靠的投资，并作为一笔基金，每年以其利息用奖金形式分配给那些在前一年中对人类做出较大贡献的人。奖金分为五份，其处理是：一部分给在物理学领域内有重要发现或发明的人；一部分给在化学上有重要发现或改进的人；一部分给在生理学或医学上有重要发现或改进的人；一部分给在文学领域内有理想倾向的杰出著作的人；以及一部分给在促进民族友爱，取消或减少军队，支持和平事业上做出很多或最好的工作的人。"奖金奖给那些经过严格审查，认为是最应得奖者，但决不要考虑受奖人的国籍，也不管是男人还是女人。现在人们执行的就是这份遗嘱。诺贝尔在遗嘱中没有设立经济奖，从1969年开始颁发的诺贝尔经济奖是后人为了纪念诺贝尔而增设的，与诺贝尔遗嘱无关。

9.6.2 诺贝尔奖的推荐和评定程序

诺贝尔物理奖、化学奖和生理学或医学奖三项自然科学奖的推荐和评定程序大致如下：

第一步，这三个学科分别各由五位有资格的科学家组成相应的委员会，各委员会拟定下一年度该学科提名人的名单，并发出提名邀请书。这个名单应在每年9月提出。受邀提名人分两种，一种是该学科以前的诺贝尔奖获奖人、瑞典皇家科学院院士和瑞典皇家卡罗琳外科医学院教授、诺贝尔委员会成员等；另一种是世界知名的专家和学者。

前一种人拥有永久提名权，后一种人是每年一度被邀请的提名人。1900年在第一次邀请提名人时，物理和化学两个委员会共发出了大约300份邀请书，而现在对每个奖项往往要发出1 000多份提名邀请书。

第二步，根据世界上科学家的提名，诺贝尔奖委员会在每年2月开始进行审查评选。

第三步，诺贝尔奖委员会对经过筛选选出的获奖候选人的科研成果进行反复的调查研究和核实，最后从候选人中选出本年度诺贝尔奖获奖人1～3人，报送瑞典皇家科学院院士会和卡罗琳外科医学院教授会批准。在正式批准后，通常于当年10月上中旬逐项向全世界公布，同时正式通知诺贝尔奖获奖者本人。当年12月10日（诺贝尔的忌辰）瑞典首都斯德哥尔摩将举行仪式，由瑞典国王向诺贝尔奖获奖者颁发获奖证书与奖金。

关于诺贝尔奖奖金数额，诺贝尔希望，这笔钱能保证一位教授在没有工资收入的情况下，仍能继续他的研究达20年。由于物价在不断的变动，诺贝尔奖奖金数额相应地也在变动。根据诺贝尔奖官方网站公布的数据，1901 年的诺贝尔奖奖金数额为 15.087 2 万瑞典克朗，现在诺贝尔奖奖金金额为 1 000 万瑞典克朗，约合 140 万美元。

诺贝尔奖从 1901 年开始颁发，到现在已经超过 110 年。三项自然科学诺贝尔奖的奖励范围主要是探测手段、基础理论和理论成果的实际应用三个方面。从 1901 年起到现在已经有 400 多人获奖，其中有四个人两次获奖：一个是法国科学家居里夫人，一次获物理奖，一次获化学奖；一个是美国科学家巴丁，两次获得物理奖；第三个是英国科学家桑格，两次获化学奖；第四个是美国科学家鲍林，一次获化学奖，一次获和平奖。在 1939 年第二次世界大战爆发之前，物理、化学和生理或医学三个自然科学诺贝尔奖奖项的获得者共有 124 人，其中德国科学家 33 人，占 26.6%，居第一位。第二次世界大战结束后获奖者以美国科学家居压倒多数。

诺贝尔奖的评定都不是在这项成果刚刚公布的时候，而是在经过若干年的实践检验，证明这项成果确实对科学发展起了重大作用，甚至对生产的发展也产生了重大影响之后才予以评奖。这一做法具有重要的理论意义和实践意义。以物理奖为例，据统计，获得诺贝尔物理奖的科学家取得获奖成果时的平均年龄还不到 40 岁，而获奖时的平均年龄大约是 50 岁，这里有十几年的年龄差。这十几年就是一个对获奖成果的检验过程，是一个对获奖成果正确性以及实际意义的考核期。三个自然科学诺贝尔奖的评选由于坚持这一条，才保证了中奖项目基本上是正确的，保证了中奖项目的高水平。

9.6.3 诺贝尔奖评审中的失误和遗憾

并不是所有的自然科学诺贝尔奖的评定都百分之百是准确的，由于种种原因评定也曾出现过一些失误。1926 年丹麦生理医学家菲比格(Fibiger，1867—1926)因提出“癌变是由寄生虫的代谢物诱致而引起的”的医学理论而获得该年度的诺贝尔生理或医学奖，后来的研究和实践证明这种理论是不妥当的，评奖时因过于仓促未能鉴别出来。可是检验时间太长也会造成失误，致使某些重要成果迟迟不能评奖，这会导致有的应获奖的科学家在未得到应有评价之前而去世，或者他们的成果为尔后的新发明所代替。这些都是我们所不希望看到的。像美籍希腊学者佩帕尼柯劳在 20 世纪 40 年代曾提出一种细胞学方法，可以诊断早期癌症，然而迟迟未能得奖，等到诺贝尔奖委员会认识到该方法的重要性时，佩帕尼柯劳已于 1962 年去世了，而诺贝尔奖是不授予已故学者的。还有洛克菲勒医学研究所的加拿大裔美国生物化学家艾弗里(O. T. Avery，1877—1955)，早在 1944 年就证实了遗传信息的载体是脱氧核糖核酸，但当时有的科学家对此表示怀疑，最后拒绝授予他诺贝尔奖。艾弗里过了几年就去世了，在他去世以后 7 年当沃森和克里克因发现核酸的分子结构及其对信息传递的重要性而获诺贝尔奖时，诺贝尔奖委员会曾宣布艾弗里未获奖是一件遗憾的事。因此，1962 年当苏联著名的物理学家朗道因车祸造成重伤时，诺贝尔奖委员会立即决定，根据朗道以前的科研成果把该年的诺贝尔物理奖授给他，以免再造成艾弗里那样的遗憾。

另外，由于人类认识水平受时代的局限，也造成了个别诺贝尔自然科学奖评定的失误。例如，米勒(P. H. Müller)发明的杀虫剂 DDT，在发明时是非常有效的，曾发挥了巨大的作用。1948 年米勒被授予诺贝尔生理学或医学奖。但后来发现，DDT 的使用会严重污染环境，给农业带来灾难性的后果，所以后来很多国家下令禁止生产 DDT。这不能不说是诺贝尔奖评定的一个失误，但这种问题事先是很难预见的。

由于诺贝尔遗嘱规定的倾向性意见以及执行遗嘱规定时多数有关科学家的倾向性意见，也造成了一些遗憾。例如，在诺贝尔奖颁发的初期，诺贝尔委员会的科学家们倾向于奖励实验性的发现，诺贝尔遗嘱中也有这样的规定，为此 1906 年诺贝尔化学奖委员会否定了俄国化学家门捷列夫因发现元素周期律的重大理论成果而获奖的资格，而将该年的化学奖授予了法国的化学家穆瓦桑(H. Moissan，1852—1907)，尽管穆瓦桑在研究和制备单质氟方面也做出了重要贡献，而且为此牺牲了自己的健康。后来一位诺贝尔奖获得者称这件事为令人遗憾的错误。

关于爱因斯坦被授予诺贝尔物理奖的过程更能说明问题。众所周知，爱因斯坦的主要科研成果是提出了相对论，狭义相对论是他在 1905 年提出的，广义相对论是他在 1916 年提出的，1919 年英国的天文学家爱丁顿利用日全食观测到了光线经过太阳边缘时发生弯曲的现象，证实了广义相对论的正确性。但当时在诺贝尔委员会中保守势力很强大，他们过分轻视理论，认为理论只是一些猜想，他们认为相对论不是从实验中来的，因而坚决反对因相对论而得诺贝尔奖。他们决定 1921 年宁可不颁发物理奖，也不考虑爱因斯坦获奖。但是到了 1922 年呼吁对爱因斯坦授奖的舆论已经非常强烈了，也就是说，形势已经发展成如果不把诺贝尔物理奖授予爱因斯坦，诺贝尔委员会将无法面对全世界科学界。直到这时诺贝尔委员会才接受普朗克的建议，将 1921 年的物理学奖补发给爱因斯坦。即使这样，爱因斯坦得奖的原因仍然不是提出相对论，而是“发现光电效应规律”。

然而，从自然科学诺贝尔奖颁发以来 100 多年的历史看，上述情况只是诺贝尔奖评定工作的一个极小部分，获奖项目的绝大部分都是正确的，都经受住了历史的考验。诺贝尔当年希望奖金能促进人类科学事业发展的遗愿得到了很好的实现。

9.7 中国和华裔化学家的贡献

侯德榜(1890—1974)，出生于福建闽侯，是中国著名化学家，“侯氏制碱法”的创始人。1913 年，侯德榜毕业于北京清华留美预备学堂，以十门功课 1 000 分的满分成绩被保送入美国麻省理工学院化工科学习。1921 年，他在哥伦比亚大学获博士学位。

侯德榜一生对我国的化学工业有三大贡献。第一，揭开了索尔维法的秘密。第二，创立了中国人自己的制碱工艺——侯氏制碱法。第三，为发展小化肥工业做了大量工作。

回国后侯德榜全身心投入发展我国的制碱事业，在 1926 年生产出合格的纯碱。这一年中国生产的“红三角”牌纯碱在美国费城的万国博览会上获得金质奖章。针对索尔维法的不足，侯德榜经过上千次试验，在 1943 年研究成功了联合制碱法。这个新工艺是把氨厂和碱厂建在一起，联合生产。由氨厂提供碱厂需要的氨和二氧化碳。母液里的氯化铵用加入食盐的办法使它结晶出来，作为化工产品或化肥，食盐溶液又可以循环使用。为了实现这一设计，在1941—1943年抗日战争的艰苦环境中，在侯德榜的严格指导下，经过了500多次循环试验，分析了2000多个样品后，才把具体工艺流程定下来。这个新工艺使食盐利用率从70%一下子提高到96%，也使原来无用的氯化钙转化成化肥氯化铵，解决了氯化钙占地毁田、污染环境的难题。这种方法把世界制碱技术水平推向了一个新高度，赢得了国际化工界的极高评价。1943年，中国化学工程师学会一致同意将这一新的联合制碱法命名为“侯氏联合制碱法”。联合制碱法很快为国际上所采用。

侯德榜

侯氏制碱法与索尔维法相比，最大的优点是大大提高了食盐的利用率，另外，它综合利用了氨厂的二氧化碳和碱厂的氯离子，同时生产出两种可贵的产品——纯碱和氯化铵。二氧化碳在氨厂是废气，侯氏制碱法将其转变为碱厂的主要原料来制取纯碱，这样就节省了碱厂里用于制取二氧化碳的庞大的石灰窑；同时，用碱厂的无用的成分氯离子(Cl^-)来代替价格较高的硫酸以固定氨厂里的氨，制取氮肥氯化铵，从而不再生成没有多大用处、又难于处理的氯化钙，减少了对环境的污染，并且大大降低了纯碱和氮肥的成本，充分体现了大规模联合生产的优越性。

傅鹰(1902—1979)，字肖鸿，祖籍福建省闽侯县，我国著名的物理化学家和化学教育家，中国科学院学部委员(院士)，1928年获美国密歇根大学科学博士。傅鹰是我国少数有突出贡献的化学家之一，在胶体和表面化学的研究上有很深的造诣，他从20世纪20年代到美国留学时，就加入到胶体和表面化学开拓性研究的行列之中。

1929年，傅鹰发表了他的博士论文。他用硅胶自水溶液中吸附脂肪酸的实验，发现了同系物的吸附规律有时呈现出与著名的特劳贝规则完全相反的现象，推翻了胶体化学大师弗朗特里希(Freundlich)的结论。

在导师巴特尔的指导下，傅鹰根据实验数据提出，不能完全根据润湿热的大小来判断固体对液体的吸附程度。他还与巴特尔共同研究利用润湿热测定固体粉末比表面的热化学方法。这是一项重要的原创性的研究成果。

1930年傅鹰和助手研究了鸡蛋清蛋白溶液的表面化学性质，发现了其表面张力的规律，这是当时国际上有关领域最早的研究工作。

1944—1950年，傅鹰在第二次赴美国期间，利用热力学为工具，继续开展吸附作用的研究。他们首次发现自溶液中的吸附和自气相中的吸附一样，吸附层也可以是多层的。因此，他们便把BET气体多层吸附公式合理推广，应用于自溶液中的吸附。这个研究成果居于当时国际同类研究的前列，因而被各国的胶体和表面化学专著所引用。

卢嘉锡(1915—2001)，中国著名化学家，科学院院士，曾任中国科学院院长、中国化学会副理事长、理事长。他是在福建省厦门市出生长大的台湾台南人。1939年获伦敦大学物理化学专业哲学博士学位，随后去美国加州理工学院跟随量子化学大权威鲍林教授做访问研究。1945 年回国。1984 年卢嘉锡当选为欧洲科学院院士，1985 年当选为第三世界科学院院士，1988 年当选为该院副院长。

结构化学是物理化学的一个重要分支，卢嘉锡是我国从事电子衍射结构分析的第一人。1943 年，他与 J.多诺休(Donohue)采用电子衍射法研究了硫氮(S_4N_4)、砷硫(As_4S_4)等化合物的结构，解决了国际上关于硫氮类化合物结构的长期争论。他们在用电子衍射法研究的基础上得出了比较合理的"八元环"结构。他们通过这种化合物原子间距的径向分布所推算出的结构特征，后来为多诺休所进行的晶体结构测定所证实。卢嘉锡还对射线晶体结构分析提出了一种图解法，减小了对这问题手工计算的工作量，在国际上普遍应用了几十年，直到被电子计算机技术所取代。1945 年卢嘉锡获得美国科学研究与发展局颁发的"科学研究与发展成就奖"。

开拓中国原子簇化学研究领域是卢嘉锡一生中最为突出的学术成就，1978 年他就倡导开展这方面的研究，并进行了深入系统的工作。这里对他在这方面的主要成果做一简单介绍。

(1)提出固氮酶活性中心的结构模型。该模型四年后得到利用顺磁、穆斯堡尔谱和超精细表面结构分析法对固氮酶钼铁蛋白和铁钼辅基进行研究所得结果的支持，因而被国际同行在论文中多次引用。

(2)关于"活性元件组装"的设想。卢嘉锡在实验中发现，类立芳烷型簇合物在其"自兜"反应的生成过程中经常留下反应物基本单元的结构"遗迹"，因而提出：复杂的原子簇化合物可由较简单的原子簇"元件"通过活化成为"活化元件"而组装起来。在这一理论设想的启发和指导下，物质结构研究所合成出了许多新型类立芳烷型的簇合物。

(3)关于"类芳香性"本质的研究。芳香性是有机化学中最重要、最基本的传统概念之一。卢嘉锡将其团队提出的"类苯芳香性"的概念，引申到过渡金属原子簇化学中来，从理性上系统地认识了某些过渡金属原子簇合物的特殊反应性能和物理性质，有利于新型簇合物合成的分子设计。

以卢嘉锡为首的研究集体，合成和表征了 200 多种新型簇合物，发现了"活性元件组装"和"类芳香性"等重要规律，受到美、英、日、德、法、苏等几十个国家同行专家的重视，对国际原子簇化学的发展产生了深远影响。由于卢嘉锡在原子簇化学方面的突出贡献，他获得了 1991 年中国科学院自然科学一等奖和 1993 年国家自然科学二等奖。

此外，在卢嘉锡指导下福建物质结构研究所与兄弟单位合作，完成了天花粉蛋白空间结构测定，建立了国际上第一个核糖共活蛋白的分子模型。

唐敖庆(1915—2008)，江苏宜兴人，著名化学家，中国科学院院士，美国哥伦比亚大学博士。唐敖庆是中国理论化学研究的开拓者，在配位场理论、分子轨道图形理论、高分子反应统计理论等领域取得了一系列杰出的研究成果，对中国理论化学学科的奠基和发展做出了重要的贡献。

唐敖庆是中国研究量子化学的主将，还在 20 世纪 50 年代他就提出了"势能函数公式"。利用这一公式可以推算出物质的一些性质，为从分子结构改变物质性能提供了理论上指导的依据。这项研究于 1957 年 1 月获得我国首次自然科学奖三等奖。

20 世纪 60 年代初，唐敖庆与其团队，以两年多的时间创造性地发展和完善了配位场理论及其研究方法，成功地建立了一套完整的从连续群到分子点群的不可约张量方法，进一步统一了配位场理论中的各种方案，并提出了新的方案。这一成果于 1982 年获国家自然科学奖一等奖。

20 世纪 70 年代初，分子轨道图形理论作为理论化学的一个新的重要分支，开始引起国际学术界的广泛注意。唐敖庆和江元生(1931—2014)及时跟上，经过深入研究，提出了三条定理，使这一量子化学形式体系，从计算和实验两方面均可表达为分子图形的推理形式。“分子轨道图形理论方法及其应用”研究成果，获得 1987 年国家自然科学奖一等奖。

1956 年唐敖庆开始了高分子反应与结构关系的研究，他建立发展了高分子反应统计理论，为设计预定结构的产物确定反应条件与生产工艺及配方提供了理论依据。他和他的研究集体的研究成果“缩聚、加聚与交联反应统计理论”获 1989 年国家自然科学奖二等奖。

在晚年，唐敖庆又和他的合作者们在高分子统计理论研究的基础上，解决了溶胶凝胶的分配问题，提出了有重要应用价值的各类凝胶条件；特别是从现代标度概念出发，从本质上揭示了溶胶——凝胶相转变过程，得到了标志这一转变的广义标度律。

李远哲(Yuan Tseh Lee，1936—)，台湾新竹人，加州大学伯克莱分校博士，美国国家科学院院士，美国人文与科学院院士。李远哲主要从事化学动态学的研究，在化学动力学、动态学、分子束及光化学方面成就卓著。李远哲研究的是：把交叉分子束实验方法应用于一般的化学反应，特别是研究较大分子的化学反应；利用激光激发已被加速但尚未碰撞的分子或原子，以此控制发生化学反应的类型。

分子束方法是一门新技术，1960 年才试验成功。起初它只适用于碱金属，后来李远哲同赫施巴赫把它发展为一种研究一般化学反应的通用的有力工具。再后来李远哲又将这项技术不断改进，用来研究较大分子的重要反应。他所设计的“分子束碰撞器”和“离子束碰撞器”，已能用来深入了解各种化学反应的每一个阶段过程，使人们能在分子水平上研究化学反应的各个阶段历程。因对化学基元过程动力学研究的贡献，1986 年李远哲获得了诺贝尔化学奖。

钱永健(1952—2016)，出生于美国纽约，祖籍浙江杭州，华裔美国化学家，剑桥大学博士及博士后，美国国家医学院院士，美国国家科学院院士，美国艺术与科学院院士。2004 年，钱永健获沃尔夫医学奖；2008 年他与美国生物学家马丁·莎尔菲和日本有机化学家兼海洋生物学家下村修，以绿色荧光蛋白的研究成果分享该年度诺贝尔化学奖。

最早研究蛋白质本身发光的是下村修和约翰森。1963 年他们在美国《科学》杂志发表了关于钙和水母素发光关系的文章。钙离子是生物体内的重要信号分子，利用水母素来检测钙的浓度，是检测钙的新方法，而且目前仍在使用。从 1961 年到 1974 年，下村修和约翰森在这方面的研究遥遥领先，但很少有人注意。

钱永健是和下村修的研究相关的一位重要科学家。在 20 世纪 80 年代钱永健的工作就开始引人瞩目。钱永健的贡献是找到了让绿色荧光蛋白更亮更持久发光的方法，并创造出了更广泛的荧光蛋白色彩，包括黄、蓝、橙等颜色。绿色荧光蛋白目前正受到科学界愈来愈广泛的关注。在2007年，根据统计，与绿色荧光蛋白或荧光蛋白相关的科研文章竟然达到12 000篇，而十几年以前这方面的科研文章很少。

此外，中国化学家曾昭抡（1899—1967）对亚硝基苯酚的研究，吴学周（1902—1983）对多原子分子的电子光谱和分子结构的研究，黄鸣龙（1898—1979）对甾体化合物的合成研究，徐光宪（1920—2015）对稀土元素化学的研究，周维善（1923—2012）对甾体化学、萜类化学和不对称合成的研究，冯新德（1915—2005）对高分子化学的研究，刘有成（1920—2016）对自由基化学的研究都做出了国际水平的重要贡献。

10 生 物 学

生物学研究的是生命科学，包括探索人类本身的奥秘。生物包括动物、植物和微生物，人类是最高级的动物。生物学研究生物的分类、进化、遗传、发育、代谢、生长等问题，人体生理学和医学则是从生物学派生出来的重要学科。

人类探索生命最初是为了栽培植物和驯养动物，亚里士多德是古代生物学知识的集大成者。和所有的自然科学一样，在中世纪生物学也被神学所统治。到19世纪生物学界接连发生了三件大事：首先是施来登和施旺提出了细胞学说，指出动物和植物都由细胞所组成；稍后达尔文提出了以自然选择为基础的进化论，吹响了打破神学对生物学统治的号角；再后孟德尔提出了遗传因子的概念和两个遗传学定律，这标志着遗传学时代的到来。于是生物学就从单纯的观察、描述，变成了实验性的科学。到了20世纪，生物学的发展可分成实验生物学和分子生物学两个阶段，前一阶段的标志是摩尔根基因学说的创立，后一阶段则以1953年沃森和克里克提出DNA分子双螺旋结构模型作为开始，由此引起整个生物学研究工作的大革命。

生物学发展的另一条脉络是对人体生理学和医学的探索。人体生理学是医学研究的基础，没有对人体生理科学的认识，医学只能是对前人治病经验的总结，不可能有深入的发展。人体生理学的研究是从16世纪哈维提出血液循环理论开始的，经过之后几个世纪相关工作者的努力，到20世纪得到了空前的大发展。医学是自然科学中与人类关系最密切的学科，在上古时期的文字记载中就有关于人患病和治疗情况的描述。传染病的出现给人类带来的巨大危害，使人类不得不对其防治投入极大的精力。尽管这些瘟疫大部分已经被人类征服，但新的传染病还在不断产生，这从另一方面也大大促进了医学的发展。医学领域的里程碑意义的事件是19世纪巴斯德开辟了微生物领域。巴斯德提出，传染病是由微生物引起的，由于身体的接触而传播。巴斯德等人还最早分离出来了病毒。不仅如此，他还创立了一整套独特的微生物学基本研究方法。在巴斯德以及随后科赫的开创性工作的基础上，医学在20世纪得到了极其迅猛的发展。可以说，与自然科学其他学科相比，在20世纪医学的进步可能是最大的。以下的10、11和12三章讲的就是生物学、人体生理学和医学的发展情况。

10.1 19世纪以前的生物学

人类开始对生物进行研究是出于栽培植物和驯养动物的需要。埃及、巴比伦、亚述、中国和印度有关生物的最早记载都有四千年左右的历史。

10.1.1 亚里士多德的生物学理论

在古代最早对生物学进行系统研究并且形成自己理论的是亚里士多德(Aristotle,公元前384—前322)。亚里士多德是非常博学的人,他在许多领域都有重要的成就,但以在生物学领域的成就为最大。亚里士多德的研究成果大大推动了希腊和罗马时期生物学的发展。

亚里士多德是第一个动物分类学家,他反对只按动物的外部标志进行分类,而主张按动物的内部结构和根本特性进行分类。他把动物分成了胎生类和卵生类两大类,其中又分有血类和无血类,他提出了一个动物分类表:

<table>
<tr><td rowspan="3">胎生类</td><td>人类</td><td rowspan="6">有血类(有脊类)</td></tr>
<tr><td>有毛四足类(陆上哺乳类)</td></tr>
<tr><td>游水类(水中哺乳类)</td></tr>
<tr><td rowspan="7">卵生类</td><td>鸟类</td></tr>
<tr><td>有鳞四足类及无足类</td></tr>
<tr><td>鱼类</td></tr>
<tr><td>头足类</td><td rowspan="4">无血类</td></tr>
<tr><td>软体动物</td></tr>
<tr><td>昆虫类</td></tr>
<tr><td>介壳类</td></tr>
</table>

亚里士多德的动物分类表,只是在观察与简单的解剖基础上进行的描述性归类,现在看来是不十分科学的,但有合理的部分,应该说已经比较接近现代的分类体系了。亚里士多德的动物分类体系的影响达两千年之久,直到林奈的生物分类法出现,才被取代。

亚里士多德长期对生物进行观察、解剖并收集了大量材料。他详细记录了520种动物的特点,如他知道鲸鱼与海豚是胎生的,不是鱼类。他至少解剖了50多种动物,研究了他们的结构。他不仅亲自到野外、海滩进行实地考察,而且充分利用渔夫、猎人、牧人、旅行家们的经验资料。

亚里士多德在生物学上也犯有不少错误。例如,他一直坚持认为,思维的器官是心脏,认为呼吸是使空气与血接触,使血变冷,等等。这些后来都成为科学发展的障碍。

10.1.2 林奈的分类体系和动植物命名法

就像物理学一样,在整个中世纪生物学也奉亚里士多德的学说为金科玉律,几乎没有任何发展。到了13世纪这个情况才开始发生变化。首先是德国博物学家A.马格努斯(A. Magnus)在前人研究成果的基础上,再加上自己的观察,撰写了系列著作《植物》7卷和《动物》26卷。到了16世纪比利时医生、解剖学家A.维萨里

(A. Vesalius，1514—1564)首创尸体解剖教学，开创了人体解剖学的研究。从 17 世纪到 19 世纪初，生物学的发展明显加快了。在这一时期首先是英国医生 W. 哈维(W. Harvey，1578—1657)发表了《心血运动论》，发现了动物体内的血液循环，并开创了实验生理学研究。紧接着，英国物理学家 R. 胡克(R. Hooke)用自制的显微镜发现了细胞，首创"细胞"一词。几乎同时，荷兰生物学家列文虎克(A. van Leeuwenhoek，1632—1723)观察到了原生动物、细菌和动物的精子。但这一时期在生物学领域最重要的进展，是瑞典科学家 C. 冯·林奈(C. von Linne，1707—1778)在 18 世纪建立的新的动物和植物分类体系，在分类学上做出了重大贡献。稍后，法国动物学家 G. 居维叶(G. Cuvier，1769—1832)开创的比较解剖学和古生物学研究，也是这一时期生物学界瞩目的研究成果。

林奈认为自然界是一个井然有序的系统，生物可以按照它们之间的从属关系，像阶梯似的分成 5 个等级：纲、目、属、种、变种。他认为在等级之间存在着较大的不连续性。林奈著有 1 300 多页的巨著《自然系统》，书中详尽地叙述了他的理论。林奈把自然界分成动物界、植物界和矿物界三界。在植物界，林奈主要依据雄蕊和雌蕊的类型、大小、数量和相互排列等特点，把植物分为 24 纲、116 目、1 000 多个属和大约 1 万个种。在《瑞典动物志》一书中林奈根据动物的心脏、呼吸器、生殖器、感觉器和皮肤等的不同性状，把动物分为 6 纲，即哺乳纲、鸟纲、两栖纲、鱼纲、昆虫纲和蠕虫纲。林奈最早发现了人在身体构造上与类人猿相似，他把人类、猿类和半猿类一起排为哺乳纲的首位，明确指出了人类在动物界的位置。这是林奈的一个重要贡献。

林奈所建立的分类体系称为人为分类体系，即依据分类者因方便而选取的少数几个动植物的外部形态或功能相似的特征和形态结构来进行分类，把生物物种分为各不连续的和界限分明的类群，而完全不考虑物种之间的亲缘关系。随着对动植物材料积累的日渐增多，人为分类体系的局限性逐渐显现出来，林奈也认识到了人为分类体系的不足。林奈曾试图建立自然分类体系，但没有成功。直到 1859 年达尔文的《物种起源》一书问世以后，根据物种种间的亲缘关系并结合遗传、胚胎发育、生态及地理分布等情况作为分类原则，自然分类体系才趋于成熟。

林奈对生物学的另一个重要贡献是提出了动植物双名制命名法。在林奈以前没有一个统一的、合适的动植物学名的命名法。于是同一名称在不同地区用于不同的物种；同一物种在不同的地区又有不同的名称，造成动植物学名杂乱无章，研究者无所适从。科学研究工作的发展，迫切需要一个各国生物学家所承认和接受的共同科学语言。林奈的双名制命名法就应运而生了。根据林奈的双名制，每一个物种用 2 个拉丁字去命名它，属名在前，种名在后，学名就由属名和种名所组成，精确又简短，使人一目了然。双名制的提出和广泛应用，结束了过去在动植物命名上那种同物异名和同名异物的混乱状态，有力地促进了生物学的发展。

10.1.3　布丰的《自然的历史》

与林奈同一年出生的法国生物学家布丰(Buffon，1707—1788)是 18 世纪另一位伟大的科学家。布丰的主要贡献是用毕生的精力编写了《自然的历史》一书。这本书是百科全书式的巨著，共有 44 卷，布丰生前只完成了 36 卷，剩余的 8 卷由他的助手完成。《自然的历史》涉及的领域极其广泛，可以说宇宙间的一切无所不包。就其内容来说，这部巨著可分为五个部分：第 1 部分包括第 1～3 卷，是书的总纲，除了阐述这部书的总观点外，还讨论了地球和各行星的形成，比较了动物、植物和矿物三者的关系，探讨了人类从生到死的历程。第 2 部分包括第 4～14 卷，主要论述了四足动物。第 3 部分包括第 15～24 卷，主要讨论鸟类。第 4 部分包括第 25～31 卷，主要讨论物理和化学领域的各种问题，还以补遗形式论述了新发现的关于四足动物的材料。第 5 部分包括第 32～36 卷，主要论述矿物自然史问题。1788 年布丰去世后，其助手按布丰生前拟定的体例编写了最后 8 卷，论述了爬行动物、鱼类和甲壳动物以及各种其他问题，最后完成了这部巨著。

尽管《自然的历史》书中错漏不少，而且有较多猜测、臆想的成分，但该书使自然科学通俗化，对科学知识的传播作出了重要的贡献，德国大诗人歌德就深受该书的影响。

布丰是一个变化论者，在他看来，无论是地球还是地球上的各种生物，都处于不断的运动和变化中，但是生物物种的变异是通过退化过程实现的，这当然是错误的。他曾说："如果《圣经》没有明白宣示的话，我们可能要去为马、驴、猿、人寻找一个共同的祖先。"因此布丰可以说是一个进化论的先驱者。

10.2 达尔文及其进化论

10.2.1 拉马克的贡献

在介绍达尔文及其学说以前，首先谈谈法国伟大的生物学家、第一个进化论者（达尔文语）拉马克（Lamarck，1744—1829）的工作。

拉马克对生物学的贡献在于确立了生物的自然演化思想并首先提出了进化理论。拉马克在植物和动物分类上始终贯彻阶梯序列的思想。1794 年拉马克第一次把动物分为脊椎动物和无脊椎动物两大类，后来又从低级到高级，把动物归结为六个等级，形成了完整的动物界级次阶梯：

第一级，滴虫纲和水螅纲，没有神经和血管。

第二级，放射虫纲和蠕虫纲，没有延髓和血管，器官稍多。

第三级，昆虫纲和蜘蛛纲，有神经，具有不完全的血液循环系统。

第四级，甲壳纲、环虫纲、蔓足纲和软体动物纲，有神经，血液循环器官中已有动脉和静脉。

第五级，鱼纲和爬行纲，有神经，心脏有一心室，血液是冷的。

第六级，鸟纲和哺乳纲，神经与充满脑壳的脑子相连，心脏有二心室，血液是热的。

拉马克对动物界分类的依据，主要是看有没有神经系统以及完善与否，因为这直接影响机体最高机能的产生。

拉马克认为，无论是植物还是动物都具有生命的共性，并且都受共同的自然规律支配，因此他把动物学和植物学合起来，取名为生物学，从而结束了以往对动物和植物分别孤立地进行研究的做法。

拉马克进化理论的重点在于阐明生物与其环境的相互关系。拉马克总结出了两条著名的法则：

(1)用进废退论。要点是每种动物在其发展过程中，对任何一种器官用得愈频繁、愈长久，就使这一器官加强、发展、增大；反之，则该器官的功能将逐渐衰退，以致最后消失。

(2)获得性遗传论。要点是个体由于长时间受到环境条件的影响，使生物发生变异，获得了新的性状，经过世代积累新的性状又加深了，如果雌雄两性都获得这种变异，那么，这种变异是可以传给后代的。

拉马克进化学说的缺陷，是他提出的原则、原理都是纯粹由演绎方法得到的，因而他的结论都是建立在理性基础上的，缺乏足够的事实根据，难以使人信服。因此拉马克的进化学说在很长一段历史时期内只引起很小的反响。

达尔文

10.2.2 达尔文的环球航行考察

进化论的创立者达尔文(C. R. Darwin，1809—1882)是英国生物学家。1831 年他作为一个青年博物学家随同英国海军“贝格尔”号军舰去南美海岸进行科学考察。这次航行从英国出发，先横渡大西洋，绕过南美洲，再经过南太平洋到达澳大利亚，然后经过印度洋的一些岛屿，绕过非洲南部，再回到南美洲，最后于 1836 年才返回英国。前后历时五年。达尔文的环球航行路线见下图。

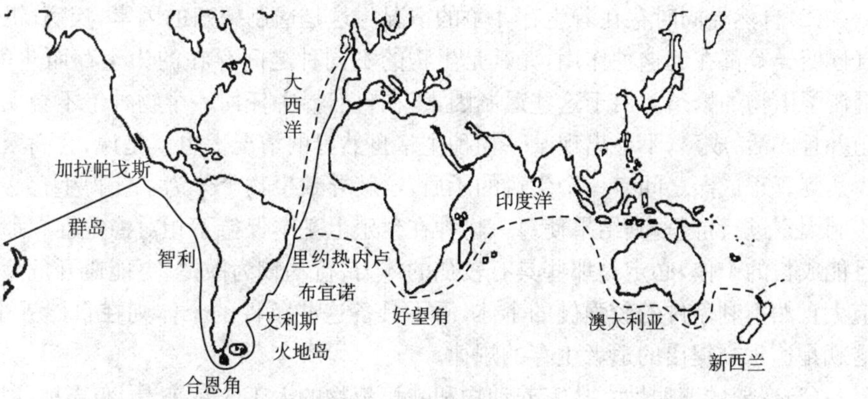

达尔文的环球考察路线

达尔文在这次长时间环球航行考察的实践中，经历了种种考验和苦难，忍受了晕船等的折磨，以顽强的毅力不遗余力地工作。他每到一处都认真、细致地考察研究，入丛林，爬高山，收集各种动物植物标本，并且加以描绘或进行解剖，挖掘古生物化石，纪录地层以及岩石和化石的性质。这次考察极大地开阔了达尔文的眼界，使他获得了极为丰富的生物学方面的第一手资料。在整个航行过程中，达尔文写下368页动物学笔记、1 383页地质学笔记和一本770页的日记。他还收集了1 529个保存在酒精里的标本以及3 907个干标本。这些日记、书信和标本后来成了达尔文做研究工作极有用的原始资料。

在“贝格尔号”航行结束20多年后，达尔文发表了他的著作《物种起源》，英国博物学家、达尔文的朋友 A. R. 华莱士（A. R. Wallace，1823—1913）几乎同时也发现了与此类似的结果。

10.2.3 达尔文的自然选择学说

考察结束后达尔文根据自己亲自的见闻，决心从家养动物和栽培植物方面的研究下手，亲自做人工选择试验，来探索现存物种是怎样形成的。在达尔文研究和考察的动植物材料中，动物方面有狗、猫、马、驴、猪、绵羊、山羊、家兔、家鸽、家鸡、鸭、金鱼、蜜蜂等等；在植物方面有小麦、玉米等谷类，甘蓝、豌豆等菜类，葡萄、莓、柑橘、桃、李、苹果、梨等果类；对家鸽他甚至研究了大约150个品种。在大量试验的基础上达尔文最终形成了人工选择理论。他发现，无论是家养动物还是栽培植物，最大的特点都是依照人的使用需要或爱好在人为的条件下形成的。

人工选择理论的建立启发了达尔文，经过对材料更深入的研究和综合，以及对自然界中生物生存斗争的总结分析，他最终提出了“自然选择”学说。这是达尔文进化论中的核心部分，是在四大类事实的基础上提出的。

(1)生物普遍繁殖迅速。以生殖最慢的大象为例：大象大约到30岁时才开始生育，一直能生育到90岁。如果在这可以生育的60年间，一对大象能生6只小象，并且假设它们都能活到100岁，通过计算表明，经过740～750年就会有1 900万只象。达尔文认为，整个生物界的生存斗争都是生物按几何级数高度繁殖的不可避免的结果。

(2)自然界同时存在着生存斗争的情况。这是遏制繁殖的因素，疾病、饥饿、天敌、气候变异等都在起这种作用，尤其是生物的不同种之间存在的为生存而斗争，极大地遏制了生物的繁殖。由于这些遏制因素，在自然界中任何一个物种绝不会无限制地繁殖并且成活、成熟，不会出现某一物种主宰自然界的情况。也就是说，在高繁殖率与很少达到真正成熟之间有一个尖锐的矛盾，这就导致生物个体为了获得生存必须与这些不利因素进行抗争，其结果使每一物种在生殖上基本保持了相对稳定性。那些活下来且能成长的个体，必定是那些具有较强的体力、行动较为敏捷、更能避开危险也更能适应大自然不利条件的较强健的个体，而不具备这些条件的个体则在自然界中被淘汰。这就是达尔文提出的适者生存的规律。

(3)变异的普遍性。从家养动物和栽培植物的人工改良来看，变异是经常出现的，在鸽子中不论是扇尾鸽、翻飞鸽，还是球胸鸽，都是由野生岩鸽变化而来。同样，没有一种野生狗同人工培育的狗相同。即使在野生动物中也经常出现变异。

(4)环境发生缓慢而普遍的变化。如地球表面的变化，沧海变桑田，高山因风蚀变为低地，平原因上升成为高原；气候的变化，从冷到热，从潮湿到干燥，或反之，变化的结果必然使动植物发生迁徙。在新环境下，变异发生作用，那些最适应新环境的有利变异的动植物生存下来，它们的后代继承亲代的适应性，日积月累，于是在外表形态、内部结构及生活习性等方面都发生了变化，从而形成"新种"。这种新类型代替了原有的、不适应新环境的不利变异的旧类型。

由此达尔文推导出自然选择的理论：生物在生存斗争中，具有有利变异的个体会得到生存并传留后代，而具有有害变异的个体被淘汰。物种就是这样通过自然选择，适者生存的规律而发生变化，实现生物的进化。

对自然界中生物的进化，达尔文认为，自然选择只是靠积累轻微、连贯、有利的变异而起作用，它只能一点点地缓慢地发生作用，而绝不可能产生突然的或巨大的变化。这表明达尔文接受了拉马克的用进废退说，而且用大量事实证明了这个理论。

经过将近 20 年的持续努力，1859 年达尔文完成了他的巨著《物种起源》。该书初版印了 1 250 册，发行的当天就被抢购一空。

达尔文的功绩在于第一次把生物学放在科学的基础上，他论证了生物进化的科学性，根据大量事实对生物进化的机制提出了合理的解释，从而实现了一次伟大的革命。

进化论的建立，科学地证明了生命现象的统一性在于所有的生物都有共同的祖先，而且论证了物种的多样性是进化适应的结果。进化论的建立，在自然科学领域里第一次以科学的论证排除了"神"的形象，对传统的"特创论"和"物种不变论"以沉重的打击，为辩证唯物主义提供了自然科学的依据。

《物种起源》的出版就像一把利剑刺向了神学阵地的心脏，于是在欧洲大陆上一些反达尔文的刊物和组织顿时纷纷出笼，各种围剿达尔文的会议也接二连三地召开，粉碎达尔文的叫嚷甚嚣尘上。但是这些会议和反对进化论的主张，在达尔文和他的战友、英国生物学家 T. H. 赫胥黎(T. H. Huxley，1825—1895)等用种种事实义正辞严的批驳下，最后都以失败而告终。进化论愈来愈受到世界各国人民的欢迎。当然，拥护和反对进化论的斗争并没有停止，它一直延续到 20 世纪，甚至在 21 世纪的今天，在世界上的某些地方还有人在反对进化论。

10.3 细胞学说的建立及其早期的发展

17 世纪中叶随着显微镜的使用和改进，生物学由宏观开始深入到微观了。1665 年英国皇家学会的胡克用自制的显微镜(放大率为 40～140 倍)观察软木塞片，发现其中有许多蜂窝状的空洞结构，他称之为"细胞"，他还绘出了软木塞细胞结构图。后来证明胡克所说的"细胞"，实际上只是软木塞组织中一些死细胞留下的空腔，即没有生命的细胞壁。尽管如此，是胡克发现了细胞。胡克的发现是生物学由形态结构研究深入到细微结构研究的转折点。

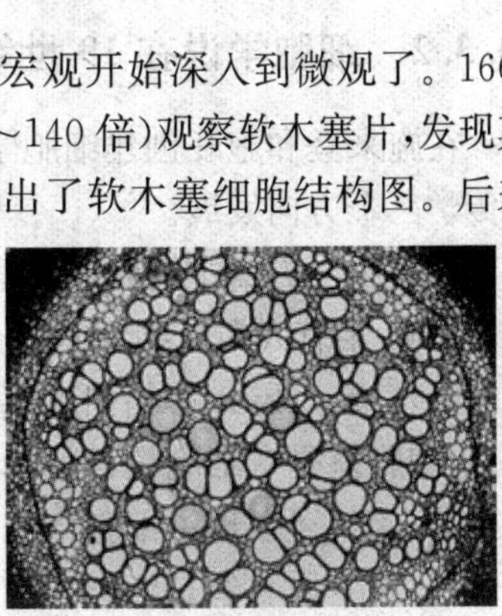
显微镜下的细胞

1675—1683 年荷兰的列文虎克用放大率为 270 倍的显微镜发现了原生动物和细菌，第一次绘出了骨细胞和横纹肌的细胞图，还观察到蛙和鱼类的带核的红血球。

细胞的发现打开了微观生物世界的大门，但是过了一个多世纪，直到 1838—1839 年细胞学说才建立起来。这主要是因为当时在生物领域占统治地位的是以林奈为代表的形态分类的宏观研究法，作为权威的林奈压制了与他不同的别的研究方向。另外，当时显微镜的放大倍数不高，而且存在着色差，对细胞的观察不很清晰，有时甚至得出失真的观察结果，这也是导致细胞学说迟迟不能建立的一个原因。

10.3.1　施来登和施旺建立细胞学说

1805 年德国科学家发现了细胞质。1809 年法国生物学家发现，细胞并不是只具有壁膜的空腔，在其中实际包含有各种不同的物体，如叶绿粒、淀粉粒和结晶体等。1831 年英国植物学家布朗发现了细胞核。不久捷克科学家也观察到动物细胞的细胞核。至此，不但发现了细胞，而且知道细胞是由细胞质、细胞核和细胞膜三部分组成，这就为细胞学说的建立准备了充分的条件。

1838 年德国植物学家施来登（M. J. Schleiden，1804—1881）在总结前人和自己的实验资料的基础上进行了理论概括，写成了《论植物发生》一文，初步提出了细胞学说。1839 年德国动物学家施旺（T. Schwann，1810—1882）发表了《关于动物和植物的构造和生长方面一致性的显微研究》一文，把施来登的植物细胞学说推广到动物界，首次提出“细胞学说”这一名称，并明确指出“细胞是有机体。整个动物和植物是细胞的集合体。它们依照一定的规律排列在动植物体内”。

施来登和施旺建立细胞学说是生物科学发展史上具有里程碑意义的事件。该学说的要点如下：

（1）细胞是动、植物有机体的基本构成部分，也是有机体生命活动的基本单位。

（2）动、植物的细胞尽管在外形和具体功能方面都有很大差别，但具有共同的基本构造，而且都具有“塑态现象”和“代谢现象”等基本特性，按共同的规律发育，有共同的生命过程。

（3）细胞有机体有自己的生成和发展过程，并非一成不变。这是人类第一次研究了细胞起源问题。

10.3.2　细胞学说在 19 世纪的发展

在施来登和施旺创建细胞学说之后，细胞学说主要向细胞学、细胞病理学和细胞遗传学三个方向发展。

在细胞学方面主要是逐步搞清了细胞的结构和功能以及细胞分裂的三种方式。

1846 年有人在植物细胞里分辨出液泡，认识到细胞壁内有细胞膜存在。随后德国的舒尔策（Schultze）指出，原生质（就是细胞质）是生命的物质基础。他对细胞下定义说，细胞就是有细胞核与膜的活物质，也就是“具有生命属性的小块原生质”。舒尔策在 1864 年还发现了细胞与细胞之间存在着“原生质桥”，即原生质联丝。后来的研究表明，原生质联丝是细胞间物质和信息交换的桥梁。

19 世纪中叶德国许多生物学家先后发现了细胞的无丝分裂（也叫直接分裂），即细胞核先在母细胞内一分为二，然后母细胞再分裂成两个子细胞。19 世纪 70 年代德国科学家又发现了植物和动物细胞的有丝分裂（也叫间接分裂）。这时染色质形成线状染色质丝，再一分为二，各自拖着半数染色质丝（后称染色体）向相反方向移动，然后细胞中部收缩而分裂成两个细胞。1883 年比利时科学家发现了动物生殖细胞的减数分裂，不久后德国科学家在植物中也发现了减数分裂现象。总之，到 19 世纪 90 年代细胞分裂的三种方式都已发现，细胞学已成为一门独立的学科。

那时细胞学的基本点可归纳如下：

(1)植物、动物有机体是由有一定组织的细胞构成的。细菌、精子和卵子、花粉和胚珠也都是细胞。

(2)细胞是有机体生命活动的基本单位，它具有新陈代谢和在此基础上由自我形态获得的固有机能。单细胞生物由一个细胞承担了全部的生活机能；多细胞生物由各种细胞分工承担各方面的生活机能，它们综合构成了有机整体。细胞的独立生命只是相对的。

(3)除了细胞壁和细胞间质之外，细胞内的有生命的活物质称为原生质。它是以蛋白体为主体的有结构的胶态体系，是生命的物质基础。

(4)细胞由细胞膜、细胞质和细胞核所构成。细胞质内含有多种名为细胞器的显微构造，它们分工承担着细胞生命活动的各种基本机能。细菌、蓝绿藻等没有核构造，称为原核细胞；动、植物细胞具有核构造，称为真核细胞。

(5)细胞是这样一种单位，“一切机体，除最低级的以外，都是从它的繁殖和分化中产生和成长起来的”。多细胞机体按细胞分裂规律发育成长。

(6)细胞是生物生生不息，传宗接代，遗传演进的“桥梁”。生殖细胞经过减数分裂而形成。生物由此世代相继，既能保持相对稳定，又能有所变异和演进。

到了 20 世纪 50 年代，随着分子生物学的创立和发展，细胞研究已从细胞整体和亚细胞结构水平深入到分子水平，以动态的观点考察细胞的结构和功能，探索细胞的基本生命活动，细胞学发展成细胞生物学。

在细胞病理学方面，德国柏林大学教授威尔和（R. Virchow，1821—1902）把细胞学说应用于病理组织研究，于 1858 年写成《细胞病理学》一书。威尔和认为，病变过程是在细胞中发生的。病变细胞是由正常细胞变化而来。各种病变及其细胞的形成和细胞结构的异常变化有关。这是人类对疾病认识的一大突破，为现代医学奠定了理论基础。

在细胞遗传学方面，主要是研究生物性状的遗传与细胞中遗传基因的关系。这方面的工作是由孟德尔开始的，摩尔根则在孟德尔工作的基础上创建了细胞遗传学。到 20 世纪 40～50 年代，先是加拿大裔美国生化学家艾弗里发现了遗传信息的载体是 DNA，紧接着，1953 年沃森和克里克提出了 DNA 分子双螺旋结构模型，奠定了分子遗传学的基础，于是生物科学研究从细胞水平发展到了分子水平，细胞遗传学也发展到了分子遗传学。

10.4 孟德尔、摩尔根和他们的遗传学

比施莱登、施旺提出细胞学说和达尔文提出进化论稍晚，1866 年奥地利的孟德尔发表了《植物杂交试验》，提出了遗传因子的概念和两个遗传学定律。这标志着遗传学

时代的到来，是生物科学发展的又一重大事件。从此，生物学从单纯的观察、描述，变成了实验性科学。

20 世纪生物学的发展可分为两个阶段：1900—1952 年为实验生物学阶段，1953 年以后是分子生物学为发展主流的阶段。第一阶段以摩尔根的遗传学工作为标志(具体讲，就是关于果蝇连锁遗传的论文)，第二阶段以沃森和克里克提出 DNA 分子双螺旋结构模型为标志，由此引起了整个生物学研究工作的大革命。

10.4.1 孟德尔创建遗传学说

奥地利帝国布隆(现捷克的布尔诺)的神父、生物学家 G.J. 孟德尔(G.J.Mendel，1822—1884)是经典遗传学的奠基人，被称为现代遗传学之父。他在遗传学上的贡献，主要是通过豌豆杂交试验，总结了粒子遗传传递的规律，提出了著名的遗传因子的分离规律和自由组合规律。

对生物来说，从整体形式和行为中很难观察并发现遗传规律，而从个别性状中却容易做到这一点。孟德尔不仅考察生物的整体，更着眼于生物的个别性状，这是他比前辈生物学家高明之处，也是他能够发现遗传规律的原因之一。孟德尔做研究工作非常严谨，为了确保自己发现的正确，他不厌其烦地反复进行了多年试验。1865 年孟德尔宣读了他的研究报告。但是由于他的思想太超前了，听众根本不能理解。另外，当时达尔文的《物种起源》才发表六年，生物学界更关心的是研究和讨论物种的变异，对孟德尔的杂交遗传试验结果没有给予应有的注意，于是在整个 19 世纪里孟德尔的发现都湮没无闻。直到孟德尔逝世 16 年后，即 1900 年，荷兰、德国和奥地利的植物学家们，在发表各自的研究论文前夕查阅以前的科学文献时，才发现自己的论文竟与早已被人遗忘的孟德尔论文的中心思想不谋而合。三位植物学家的研究工作证明了孟德尔所发现的遗传规律的正确性，由此，孟德尔的经典性工作才得到科学界的承认。这件事在科学史上被称为“孟德尔定律的重新发现”。

遗传因子的分离规律也称为遗传学第一定律：一对基因在异质结合状态下并不相互影响，相互沾染，而在配子形成时完全按照原样分离到不同的配子中去。遗传因子的自由组合定律也称为遗传学第二定律：当两对或更多对基因处于异质结合状态时，它们在配子中的分离是彼此独立不相牵连的。也就是说，无论多么复杂的多对性状植株杂交，对于每一对相对性状来说，它们同样服从于分离定律。

孟德尔的遗传学说给当时流行的融合遗传观念以有力的冲击。所谓融合遗传观念认为性状遗传中起作用的是双亲的血液，子代的性状是双亲性状的折衷，祖先的新性状因一代代融合而逐渐稀释，最后完全消失。根据这种遗传观念，两种不同的性状杂交后将使变异有减无增，生物只能退化而不能进化。这种观念只是到了孟德尔提出他的遗传学说后，才为遗传因子概念所取代。

孟德尔的遗传定律对育种生产有重要的实践意义，根据这些定律，人们既可以设法把某些符合需要的特性保留下来并聚集在一个品种内，又可以把具有有害倾向的特性淘汰掉。

孟德尔用的名词“遗传因子”后来被“基因”一词所代替。

10.4.2 摩尔根的遗传学说

T. H. 摩尔根(T. H. Morgan,1866—1945)是细胞遗传学的创始人,是 20 世纪最伟大的生物学家之一。在青年时代摩尔根主要在动物形态学和实验胚胎学领域从事研究,并且都取得了重要成果。从 1903 年开始摩尔根集中力量研究进化论,他承认进化是一个事实,但对自然选择理论提出异议。摩尔根认为,遗传应理解为所有生命现象,是发生和进化现象的中心环节,而在达尔文进化论中缺少对这一重要环节的论述。1916 年摩尔根发表了《进化论批判》,他在书中写道,突变在生命体的进化过程中是起着作用的。他认为,生物的进化是通过突变、基因的不同组合和自然选择的长期作用而进行的。

摩尔根

在摩尔根开始做研究工作的时候,他是拥护孟德尔学说的。但是后来他也曾表示过怀疑。1910 年摩尔根对一个突变体的白眼果蝇同红眼果蝇交配产生的子一代和子二代的实验,都证实了新产生的红眼果蝇和白眼果蝇的数量之比符合孟德尔的研究结果,于是他成了孟德尔学说的忠实的信徒,并用随后自己的研究发展了孟德尔学说。

在遗传学方面的研究成果是摩尔根对生物学最重要的贡献。他和他的学生用果蝇作为实验材料,在前人研究的基础上,根据大量的实验事实,再结合当时细胞学上的重大发现,证明了基因位于染色体上,染色体是基因的物质载体,而且基因在染色体上作直线排列,另外,染色体还是决定性别的因素,从而建立了染色体——基因理论,这是现代遗传学从经典遗传学中继承下来的最重要的遗产。另外,这些实验的结果还表明,位于同一条染色体上的某些性状的基因,它们彼此靠近,“连锁”在一起不易分开。因此摩尔根进一步设想,这些连锁在一起的基因,当减数分裂时它们可能作为一个整体遗传下去。事实正是这样,在大多数情况下同一条染色体有很多基因,这些在同一条染色体上的基因不能独立活动,而是相互连锁在一起。这称为“基因连锁”。基因连锁引发了生物性状的连锁遗传现象,也就是说,凡是相互连锁在一起的基因都一起遗传到下一代,这叫做一个“连锁群”,它们作为一个整体进行自由组合。大量实验还表明,连锁群的数目刚好等于染色体的对数。

依据摩尔根的基因连锁学说,连锁遗传是由于连锁基因位于同一染色体上的结果。如果染色体在遗传过程中保持原来状态,位于同一染色体上的两个基因,应该在所有情形下都保持在一起,也就是说,应该是完全连锁。摩尔根经过进一步研究后认为,连锁程度或强度取决于染色体上连锁基因间的距离。实际情况是,在同一连锁群中的基因并非永远“抱紧”在一起,通常的连锁遗传只是部分的,连锁基因有时会分开。通过细胞学观察,发现两条染色体单体之间会发生交叉现象,这标志着两个相对连锁群的基因之间,随着染色单体的交叉而发生基因有秩序的交换,使基因重新发生组合,从而增加了遗传的变异性。事实上,由于在生殖细胞形成过程中,细胞中配对的染色体之间发生片段的交换,使后代出现少量不同于亲代的连锁类型。摩尔根把连锁基因的重新组合归之于同源染色体间部分的互换，他把这种现象叫做交换。这就是基因的连锁交换规律，是遗传学的第三定律，它与遗传因子分离规律和自由组合规律一起被称为经典遗传学的三大定律。进一步的研究表明，在同一染色体上连锁基因之间确实发生着交换，两个基因距离愈远，可能发生交换的几率愈大，从而重组频率也愈高。这样，重组频率也就成为衡量两个基因之间相对距离的尺度。根据这一原则，可以按照重组频率推算出紧靠着的基因之间的图距，综合大量统计资料就有可能绘制染色体遗传图。

染色体遗传图也叫染色体连锁图，是证明基因在染色体上呈直线排列的学说的基础，它清楚地显现出染色体的结构情况。染色体遗传图表明，每个物种的许多基因形成与染色体数相等的连锁群，每群成为一个直线系统，在这直线系统上用基因之间的交换百分数来表示它们之间的相对距离，这就有力地证明了基因在染色体上的相对位置，它们依一定的程序按直线排列。染色体遗传图的绘制是生物学上最为艰巨的研究工作之一。为了绘制染色体遗传图，摩尔根和他的助手们用了成亿只果蝇进行交换实验，再经过仔细的计算和分析才最后完成绘制工作。

摩尔根在果蝇遗传研究的基础上发展了前人的染色体遗传理论，创立了新的遗传学说：染色体—基因学说。他主张遗传物质的遗传单位——基因在起作用；基因在染色体上作直线排列，在遗传传递中基因服从分离规律、自由组合规律和连锁交换规律。这个理论几十年来成为遗传学研究的理论指导，并在实践中不断地得到充实、修正和发展，成为现代生物学的基本理论之一。为此摩尔根获得了 1933 年的诺贝尔生理学医学奖。

摩尔根做研究工作获得成功的一个重要因素，是选择了恰当的实验材料。实践证明，果蝇是一种理想的遗传学实验材料；它个头小(体长不到 5mm)，一个瓶里可以养上百只，易于在实验室中饲养；它繁殖快，一只果蝇从卵变为虫大约只需 10 天左右，一年可传 30 代；果蝇只有 3 对常染色体和 1 对性染色体，在细胞中所含的染色体少，研究者易于观察其遗传特征。摩尔根这个成功的经验应该为所有科学工作者所借鉴。

由于摩尔根的成就，世界各国的遗传学家都沿着他开拓的道路前进，形成了摩尔根遗传学派。我国遗传学研究工作的开创者、复旦大学的谈家桢教授就是摩尔根的学生，摩尔根遗传学派的成员。

谈家桢(1909—2008)，浙江宁波人，国际著名遗传学家，中国现代遗传学主要奠基人，号称中国遗传学第一人。他是中国科学院院士，第三世界科学院院士，美国、意大利等国科学院外籍院士。他在果蝇种群间的演变和异色瓢虫色斑遗传变异研究领域做出了开创性的成就，为奠定现代综合进化理论提供了重要论据。他发现了瓢虫色斑遗传的镶嵌显性现象，引起国际遗传学界的巨大反响，认为是对经典遗传学发展的一大贡献。

1926 年摩尔根发表了《基因论》，这是摩尔根和他的助手们多年研究工作的总结。基因理论揭示了基因与性状之间种种具体的联系和规律，实现了遗传学上的第一次理论综合，在胚胎学和进化论之间架设了遗传学桥梁，推动了细胞学的发展，并促使生物学研究从细胞水平向分子水平过渡。限于当时的科学水平和认识能力，摩尔根还不可能对基因赋以实体的内容，但他已经科学地预见到基因将是一个化学实体。现代分子遗传学已经证实，基因是 DNA 分子中的一定核苷酸片段，它是在染色体上占有一定空间的实体。因此，基因学说的创立标志着经典遗传学发展到了细胞遗传学阶段，并展现了现代生化遗传学和分子遗传学的前景。

10.4.3 基因突变

1927 年摩尔根的学生和传人、辐射遗传学的创始人、德裔美籍遗传学家 H. J. 缪勒（H. J. Müller，1890—1967）在美国的著名杂志《科学》上发表了《基因的人工突变》的重要论文，首次证实 X 射线在诱发突变中的作用，搞清了诱变剂剂量与突变率的关系，为诱变育种奠定了理论基础。

缪勒理论的要点如下：

(1)用较高剂量的 X 射线处理精子，能诱发生殖细胞发生真正的基因突变，变化了的基因能稳定遗传。此外，X 射线也能造成基因在染色体上次序重新排列，而且比例很高。

(2)实验证明，在同样的培养条件下，用 X 射线处理的果蝇比普通果蝇的突变率高 150 倍。

(3)突变类型包括致死突变、半致死突变与非致死突变。X 射线诱发的变异大多数与自发突变中出现的基因突变完全相同，但频率高。

(4)X 射线处理并非是使该染色体上存在的全部基因物质都发生永久性的改变，常常只影响到其中一部分。诱变的发生是随机的，X 射线处理并未显著提高回复突变率。

(5)用不同剂量的 X 射线，在生命周期的不同时刻和不同条件下处理果蝇，结果将不同。

10.5 细菌遗传学

10.5.1 噬菌体遗传学

噬菌体在分子生物学中的地位，相当于氢原子在玻尔量子力学模型中的地位。二者的结构具有惊人的可比性。氢原子简单，只有一个电子和一个质子。噬菌体易于繁殖，半个小时就能从一个细菌细胞繁殖出数百子代噬菌体；在培养基中，因为它分解细菌而出现透明的噬菌斑，因而易于计数；噬菌体只含有蛋白质外壳和核酸内含物两种生物大分子，结构同样异常简单。因此用噬菌体作生物学研究材料有着极大的优越性。噬菌体有一个球形的头部，里面含有核酸，还有一个蛋白质构成的空心的尾部，这使得噬菌体可以穿过细菌坚韧的细胞壁。当噬菌体进入细菌时，尾部会首先穿过细胞壁，然后头部的核酸通过尾部注入到细胞里。德尔布吕克（M. Delbrueck，1906—1981）对生物学的研究就是从研究噬菌体开始的。1946 年德尔布吕克等发现，如果不止一个菌株的噬菌体感染了同一个细菌细胞的话，那么不同菌株的噬菌体会相互交换遗传物质（基因）。这被他们称为遗传重组现象，是病毒内 DNA 重组的第一个实验证据。

意大利裔美籍微生物学家 S. E. 卢里亚(S. E. Luria,1912—1991)与德尔布吕克合作,用实验证明了细菌基因的突变,发表了"卢里亚—德尔布吕克波动实验",这是卢里亚的第一项成就,也是信息学派第一项开创性成果。

卢里亚的第二项成就,是他与德尔布吕克在合作中发现一些被 X 射线损伤致死的噬菌体,经过一段时间又会复活。他们的进一步研究表明,要使这种复活成功必须同时有两个或多个噬菌体存在,原来这两个或多个噬菌体仍能感染细菌,并在细菌细胞中进行重组。由于重组是基因的行为特征之一,这表明噬菌体也是有基因的。

卢里亚的第三项成就是细菌基因限制/修饰现象的发现。1952 年他得到了一种突变菌,噬菌体可以感染并杀死它,但并不释放出噬菌体。经研究发现,原来是噬菌体在突变菌被修饰了,因而不能生长,只有到其他菌种上才能繁殖。

德尔布吕克和卢里亚的贡献是证明了噬菌体和细菌都有基因,从而为分子生物学的诞生奠定了基础。

10.5.2 细菌遗传学

多年来细菌在生物学上一直被认为是无基因、无核、无性的独特生物,因而大多数人认为细菌不服从孟德尔定律,不能进行遗传分析。

美国生物学家 J. 莱德伯格(J. Lederberg,1925—2008)与 E. L. 塔特姆(E. L. Tatum,1909—1975)在实验中发现,两种细菌在混合培养时实现了杂交,从而导致基因重组,这种重组方式要以细菌细胞直接接触为条件,因而被称为细菌的"接合"作用。细菌接合作用的发现证明细菌具备了有性重组机制,含有基因组,这证明细菌也服从孟德尔定律,可以做遗传分析。后来莱德伯格与他的学生在对沙门氏菌的实验中发现,沙门氏菌无需细胞直接接触就可产生重组体,这与接合作用不同,莱德伯格称之为转导。转导作用的发现,比发现接合作用具有更重要的意义,在遗传学研究方面,转导作用很快就被用来绘制细菌染色体的遗传图。接合作用和转导作用的发现,对微生物遗传学的迅速发展,对分子遗传学的建立,都起了巨大的推动作用。

10.6 蛋白质与核酸

1777 年法国化学家 P. J. 马凯(P. J. Macquer)把加热后能凝固的物质归为一类,称为"蛋白性物质"。这是人类接触蛋白质的开始。蛋白质比其他有机物分子复杂得多,不能用一个通用的化学式来表示其组成。蛋白质无处不在,只要有生命的地方就有蛋白质。蛋白质是生命体中含量最丰富、功能最重要的大分子,从高等动、植物到低等微生物乃至病毒,都以蛋白质为主要成分。所以瑞典化学家贝采利乌斯就以 protein 来称呼它,这是希腊语,意思是"最重要的,第一位的"。

10.6.1 胰岛素——第一个人类分离纯化的蛋白质

对蛋白质开展研究工作,首先要测定其氨基酸序列,并分析其结构和功能,下一步才谈得上人工合成它,为用来造福人类而改造它,而为此第一步是要从生物体或生物制品中提取出高纯度的蛋白质。蛋白质的本质是氨基酸的长链聚集体，氨基酸的特定排列顺序是一个蛋白质的本质特征。氨基酸的组成和顺序不同，蛋白质的构象将不同，电荷特征将不同，疏水性质将不同。科学家们利用了蛋白质的不同性质，成功地实现了蛋白质的分离。

人类第一个分离纯化并成功用于医疗的蛋白质是胰岛素，这是为了治疗糖尿病而进行的一项研究工作。

还在公元前4世纪，在我国最古老的医学典籍《黄帝内经》里就有关于消渴症的记载，这就是今天所说的糖尿病，但对糖尿病的病因人们一直没有认识。

1869年德国解剖学家朗格汉斯（Langerhans）发现，胰腺内存在着一群群像小岛似的细胞群，这些细胞群没有泡腔，也没有分泌管。这些细胞后来称为朗格汉斯细胞。在19世纪末到20世纪初的三十多年里科学家们通过大量的实验证明了，胰脏除了分泌外分泌物质胰液外，其胰岛，也就是朗格汉斯细胞，还能产生一种内分泌物质，它可以降低体内血液中血糖的浓度。后来人们就把这种内分泌物质称为胰岛素。加拿大科学家班廷（F. Banting，1891—1941）和麦克劳德（J. R. Macleod，1876—1935）于20世纪20年代研制成了胰岛素，并用以实现了对糖尿病患者的成功治疗。

班廷是一个普通的军医，麦克劳德则是糖代谢方面的国际知名学者，在多伦多大学医学院任教。那时人们已经知道胰腺和糖尿病有关，完全切除胰腺会引起糖尿病，但利用胰腺抽提物来治疗糖尿病却没有成功。1920年班廷在杂志上读到了一篇题目为《胰岛与糖尿病的关系》的文章，产生了兴趣。根据文章内容的启示，班廷想，可以利用动物，将其胰导管结扎，使胰腺萎缩，再用萎缩胰脏的抽提物胰岛素来治疗糖尿病。于是班廷就带着自己治疗糖尿病的设想与方案，去找麦克劳德请求支持。麦克劳德支持班廷的想法，并给了班廷两名助手和10条狗做实验。

班廷是一个极好的外科医生，而新来的助手贝斯特（Best）对生物化学十分熟悉，两人刚好优势互补。在实验的第一阶段，研究工作进展并不顺利，7条狗死了，但他们坚持继续干。后来逐渐取得了成功，由于注射结扎胰管的胰腺抽提物胰岛素，在因切除胰腺而患糖尿病的狗的血中的糖浓度很快降低到正常水平：有一条狗仅仅两个小时血糖含量就从0.2%降到0.11%。但他们发现，他们所用的胰腺抽提物不纯，会产生毒副作用，而且提取方法繁琐，提得的胰岛素量又少。于是他们改进胰岛素的提取方法，使用酒精从牛胰脏中提取胰岛素，再在麦克劳德的指导下想办法把胰岛素里的异种蛋白去掉，这样他们就得到了可以临床应用的胰岛素。1922年初班廷他们用自制的胰岛素连续治疗了7名糖尿病患者，都取得了成功。从此，用胰岛素治疗糖尿病的方法就在世界各国推广开来。1923年诺贝尔奖委员会授予班廷和麦克劳德诺贝尔生理学医学奖。

班廷对事业一直是孜孜不倦地追求的，但对金钱却看得比较淡薄，他认为重要的是治病，解除糖尿病病人的痛苦，而不是赚钱。当时糖尿病人很多，对胰岛素的需求量很大，班廷就用很便宜的价格把胰岛素制造的专利卖给了制药公司。该公司据此改进了生产中的具体问题，很快把胰岛素投入了大规模生产。胰岛素的发现与应用，特别是大批量生产，不仅挽救了成千上万糖尿病病人的生命，还改善了他们的生存状况，使他们能过上正常人的生活。

1941 年班廷因飞机失事不幸遇难，享年 50 岁。

10.6.2 体外合成蛋白质

现在已经搞清楚，蛋白质是由氨基酸组成的大分子多聚物，存在于蛋白质中的氨基酸有 20 种。1902 年德国著名化学家 E. 费歇尔提出了肽键理论，用以描述氨基酸怎样连接在一起构成蛋白质。费歇尔首先认为，蛋白质分子包含了由氨基酸组成的长链，在这基础上他寻找能有效分离氨基酸的办法，结果发现了一种新的氨基酸——脯氨酸。1901 年费歇尔实现了两种甘氨酸的连接，这是最简单的缩合。1907 年他把 15 个甘氨酸和 3 个亮氨酸合成了一个由 18 个氨基酸构成的链。但是这个链还不够长，所以没有明显的蛋白质特性。1916 年瑞士的 E. 阿布德哈尔登(E. Abderhalden)制成了 19 个氨基酸的肽，这个纪录保持了 30 年。

当科学家解析出天然蛋白质的氨基酸顺序后，就开始按照解析出的氨基酸顺序合成蛋白质。在实验室里最先合成的多肽是催产素。这是一种小的肽链，经过检验，人工合成的催产素的化学性质和生理性质与天然催产素完全相同。在简单的短肽激素合成成功后，人们开始研究合成真正的蛋白质。1955 年英国剑桥大学的 F. 桑格(F. Sanger)用色素标记和部分水解的方法确定了牛胰岛素分子的氨基酸连接顺序，这是人类确定的第一个蛋白质分子的一级结构。此后不久，从 1959 年开始，中国的钮经义(1920—1995)、王应睐(1907—2001)等有机化学家，采用三步走的策略，用了六年多时间，于 1965 年人工合成了牛胰岛素。中国科学家根据文献了解到，国外某些实验室也在做人工合成胰岛素的研究，但他们把胰岛素的两条链拆开后连不起来，这是国外科学家碰到的第一个难关。于是中国的同行决定首先集中力量解决这个问题。他们做了大量实验，终于在把天然牛胰岛素的 A、B 两条链拆开后，成功实现了天然牛胰岛素结晶的重新合成。这是第一个胜利。紧接着他们开始了人工合成 B 链和 A 链的攻坚战。在取得成功后，再把人工合成的 B 链和 A 链分别与天然的 A 链和 B 链连接，获得了半合成的牛胰岛素。这是第二步。最后再将人工合成的 A 链和 B 链连接，得到完全由人工合成的牛胰岛素结晶。经鉴定，人工合成的牛胰岛素的各种性质和结晶形状都与天然的牛胰岛素完全一样。这是一个诺贝尔奖水平的科研成果。但诺贝尔奖授奖对象最多不能超过三人，而参加人工合成牛胰岛素研究的工作人员，仅做出重要贡献的就有二十多人，无法公平合理地推举出获奖人员，因而最终中国科学家与诺贝尔奖失之交臂。

用有机化学方法合成长的肽链的主要困难是，在新氨基酸连到肽链上以后如何提纯新肽链，以供下次连接反应使用。1959 年美国 R. B. 梅里菲尔德(R. B. Merrifield，1921—)研制了自动化多肽合成仪，解决了这个问题。1969 年梅里菲尔德利用自己这种设备，完成了牛胰核糖核酸酶的人工合成。这是第一个人工合成的酶。

10.6.3 核酸

1869 年在德国杜宾根大学实验室工作的瑞士青年科学家 F. 米舍尔

(F. Miescher,1844—1895)从细胞中分离出了细胞核。在进一步的研究中米舍尔发现细胞核的磷含量特别高,大大高于一般的蛋白质,他将其命名为核素。不久,德国的A. 科塞尔(A. Kossel,1853—1927)发现核素是蛋白质与核酸的复合物。通过水解和分析,科塞尔得到了核酸各组成材料以及它们的相互比例。科塞尔还发现核酸降解后,在最终产物中主要是乌嘌呤、腺嘌呤、胸腺嘧啶和胞嘧啶四种物质以及磷酸和一些糖类物质。这是人类研究核酸的开始。

科塞尔的学生 P. A. T. 莱文(P. A. T. Levine,1869—1940)发现核酸可以分成基本上不同类的两种:核糖核酸(RNA)和脱氧核糖核酸(DNA)。二者的区别在于:

(1)核糖不同。两种核酸都含有核糖,而且核糖都是由五个碳原子组成,但二者的五碳糖性质不同:RNA 含的是核糖,而 DNA 含的是脱氧核糖,比前者少了一个氧原子。

(2)碱基组成不同。二者都由四种碱基组成,其中乌嘌呤、腺嘌呤和胞嘧啶是二者都有的,但第四种碱基在 DNA 中是胸腺嘧啶,而在 RNA 中是尿嘧啶。

(3)绝大多数 DNA 是由双股核苷酸的长链组成,而绝大多数的 RNA 是由单链组成。

1934 年莱文发现核酸可分解成含有一个嘌呤(或嘧啶)、一个核糖(或脱氧核糖)和一个磷酸的片段,这样的组合称为核苷酸。英国的生物化学家 A. R. 托德(A. R. Todd)用简单的材料合成了核苷酸。1955 年他又合成了二核苷酸,彻底搞清楚了核酸的结构式问题。

根据托德的研究结果,可以看出核酸结构和蛋白质结构有异曲同工之处:蛋白质分子有条多肽骨架,从它上面突起一个个的氨基酸侧链;在核酸里,一个核苷酸的糖和相邻核苷酸的糖由一个磷酸连起来,在整个分子里贯穿着一个“糖—磷酸骨架”,从它上面突起一个个的碱基。

加拿大裔美国微生物学家艾弗里(O. T. Avery,1877—1955)等经过十多年的努力,最终于 1944 年通过实验证明了光滑型肺炎双球菌的遗传物质是球菌内含物中的 DNA。这是一个划时代的工作,这个实验证明了 DNA 具有生物功能,从而开始了 DNA 研究的时代。

这里我们来对艾弗里的实验做一个比较详细的介绍。艾弗里团队所做的实验是肺炎双球菌感染小鼠的实验。肺炎双球菌有光滑型和粗糙型两种,光滑型双球菌能感染小鼠,并使其死亡,粗糙型双球菌不能使小鼠致病。艾弗里的实验分三步:第一步,先用烧煮的办法消灭光滑型双球菌的蛋白质活性,然后用这种双球菌侵染小鼠,由于双球菌没有了活性,小鼠不得病。第二步,用粗糙型双球菌侵染小鼠,小鼠也不得病。第三步,用消灭了蛋白质活性的光滑型双球菌和正常的粗糙型双球菌共同侵染小鼠,这时小鼠得病死了。解剖死鼠尸体时发现了大量的活的光滑型双球菌,这些光滑型双球菌不可能从死去的蛋白质遗传下来,只能是其 DNA 的遗传物。

10.6.4 关于 RNA

1982 年美籍捷克裔科学家切赫(T. R. Cech,1947—)与加拿大科学家奥尔特曼(S. Altman,1939—)在研究 RNA 分子的剪接机制时,发现 RNA 分子也有生物催化的能力。随后的大量实验证明,RNA 分子催化的根本原理与蛋白质酶没有区别。在人体内，RNA执行着重要的功能，它们把遗传信息从核内带出来，再传递给蛋白质，它们参与许多调控步骤，包括细胞及生物体的生长发育以及对外界变化做出的反应。DNA稳定的结构和碱基配对的原则决定了它担负起延续遗传信息的重任；蛋白质数不胜数的结构和功能成为生命活动的代表；RNA分子既能储存遗传信息，又因为在核糖上比DNA多一个羟基而拥有活泼的化学反应性和酶催化功能，集蛋白质与DNA的优点于一身。因此，科学家猜想RNA可能是在细胞出现之前，世界上第一个能自我复制的大分子。

10.6.5 具有"遗传"功能的蛋白质

早在1730年英国就有关于羊瘙痒症的记录，在19世纪还发生过羊瘙痒症的大流行。研究表明，在羊瘙痒症的病原体中没有核酸，但却能复制。这是非常奇怪的。1982年美国S. B. 普鲁西纳（S. B. Prusiner，1942—）在对羊瘙痒症的实验研究中发现，羊瘙痒症的致病因子含有一种蛋白质，这种蛋白质本身也可以复制，他将这种致病因子命名为"朊粒"。1984年普鲁西纳与其合作者发现，朊粒蛋白的基因不但存在于感染羊瘙痒症仓鼠的细胞中，在正常仓鼠和正常人的细胞中居然也能找到它，这种基因存在于所有高等生物的基因组中。而从正常的小鼠中剔除这种基因，并不影响小鼠的生命。普鲁西纳等的进一步研究发现，正常的朊粒蛋白容易被蛋白水解酶水解，而病态的则完全不被水解，这表明它们的空间构象不同。

10.7 DNA与双螺旋结构

10.7.1 DNA双螺旋结构的发现

在搞清楚基因的化学本质是DNA之后，了解DNA的结构就提到日程上来。参与发现DNA的双螺旋结构的有5个人：沃森（J. Watson，1928—）、克里克（F. Crick，1916—2004）、威尔金斯（M. H. F. Wilkins，1916—2004）、富兰克林（R. Franklin，1920—1958）和鲍林。

沃森是美国人，毕业于芝加哥大学动物学专业。

克里克是英国人，原来是搞物理的，后来受薛定谔的《生命是什么》一书的影响，于第二次世界大战后来到剑桥大学的卡文迪许实验室，从物理转向生物研究领域。

威尔金斯是新西兰人，是英国伯明翰大学物理博士。他也是受了薛定谔的《生命是什么》一书的影响，于20世纪40年代中期转入生物领域。

富兰克林（女）是英国人，毕业于英国剑桥大学，是X射线衍射技术的专家。

鲍林是美国化学家，在9.1.4中有详细介绍，这里不多赘述。

在20世纪50年代，鲍林首先用有机化学理论来研究蛋白质结构。1952年鲍林发表了关于蛋白质的三链模型（α螺旋模型）的研究报告，在这个模型里每个螺旋包含了3.6个氨基酸。鲍林的模型与当时已获得的蛋白质分子多肽链的X射线衍射图吻合的很好。于是威尔金斯等人就学习鲍林的做法，用X射线衍射法来研究DNA的分子结构。

1951年威尔金斯参加了在那不勒斯举行的一个有关生物的学术会议。会上他展示了一张DNA的X射线衍射图。沃森也参加了这个会议。在威尔金斯报告的启发下沃森感到X射线衍射技术非常有用，但是他完全不懂。当时小布喇格爵士在剑桥大学卡文迪许实验室工作，他是X射线衍射技术权威，于是沃森就来到剑桥，学习X射线衍射技术。1952年5月富兰克林拍摄了一幅极为清晰的DNA的X射线衍射照片。威尔金斯看了这张照片后，根据自己用X射线衍射技术对DNA结构的多年潜心研究，意识到DNA可能是一种螺旋结构。1953年2月沃森和克里克从威尔金斯那里看到了富兰克林拍摄的DNA的X射线衍射照片。他们看出了DNA的内部隐隐约约是一种螺旋形的结构，于是他们立即产生了一种新概念：DNA不是鲍林提出的三链结构，而可能是双链结构，而且构成双螺旋的两条单链走向相反。在循着这个思路深入探讨的基础上，最后沃森和克里克得出一个共识：DNA是一种双链螺旋结构。于是沃森和克里克立即行动，马上在实验室中搭建DNA双螺旋模型。1953年3月7日，他们将想像中的DNA模型搭建成功了。4月15日《自然》杂志上发表了沃森和克里克关于DNA双螺旋模型的论文，这正式宣告了分子生物学的诞生。

必须指出，沃森与克里克发现DNA双螺旋结构的构思离不开奥地利科学家E.查伽夫(E. Chargaff，1905—2002)等的工作。1948年查伽夫等发明了用色层分析法测量DNA内部各种碱基的含量并做了精细分析。脱氧核苷酸有A、T、G、C四种。查伽夫他们发现，无论哪种生物的DNA中，A一定等于T，G一定等于C。于是查伽夫提出了著名的DNA化学组成的查伽夫法则：

(1)全部嘌呤核苷酸分子总数等于全部嘧啶核苷酸分子总数。

(2)腺嘌呤脱氧核苷酸分子总数等于胸腺嘧啶脱氧核苷酸分子总数；乌嘌呤脱氧核苷酸分子总数等于胞嘧啶脱氧核苷酸分子总数。

查伽夫法则的发现为DNA双螺旋结构的“碱基配对”规律奠定了基础。沃森与克里克仿照鲍林构建蛋白质α螺旋模型的方法，根据结晶学的数据，用金属片按照原子间键角与键长的比例搭配脱氧核苷酸。在这个模型中，DNA分子由两条脱氧核糖核苷酸链组成，这两条链呈右旋，反走向，环绕同一根轴盘绕，形成一个双螺旋结构，活像一个螺旋形式的梯子。如果把这个梯子拉直，就可以看见其结构组成。梯子的两边是由脱氧核糖和磷酸间隔地连接起来，每一级的阶梯就是由每一边内侧的碱基通过氢键相连。碱基平面与中心轴垂直，两条链间相应位置的碱基根据互补原则配对。每个阶梯之间相距0.34nm，两个核苷酸之间夹角为36°，每10个阶梯绕轴一周，也就是说，每个螺旋单位含10对碱基，长3.4nm，螺旋直径2nm(见图)。DNA分子的四种碱基组合有一定的规律，在空间上四种碱基配对，一个嘌呤必与一个嘧啶配成一对，而且腺嘌呤总是与胸腺嘧啶配对，乌嘌呤必与胞嘧啶配对。因而两条链是互补的，只要确定一条链的碱基顺序，根据互补配对原则，另一条链的碱基顺序也就确定了。

结论：基因位于细胞核的染色体上，基因的化学本质是DNA，DNA的双螺旋结构使基因得以复制。自我复制是DNA分子最重要的属性，也是生命体得以繁殖的遗传基础。

DNA 双螺旋结构的发现是 20 世纪自然科学的重大成就，它标志着分子生物学研究体系的形成，宣告了现代生命科学的分子生物学时代的到来。有人把 DNA 双螺旋结构的发现与物理中相对论和量子力学理论的创建，并列为 20 世纪自然科学三个最伟大的成就。由于发现 DNA 的双螺旋结构及其对信息传递的重要性，克里克、沃森和威尔金斯共享了 1962 年的诺贝尔生理学医学奖(这时富兰克林因患癌症已经去世)。

10.7.2　遗传信息传递过程的中心法则和遗传密码编码机理的发现

在搞清楚了 DNA 的双螺旋结构之后，下一步就要探索它是怎样复制的。DNA 的复制方式是半保留复制，即 DNA 的双股螺旋先解旋，再使双链分开，然后按照碱基配对的原则，比照着旧链，各合成出一条与原来保留的旧链互补的新链。于是一条旧链变成了两条新链，完成了复制过程。目前已经可以在试管中人工复制 DNA，这种体外的生物化学反应称为聚合酶链反应。

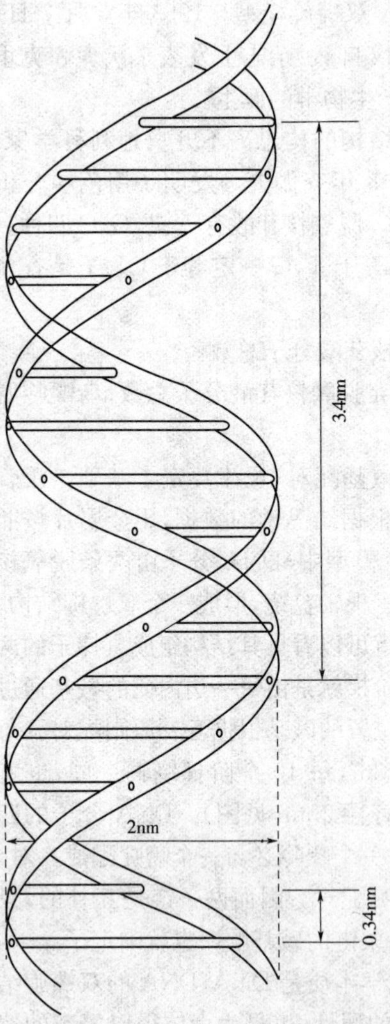

DNA 双螺旋结构

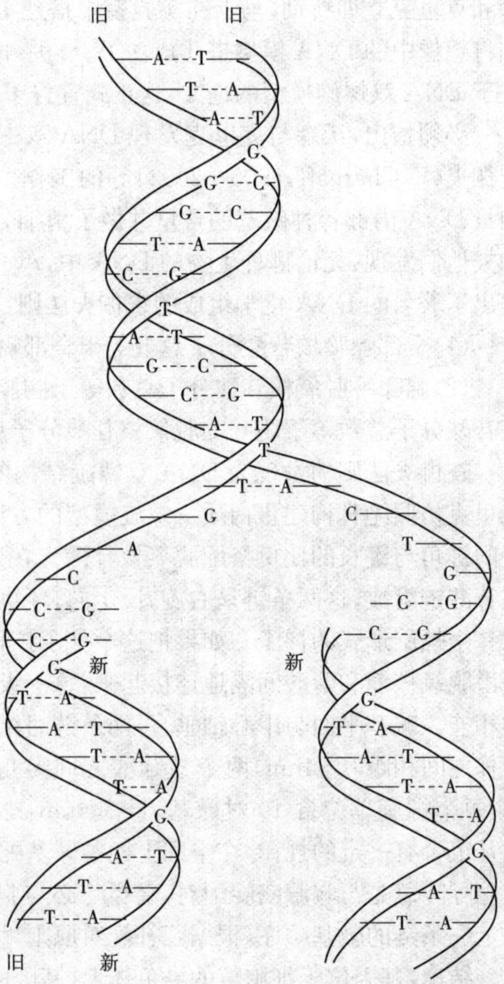

DNA 的半保留复制

细胞核中染色体的主要成分是DNA和组蛋白，前者是遗传物质，后者不是遗传物质。生命体的各种性状都以密码的形式记录和储存在DNA的核苷酸序列中，而构成生命现象的各种活动主要是通过蛋白质实现的。也就是说，蛋白质和核酸是生命的物质基础，生命活动是蛋白质和核酸运动的体现。核酸记录和储存遗传信息，蛋白质体现遗传信息。核酸的复制、转录与翻译靠蛋白质，蛋白质的传宗接代靠核酸。核酸与蛋白质两者互相依存。

DNA中具有特定核苷酸顺序、并含有几百至几千个核苷酸的一个最小遗传功能单位称为基因。基因在DNA分子上以特定的顺序排列，是传递指挥DNA复制命令和控制性状遗传指令的作用因子。同一种生物的每一个细胞中，都含有同样的DNA分子，在这些DNA分子中都含有同样的基因，某种生物性细胞中的全部DNA分子构成了这种生物的基因组。人的性细胞中有24种DNA分子，它们构成了人的基因组。DNA序列发生改变就会引起变异，这是人类患病或对疾病容易感染的原因所在。细胞的形态和生理特征，生命体的种种性状是通过基因的一系列活动决定的，这包括DNA复制、基因重组、DNA修复与变异和基因表达。

关于分子遗传学的重大事件：

(1)遗传物质DNA双螺旋结构的发现与阐明。

(2)遗传信息传递过程的中心法则的发现。这揭示了生物的遗传、发育和进化的内在联系。

(3)遗传密码编码机理的发现。这证明从细菌到人所有生物遗传密码都是通用的，从而证实了所有生物在分子进化上具有共同的起源。

目前分子遗传学的前沿已从原核细胞转向高等真核生物基因组及其表达调控，深入到遗传与发育关系的研究。

所谓遗传信息传递过程的中心法则是1957年克里克在他的论文《论蛋白质合成》中提出的。该论文被认为是“遗传学领域最有启发性、思想最解放的论著之一”。克里克在文中提出遗传信息流的传递方向是DNA→RNA→蛋白质。这后来被学者们称为中心法则。

在克里克之后的几十年里，中心法则又有了补充和发展。

1970年美国科学家巴尔的摩(D. Baltimore，1938—)和特明(H. M. Temin，1934—1994)在致癌的RNA病毒中发现了一种酶，能以RNA为模板合成DNA。他们称这种酶为“依赖RNA的DNA聚合酶”，也称逆转录酶。这就是说，遗传信息流也可以反过来从RNA到DNA。巴尔的摩和特明还发现了逆转录病毒的复制机制。逆转录病毒是RNA病毒，病毒的遗传物质RNA逆转录出DNA，再整合到宿主细胞的染色体中，使宿主细胞发生癌变。这一研究成果使人类攻克癌症的工作进入了一个新阶段。

mRNA是DNA与蛋白质合成之间的信使。但mRNA由4种核苷酸组成，蛋白质由20种氨基酸组成，这4种核苷酸应如何排列以决定每一种氨基酸呢？1954年美籍俄裔理论物理学家伽莫夫(Гамов，1904—1968)提出了遗传密码的三联体假说。他认为DNA的三个核苷酸组成一个密码子来决定蛋白质中的一个氨基酸。1961年克里克证明了遗传密码的确是三联体。

但是问题还没有完，还要确定是哪三个核苷酸组成一个密码子来决定哪个氨基酸。这个问题被美国科学家尼伦伯格(M. W. Nirenberg，1927—)和美籍印度裔科学家霍拉纳(H. G. Khorana，1922—2011)解决了。尼伦伯格先是解读了世界上第一个遗传密码子，后来又与其团队合成了64种理论上可能的核苷酸三联体密码子，将64个密码子的含义一一解读出来。霍拉纳则按照事先的设计，合成具有特定的核苷酸排列顺序的人工mRNA，用以指导多肽或蛋白质的合成，以检测各个密码子的含义，证实了基因编码的一般原则和单个密码子的词义。1966年霍拉纳宣布遗传密码已全部破译。

遗传密码的破译是生物学史上一个伟大的里程碑，其意义不亚于DNA双螺旋结构的发现。

随着最近半个多世纪生物科学的发展，人们逐渐认识到结构对生物大分子的重要性，正是结构决定了生物大分子的功能。生物大分子的结构分为四个等级。一级结构也称为化学结构，是其分子结构与功能的基础，其余三种结构统称为高级结构。对于蛋白质，一级结构是指组成蛋白质的20种氨基酸的排列顺序。对于核酸，一级结构指的是其组成的4种核苷酸的排列顺序。

二级结构是指蛋白质的主肽链或核酸的核苷酸链中氨基酸或核苷酸在空间中的卷曲、折叠形成的规则结构。沃森与克里克在1953年提出的DNA双螺旋结构模型就是典型的二级结构模型。

三级结构是指具有二级结构的多肽链进一步折叠、卷曲形成的复杂球状结构。三级结构造成了特定的生物功能，有些蛋白质一、二级结构都相同，但因三级结构不同而具有不同的功能。

许多种蛋白质分子中含有两条或多条多肽链，具有三级结构的蛋白质分子中的这些多肽链按一定方式聚合形成的多聚体结构就是四级结构。红细胞中的血红蛋白和肌肉中储存氧的肌红蛋白，虽然都是氧的载体，但血红蛋白是四聚体，具有四级结构，故具备没有四级结构的单链肌红蛋白所没有的许多功能：它除了能运送氧之外，还能把CO_2运送到肺排出体外等。

奥地利人佩鲁茨(M. F. Perutz，1914—2002)和英国人肯德鲁(J. C. Kendrew，1917—1997)，经过二十几年的努力，分别确定了血红蛋白和肌红蛋白的分子结构。这是一项重大的科研成果。肌红蛋白是第一个被测定空间构象的蛋白质；血红蛋白则是第一个被测定空间三维结构的寡聚蛋白质。肌红蛋白只有三级结构，有一条多肽链；血红蛋白有四级结构，由四条肽链构成，分子量为67500，是肌红蛋白的4倍。佩鲁茨取自马血的血红蛋白的每条肽链的形状和肯德鲁取自抹香鲸肌肉的肌红蛋白的外形都相似；血红蛋白的α、β肽链的原子空间排列和肌红蛋白也十分相似。这表明它们之间的氨基酸组成和顺序可能非常接近，也说明在生命活动中起重要作用的蛋白质或核酸，它们的结构往往相同或相近而与种属无关。

尽管分子遗传学在最近半个世纪得到了飞速的发展，但它仍有大量的问题需要解决，例如，遗传物质的起源以及人类的秉性与智力在基因编码中是怎样反映的，就是分子遗传学的两大难题。这些正是推动分子遗传学继续快速前进的动力。

10.8 细胞生物学

尽管蛋白质和核酸等构成了生命体，但如果它们单独存在，是表现不出生命活动特点的，只有当它们按一定方式组建成细胞的形态，才能表现出完整的生命活动。每个细胞都有一套完整的代谢装置，如植物的叶肉和细胞中的叶绿体就是这样的装置，它们可以进行光合作用，把太阳的光能转变为化学能；动物胰腺细胞中的内质网，则可以合成胰酶，用以消化蛋白质。细胞中的其他细胞器，如线粒体、高尔基体和核糖体等，也都是细胞的代谢装置。细胞按进化程度和结构复杂程度的不同，分为原核细胞和真核细胞。原核细胞没有典型的细胞核结构；真核细胞则有典型的细胞核，而且有双层核膜包裹。细胞核在双层核膜之内有核液、染色体和核仁（见图）。细胞核是细胞内遗传信息储存、复制和转录的主要场所。

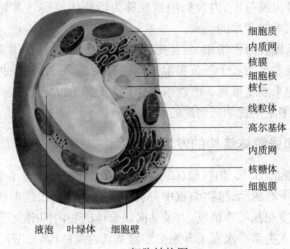

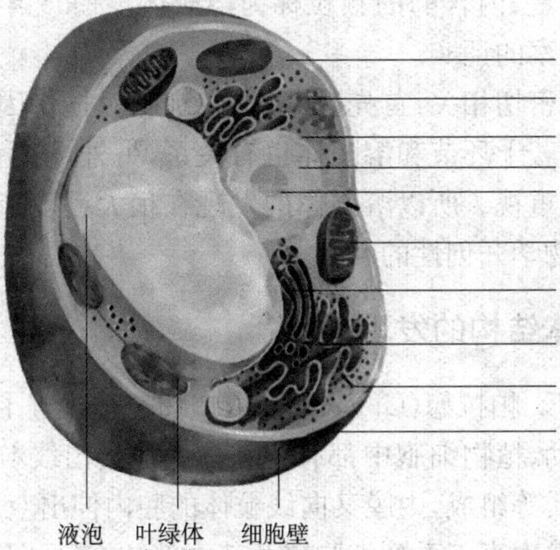

细胞结构图

细胞是生命体发育、生长的基本单位，生命体的整个发育、生长过程均从一个受精卵细胞开始，逐渐增殖、分化出不同的细胞，组成不同的组织和器官，最后组成生命个体。细胞又是遗传的基本单位，任何一种生命体的细胞都包含有完整、特有的遗传信息，由其决定该生命体的形态特征和生理特征。细胞还是生命起源和进化的基本单位，地球上的生物都由原始细胞演变而来，生命体的病变与衰老也首先表现在细胞上。总之，细胞是具有有序性、自控性的最小的完整生命体系，没有细胞就没有生命。生物分子是细胞的组成成分，但任何生物分子的单独存在都不是独立生存的生命实体，各种生物分子只有在细胞内组合成一定的有序关系并相互协调配合，才能表现出生命现象，所以分子生物学不能取代细胞生物学。构成生物大分子的原子主要有碳、氢、氧、氮、磷、硫和少量的金属原子。

细胞生物学由细胞学说发展而来，它的基础是现代高科技。我们知道，人眼的分辨率为 0.1 mm，光学显微镜的放大倍数为人的 1 000～1 500 倍，而电子显微镜的分辨率已经突破了 0.1 nm，放大倍数达到了人眼的 100 万倍。正是由于电子显微镜的发明和应用，科学家发现了内质网、核糖体等细胞器，进一步又观察到了线粒体等更精细的结构，开创了细胞生物学这个新学科。细胞的各级结构，细胞代谢，细胞遗传，细胞增殖与分化，细胞信息传递，等等，是细胞生物学研究的主要内容。

10.8.1 溶酶体的发现

在哺乳动物中，绝大多数的细胞里都有溶酶体。溶酶体是圆形或卵圆形的微小颗粒，直径约为 0.25～0.5 μm。溶酶体的功能主要是处理细胞内代谢产生的垃圾和侵入细胞的毒素，它能分解多糖、核酸、脂类与蛋白质等所有生物大分子。由于溶酶体个头很小，人们一直没有发现它。1949 年比利时科学家德·迪夫(de Duve，1917—2013)在研究胰岛素的实验中发现，离心分离出来的酸性磷酸酶颗粒被一层膜包围着，由于这层膜的存在，颗粒中的酶不能接近颗粒外溶液中的底物，因而活性不高。经过冰冻、融化等物理方法处理后，这层膜和颗粒都逐渐破裂，于是酸性磷酸酶的活性被激活。德·迪夫把这种由膜包裹、内含酶的颗粒称为溶酶体。1956 年溶酶体的存在得到了别的同行科学家电镜观察的证实。

溶酶体与细胞病理现象密切相关：首先，溶酶体在细胞对损伤因素的反应中起着重要作用，其次，炎症发生的若干环节和溶酶体也有关系，另外，溶酶体与癌症之间关系的研究近年来也愈来愈受重视。所以溶酶体的发现在很大程度上促进了生物学和医学的发展，这是对细胞生物学开创性的贡献。

10.8.2 核糖体和线粒体结构的发现

1956 年罗马尼亚的 G. E. 帕拉德(G. E. Palade，1912—?)改进了电子显微镜样品固定技术，发现几乎所有的动、植物细胞中都有线粒体。他指出线粒体由双层的内膜和外膜以及内室、外室和基质等组成，内膜又向线粒体的腔内伸出双层的片状突起，他将它们称作嵴，这是人类第一次真正看到细胞器及其内部结构(见图)。

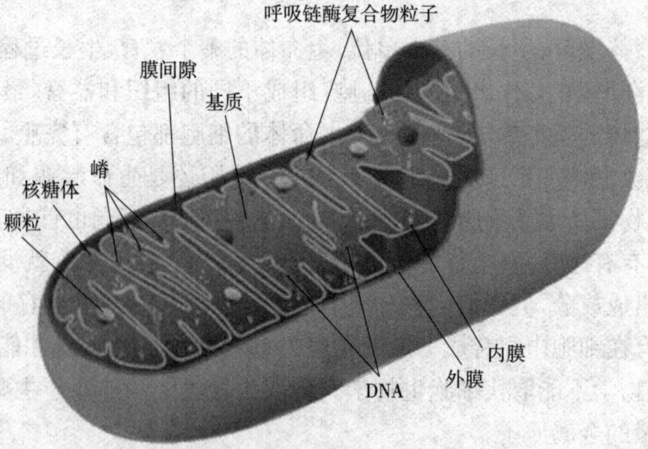

线粒体结构

帕拉德还发现了核糖体。这是一种微小颗粒，在一切被研究的细胞中都存在。在与生产蛋白质有关的细胞中，它们多数附着在内质网外面，而在胚胎细胞中，则自由分散着。它们含有丰富的RNA。这是整个生物学研究深入分子水平的关键性一步。1960年帕拉德提出，核糖体就是一部用氨基酸做原料合成蛋白质的机器：氨基酸从核糖体的一端进去，由另一端出来就成了合成好的蛋白质丝。帕拉德这个猜想得到示踪技术实验观察完全的证实。核糖体的发现使人们对细胞分泌功能的认识前进了一大步。

10.8.3 抗体的结构与功能

德国的细菌学家冯·贝林(von Behring,1854—1917)在对破伤风和白喉治疗的研究中认识到，具有免疫力的血清，可以与菌株发生凝集反应。冯·贝林将血清中的这种抗毒素命名为"抗体"。人体在接种疫苗后会产生抗体，正是这些抗体保护着机体。当细菌、病毒等进入我们体内时，通常机体会对其产生抗体，这些抗体能立即侦查出抗原在哪里，并和抗原结合启动人体内一连串反应，最后中和且除去这些入侵者。人体中的抗体能辨认出的抗原种类在100万以上。我们的免疫系统能制造出许多种不同的抗体，每一种抗体都能认出与其对应的特有的抗原。英国人R.R.波特(R.R. Porter,1917—1985)和美国人G.M.埃德尔曼(G.M. Edelman,1929—)用酶裂解等方法阐明了抗体的一般结构，拉开了分子免疫学的序幕。

抗体研究的困难主要在于其分子量太大，在20世纪50年代蛋白质分析技术还不能胜任对它的分析。当时英国有科学家发现抗体与抗原特异结合的部位很小。波特由此得到启发，他认为，这个很小的抗原结合部位的化学结构很可能是解答抗体特异性的关键。他通过对结晶状木瓜蛋白酶的抗体裂解实验，得到三个片段：两个抗原结合段(可变段)和一个结晶段(恒定段)，前者能与抗原结合，形成不沉淀的可溶性复合物，后者不能与抗原结合，但具有重要的调节作用。这是免疫学领域的突破性进展。

在波特工作的基础上，1961年美国埃德尔曼根据实验结果提出，抗体分子不是只有一个肽链，而是由多个肽链构成。后来波特又做了比较试验，他修改了埃德尔曼的实验方法，得到了两种仍能与抗原结合的肽链A链和B链，后来称之为抗体的重链和轻链。重链的分子量约为5万，而轻链的分子量约为2万。于是波特提出了抗体Y型分子结构模型，即四肽链模型：模型含有两个轻重链对，每一轻重链对之间和两条重链之间都有二硫链连接，轻链与轻链不连接。抗体四肽链模型对抗体在其与抗原结合反应中的作用机制做出了形象的解释，并为抗体各肽链氨基酸的测序工作提供了关键性的思维模式，为在分子水平上开展免疫学研究奠定了基础。

后来埃德尔曼证明了抗体分子确实由多个肽链构成，并彻底搞清了抗体分子的整个氨基酸顺序。他在大量实验和分析的基础上，提出抗体之所以具有抗异性识别和与无数种抗原特异结合的能力，在于抗体四肽链结构中的可变区的氨基酸顺序，而同种抗体的恒定区氨基酸顺序差异不大。

埃德尔曼又研究了抗体生物合成的遗传学问题，指出抗体分子的每一条多肽链都是由两个基因编码的，其中一个为可变区编码，另一个为恒定区编码。在波特和埃德尔曼工作的推动下分子免疫学得到了飞速的发展，现已大体搞清楚了各类免疫球蛋白的一级结构和一些免疫球蛋白的立体结构、抗原结合位点的构造、抗体生物合成的全过程等问题。在抗原研究方面也有长足的进展。

10.8.4 放射免疫分析法

在20世纪中叶，犹太裔美国女科学家R.S.叶洛(R.S.Yalow，1921—2011)和她的搭档柏森(A.S.Berson)医生发明了放射免疫分析法。这是一种定量测量方法，其实质是两个免疫反应相互竞争，一个是放射性标记抗原和专性抗体结合，另一个是未标记抗原和同样的专性抗体结合。由于后一种反应的竞争作用，前一种反应受到一定的抑制。在反应液中，标记抗原的量是已知的，要测定的是未标记抗原的量，它从标记抗原的结合受到多少抑制而测出。因此放射免疫分析法又称竞争性饱和分析法。当时由于某些糖尿病患者注射胰岛素无效，需要精确测定人体血浆中的胰岛素浓度，叶洛因而发明了这个方法。放射免疫分析法可以方便、及时、准确地测量人体血液和组织中多种含量极低的活性物质的浓度，为许多疑难杂症的诊断与治疗提供依据。用这个方法几乎可以测定生物体内任何物质，不管是生物体本身分泌的各种激素和其他物质，还是口服或注射的各种药物，以及一些病毒的抗原、肿瘤抗原等，甚至还可测定一个人近日是否吸毒。到20世纪80年代初，应用此法测定的生物活性物质已达300种以上。叶洛还发明了测定肝炎病毒的放射免疫分析法，把灵敏度提高了100多倍。

叶洛淡泊名利，品德高尚，她在放射免疫分析法发明后放弃了申请专利，从而使这方法得到了广泛的应用与发展。

10.8.5 细胞信号

人体生命活动的正常运作需要细胞进行良好的通讯联系，特别是离不开健全的通信网络。通信网络主要由激素、神经递质、生长因子和分化因子等组成。细胞信号的研究涉及到诠释生命本质以及疾病的发生和防治等一系列重大问题。cAMP是在激素作用下细胞内形成的耐热小分子物质，其作用是激活蛋白激酶(磷酸化酶激酶)，以便催化磷酸化酶活化。cAMP广泛存在于动物体内多种组织、细胞及细胞外液中，用来调节细胞的生理活动和新陈代谢。美国生物化学家E.W.萨瑟兰(E.W.Sutherland，1915—1974)提出了关于激素作用的第二信使学说：激素作为第一信使，将化学信息送达靶细胞，cAMP是第二信使，将此信息传至细胞内的效用系统。第二信使学说是细胞间化学信息传递机制的普遍法则。美国生化学家E.G.克雷布斯(E.G.Krebs，1918—2009)和E.H.费希尔(E.H.Fischer，1920—?)发现了cAMP调节细胞代谢生理功能的机理。20世纪50年代他们发现了蛋白质可逆磷酸化的作用，这是生物信息在细胞内传递的主要方式，是细胞代谢、生长、增值、癌变的调控中心。cAMP在传递激素作用信息的同时，还起着放大信息的作用，从而使极其微量的激素能对细胞的生理功能产生很大的影响。

这一发现不仅探明了动脉粥样硬化的隐秘，为揭示基因表达的调控铺平了道路，同时也有助于了解癌症的起因，因为在癌细胞发展过程中，蛋白质磷酸化起了重要的作用。现在已发现，至少有50多种酶存在可逆磷酸化过程。蛋白质可逆磷酸化与细胞生长、组织分化、基因表达、肌肉收缩、能量利用和肿瘤转化等众多生命过程相联系，因而蛋白质可逆磷酸化及第二信使调控、蛋白激酶的研究已成为当代生物化学、生理学、细胞生物学、分子生物学研究最活跃的领域之一。

10.8.6 G蛋白的发现

G蛋白是一种具有激活功能的细胞组分，其功能是像开关一样允许一定量的信号通过。1980年美国生化学家吉尔曼(A. G. Gilman，1941—)在美国生化学家M. 罗德贝尔(M. Rodbell，1925—1998)所做实验的启发下，改变了原来的研究思路和方法，从细胞膜中分离出了G蛋白。

迄今为止科学家已鉴定出40多种不同类型的G蛋白。G蛋白能帮助把细胞膜上接受到的信号传送到细胞内，影响机体的生物活性。目前认为，至少有三分之一的信号传导过程有G蛋白的介入，约有50%～60%的药物作用于由G蛋白耦联的受体。癌症的发生是G蛋白与第二信使体系间传递信息失常，导致细胞内生化代谢紊乱，激发细胞无限制的生长。G蛋白的损害或功能失调可导致心力衰竭以及动脉粥样硬化、霍乱等严重疾病。

10.8.7 蛋白质的地址编码

细胞是生命活动的基本单位，一个成年人大约由100万亿个细胞组成。细胞内有细胞器。有的细胞器由双层膜包裹，如线粒体、叶绿体；有的由单层膜包裹，如内质网、高尔基体；有的没有膜，如核糖体、中心体。线粒体是细胞内产生能源的，内质网和核糖体是加工蛋白质的。每个细胞约含10亿个蛋白质分子，这些蛋白质每时每刻都处在降解和合成的动态过程中。蛋白质的基本组成单位是氨基酸，不同的氨基酸靠共价键连成一条多肽链，多肽链相互折叠形成具有空间构象的高级结构，执行着不同的生理功能。

美国细胞生物学家G. 布洛贝尔(G. Blobel，1936—)提出了一个信号假说：每个蛋白质分子都有编码，这些编码就是分子内一段特殊的氨基酸序列，称为“蛋白质中的信号序列”或“信号肽”，它指明了该蛋白质分子在细胞内应处的位置。1975年布洛贝尔成功地译解出第一条蛋白质信号序列。在20世纪80年代早期布洛贝尔发现了，能够在细胞质中通过与代表内质网中相关位置的地址编码的“捆绑”，来读取内质网地址编码的信号识别颗粒(SRP)，还发现了在内质网薄膜中，能够接受由信号识别颗粒与新合成的蛋白质链所构成的复合体入住的受体。布洛贝尔证明了信号假说不仅正确，而且是适用于微生物、植物和动物细胞的普遍规律。

1980年布洛贝尔总结出如何分类鉴别对应于不同细胞位置的蛋白质，提出每个蛋白质都有指明其在细胞中正确位置的信息，氨基酸顺序决定了一个蛋白质是否会穿过膜进入另一个细胞器或者转移出细胞。通过大量实验，在20世纪90年代布洛贝尔宣布，他已证实确实存在着内质网蛋白质通道。以布洛贝尔信号理论为核心的细胞内蛋白质输运机理的阐明，为现代分子细胞生物学奠定了基础，将细胞生物学的研究真正扩展到了分子水平。

10.8.8 中国生物学家贝时璋关于细胞重建的理论

我国著名生物学家贝时璋指出，细胞分裂不是细胞繁殖增生的唯一途径，除了细胞分裂，细胞繁殖增生还有另外一个途径，这就是细胞重建。细胞重建是细胞自组织、自装配的过程，是生命世界客观存在的、与细胞分裂并存的现象。

贝时璋

贝时璋的研究表明，细胞重建与细胞分裂在方式上有明显的差异。细胞分裂时，细胞的主要组成部分都同时一分为二；而在细胞重建的过程中细胞各组分不是同时形成。细胞分裂时分裂出来的细胞只有一个细胞核；细胞重建时则常常出现多个细胞核，形成多核体。细胞分裂时所有的子细胞都有相同的组成，处于相同的发育阶段，子细胞形成了，母细胞便不存在了；而细胞重建时，在母细胞的细胞膜破裂之前，子细胞与母细胞同时并存，且不同的新核及新细胞处于不同的发育阶段。贝时璋认为，地球上的原始生命，不可能一出现就具有细胞那样的复杂形态，应该有一个从简单到复杂、由非细胞形态到细胞形态的过程，这就是细胞的起源。细胞起源是一个漫长的自组装过程，细胞重建可能就是细胞起源过程在现代生物体内的缩影。通过对细胞重建问题的深入研究，搞清楚细胞怎样一步一步地由某些生命物质自组织、自装配的过程，就能对地球上细胞怎样起源、怎样发展有所理解，还可以充分认识细胞重建与细胞分裂的关系和两者的本质区别，从而可以找到更好的改变细胞品质的办法，培养优良性状，也可以指导在人工条件下进行细胞的生物合成。

贝时璋(1903—2009)是浙江省宁波人，中央研究院院士，中国科学院院士，实验生物学家，细胞生物学家，教育家，是中国细胞学、胚胎学的创始人之一，中国生物物理学的奠基人。1928 年贝时璋获德国杜宾根大学自然科学博士学位。由于他长期工作在生物学科研的第一线，并且屡有建树，成绩卓著，1978 年在他获得博士学位五十年的时候，杜宾根大学再一次授予他自然科学博士学位。又过了十年，1988 年在他获得博士学位六十年的时候，杜宾根大学第三次授予他自然科学博士学位。第一次的博士学位称银博士，第二次的博士学位称金博士，第三次的博士学位称钻石博士。全世界获杜宾根大学这样青睐的只有贝时璋一人。

贝时璋的研究工作涉及生物学的众多领域，其中尤以关于细胞重建的研究最为突出。1932 年春，贝时璋在杭州郊区稻田的水沟里观察到甲壳类动物丰年虫的中间性，这一现象是新的细胞繁殖方式和途径，打破了细胞只能由母细胞分裂而来的传统观念。贝时璋将此种现象称为“细胞重建”，并发表了题为《丰年虫中间性生殖细胞的重建》的论文。这个工作奠定了贝时璋作为中国著名细胞生物学家的学术地位。

贝时璋开创了我国生物物理学研究的新领域，并对其发展做出了重要贡献。1958 年他创建了生物物理研究所，并先后成立了放射生物学研究室、宇宙生物学研究室、生物的结构和功能研究室等一系列研究室，对当时科学发展提出的一些崭新的生物学课题开展研究工作。放射生物学研究室的放射性本底调查获1978年全国科学大会奖，小剂量长期辐射效应实验研究获1978年中国科学院重大科技成果奖。

10.9 基因工程

基因工程—基因重组技术是20世纪下半叶兴起和发展的现代生物技术最前沿领域，科学家试图利用这项技术改造生物的遗传特性，培养人类所需要的生物类型。

遗传信息就是DNA链上的核苷酸顺序。改造它首先要了解它。人们了解基因的第一步就是测定一段DNA分子的核苷酸顺序。美国的生化学家R.W. 霍利(R.W. Holley，1922—1993)最早测定了丙氨酸tRNA的核酸分子顺序。后来英国的著名化学家桑格领导的小组完成了ΦX噬菌体DNA的全长顺序的测定工作。由于对DNA测序工作的成功实现，人类读到了藏在基因中的遗传信息，改造它就有了可能。现在测序已完全自动化，测一条基因只需要几天时间(而桑格他们当年在摸索测序方法时，所花的时间是以年计算的)，于是实现基因工程就提到日程上来。

10.9.1 伯格的贡献

基因工程的奠基人、重组DNA技术之父伯格(P. Berg，1926—)是白俄罗斯裔的犹太人，出生于美国，是一位生物化学家，也是构思和完成基因重组操作的第一人。伯格通过把两个不同来源的DNA连接在一起，并发挥其应有的生物学功能，证明了完全可以在体外对基因进行操作。伯格的做法是用DNA连接酶把两个DNA片段高效地连接起来，形成一条完整的、没有切口的DNA双链，这样杂合的DNA稳定性与正常的DNA没有区别，成了一条全新的DNA分子。

伯格的实验在理论上有着极其重要的意义：由于基因、DNA可以在体外存在，遗传也不再神秘，而是可以重复的实验现象，这说明物理学和化学定律支配着生命的活动。基因工程的思想就是把有医用价值的基因在细菌中进行表达，以制造生物医药。1973年加州大学旧金山分校的H. 波耶(H. Boyer)与斯坦福大学的科恩把大肠杆菌的两个不同的质粒用限制性内切酶切开，把两个质粒连在了一起，再转入大肠杆菌中，发现接受联合质粒的细菌同时表达出两种质粒的特性，这说明两个质粒成功地连接在一起了。这就是基因工程的起点。三年以后利用基因工程制造生物医药的公司诞生了。

人们已经知道，在外界条件影响下(例如辐射等)，DNA在把绝大部分遗传信息正常传递下去的同时，总会有极少数碱基顺序发生改变。据此，英国的生化学家M. 史密斯(M. Smith，1932—)提出“突变是生物进化的原动力”。史密斯认为，按照基因工程的思想，如果能人工改变遗传密码的特定顺序，应该能得到自然界没有的新蛋白质。对天然蛋白质和人造蛋白质进行比较，可以让我们深入了解蛋白质一级结构对蛋白质功能的影响，也许通过定点突变还能制造出比天然蛋白质功能更强大的蛋白质。1978年史密斯及其合作者成功地在一个噬菌体突变株中引入了一个突变，这个突变“治愈”

了该噬菌体原来的缺陷，使之恢复了正常的功能。四年后史密斯第一次提纯出大量的突变酶。史密斯的方法开辟了一个生物学的新领域，研究人员可以通过在分子层面优化蛋白质，得到更能满足人类需要的产品。例如，现在已经有人在研究突变的血红蛋白，试图用其代替血液。

10.9.2 基因控制发育

基因主要担负两大任务：决定某一具体性状的表达，譬如开红花还是开白花；在合适的时间、合适的地点启动或关闭基因的表达。前者是通常意义下的遗传学，后者是发育遗传学。所以发育也受基因控制。

根据现代的胚胎学，刚受精的卵是一个球形，它迅速分裂为 2 个、4 个、8 个、16 个细胞，这时胚胎还是对称的，其中所有的细胞都是相同的。以后细胞开始分化，胚胎变得不对称，头尾和腹背都不相同，再以后形成体节。每个体节根据它们沿着头尾轴所处的位置，经历不同的发育过程。什么基因控制了这些事件的发生？这些基因有多少？它们是相互协作的，还是彼此独立的？这些就是发育遗传学要回答的问题。

德国女科学家尼斯莱因—福尔哈德（C. Nüsslein—Volhard，1942—）和美国科学家维绍斯（E. Wieschaus，1947—）在欧洲分子生物学实验室（EMBL）支持下，从双腹突变果蝇的突变入手进行研究。他们研究了 2 万多只突变果蝇，其中包含了大约 4 万个突变性状。经过大量的观察、筛选，他们发现在涉及的 5 000 多个基因中，139 个起决定性作用。实验结果表明，控制体节发育的基因有三类：间隙基因、成对基因和节段极性基因。这三类基因的作用可以通俗比喻如下：间隙基因给出大致轮廓，成对基因画出草图，节段极性基因则给出各种细节。发育所涉及的基因能被分成若干不同的功能区。这个研究工作的结论是，身体结构的基本特征，在不同的动物中具有很大的保守性。这种保守性表明，存在着一个共同的、基本的身体结构模式，它起源于两侧对称动物的祖先，迄今已进化了六亿年。果蝇作为一种昆虫，它与脊椎动物当然有极大的不同，然而相似或相同的基因也存在于脊椎动物等高等生物乃至人类当中，它们也控制相应的胚胎发育过程中体节的形成。

10.10 生物催化剂——酶

最早提出生物催化定义的是瑞典的化学家贝采利乌斯。他说，“在活着的植物和动物中，存在着上千种的‘催化力’，这些‘催化力’不参加生物体的反应，而是催化在那个温度下不能发生的反应”。所以贝采利乌斯被认为是酶学的始祖。

1834 年德国的施旺把氧化汞加到胃液里，沉淀出一种白色粉末，除去汞化合物后剩下的是浓度很高的消化液，施旺称之为胃蛋白酶。1878 年德国的屈内（Kühne）将其称为酶。

酶的催化反应效率比非催化反应高 $10^{8}\sim10^{20}$ 倍，比其他催化反应高 $10^{7}\sim10^{13}$ 倍。酶参与的反应不需要加温加压，只要在生物体内就能发挥作用。酶具有高度的专一性，它能敏锐地识别反应物，没有副反应。酶的出现很快成了研究中的主力军。

10.10.1 酶的实质和克雷布斯循环

美国生物化学家J. B. 萨姆纳(J. B. Sumner,1887—1955)用实验证明了酶是蛋白质,而最终揭开了酶的真面目的是瑞典科学家A. H. T. 特奥雷尔(A. H. T. Theorell,1903—1982)。在20世纪30年代人们已经从酵母中提取出了黄色的呼吸酶。特奥雷尔用实验把黄色的呼吸酶中的核黄素与蛋白质分离,分离后的两种组分都没有活性。可是当等量混合两种组分后,酶的活性完全恢复。真正和蛋白质结合起作用的是核黄素单核苷酸(FMN),特奥雷尔将其称为辅酶,将蛋白质称为酶蛋白。

食物转化成能量的实质是在有氧条件下碳水化合物的氧化过程。1937年德国科学家克雷布斯(H. A. Krebs,1900—1981)在生物氧化代谢过程的研究中把前人发现的单个反应建成了一个与糖酵解相连的"环",即克雷布斯循环(也叫柠檬酸循环或三羧酸循环)。克雷布斯循环揭示了产生能量的分解过程和消耗能量的合成过程,而在细胞中二者保持平衡。在多种生物组织或细胞中进行实验后,克雷布斯发现这个循环是很多生物,特别是高等生物生产能量的共同途径。在生物个体内脂肪和氨基酸的代谢最终也进入到三羧酸循环中。克雷布斯循环清楚阐明了物质的流动和能量的出处,是生物体代谢网络的中心所在,解释了物质如何转化为能量。

10.10.2 关于ATP

生物体的运动以及合成蛋白质都需要环境向反应体系提供能量。生物体通过把需能反应和供能反应偶联起来,用供能反应来驱动需能反应。在生物界最常见的供能反应是ATP的水解反应,绝大多数的生理反应需要ATP的驱动。克雷布斯循环的重要功能之一是为生物提供ATP。1929年德国的K. 洛曼(K. Lohmann)发现了ATP。1935年俄国人V. 恩格尔哈特(V. Engelhart)发现肌肉收缩需要ATP。1941年德国的李普曼(F. A. Lipmann,1899—1986)证明了ATP是细胞内化学能的主要载体。李普曼提出,高能磷酸键水解产生的能量就是ATP对细胞的贡献。1948年托德(Todd)用化学方法合成了ATP。1957年丹麦科学家斯科(J. C. Skou,1918—?)发现了第一个离子泵。细胞利用ATP的能量把钠离子泵出细胞,把钾离子泵入细胞,这是细胞兴奋、神经运作的基础。离子泵也是一种酶,是ATP最重要的功能。酶不但能催化反应,还能运送物质。

ATP在生物体内的合成:ATP合成酶与细胞呼吸有关,也就是说,细胞呼吸、糖的氧化与产生ATP有关。无论植物、动物,细胞内外都存在着离子梯度。在细胞内K^+浓度高,Na^+浓度低,在细胞外则相反,通常浓度相差约10倍。由于K^+对膜的通透性远高于Na^+,所以决定膜电位的主要是K^+和Cl^-,表现为内正外负的膜电位。为了维持膜电位,细胞利用ATP提供的能量,主动把渗漏进细胞的Na^+泵出去,把渗漏出细胞的K^+泵进来。为了维持膜电位大约要用所生产的ATP总量的三分之一。维持膜电位有两个功能:

(1)维持细胞正常体积,驱动某些物质的运送。

(2)作为可兴奋细胞活动的基础。

斯科发现一个酶能够水解 ATP，把钠和钾离子逆浓度运输。每水解一个 ATP，就送进细胞 2 个 K^+，送出 3 个 Na^+，这个钠—钾—ATP 酶就是神经生物学家所说的离子泵。

美国的 P. D. 波耶(P. D. Boyer，1918—?)提出，在 ATP 的合成过程中大部分能量不是用于形成 ATP 分子，而是促进已经形成、但紧密结合在酶上的 ATP 释放出来。他利用化学手段提出 ATP 合成酶的构象的假说，并据此提出旋转催化假说。酶的这种作用方式是第一次发现，英国的 J. E. 沃克(J. E. Walker，1941—)研究了 ATP 合成酶的细节，用事实证明了波耶的假说完全正确。沃克研究的是线粒体内膜上的 ATP 合成酶，他测得了这个蛋白质复合体的全部氨基酸顺序，并于 1994 年测定了 ATP 合成酶 F_1 部分(催化功能域)的空间构象，发现在所有离子梯度和 ATP 合成偶联的生物体中 ATP 酶的结构相似，因此推断它们的作用机制也必定相似。

10.11 生命起源的研究

生命起源问题是人类认识自然界的根本问题之一。这个问题到现在还没有得到彻底的解决。

在古代人们认为生命是上帝创造的，像希腊的柏拉图、我国西汉的董仲舒都持有这样的观点。

苏联生物化学家 А. И. 奥巴林(А. И. Опарин，1894—1980)在实验的基础上第一个提出关于生命起源问题的假说，被誉为国际上研究生命起源问题的先驱。

奥巴林 1917 年毕业于莫斯科大学。1922 年他提出了关于地球上生命起源的假说，1924 年他出版了世界上第一本关于生命起源问题的论著《生命的起源》。后来奥巴林做了大量实验，进行了更深入的探索，进一步丰富和发展了他的生命起源假说。1936 年奥巴林出版了他的代表作《地球上生命的起源》，较系统、全面地论述了地球上的生命起源问题。1938 年该书的英译本出版。1957 年在莫斯科召开的国际生命起源讨论会上，经过热烈讨论，他的理论为大多数科学家所接受。由于奥巴林的研究工作富有成效，他很早被选为苏联科学院院士，自 1970 年起任国际生命起源研究学会主席。

奥巴林提出的假说将生命发生的原始时期分为三个基本阶段：

第一，有机物产生阶段。以单原子状态分散在炽热的星球大气层中的碳原子，在地球早期温度很高的条件下发生化学反应，形成最简单的有机物——碳氢化合物和它们的衍生物(通常都将其称为碳质球粒陨石)。这类陨石迄今已知有 20 个左右。奥巴林认为，即使在今天还有一些有机物以无机的方式在地球上存在着。奥巴林指出，现在科学家已经在地壳中发现了金属碳化物，在生命产生之前，正是这些碳化物以大规模的方式和水发生作用生成了碳氢化合物。

第二，氨基酸高分子聚合物——原始蛋白质产生阶段。由于紫外线和放电产生的能量等的作用，在原始海洋的水中，碳氢化合物和氨、水等分子经过化学作用，形成多种有机物，特别是氨基酸。由氨基酸再聚合形成更为复杂的原始蛋白质。

第三，蛋白体产生阶段。最初存在于溶液中的、简单的原始蛋白质同其他蛋白质分子以及其他有机物颗粒相互结合，形成一个完整的分子团，并从溶液中分离出来漂浮在水中。这种分子团称为团聚体。奥巴林做了许多实验，证明了人工获得团聚体是可能的。在明胶含量只有0.001%的溶液中就可获得这种团聚体。团聚体还不具备新陈代谢的机能，因而还没有生命特征。以后团聚体从它周围的水溶液中吸收各种不同的有机物，逐渐“成长”起来。由于自然选择的作用，团聚体的构造不断完善，形成一个复杂的复合体系。它们不断分裂繁殖，后来发生了一次质的飞跃，出现了具有新陈代谢机能的最原始的生命。

关于团聚体的性质，奥巴林断定，所有胶体物质都集中在团聚体内，也就是说，团聚体虽然是液态的，并且被水浸透，可是它始终不同其周围的水溶液混合。团聚体有一定的构造，但结构很不稳定。当外界条件或内部化学成分发生变化时，团聚体的结构会随之发生变化，或者完全解体，成为单个分子溶解在周围的介质中；或者浓缩，黏性增大，变成凝胶状态，使结构更复杂，同时变得稳定。

最初出现的最原始、最简单的生物，其构造比团聚体完善多了，但是它还没有像现代最简单的生物那样具有细胞结构。当生命演化到一定的阶段，生物的构造变得愈来愈复杂，愈来愈能适应发展生命的生存条件，以后就产生了单细胞生物，随后是多细胞生物。

奥巴林还指出，从最简单的有机物逐渐进化到产生最原始的生命，只是在开放体系形成的基础上才有可能，而人工获得的团聚体是带有稳定性的静态体系。在原始地球的条件下，团聚体不是简单地浸在水里，而是浸在含有各种盐类和有机物的溶液里，它们向团聚体渗透并与其组成的物质发生相互作用，形成一个开放体系，这是使团聚体向具有新陈代谢功能的最原始生命进化成为可能的基本保证。

应当指出，关于生命起源研究的开创性工作是本书第8章中提到的德国化学家维勒于1828年做的、在实验室条件下用无机物人工合成尿素的工作。在这以后，根据维勒的有机合成思想，欧洲的科学家们在19世纪先后人工合成了酒精、蚁酸和醋酸等有机物。进入20世纪后不少科学家相继在实验室里模拟原始地球条件，合成了有机物。在20世纪60～70年代科学家们用不同的反应物和不同的能源得到了种类众多的氨基酸。1958年美国科学家福克斯(Fox)把若干种氨基酸混合在一起，加热到100℃以上，发现生成了同蛋白质分子相似的“类蛋白”。当把类蛋白放到加热的稀食盐溶液中，冷却后在显微镜下可看到有无数微小球体。福克斯将它们称为“微球体”。微球体具有现代细胞的许多特性，它们以出芽或分裂方式进行增殖，并具有光合作用的能力。福克斯指出，在原始地球上海洋附近的火山爆发等会产生微球体。微球体可看作是原始细胞的模型。

11 人体生理学

公元前5世纪希腊希波克拉底(Hippocrates,公元前460—前370)创立了古代最符合理性的第一所医科学校。他认为人生病是人的血液等生命液的不平衡所致。后来罗马帝国时代出生在爱琴海边上的盖仑用解剖动物得到的资料来说明人体结构。13世纪意大利人卢奇(Luzzi)写出了第一本论述解剖学的书。17世纪初英国哈维发表名著《心血运动论》,提出了血液循环学说,这是生命科学发展的里程碑。哈维是现代生理学的奠基人。

11.1 血液循环系统与血型的发现

11.1.1 16世纪以前人类对血液运动的认识

在人体生理学中,血液的运动规律占有重要的地位,对它的正确认识有助于进一步了解人体的其他机能。

古希腊的医生虽然知道心脏与血管的联系,但是他们认为动脉内充满了由肺进入的空气。因为他们解剖的尸体中动脉中的血液都已流到静脉。古罗马医生盖仑(Galenus,129—199)解剖活动物,将一段动脉的上下两端结扎,然后剖开这段动脉,发现其中充满了血液,从而纠正了古希腊流传下来的错误看法。盖仑创立了一种血液运动理论,他认为,肝脏将人体吸收的食物转化为血液。血液由腔静脉进入右心室,一部分通过纵中隔的小孔由右心室进入左心室。心脏舒张时,通过肺静脉将空气从肺吸入左心室,与血液混合,再经过心脏中由上帝赐给的热的作用,使左心室的血液充满着生命精气。这种血液沿着动脉涌向身体各部分,使各部分执行生命机能,然后又退回左心室,如同涨潮和退潮一样往复运动。右心室中的血液则经过静脉涌到身体各部分提供营养物质,再退回右心室,也像潮水一样运动。盖仑的血液运动理论是错误的,但是他的学说在2～16世纪时期被信奉为"《圣经》",不可逾越。

16世纪比利时医生、解剖学家A. 维萨里(A. Vesalius,1514—1564)在自己的解剖实验中发现盖仑关于左心室与右心室相通的观点是错误的。但是因他反对盖仑学说,教会迫使他去耶路撒冷朝圣赎罪,结果死于海难中。

西班牙医生M. 塞尔维特(M. Servetus,1511—1553)在实验中发现了肺循环,即血液从右心室经肺动脉进入肺,再由肺静脉返回左心室,并发表在1553年秘密出版的《基督教的复兴》一书中。这是发现血液循环道路上迈出的第一步。但同样因为触犯了盖仑学说，塞尔维特在1553年被宗教法庭判处火刑烧死。

稍后，意大利解剖学家法布里修斯（Fabricius，1537—1619）发现了静脉瓣膜的存在，他在1574年的著作中详细描述了静脉中瓣膜的结构、位置和分布。静脉瓣膜的发现在血液循环学说的建立上是一重大进步，但是法布里修斯没能认识到这些瓣膜的意义，他仍然信奉盖仑学说。

11.1.2　哈维和他的血液循环理论

W. 哈维（W. Harvey，1578—1657）生于英国一个富农之家。他在19岁取得剑桥大学的医学学士学位后，又到意大利帕多瓦大学向法布里修斯学习解剖学。哈维留学期间，伽利略正在帕多瓦任教，哈维深受其影响。1602年，哈维获得帕多瓦大学的医学博士学位，同年回伦敦定居并开业行医。行医之余，哈维继续从事解剖学研究，特别对心血管系统进行了认真的探究。

威廉·哈维

哈维曾对40多种动物进行了活体心脏解剖、结扎、灌注等实验，同时还做了大量的人的尸体解剖。他积累了很多观察和实验记录的材料，并开始怀疑盖仑的血液运动理论。后来哈维深入研究了心脏的结构和功能，发现心脏是一个中空的肌肉性器官，它的左右两边各分为上下两个腔，上位腔（心房）与下位腔（心室）之间有一个瓣膜相隔，瓣膜只允许上腔的血液流到下腔，而不允许倒流。哈维接着研究静脉与动脉的区别，他发现动脉壁较厚，具有收缩和扩张的功能；而静脉是收集血液流回心房的血管，静脉壁较薄，里面的瓣膜使得血液只能单向流向心脏。结合心脏的结构，这意味着生物体内的血液是单向流动的。为了证实这一点，哈维做了一个活体结扎实验。当他用绷带扎紧人手臂上的静脉时，心脏变得又空又小；而当扎紧手臂上的动脉时，心脏明显胀大。这表明静脉里的血确实是心脏血液的来源，而动脉则是心脏向外供血的通道。体内血液的单向流动实验，证明了盖仑学说的静脉系统双向潮汐运动的观点是错误的。哈维的另一个定量实验更否定了盖仑的理论。他进行心脏解剖时，发现如果心脏每分钟搏动72次，则每小时由左心室注入主动脉的血液流量相当于普通人体重的4倍。这么大量的血不可能马上由摄入体内的食物供给，肝脏在这样短的时间内也决不可能造出这么多的血液来。唯一的解释就是体内血液是循环流动的。

哈维的血液循环理论简述如下：血液从左心室流出，经过主动脉流经全身各处，然后由腔静脉流入右心室，经肺循环再回到左心室。人体内的血液是循环不息地流动着的，这就是心脏搏动所产生的作用。哈维在1628年发表了《动物心血运动的解剖研究》一书，系统地总结了他所发现的血液循环运动的规律及其实验依据，并以大量的证据证明了心脏是一个可以泵出血液的肌肉实体，血液以循环的方式在血管系统中不断流动。这部只有72页的小书是生理学史上划时代的著作，它标志着近代生理学的诞生，同时也奠定了哈维在科学发展史上的重要地位。

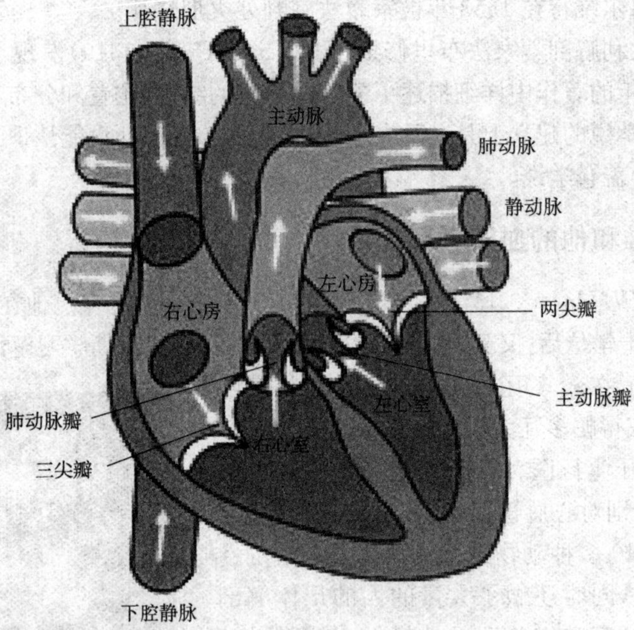

心脏切面示意图

尽管哈维发现了血液循环，但是在当时的条件下，他并不能清楚地了解血液是怎样由动脉流到静脉的。他只是根据他的观察和实验作出了正确的推断，即血液是由心脏经过动脉到静脉再回到心脏这样循环不息地流动着的。

在哈维逝世后，显微镜才得到改进。意大利的解剖学家 M. 马尔比基(M. Malpighi，1628—1694)在 1661 年利用放大 180 倍的显微镜，发现了动脉与静脉之间的毛细血管，他观察到血液如何从小动脉通过毛细血管网流入小静脉，从而完善了哈维的血液循环学说。

1918 年丹麦的科学家克罗(S. A. S. Krogh，1874—1949)在大量实验的基础上，发现毛细血管运动调节机理，证实并完善了哈维的理论，创立了“毛细血管运动机制”学说，成为现代微循环学说的奠基人。

现在已经搞清楚，毛细血管壁由单层内皮细胞构成，这些内皮细胞之间有微小的裂隙，起到沟通毛细血管内外通道的作用。人体内大约有 400 亿根毛细血管。不同器官组织中的毛细血管密度是不同的，在心肌、肝、肾、脑等器官组织中毛细血管的密度比较大，而在骨骼、脂肪、结缔等组织中密度比较低。毛细血管的平均长度大约为 750 μm，平均半径大约为 3 μm，其管壁的平均厚度大约为 0.5 μm。每根毛细血管的表面积大约为 14 000 μm^2，一个中等身高的人全身毛细血管的总有效交换面积大约为 1 000 m^2。

哈维对胚胎学也有重要贡献，他反对先成学说，他认为胚胎的最终结构是逐渐发展形成的，而不是在胚胎的早期就存在，只是规模要小得多。哈维在 1651 年发表的著作《动物的生殖》标志着当代胚胎学研究的真正开始。

11.1.3 血型的发现

现在大家都知道，输血以输同型血为原则，否则被输血的人将会引起输血不良反应，严重的甚至会有生命危险。血型是1900年由奥地利人K. 兰德施泰纳（Karl Landsteiner，1868—1943）发现的，这是医学界在20世纪最重要的成就之一。

兰德施泰纳生于维也纳，在学生时期就开始做生物化学研究。他大学毕业后先后在病理学、组织学和免疫学方面作了大量工作，他发现了梅毒的免疫性，指出了梅毒的免疫因子，还创立了脑脊髓灰质炎的病因学和免疫学理论。然而兰德施泰纳最主要的贡献是在血液方面。

K. 兰德施泰纳

1900年兰德施泰纳发现了甲者的血清有时会与乙者的红血球凝结的现象。这一现象当时并没有得到医学界足够的重视，但它的存在对病人的生命是一个非常危险的威胁。经过长期的思考，兰德施泰纳认识到：可能是输血者的血液与受血者身体里的血液混合产生病理变化，而导致受血者红血球凝结。于是他用22位同事的正常血液交叉混合来研究这个问题。他发现某些血浆能促使另一些人的红细胞发生凝集现象，但也有的不发生凝集现象。他将22人的血液实验结果编写在一个表格中，通过仔细观察这份表格，他发现了人类的血液按红血球与血清中的不同抗原和抗体分为许多类型，于是他把表格中的血型分成A、B、O型三种。不同血型的血液混合在一起就会出现不同的情况，有可能发生凝血、溶血现象，这种现象如果发生在人体内，就会危及人的生命。

1902年，兰德施泰纳的两名学生把实验范围扩大到155人，发现除了A、B、O三种血型外还存在着一种较为稀少的第四种类型，后来称为AB型。到1927年经国际会议公认，对血型采用兰德施泰纳原定的字母命名，即确定血型有A、B、O、AB四种类型，这种血型系统称为ABO系统，至此现代血型系统正式确立。

后来通过对血液的深入研究，又先后发现了血液中的MNP因子、Rh因子等许多新的血液因子，于是愈来愈多的血型系统建立了起来。到1995年国际输血协会认可的血型系统已有23个，但是最重要的、与临床关系最密切的血型系统仍旧是ABO系统。

由于在血型方面的重要贡献，兰德施泰纳在1930年获得诺贝尔生理学医学奖。

对于在不同地区生活的人群，不同血型所占的百分比是不同的。就整体而言，在中国人当中，血型为A型的占28%，血型为B型的占24%，血型为O型的占41%，血型为AB型的占7%。在印度人中间，A型血的占21%，B型血的占40%，O型血的占31%，AB型血的占8%。在欧洲人中，血型为A型和O型的占前两位。

11.2 免疫

刺激—应答是生命活动的基本模式。人体在对环境的应答中，除了神经和内分泌反应以外还存在着免疫应答的反应模式。任何外环境的物理和化学刺激均可启动机体神经系统和内分泌系统的应答，外环境中的外源生物性刺激物(即抗原)，如细菌、病毒等进入机体时，免疫系统以抗体、细胞因子等免疫分子和淋巴细胞、巨噬细胞等免疫细胞以免疫应答的方式对外源生物性刺激产生反应，有效地将其清除出体外。法国微生物学家巴斯德有关细菌(炭疽菌等)和病毒(狂犬病毒)等的减毒或无毒疫苗的研制，开创了科学免疫接种和保护性免疫的新篇章，奠定了科学免疫学的基础。杰尼(Jerne)提出的关于免疫理论的三个学说：抗体生成的“天然”选择学说，有关抗体多样性发生的学说和免疫系统的网络学说构成了现代免疫学理论框架的重要基础。由于免疫学疫苗对免疫的贡献，今天传染病对人类的威胁已大大降低，由传染病造成的死亡的原因已退出了前几位。

11.2.1 早期的免疫学

И. И. 梅契尼科夫(И. И. Мечников，1845—1916)是俄国病理学家。他发现，吞噬细胞具有清除微生物或其他异物的天然免疫功能，而白细胞在机体的炎症过程中有防御作用。1883年他创建了吞噬细胞理论。梅契尼科夫提出，炎症反应是机体进化过程中出现的抵抗病原体入侵的保护性机制。梅契尼科夫的关于炎症保护性作用的思想最终得到了学术界的广泛承认，但他的细胞免疫理论与体液免疫理论辩论了几十年。

梅契尼科夫另一个重要的贡献是提出了乳酸对人体健康有益，可以延长人类寿命。现在这一理论已为大量事实所证明。

E. 贝林(E. von Behring，1854—1917)是德国的细菌学家和免疫学家。他通过大量实验发明了对破伤风和白喉的血清疗法，是血清疗法的主要创始人之一。贝林发现了白喉抗毒素，还成功研制了白喉疫苗。他首次成功地用动物的免疫血清治疗白喉，获得了很大的成功。抗毒素(就是抗体)的发现，在理论上为发现抗体奠定了重要的实验基础，在应用方面则开创了人工被动免疫的先河。

比利时生理学家J. 博尔代(J. Bordet，1870—1961)提出，抗菌血清含有两种物质：防御素和敏感素。防御素即补体，它作为抗体的补体，存在于具有免疫力之前，具有杀菌消毒作用。敏感素是一种特殊的抗体，产生于预防注射之际。这种抗体是淋巴细胞在抗原物质激发下产生的一种具有特异性免疫功能的球蛋白。抗体和相应的抗原结合，可以促进白细胞的吞噬细菌作用，将抗原消除或使抗原失去致病作用。由此他创立了抗菌血清理论和利用血浆医治细菌感染疾病的方法。

法国人里歇(C. R. Richet，1850—1935)最重要的工作是开创了过敏反应的研究，发现了“过敏反应”现象。他的进一步研究又发现，不同致敏物质在人体和动物所引起的过敏反应，其症状是相似的，从而他认为，引起过敏反应的物质是一种血液中的化学物质。过敏反应的研究是免疫学中的一个重要分支。

奥地利的兰德施泰纳对免疫问题有重要贡献。他发现红细胞凝集现象是血清免疫反应的一种表现。红细胞在异体或异种血清中之所以会发生凝集，乃是由于红细胞表面含有一种抗原性物质，即凝集原，而血清中则含有相应的特异性抗体，统称为凝集素。当含有某种凝集原的红细胞遇到与其相对抗的凝集素时，就会发生一系列反应使红细胞凝集成团，兰德施泰纳将人的红细胞上的凝集原分为A、B两种，并根据凝集原的类型来划分这个人的血型：当红细胞含A种凝集原时，其血型为A型；含B种凝集原时，血型为B型；如果红细胞同时含有这两种凝集原，血型为AB型；如果红细胞上哪种凝集原都不带，则血型为O型。这大大深化了人类对血型问题的认识。

由于抗体作为蛋白质分子广泛存在于血液、组织液和外分泌液中，所以抗体介导的免疫功能称为体液免疫。

德国有机化学家、免疫学家P. 埃利希(P. Ehrlich，1854—1915)发现了细菌与生物体内不同的组织和细胞都有不同的染色能力。他提出用染色法鉴别有机体细胞和组织。他对白细胞进行了鉴别染色，观察并描述了白细胞吞噬红细胞的现象。1885年，埃利希发表了专著《机体的需氧量》，首次以染料作氧化还原指示剂来指示新陈代谢活跃的细胞内的状况，报导了他对机体组织和器官中氧气分布的研究，引起了医学界的广泛关注。埃利希对免疫问题进行了大量的研究，指出免疫血清具有溶菌作用，有溶菌作用的抗体称为介体。介体具有对补体和红细胞的亲和力。埃利希认为抗体分子是细胞表面的一种受体。抗原进入机体与受体结合将刺激细胞产生更多的抗体，后者脱落入血，中和毒素。埃利希还发明了一种治疗梅毒的化学药品，对当时治疗性病有重大的现实意义。他被公认为是化学疗法之父。

总之，免疫学有两大学派：以梅契尼科夫为代表的吞噬细胞学派和以埃利希为代表的体液免疫学派。为了缓和两大学派的争论，1908年诺贝尔奖委员会将当年的诺贝尔生理学医学奖分别授予梅契尼科夫和埃利希，但是争论仍旧继续。大多数人支持体液免疫学派，在20世纪初体液免疫学派占统治地位。

11.2.2 抗体生成的克隆选择学说

丹麦免疫学家杰尼(N. K. Jerne，1911—1994)提出了免疫学的三个学说：

(1)抗体生成的“天然”选择学说。杰尼认为最初进入动物体内的抗原会有选择性地与原来就存在于体内的“天然”抗体结合，然后一起进入细胞，给细胞以信号，使细胞产生更多的相同抗体。这个学说正确阐明了抗体的生成机理，这对免疫学是极其重要的。

(2)抗体多样性发生的机制。杰尼提出淋巴细胞内只存在一套种系基因，这套基因专门用来编码针对某些自身抗原的抗体。表达这些基因的细胞通常处于抑制状态，但当淋巴细胞受体分子上的氨基酸发生变化，在细胞表面出现具有新的结合抗原位点的抗体分子时，这些细胞就会成为突变细胞，从而能识别外来抗原，产生抗体。

(3)免疫反应调节的网络学说。杰尼认为抗原刺激产生抗体，抗体上的独特型决定簇能引起抗独特型抗体的产生，而抗独特型抗体又会引起产生抗抗独特型抗体，如此继续下去，则会产生多重抗体和抗抗体构成的网络。网络的主要作用是抑制抗体的产生，以保持机体的免疫自稳状态。

这三个学说已经都被实验所证明，所以杰尼被称为现代免疫学之父。

对于抗体生成的问题，澳大利亚的F. M. 伯内特(F. M. Burnet，1899—1985)也做出了重要贡献，他提出了抗体生成的克隆选择理论，他以免疫细胞为核心，提出抗体作为天然产物存在于免疫细胞表面，是抗原特异性的受体，与抗原选择性地反应接合。他认为免疫细胞是随机性生成的多样性的细胞克隆，每一个免疫细胞克隆表达针对某一个特定抗原的特异性受体。伯内特关于抗体生成的理论是他对免疫学的第一个重要贡献。伯内特认为免疫反应最主要的特性是机体在免疫上是无活性的。如果在胚胎期给动物注射抗原，该动物不能产生抗体而是对该抗原获得了耐受性。这种看法在1953年已为英国科学家P. B. 梅达沃等人的实验所证实。伯内特还认为在有效抗原从机体消失很久以后，抗体仍能继续产生。伯内特还在细胞水平探讨了自我识别的概念，形成伯内特原则，并对“免疫监视”的概念提出解释，他预言抗体的产生是细胞对异物的主动反应过程。特异性抗原刺激机体免疫系统会出现针对其特异性的无应答状态，这叫获得性免疫耐受。伯内特关于获得性免疫耐受的理论是他对免疫学第二个重要贡献。

克隆选择学说的提出促进了免疫学从血流抗体的研究转向细胞生成抗体的研究。20世纪60年代后伯内特又转入自身免疫问题的研究，发表了《自身免疫与自身免疫病》(1972)等专著，为自身免疫的研究奠定了理论基础。

11.2.3 免疫应答基因和单克隆抗体

出生于委内瑞拉的免疫学家B. 贝纳塞拉夫(B. Benacerraf，1920—2011)发现了免疫应答基因，他指出机体的免疫应答是由遗传基因控制的，它造成了种系间和个体间特异性免疫应答性质与强度的差异。机体的免疫应答包括细胞方面和体液方面的反应。有两组主要的淋巴细胞参与了免疫应答。一种是B细胞，它是由骨髓中的细胞演化出来，本身又会逐渐变成分泌抗体的细胞；另一种是T细胞，它是细胞免疫任务的执行者，还能调节B细胞的活动。B淋巴细胞负责体液免疫，T淋巴细胞负责细胞免疫。B细胞和T细胞有协同作用，T细胞可辅助B细胞产生IgG类抗体。T细胞与B细胞协同作用的分子基础是T细胞和B细胞分别识别同一抗原大分子上的不同抗原决定簇(表位)，T细胞识别T细胞表位，B细胞识别B细胞表位。细胞免疫和体液免疫在功能上既有明确的分工，又有相互的功能协作。根据细胞表面表达的特征性分子，科学家们利用单克隆抗体技术分别将小鼠和人类T细胞分类成辅助性T细胞(Th)和细胞毒T淋巴细胞(CTL)，证明了抑制性T淋巴细胞的存在，体外培养T细胞也获得了成功。

在1960—1982年期间细胞免疫学取得了巨大的进步，科学家们分别阐明了T细胞介导的细胞免疫应答机制和B细胞介导的体液免疫应答机制以及免疫应答的调节机制。

法国免疫学家让·多塞(J. Dausset，1916—2009)发现了人的白细胞上存在着一种白细胞异抗原，即MAC抗原，他指出，器官移植的成败取决于提供组织者与接受移植者之间白细胞是否匹配。后来多塞发现了人的白细胞抗原系统，即HLA系统。随后他通过大规模的调查研究，建立了HLA系统的人类学分布状况的资料库。在多塞理论的指导下，广大医务工作者发现了类风湿关节炎等几十种病都与特定的白细胞抗原有关，这也就证明了白细胞抗原与人体免疫的密切关系。

20 世纪 70 年代德国免疫学家科勒(G. J. F. Köhler,1946—1995)与阿根廷生物化学家米尔斯坦(C. Milstein,1927—2002)共同发明了制造单克隆抗体的技术,采用这种技术可以使人细胞和鼠细胞聚合,产生一种杂交瘤细胞。对杂交瘤细胞进行无性繁殖,就可以产生抗感染的单克隆抗体。这个技术对生命科学和医学的几乎所有领域都产生了深远影响,它大大提高了许多疾病诊断的精确性,特别是不育症、神经系统紊乱和糖尿病。由于单克隆抗体能专一地与靶细胞(例如癌细胞)牢牢结合,当把某种毒素附着在单克隆抗体上,制成新型的定向"免疫毒素"时,就能有效地将癌细胞杀死,而对其他正常细胞几乎没有任何伤害。目前许多单克隆抗体已经广泛应用于临床诊断及治疗,如白血病的诊断分型等。

日本分子生物学家利根川进(1939—)探索免疫系统错综复杂的现象取得了卓越成绩,他发现了身体免疫细胞组是如何利用数量有限的细胞生成特定的抗体以抵抗成千上万种不同的病毒和细菌。

生物体受到感染后会产生某些特殊的蛋白质进行抵御,这种特殊的蛋白质就是抗体。关于抗体产生的原因当时有两种不同的看法:"种系"理论认为制造抗体的基因来自于遗传密码的一部分,而"体细胞突变"理论认为抗体基因自身重新组合编码而衍生出新的抗体,因此一小部分基因能够产生众多变体。利根川进通过演示一个 DNA 分子的突变和重组或重新排列,证明了"体细胞突变"理论。此过程可制造出多达 100 亿种抗体。

11.2.4 先天免疫和获得性免疫

免疫系统的主要功能是能够识别"自我"(以避免攻击自身),以及抵御外来病原体的感染。为此,免疫系统设有两道防线,第一道防线被称为先天免疫或固有免疫,它在进化中相对稳定,几乎存在于所有动植物中。固有免疫是机体在长期进化中形成的防御细胞,主要是发挥非特异性抗感染效应。当细菌、病毒等入侵机体后,固有免疫系统迅速做出反应,以消灭入侵者。

如第一道防线不能有效中止感染,机体启动第二道防线,即获得性免疫,又称适应性免疫。它是脊椎动物从进化中发展出的一种复杂的免疫应答形式,特点是只针对某一特定的病原体或异物起作用,具有高度特异性以及免疫记忆功能,这种免疫主要由 T、B 淋巴细胞发挥作用。

1996 年法国的霍夫曼(J. A. Hoffmann,1941—)发现了关键受体蛋白质,它们能够识别微生物对动物机体的攻击并激活免疫系统。随后,美国的博伊特勒(Bruce A. Beutler,1957—)在哺乳类动物机体内也发现了类似的蛋白质。因此,这两位免疫学家的工作揭示了第一道防线即先天性免疫发挥作用的一种关键机制,为认识相关病理(如炎症等)以及开发药物提供了新的策略。

出生于加拿大、后在美国工作的斯坦曼(Ralph M. Steinman,1943—2011)则发现了免疫第二道防线即获得性免疫是如何启动或激活的。他的主要成就是发现树突状细胞(DCs),这是影响免疫的关键调节器。树突状细胞与肿瘤的发生、发展有着密切关系,树突状细胞能敏锐地捕捉肿瘤细胞与正常细胞间微小的差异,并把这种差异传递给T淋巴细胞，让T淋巴细胞迅速激活起来，将人体内残存的、转移的癌细胞全部、彻底地消灭干净。T细胞免疫还有记忆能力，也就是说，如果人的一生中再有同样的癌细胞产生，人体的免疫系统就会马上将其消灭。斯坦曼晚年致力于研究树突状细胞疫苗。后来他被诊断患了胰腺癌，他将自己设计的疫苗应用到自身，这种疫苗延长了他的寿命。

免疫学的中心任务是探索免疫系统的核心功能，即免疫系统是如何识别自身抗原，并对自身组织细胞产生免疫耐受，以及如何识别外来病原体，以消除或中止感染。在近半个多世纪里，现代免疫学对这些关键免疫学问题的研究已取得一系列重要成果，在实际应用上也取得了可喜的成绩，最典型的例子就是针对各种各样疾病开发出了有效的疫苗并进行了普及，大幅度提高了人们的健康水平。

11.3 人体的内分泌系统

在正常人体生命活动过程中，激素对调节机体的物质代谢，促进细胞、器官的正常发育与生长，调节排卵、受精等生理过程，以及配合神经系统调节机体对环境的适应能力等方面，都起着十分重要的作用。激素产生于某些具有内分泌功能的腺体，像甲状腺、胰腺、肾上腺等。内分泌腺很小，一个人的全部内分泌腺加在一起，总重也大约只有140 g。

对内分泌腺的生理功能进行真正的科学研究始于19世纪中期。1849年德国哥廷根的医生A. A. 贝特霍尔德（A. A. Berthold）在实验基础上发表了论文《睾丸的移植》，证明了睾丸是内分泌腺，他指出睾丸产物通过血液循环作用于整个机体，这正是内分泌物作用的基本特点。这是内分泌学第一篇具有重要价值的文献。1855年法国的C. 贝尔纳（C. Bernard）证明，血液中的葡萄糖是由肝脏直接分泌的，并首次提出了“内分泌”的概念。直到19世纪末，人类才开始开展实验内分泌学的研究。

11.3.1 激素的发现

激素是内分泌腺释放的一种量微而效高、能够调节多种生理功能和物质代谢活动的化学物质，可以说是细胞的“化学信使”，它由体液传递。

第一个激素是英国生理学家E. H. 斯塔林（E. H. Starling，1866—1927）发现的，他提出了内分泌腺分泌激素的学说。斯塔林最初主要研究淋巴液生成，提出毛细血管内压与渗透压之间的平衡（后称“斯塔林平衡”）。后来他和另一位英国生理学家贝里斯（W. M. Bayliss，1860—1924）一起，通过对狗消化系统的实验，证实了促胰液素的体液调节作用：当酸性食糜进入十二指肠，肠黏膜细胞即分泌促胰液素，随后促胰液素进入血液循环，进一步促进胰腺的胰液分泌。1905年斯塔林创造了荷尔蒙（hormone）一词，用来指促胰液素这类无导管腺分泌的特殊化学物质，即激素。促胰液素的发现是内分泌学史上一件大事，它不仅使人类发现了一个新的化学物质，而且发现了调节机体功能的一个新概念、新领域，改变了过去机体完全由神经调节的观念。它指出，除神经系统外，机体还存在着一个通过化学物质传递来调节远处器官活动的方式，即体液调节。加拿大医生班廷及其助手对胰岛素的提取、鉴定和制备，是激素发现初期最引人瞩目的成果(详见 10.6.1)。

激素是人体调节代谢的信息分子,它是在细胞与细胞间传递调节信息的,它调控着机体的生长、发育、代谢、繁殖、衰老等几乎所有的生命过程,它与大脑的功能、机体免疫系统的调节、某些疾病的发生都有着密切的联系。人体内由内分泌腺细胞分泌的激素含量一般为 ng(10^{-9} g)水平。激素的种类很多,迄今为止发现的动物激素已有几十种。按化学结构激素可分为四大类:

(1)肽与蛋白质激素,如下丘脑激素、垂体激素、胃肠激素、胰岛素、降钙素等。

(2)类固醇激素,如肾上腺皮质激素(皮质醇、醛固酮等)、性激素(雌激素、孕激素及雄激素)等。

(3)氨基酸衍生物激素,如甲状腺素、肾上腺髓质激素、松果体激素等。

(4)脂肪酸衍生物,如前列腺素。

不同激素有不同的受体系统。类固醇激素是一类多环有机化合物,其特异受体不在细胞膜上,而在靶细胞内。它与靶细胞质的受体蛋白结合形成激素——受体复合物,并向细胞核转移。这种激素和受体复合物控制蛋白质的合成,决定细胞的生长和分化。上述分类中的(1)与(3)属于含氮激素,它们与细胞膜上受体结合,形成另一类激素——受体复合物,其作用是改变某些酶的活性,引起"第二信使"的产生与变化,最后导致细胞效应。

属于类固醇激素的性激素是一大类激素,为了研究它,导致了生殖内分泌学的产生。据文献记载,人类最早研究性激素的可能是我国北宋的科学家沈括,他曾在大量人尿中提取性腺活性物质作为壮阳药,并命名为"秋石"。真正用科学方法研究性腺功能是从18 世纪开始的。当时一些外科医生曾经成功地对动物移植睾丸。到 20 世纪 20 年代,生理学界已经成功得到了性激素提取物,搞清了其化学结构并实现了人工合成。

在性激素研究得到广泛开展的基础上,德国的生理学家布特南特(Butenandt,1903—1995)创建了生殖内分泌学。他突出的贡献是成功分离了性激素雌酮和雄酮,并从理论上对其结构、性质及化学作用做了详尽的分析和阐述,还揭示了雄酮与胆固醇之间的关系。1934 年布特南特又成功提纯了孕酮(助孕素),为以后研制口服和注射用避孕药奠定了基础。

1965 年美国生物化学家 E. W. 萨瑟兰(E. W. Sutherland,1915—1974)提出了第二信使理论。其基本思想是:激素的作用是把某种调节信息由分泌细胞带到靶细胞,它们是第一信使;激素本身并不直接进入细胞内部,而是与靶细胞膜上的受体蛋白结合。这一结合能使细胞膜内表面的 ATP 大量转变为 cAMP;cAMP 作为第二信使把生命信息由细胞膜进一步传向细胞内。这就是激素作用机制的基本环节,也是药物作用机制的基本环节。萨瑟兰和其他科学家随后的一系列实验完全证实了第二信使学说。现在已经发现 cAMP 对人体极其重要,例如,在癌细胞中,cAMP 含量降低会使膜的通透性增加,于是外界营养物质源源不断进入细胞,导致细胞恶性增生。实验还表明,当离体培养癌细胞时,加入 cAMP 能使癌细胞变正常,而如果停止 cAMP 的输入,细胞又恢复成恶性。总之,第二信使学说不仅揭示了激素作用的机理,还通过对 cAMP 的深入研究,深化了有关细胞分化和组织生长的调控知识。

11.3.2 神经内分泌学

垂体是一个极其重要的腺体，它是人体内分泌腺的指挥官。英国内分泌学家哈里斯(G. H. Harris)于1945年提出垂体的活动受控于下丘脑。下丘脑是一种神经组织，它产生一种称为"释放激素"的物质，通过血液作用于垂体。法国的R. C. L. 吉耶曼(R. C. L. Guillemin，1924—?)与波兰的A. V. 沙利(A. V. Schally，1926—?)为搞清垂体本身是怎样被调控，进行了20年的研究和竞争。他们两人在互不了解的情况下，多次几乎同时开展了完全相同的实验。在第1阶段他们分别研究的是下丘脑释放的"促甲状腺素释放激素(TRH)"。吉耶曼用了500万头羊的下丘脑做实验对象，沙利则用了100万头猪的下丘脑。两人的实验结果表明，羊和猪的下丘脑的TRH具有相同的化学结构，两人还分别对其实现了人工合成。在第2阶段他们分别研究另一下丘脑激素——"促黄体生成素释放因子(LRF)"。吉耶曼买了40万个羊下丘脑，沙利买了16万个猪下丘脑。两人的研究分别搞出了羊和猪下丘脑的LRF的化学结构，得到了相同的结果。在第3阶段他们分别研究"调节人体身高的生长素释放激素(GHRH)"和"生长抑素"。他们都发现，下丘脑对垂体释放生长素的调节作用，是通过生长抑素实现的。而猪的生长抑素的化学结构与羊完全相同。生长抑素是多种激素的抑制物，在胰、胃中也存在免疫反应的生长抑素。吉耶曼与沙利的研究和大量实验揭示了脑分泌激素的功能，奠定了神经内分泌学的基础。

11.3.3 肾上腺

肾上腺这个名称是1923年才出现的，在这以前人们对它一无所知。肾上腺位于人体左右两个肾的上方，大小像杏仁。肾上腺分内、外两部分，其外部称为肾上腺皮质，内部叫肾上腺髓质。肾上腺皮质又分三层，从外到里依次为球状带、束状带和网状带。肾上腺皮质与生命关系比较密切，肾上腺髓质对维持生命的重要性要差一些。肾上腺皮质中的维持生命的激素叫肾上腺皮质激素。肾上腺皮质激素十分复杂，美国科学家E. C. 肯德尔(E. C. Kendall，1886—1972)和瑞士的生化学家T. 赖希施泰因(T. Reichstein，1897—1996)经过艰苦努力，分别独立地探索出其结构以及人工合成和大量生产的方法。1934年肯德尔与他的小组，从动物肾上腺中提取出一种含有29种物质的结晶。1938年肯德尔分离出六种肾上腺皮质激素，并探明了它们的化学结构。与肯德尔同时，赖希施泰因也在肾上腺皮质激素提纯方面做了大量的工作。可以说，到赖希施泰因生活的年代为止，绝大多数肾上腺皮质激素的提纯都是他完成的。

11.3.4 前列腺素

1930年瑞典的生理学家冯·奥伊勒(von Euler，1905—1983)发现，人、猴、羊的精液中都存在一种能使子宫那样的平滑肌兴奋、血压降低的活性物质。由于这种物质是在精液中发现的，他将其定名为前列腺素。精液中的前列腺素主要来自精囊。前列腺素由存在于动物和人体中的一类不饱和脂肪酸所组成，它是哺乳动物体内一类具有极高生物活性的物质，几乎存在于体内所有组织中。前列腺素对体内多种器官和系统都具有生理作用，包括生殖系统、血管和支气管平滑肌、胃肠道、神经系统、呼吸系统、内分泌系统等。前列腺素不仅参与体内几乎所有的生理活动过程，而且还与许多病理过程有关。

随后瑞典的生物化学家 S. 贝克斯特伦(S. Bergstrom，1916—?)实现了对两种前列腺素 E 和 F 的提纯，搞清了它们的分子式和构型。他又与他的学生 B. I. 萨穆埃尔松(B. I. Samuelesson，1934—)合作，测定了六种前列腺素的结构，还搞清了前列腺素的生物合成过程，阐明了前列腺素的生理作用和体内代谢机制。

11.3.5 垂体激素

脑垂体是人体最重要的内分泌腺，分前叶和后叶两部分。它是利用激素调节身体健康平衡的总开关，控制多种对代谢、生长、发育和生殖等有重要作用激素的分泌。人到 40 岁以后，脑垂体萎缩，人体就衰老了。

垂体位于丘脑下部的腹侧，为一卵圆形小体，重量不到 1g，是人身体内最复杂的内分泌腺，它所产生的激素不但与身体骨骼和软组织的生长有关，还可影响内分泌腺的活动。垂体由腺垂体(即前叶和中叶)和后叶的神经垂体两部分组成。垂体激素是脊椎动物垂体(或脑下垂体)分泌的多种微量蛋白质和肽类激素的总称。腺垂体细胞分泌的激素主要有 7 种，即生长激素、催乳素、促甲状腺激素、促性腺激素(黄体生成素和卵泡刺激素)、促肾上腺皮质激素和黑色细胞刺激素等。

在垂体激素的研究方面，阿根廷生理学家 B. 奥塞(B. Houssay，1887—1971)做出了重要贡献。他深刻揭示了垂体激素对机体新陈代谢的调控机理及其生理机能与新陈代谢的密切关系。奥塞通过一系列实验证明了垂体前叶激素具有升高血糖的作用，胰岛素则具有降低血糖的作用，二者在糖代谢中起的作用相反，它们之间的平衡调节着糖的代谢。他还发现前叶激素很娇嫩、敏感，因而垂体前叶提取物制备时对温度有一定的要求，绝不能过高。

11.3.6 甲状腺

甲状腺是脊椎动物非常重要的腺体，属于内分泌器官。在哺乳动物身上它位于颈部甲状软骨下方，气管两旁。由于人类的甲状腺形似蝴蝶，犹如盾甲，所以得了这个名字(见图)。甲状腺的主要功能是合成甲状腺激素，调节机体代谢。一般人每天食物中约有 100～200 μg 无机碘化合物，经胃肠道吸收进入血液循环，然后迅速为甲状腺摄取浓缩。甲状腺体中的贮碘量约为全身的 1/5。

瑞士医生科歇尔(Kocher，1841—1917)在甲状腺生理学、病理学及其手术治疗方面有重要贡献。他阐明了碘是制造甲状腺素必不可少的理论，揭示了甲状腺及其周围相关的血管、神经、腺体等组织结构的特点，搞清了甲状腺与甲状旁腺的关系，还规范了甲状腺手术时必须注意的原则。人们运用科歇尔这些原则，大幅度降低了甲状腺外科手术的死亡率。也正是从科歇尔开始，政府规定，食盐中必须配入一定数量的碘。

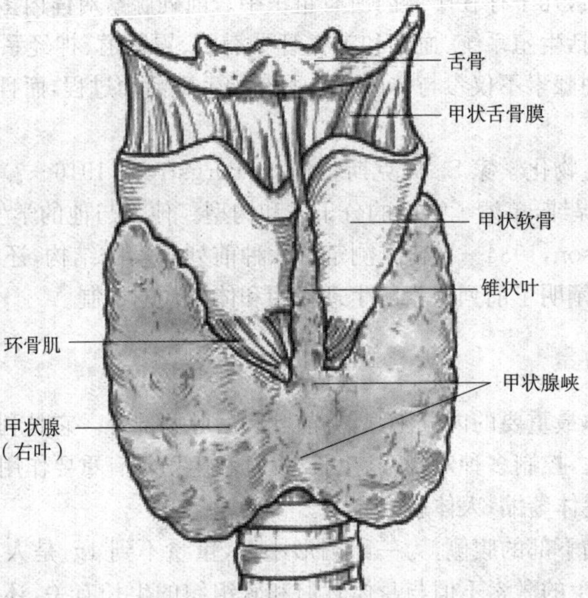

甲状腺

科歇尔是一位极其出色的外科医生，他在几乎所有的外科领域都有重要的贡献，但是他最重要的成就是在甲状腺手术方面。世界上第一例成功的甲状腺切除手术就是他完成的，这是 1872 年他为大作曲家勃拉姆斯做的甲状腺切除手术，而在 19 世纪 70 年代以前甲状腺手术还是个禁区。科歇尔在 40 年的时间里仅甲状腺肿的手术就做了 5 000 多例，平均每 3 天做一例，积累了丰富的临床经验。他著有《外科手术大全》一书，该书再版了六次，并译成多种文字，是外科的经典之作。

11.4 神经

11.4.1 19 世纪及其以前人类对神经的认识

在古代，人们认为灵魂和记忆的归所是在心而不在脑。希腊学者希波克拉底提出脑是感知的器官，是智力中枢，但亚里士多德认为心是智力中枢。到公元 1 世纪罗马医生盖仑回到了希波克拉底的观点，他推测大脑是感觉的接收区，小脑是控制肌肉运动的命令中枢。他认为神经犹如血管，感觉的接受和运动的发动，都是通过体液经过神经流入或流出脑实现的。到了 17 世纪笛卡尔提出，心与脑是分离的，人的智能存在于脑之外的“心”。在 18 世纪人类对脑的认识主要可概括为：脑通过神经与身体其他部位通信；脑的各部分具有不同的功能；损害脑会干扰感觉、运动和思维功能，甚至死亡。

到了 19 世纪人们对脑的认识有了突破，这主要表现在下列几个方面：

（1）神经是“电线”而不是“水管”。

（2）不同功能定位在脑的不同部位。

(3)神经系统是进化的产物。

(4)神经元是脑的基本结构和功能单位。

19 世纪初英国医生 C. 贝尔(C. Bell)和法国生理学家 F. 马让迪(F. Magendie)发现了动物脊髓的背根和腹根行使不同的功能:背根把皮肤感觉信息传入脊髓神经,腹根把运动命令从脊髓传到肌肉神经。法国的神经学家 P. 布罗卡(P. Broca,1824—1880)证明了语言功能位于大脑左侧额叶,现在那里称为布罗卡语言区。德国的生理学家 H. 蒙克(H. Munk)发现,大脑枕叶是视觉功能所必需的。达尔文提出,不同物种的神经系统来源于共同的祖先,有着共同的机制,今天大多数神经科学家使用动物模型或标本来研究人类的神经系统和脑工作原理。19 世纪末在施旺细胞学说的基础上,西班牙的拉蒙·卡哈尔(Ramon y Cajal,1852—1934)确定了神经细胞是神经系统和脑的基本结构和功能单位,从而诞生了神经元学说。

11.4.2 神经元学说

神经系统可分为外周神经系统和中枢神经系统两部分,前者相对简单,后者极其复杂。外周神经系统保持与中枢神经系统密切联系的方式,是通过将机体接受的各种刺激信号传入神经转为神经冲动传入中枢神经系统;反过来又接受发自中枢神经系统的各种传出指令,经由传出神经到达效应器,引起相应活动。中枢神经系统由位于脊柱内的脊髓和包藏在颅骨内部的脑组成。具有相同生理功能的神经细胞聚集在脑的一定部位形成中枢的神经机能结构。延髓是脑与脊髓相接的部位,是生命中枢,下丘脑控制着延髓,能影响和调节许多重要的生理功能。

脑与内脏活动间的协调作用机理是 20 世纪 20～30 年代由瑞士的医学家、生理学家赫斯(W. R. Hess,1881—1973)发现的。赫斯针对下丘脑区,在麻醉动物颅骨上开一小孔,将直径 0.2 mm 的金属电极插入脑内的设定部位,等动物清醒过来并恢复手术前的健康状态后,用电脉冲刺激动物的脑区神经细胞。他以猫为实验对象,结果大获成功。当插在猫下丘脑中部的电极通电时,原来安静的猫忽然好像看见了一条狗,马上警觉起来,它怒瞪双眼,瞳孔变大,弓背直腿,呲牙咧嘴,口中嘶嘶作响,随时准备抵御敌人的侵犯。赫斯不断变换刺激的部位,每次猫的反应都不一样,而且这些反应还包括心脏、血压、呼吸以及排便、排尿等内脏变化的反应。根据大量的实验结果,赫斯得出结论:下丘脑的中、后部是机体的交感神经调节中枢,下丘脑前部是副交感神经调节中枢。

额叶对情感等高级脑功能很重要,额叶受伤会导致典型的人格改变,有时也会影响智力。20 世纪 30 年代葡萄牙医学家 A. E. 莫尼斯(A. E. Moniz,1874—1955)提出用额叶白质切除的办法来治疗精神病患者。莫尼斯通过实验发现,切除额叶白质的手术对治疗抑郁症、强迫性神经官能症特别有效,绝大部分患者经过手术恢复了健康,甚至能重新工作。但由于额叶白质切除术会造成病人人格的永久性改变,20 世纪 50 年代以后逐渐被药物治疗所代替。

中枢神经系统通过神经纤维与身体各部分相连。神经纤维根据功能可分为三类:

(1)传导控制肌肉收缩冲动的神经纤维。

(2)控制其他器官活动(如消化器官)的神经纤维。

(3)将感觉器官接收到的外界的刺激以及由机体器官生理变化产生的刺激，传导到中枢神经系统的神经纤维。

除了血管外，神经系统还包括“支持物质”（由细胞和纤维物质组成）以及在不同部位呈不同形状的神经细胞。19 世纪 70 年代意大利科学家 C. 高尔基（C. Golgi，1844—1926）用硝酸银染色法成功地展示出中枢神经系统结构的许多重要特点和许多重要的结构细节，并首次观察到整个神经细胞（包括突起）的全貌。在高尔基工作的基础上，西班牙病理解剖学家拉蒙·卡哈尔第一次观察到神经细胞与神经细胞之间存在着密切的接触，但每个神经细胞都是独立的。据此他创立了神经元学说。根据神经元学说，所有动物的神经系统都是由单个神经元组成，每个神经元都有一外膜与外界相隔离，神经元是神经系统最基本的信号传递单位。每个神经元都由胞体、树突、轴突和轴突末梢四部分组成，它们在神经信号传递中发挥着不同的作用。后来的研究证明，神经元学说是完全正确的。

英国生理学家谢灵顿（C. Sherrington，1857—1952）研究了大量的反射活动和脊髓神经元在其中的作用，发现了反射活动产生和协作的基本规律。反射活动很重要，它能使个体避免受伤害。谢灵顿发现，反射活动是传入神经元、中间神经元和传出神经元之间联合激活的结果。他建立了神经系统整合作用的重要概念。

英国生理学家阿德里安（E. D. Adrian，1889—1977）研究神经纤维信号传导问题，发现了“神经冲动的全或无”定律，即外界刺激只有达到一定的阈值时才能引起神经冲动，动作电位的幅度是恒定的，不会因刺激强度的进一步增大而改变。他还研究了脑电问题，为脑电图技术的发展奠定了基础。

11.4.3 大脑的功能

人的大脑由左、右两个半球组成。左、右脑半球在结构上是相同的，二者通过上千万条的神经纤维连接在一起。20 世纪 60 年代美国实验心理学家斯佩里（R. W. Sperry，1913—1994）通过大量巧妙设计的心理生理学实验，发现了两侧半脑在功能上的分工。左脑半球与抽象思维、符号关系和细节的逻辑分析有关，尤其是与时间知觉有关，它能控制说、写和数学运算。归纳起来，就是长于语言和计算。右脑半球在形象思维、空间知觉和复杂关系的理解方面，在解释听觉印象和理解音乐、旋律识别以及区分音调方面，优于左脑半球。归纳起来，就是对图形、音乐和情绪的感受优于左脑。左、右大脑功能不对称受遗传和环境两方面因素的影响，它们的功能一侧化也不是绝对的，另外，左、右大脑功能不对称的现象在动物身上也存在。

美国神经生物学家和精神病学家坎德尔（E. Kandel，1929—）在研究脑的功能方面做了大量的工作，他的主要成就是发现了学习和记忆的突触和分子机制。学习和记忆是脑的基本功能，学习如何发生、记忆如何存储和读出是脑科学的核心问题。到 20 世纪下半叶人们已经知道，学习有联合型学习和非联合型学习，记忆有陈述性记忆和非陈述性记忆。陈述性记忆是关于过去的经历和事件的记忆，非陈述性记忆包括技巧、习惯、情感、运动性条件反射等不同类型的记忆。大脑具有多重记忆系统，不同类型的记忆在不同的脑区形成和存储，大脑里不存在单一的记忆系统来包揽所有形式的记忆。陈述性记忆依赖于海马神经元的突触可塑性变化，运动性条件反射的建立依赖于小脑皮层突触的可塑性变化。短时陈述性记忆只需已有突触蛋白的修饰，长时间陈述性记忆的形成需要启动基因表达和蛋白质合成，合成新的突触蛋白，以构建新的突触或增强已有的突触连接。

在坎德尔工作的基础上，人们已经开始研究复杂的记忆是如何在脑内存储的，研究如何才能回忆起过去发生的事情。也就是说，现在脑科学家已经把分子与细胞、分子与行为联系了起来。

11.4.4 生长因子的发现

人的身体所有细胞均源于受精卵，这个单细胞包含了编码个体所有信息的遗传物质。在这第一个细胞开始分裂的起始阶段，子细胞是完全相同的。但很快细胞间开始表现出微小的特征差异。细胞的这种专化过程称为分化。随着生长因子的发现，细胞生长和分化的规律逐渐被认识。许多类型的细胞能合成信号物质或激素，作用于自身或邻近细胞。通过这种机制，一个细胞能影响其周围细胞的发育。

神经生长因子(NGF)是意大利女发育生物学家R. 莱维·蒙塔尔奇尼(R. Levi-Montalcini，1909—2012)于1952年在实验中发现的。后来在各种脊椎动物中都发现了NGF。NGF具有极强的生物活性。神经纤维的生长受NGF刺激的影响，神经纤维末端朝着富含NGF的方向生长。在发育过程中会产生过量的感觉神经元和交感神经元，而只有那些与产生NGF的靶细胞建立联系的神经元才能存活。现在已经在人和动物身上鉴定了NGF基因，知道身体哪些组织会合成NGF。后来美国生物化学家S. 科恩(S. Cohen，1922—?)又发现了表皮生长因子(EGF)，它能刺激表皮细胞的生长。

生长因子的发现不仅对基础生理科学有重大意义，而且还加深了医学界对老年痴呆症、发育畸形和肿瘤等多种疾病病理机制的认识。另外，NGF可以用来修复受损伤的外周和中枢神经系统，EGF则可用于外科手术和创伤之后的恢复。

11.4.5 化学传递学说

在20世纪初人们已经知道，神经系统里存在有自治的、不受意识支配的“特区”，称为自主神经系统。自主神经系统由交感神经系统和副交感神经(又称迷走神经)系统组成，交感神经系统传导使心跳加速的冲动，副交感神经系统传导使心跳变慢的冲动。奥地利的生理学家勒维(O. Löwi，1873—1961)通过实验证明了，刺激迷走神经，其末梢会释放一种减慢心脏活动的化学物质，而交感神经在受刺激后，神经末梢会释放加速心脏活动的化学物质。这奠定了神经冲动化学传递学说的基础。后来瑞典的生理学家冯·奥伊勒(v. Euler，1905—1983)的研究证明，交感神经释放的物质是去甲肾上腺素，英国的生理学家H. H. 戴尔(H. H. Dale，1875—1968)则证明了，迷走神经释放的物质是乙酰胆碱，二者对相应神经系统的刺激效应是一致的。戴尔还证明了，刺激迷走神经释放的乙酰胆碱量极少，只有10^{-5} mg，但在一定的条件下微量的乙酰胆碱可以引起相应的肌肉收缩。

神经纤维末梢与运动神经元的接触位点称为突触。中枢神经系统有兴奋性和抑制性两种突触。如果神经冲动到达兴奋性突触，运动神经元的应答就会是“是”，于是兴奋性就增加；如果神经冲动到达抑制性突触，情况则相反。澳大利亚的神经生理学家埃克尔斯(J. C. Eccles，1903—1997)从根本上揭示了神经元信息传递机制。他证明了中枢神经系统内有两种突触传递机制，少量的突触是电传递的，绝大多数突触是化学传递的。他还证明脊髓运动神经元的所有轴突末梢都以乙酰胆碱为传递物质。他认为神经系统不能单纯理解为突触传递系统，它是一个整合系统，即使是最简单的活动也需要神经通路的有机组织。

冯·奥伊勒等则发现了神经元与神经元之间(突触连接处)以及运动神经元神经末梢与肌肉之间化学传递机制的关键性问题。他们发现神经元上的信息传递，同神经元与神经元之间的信息传递完全不同，前者由电信号介导，后者则通过化学物质。

11.5 呼吸

20世纪中叶人们已经知道，调节呼吸运动的中枢是在脑最低部位的延髓的一个小区域内。这个神经中枢经常发出节律性神经冲动，经脊髓由运动神经传至呼吸肌，形成呼吸运动。

此外，人们还认识到，血液中的化学成分是控制进出肺的气体量的重要因素。当机体代谢变化而使血液中化学成分改变时，肺通气量也相应地改变以适应机体的需要。人们认为，这种变化是血液中化学成分对呼吸中枢直接作用的结果。比利时药理学家J. F. 海曼斯(J. F. Heymans)和其子C. 海曼斯(C. Heymans，1892—1968)利用两种他们自己发明的动物实验装置—交叉灌流技术，对此做了证明。他们证明了主动脉弓壁上和主动脉体内的感受器能分别感受血压和血液的化学成分，经主动脉神经传入脑，反射性地改变呼吸活动。他们还证明了颈动脉体中有影响呼吸运动的化学感受器，接受刺激后能将神经信号传入脑中枢从而引起呼吸改变。在呼吸和血压的调节机制中，除了对中枢的直接作用外，还存在外周反射机制，尤其是外周的化学性反射机制。

11.6 肌肉

11.6.1 肌肉中能量代谢的理化机制

在20世纪初，英国的生理学家A. V. 希尔(A. V. Hill，1886—1977)深入研究了肌肉生理问题的机制，创建了肌肉生理研究学派。希尔提出，肌肉活动并非仅为完成收缩与舒张两个时相的机械过程，它还伴有时相性热量产生的无氧反应和有氧反应的化学过程。希尔发现，使肌肉标本在无氧而只有氮气的环境中收缩，初发热不受影响，但肌肉容易疲劳，不能恢复，没有迟发热。这说明肌肉活动时初发热的产生和因肌肉收缩产生乳酸的化学过程可以不需要氧气参与，是“无氧反应”；而肌肉恢复时迟发热的产生和乳酸逐渐消失的过程必须要有氧气。希尔还发现只有一小部分乳酸被彻底氧化成二氧化碳和水，大部分乳酸则在有氧条件下被重新还原为肌肉中的葡萄糖，正是这些碳水化合物在肌肉运动的无氧条件下产生乳酸。从而他证明了，在缺氧条件下肌肉力来源于糖的分解并形成乳酸。在寒冷的冬季，我们往往有“瑟瑟发抖”的感觉，这正是肌肉作为产热器官在发挥保暖作用。

德国生理学家 O. F. 迈耶尔霍夫(O. F. Meyerhof，1884—1951)用化学方法来研究肌肉中糖类与乳酸的转化同肌肉活动的关系。他用实验证明，是一系列化学分解过程引起肌肉的收缩，在无氧环境中，肌肉在酶的作用下发生糖原分解为乳酸的变化。在有氧环境中，部分乳酸氧化成 CO_2 与水，大部分乳酸重新转化为糖原。氧化乳酸的数量取决于物质代谢的条件，条件愈好，转变为糖原的乳酸量愈多，被氧化成 CO_2 与水的乳酸量愈少。氧化的乳酸分量愈少，肌肉做功就进行得愈经济。当肌肉极度疲劳时，1/4 甚至更多的乳酸被氧化，糖原的利用率为 40%；在肌肉未受损伤的最好条件下，乳酸的氧化量仅为 1/6，糖原利用率高达 50%～60%。迈耶尔霍夫主要以肌肉为材料，阐明了肌肉收缩过程中糖原和乳酸的循环性转变以及两者之间的关系。此后他逐步阐明糖酵解的基本过程和很多有关的酶的作用。

11.6.2 中国生理学家冯德培

冯德培(1907—1995)，浙江临海人，曾在英国师从著名生理学家诺贝尔奖获得者希尔，进行神经和肌肉产热的研究，1933 年获博士学位。1934 年夏，冯德培到北京协和医学院生理学系工作，开创了神经肌肉接头的新研究领域。1948 年当选为中央研究院院士。新中国成立后冯德培先后担任中国科学院副院长兼生物学部主任，中国科学院生理生化研究所所长，生理研究所所长，中国生理学会理事长，被选为第三世界科学院院士，美国、印度等国科学院外籍院士。

冯德培

冯德培的主要学术成就集中在神经和肌肉的能力学、神经肌肉接头和神经肌肉营养性相互关系等研究领域。

在神经和肌肉的能力学领域，冯德培发现了静息肌肉被拉长时放热显著增加，同时氧消耗也增加，也就是后来国际上所称的“冯氏效应”；另外，他首次证明乳酸代谢在神经活动中有重要作用，修正了前人对此问题的观点。

在 20 世纪 30 年代，突触的化学传递学说尚处于创建时期，冯德培的神经肌肉接头研究是这个学说的奠基性工作之一，并赋予这个学说以新的证据。他取得的丰富收获使他成为这个重要研究领域国际公认的先驱者之一。

神经肌肉间营养性关系问题，是 20 世纪 60 年代冯德培任中国科学院生理所所长时期的一个主要研究方向，是他的神经肌肉接头研究的扩展和继续。神经肌肉接头作为一个化学突触的兴奋传递，是从运动神经末梢到肌纤维的单向的快速信息传递关系。此外，运动神经元与肌肉之间还有双向的、缓慢的长期性信息交流，表现为两者的正常结构和功能在发育中维持着相互依赖关系，总称为营养性关系。许多肌肉病就是由于这个营养性关系发生破坏或障碍所引起。冯德培工作的主要贡献是：(1)鸡慢肌纤维去神经后变肥大的发现；(2)双神经支配的肌纤维实验的顺利完成，同时，首次证明不活动神经对肌纤维类型特征仍有控制能力。

11.7 胆固醇

现在谈起胆固醇，大家都觉得这不是好东西，如果检查身体发现胆固醇高了，就忧心忡忡。其实胆固醇多了固然不好，但少了也不行。胆固醇是组成生物膜的重要成分，也是人体生成胆汁酸、肾上腺皮质激素、雄激素、雌激素和维生素 D 以及甾体激素的原料，每个人身体里都要有一定数量的胆固醇，这是维持健康所必需的。研究表明，每个人的体内大约有 150g 胆固醇，其中大致有 25%分布在脑和神经组织中，其他如肝、肾、肠等内脏以及皮肤脂肪内的胆固醇也不少。胆固醇的溶解性与脂肪类似，它不溶于水，易溶于乙醚、氯仿等溶剂。

在古时候人们对胆固醇一无所知。大约在 18 世纪中叶有人从动物胆石中分离出一种固醇类化合物。1816 年化学家本歇尔将这种来自胆石的、具脂类性质的物质命名为胆固醇。胆固醇的结构、性质以及其与人体的关系主要是由德国哥廷根的两位科学家维兰德(Wieland)和温道斯(Windaus)先后研究出来的，他们的工作在本书 8.6.2 中有比较详细的介绍，这里不再赘述。

在 20 世纪 50 年代人们已经发现冠状动脉粥样硬化与摄取饮食中的胆固醇含量有密切关系，但那时人们还不知道在体内胆固醇是怎样合成与代谢的，这是机体重要的基本代谢的理论。在这个问题上两位德国科学家布洛赫(K. Bloch，1912—2000)和吕南(F. Lynen，1911—1979)做出了重要的贡献。布洛赫与其合作者证明了合成胆固醇的原料是含 2 个碳原子的乙酸，并且用简单的直链分子合成了具有复杂环状结构的胆固醇分子，而所有的碳原子都直接来自乙酸分子。吕南则认为，胆固醇、性激素、胆汁酸、肾上腺皮质激素、维生素 D 前体等在结构上相似，必然在代谢过程中有一定的联系。如果从胆固醇的生物合成机制入手取得突破，则其他性激素等的问题必将迎刃而解。经过深入研究，吕南发现了在脂肪酸代谢过程中乙酰辅酶 A 的重要作用，阐明了活细胞内新陈代谢的详细化学过程以及调节代谢的有关机制。布洛赫与吕南的研究成果为预防和治疗因胆固醇代谢紊乱而引起的疾病奠定了理论基础。

在布洛赫与吕南工作的基础上，美国的布朗(M. S. Brown，1941—)与戈尔德斯坦(J. L. Goldstein，1940—)经过 13 年的研究，发现了一种特别的胆固醇代谢障碍机制，提出了关于胆固醇致病原因的新理论，大大加深了人们对胆固醇问题的认识。

血浆里含的脂类统称血脂，胆固醇就是一种血脂，此外还有脂肪酸、磷脂和胆固醇脂等。血脂在血浆中总是与蛋白质相结合，以脂蛋白的形式被血液运送。脂蛋白有四种：含脂类最多的、密度最小的乳糜微粒(CM)、极低密度脂蛋白(VLDL)、低密度脂蛋白(LDL)和高密度脂蛋白(HDL)。随着这些脂蛋白被运送到达细胞、进入细胞，将相继发生一连串的生物化学变化过程，启动细胞内的物质合成。如果摄入高脂饮食过多，血中胆固醇将过高，细胞内胆固醇水平也会很高，于是 LDL 受体（专门与低密度脂蛋白 LDL 结合并将其摄入细胞内的特殊分子）的生成将受到抑制，而使血中胆固醇沉积在血管壁上，形成高脂蛋白血症，最后发展成动脉粥样硬化，导致冠心病和心肌梗塞。老年人容易血管硬化的原因，也是因为随着年龄的增长 LDL 受体会减少的缘故。

11.8 巴甫洛夫及其条件反射学说

И. П. 巴甫洛夫（И. П. Павлов，1849—1936）是俄国生理学家、心理学家、著名的医师、高级神经活动生理学的奠基人、条件反射理论的建构者，也是传统心理学领域之外而对心理学发展影响最大的人物之一。

巴甫洛夫在生理学领域的第一个重要研究成果是在消化生理学方面。他发现了主要消化腺的分泌规律，阐明了在调控整个消化过程中神经系统的主导作用，并完成了一系列著名的实验，像狗的“假饲”实验等。

巴甫洛夫关于消化问题的研究主要以狗作为实验对象。他首先把狗的食道切断，然后一整天不给狗进食。随后给这只饥饿的狗吃鲜肉。狗看见鲜肉张嘴就吃，咀嚼后就咽下。可是因为食道已被切断，肉根本进不到胃里。这只狗徒劳地吃了四五分钟后，奇怪的现象出现了：在通向狗胃的一根橡皮管里流出了大量的胃液。这种胃液不断分泌的现象，是狗的第十对脑神经——迷走神经的冲动引起的。巴甫洛夫对这只狗的迷走神经也动了手术，已在上面引出一根丝线。于是巴甫洛夫稍微提一下丝线，切断了脑与胃之间的联系。这时情况马上发生了变化，狗尽管还是在不断地吞咽鲜肉，但胃液却停止分泌了。这就是著名的“假饲”实验，它可以使人们观察到狗的消化腺的分泌情况。

在巴甫洛夫的研究实验中，他发现当狗只要一看见食物，唾液分泌量就增加，在实际吃到食物以前就已经分泌唾液了。这种反射活动是狗和其他一切动物生来就有的，巴甫洛夫称它为非条件反射。但后来他又发现，除了食物刺激口腔会引起狗的唾液分泌以外，其他的刺激，比如光、声音等的刺激，也能引起狗的唾液分泌。经过深入的思考，巴甫洛夫创建了高级神经活动生理学说。这是巴甫洛夫科研工作的另一个重要成果，而且是更出名的成果。巴甫洛夫做了一个相当著名的实验，他利用狗看到食物或吃东西之前会流口水的现象，在每次喂食前都先发出一些信号，像摇铃、吹口哨等。在这样连续做了几次之后，他尝试着单纯摇铃但不喂食，这时他发现狗虽然没有东西可以吃，却照样流口水。他从这一点推知，狗经过了连续几次的经验后，将“铃声响”当作“进食”的信号。巴甫洛夫把这种习得性反应称为条件反射。这证明动物的行为是因为受到环境的刺激，将刺激的讯号传到神经和大脑，由神经和大脑作出反应而来的，大脑皮层则是条件反射形成的部位。

条件反射的产生涉及四个事项，两个属于刺激，两个属于机体的反应，它们是：

（1）引起唾液分泌的刺激（指食物），这称为无条件刺激。

（2）食物引起的唾液分泌的反应，这称为无条件反应。

(3)食物之外的刺激称为条件刺激。

(4)食物之外刺激引起的反应称为条件反应。

条件刺激在条件反射形成之前,并不引起预期的、需要学习的反应。这在巴甫洛夫的实验中就是铃响。无条件刺激在条件反射形成之前就能引起预期的反应:出现了肉,总会引起唾液分泌。条件反应是由于条件反射的结果而开始发生的反应,即没有肉,只有铃响的唾液分泌反应。无条件反应则是在形成任何程度的条件反射之前就会发生的反应,是对于无条件刺激出现的唾液分泌的反应。当这两种刺激紧接着(在空间和时间上相近),反复地出现,就形成条件反射。通常,无条件刺激紧跟着条件刺激出现。条件刺激和无条件刺激相随出现数次后,条件刺激就逐渐引起唾液分泌。这时,动物就有了条件反应。一度中性的条件刺激(铃响)现在单独出现即可引起唾液分泌。

巴甫洛夫从 1901 年开始专门从事条件反射实验的研究,直到 1936 年逝世为止,前后长达 35 年。他通过大量实验发现了条件反射的原理,这为他赢得了国际声誉。

此外,巴甫洛夫在心脏的神经功能方面也有重要的贡献,他揭示了神经对心脏功能的调节作用,发现了循环系统的活动有着基本的反射调控模式。巴甫洛夫还提出了第一信号系统和第二信号系统的学说,奠定了心理学的生理基础。而对以后心理学发展产生重大影响的,则是由他的条件反射研究所演变成的经典条件作用学习理论。所以巴甫洛夫同时是一个伟大的心理学家。

11.9 看与听

11.9.1 视觉机理的研究

人类感受到的外界信息中 90%是视觉信息。眼能感光、感色、感受位置,是机体最重要的感觉器官。瑞典眼科专家 A. 古尔斯特兰德(A. Gullstrand,1862—1930)在眼睛屈光学方面有杰出成就。眼屈光学是几何光学的一个分支,研究的是晶状体内图像的形成。古尔斯特兰德经过 20 多年来百折不挠的研究,搞清了光线从空气通过角膜、晶体等几种折光系数不同的媒介而在视网膜上成像的原理,阐明了视近调节的机理,归纳出光学成像的一般定理,并得到了各国学者的承认。古尔斯特兰德研究了眼睛的散光问题,指出散光是由于角膜表面的光学衍射所造成,他还设计出柱状镜片的散光眼镜。

11.9.2 听觉与平衡的器官

人类对于耳科疾病的认识可以追溯到公元前 2700 年的古埃及。公元前 500 多年希腊医生阿尔克米翁(Alcmaeon,公元前约 535—?)指出耳与脑是相连的,他发现耳与嘴之间有一条相通的管道——咽鼓管。16 世纪文艺复兴时的意大利医学家法娄比欧(Fallopio)第一次描述了内耳的构造,对中耳、内耳及颅神经的结构有了初步认识。300 多年前意大利解剖学家莫尔加尼(Morgagni,1682—1771)写了第一本关于耳的解剖和耳病的著作。但直到 20 世纪初,人们对内耳的前庭器官的构造和功能基本上还一无所知。

人类对前庭功能的探索是一个循序渐进的过程。在19世纪先是捷克学者浦肯野(J. E. Purkinje,1787—1869)发现,旋转会诱发眼震。后来出生于匈牙利(当时属于奥匈帝国)的A. 波利策(A. Politzer,1835—1920)对耳的解剖学和多种耳病都进行了深入的探索,他对分泌性中耳炎、迷路炎、先天性耳聋、胆脂瘤、耳硬化症等许多耳病的研究都做出了巨大贡献,是整个19世纪对耳病研究水平最高的人,被称为现代耳科学之父。在波利策的影响下,他的学生奥地利耳科学家罗伯特·巴拉尼(R. Barany,1876—1936)继续了他老师对耳病的研究,给耳科学带来了革命性的发展。

巴拉尼出生在维也纳,从小患有骨结核,并留下了一条腿膝关节永久性强直的后遗症。但巴拉尼自强不息,终生坚持锻炼,从而拥有健康的体魄,保证了他从事科学研究工作的充沛精力。当时,已经有很多人注意到向耳内注射药物会引发患者眩晕甚至眼震(人在原地旋转后眼球会变化,这在医学上称为眼震),但对其中的机理并不了解。巴拉尼对这个现象做了系统的研究。他发现在给病人灌洗耳朵时,因为注射药水的温度不同,导致内耳半规管的淋巴液受热或受凉并产生方向不同的流动,从而引起前庭器官的反应,造成眼震颤和晕眩。基于巴拉尼对内耳前庭器官机能的透彻研究和他的临床检查新方法,前庭器官炎症疾病的死亡率从30%~50%降到0。

巴拉尼的发现首次给耳科学提供了一种简单易行的检查方法。从此,通过冷热法诱发眼震,医生们能够评价患者的前庭功能是否完好。此外,巴拉尼还解释了旋转造成眼震的机理,对于小脑的功能也做了深入研究,在耳科学的理论和耳病治疗方面都做出了重要贡献。

巴拉尼的一生富有传奇色彩。在第一次世界大战期间,巴拉尼做了一名军医。1915年4月,巴拉尼被俄国军队俘虏。1915年,凭借对前庭器官生理学和病理学的研究成果,巴拉尼被提名为诺贝尔生理学医学奖的候选人,后来诺奖评委会决定将1914年搁置的医学奖颁发给他。然而此时的巴拉尼还在俄军的战俘营里,根本没有可能前往斯德哥尔摩领取诺贝尔奖。后来瑞典卡尔王子代表国际红十字会向俄军进行交涉,请求释放巴拉尼。1916年巴拉尼被释放,同年,这位被俘的科学家终于从瑞典国王的手中领取了珍贵的诺贝尔生理学医学奖。

11.10 人体糖的代谢

机体糖代谢由一系列繁杂的生物化学反应构成,是生命活动的重要内容。人体所需能量50%~70%来自糖。食物中的糖主要是淀粉和少量二糖。人的唾液和消化液含有多种酶类,可使淀粉转变成麦芽糖,然后进一步转变成单糖,即葡萄糖。糖类只有分解成单糖才能被小肠吸收。血中的葡萄糖称为血糖。血糖的来源除了肠道吸收外,肝脏内储存的肝糖原在机体需要时也会分解成葡萄糖释放入血液。血糖可被周围各组织以及肝脏所摄取利用。葡萄糖进入肝和肌肉后可以被合成为糖原,或被转变为三酰甘油;进入脑组织后可以被氧化而供给能量。糖原的合成或分解取决于机体的状态、机体各组织对能量的需要以及食物的供应情况等等,其最终的结果必然是糖原合成与分解的协调，形成相对恒定的血糖。糖原是由多个葡萄糖小分子组成的大分子，机体能把复杂的大分子分解为小分子，也能用小分子的葡萄糖组成大分子的糖原。这就是分解代谢与合成代谢之间的转化。

在20世纪40年代德国的生理学家O.F. 迈耶尔霍夫通过研究肌肉收缩与舒张的化学变化，提出了关于糖类物质在人和动物体内代谢过程的学说。后来捷克出生的科里夫妇(C. F. Cori，1896—1984和G. T. Cori，1896—1957)通过大量的、深入的、极难的实验，分离出了糖原合成与分解作用的中间化合物——葡糖-1-磷酸和葡糖-6-磷酸，成功地提纯出磷酸化酶和其他各种酶的结晶，实现了在体外进行糖原的合成、分解酶促反应的实验，最终发现了糖类物质在体内代谢的具体过程。

科里夫妇的研究工作是从糖代谢的中间产物入手的。他们经过艰苦的努力，发现了一种从代谢过程中分离出来的新的磷酸酯(葡糖-1-磷酸和葡糖-6-磷酸)，这是糖原合成和分解过程所共同涉及的中间代谢的关键。糖原合成或分解的反应方向取决于当时机体的需要情况。在葡萄糖合成糖原的起始阶段，应有少量的糖原分子作为化学反应的核心存在，没有糖原做核心，葡萄糖不能合成糖原；而在糖原分解时，只有在极端条件下体内糖原才会被消耗完，实际上当体内糖原供应快消耗完时有一种酶会开始作用，能使磷酸化酶失活，从而糖原分解反应停止。这种"葡糖-1-磷酸和葡糖-6-磷酸"后来被科学界称为"科里酯"。科里夫妇还发现并提出了"科里循环"，揭示了人体内葡萄糖储存—利用—再储存的过程。此外，科里夫妇在激素与糖代谢关系的研究方面也作出了重要贡献。

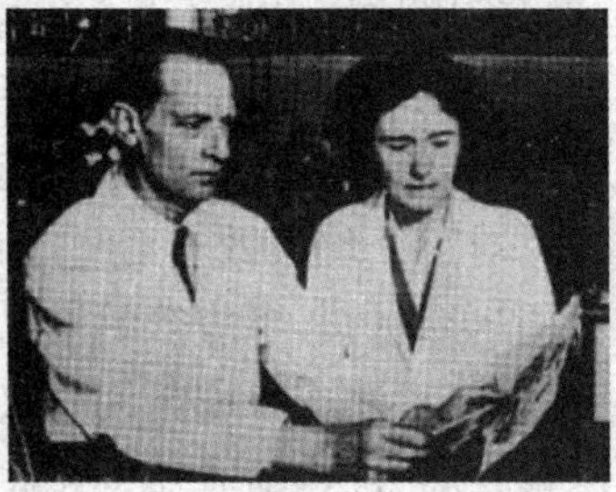

科里夫妇

11.11 人体的衰老

人总是要衰老的，这是自然界永恒的规律。人体是由细胞组成的。人会衰老，细胞也会衰老。细胞也有寿命，这是细胞学家海弗列克(Hayflick)在40年前发现的。他一代又一代地培养人体的成纤维细胞，但是在营养充分供给的情况下，细胞分裂到50代左右就停止活动了，真正地进入衰老期。这说明在细胞内有一口衰老钟，限定了细胞分裂的次数，从而也就限定了生物的寿命。

近年来美国科学家E. 布莱克本(E. Blackburn，1948—)、C. 格雷德(C. Greider，1961—)和J. 绍斯塔克(J. Szostak，1952—)等发现了关于染色体端粒和端粒酶的作用机制，揭示了人体衰老的秘密，并开辟了人体抗衰老的一个新的研究途径。什么是端粒？端粒是染色体末端的一段DNA片段。端粒是很重要的，它具有稳定染色体、保护染色体结构基因DNA、调节正常细胞生长等一系列重要功能。细胞的寿命由其端粒的长度决定，细胞每分裂一次，端粒就缩短一点，等端粒缩短到不能再缩了，细胞就死亡了。端粒酶是在细胞中负责端粒延长的一种酶，是基本的核蛋白逆转录酶，可将端粒DNA加至真核细胞染色体末端，也就是说，端粒酶能延长端粒的长度。因此如果把端粒酶注入衰老细胞中，使细胞年轻化，就可以延缓衰老，甚至返老还童。由于人的衰老机制极其复杂，这方面的学说目前有几十种，所以端粒功能的发现还不能说已经找到了衰老的真正起因，然而这的确为人类开拓了一条新的抗衰老之路。

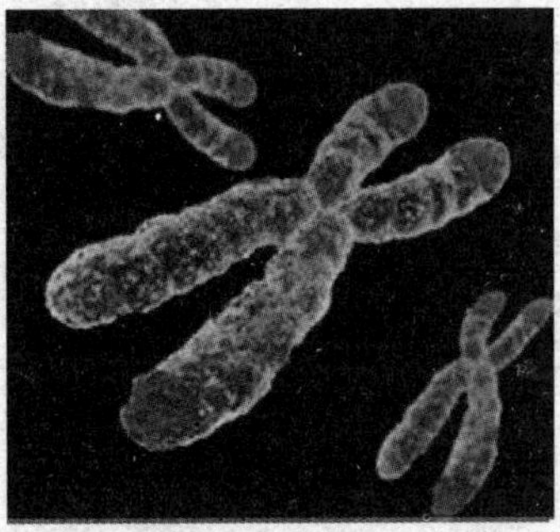
端粒

除了延缓衰老，利用抑制端粒酶活性的办法也可用来治疗癌症，这成了当前癌症研究领域的一个新的方向。目前大量的体内、外实验已经证明，抑制端粒酶活性具有显著的抗肿瘤效应。

12 医　学

12.1 细菌、病毒与传染病

在人类历史上传染病曾经夺取了无数人的生命，像鼠疫、天花、黄热病、结核、疟疾这些传染病的流行，都曾导致数以千万计的人的死亡。近年来又出现朊病毒病（就是克-雅氏病、疯牛病）、艾滋病、埃博拉病毒病这些新的瘟疫，虽然发现的时间还不太长，已经对人类造成了极大的危害。还有一些传染病，像麻疹、脊髓灰质炎（小儿麻痹症），虽然患者的死亡率没有天花、鼠疫那样高，但往往有后遗症，导致终生残疾。这些传染病产生的原因五花八门、各式各样，有的是细菌引起的，有的则是病毒感染的，搞清它们的病源和发病的机理，研制疫苗，进行防治，是漫长、艰苦而又极其复杂的工作，有时甚至要牺牲医学工作者的生命。本节将对细菌和病毒的概念、主要的传染病曾经流行的情况和被人类征服的过程以及一些杰出科学家的贡献，做一简要的介绍。

巴斯德

12.1.1 巴斯德

谈传染病不能不介绍伟大的法国科学家 L. 巴斯德（Louis Pasteur，1822—1895）的工作，因为正是他发现了微生物，并第一个提出传染病是由微生物引起的，由于身体接触而传播。巴斯德研究了微生物的类型、习性、营养、繁殖、作用等，奠定了工业微生物学和医学微生物学的基础，并开创了微生物生理学。在治疗具体疾病方面，巴斯德对狂犬病、鸡霍乱、炭疽病、蚕病等病症的医治都取得了辉煌的成绩。巴斯德最重要的贡献是建立了细菌理论，使整个医学迈进了细菌学时代，大大加速了其发展。同时巴斯德发展了免疫法，他认识到，由于许多疾病均由微生物引起，而传染病的微菌，在特殊的培养之下可以减轻毒力，使它们从病菌变成防病的疫苗。根据上述理论巴斯德在三个方面取得了突出的成绩：（1）他证明了每一种发酵作用都是由一种微菌造成的，而用加热的方法可以杀灭那些微生物。根据这个理论他发展了在饮料中杀菌的“巴氏杀菌法”，直到现在这个方法还在应用。（2）他根据细菌理论发现并根除了一种侵害蚕卵的细菌，拯救了当时法国的丝绸工业。(3)他成功地研制出针对鸡霍乱、狂犬病等的多种疫苗，医学科学家们按照巴斯德的免疫法，研制了一些危险疾病的疫苗，成功地免除了斑疹伤寒，小儿麻痹等疾病的威胁。巴斯德的理论和免疫法引起了医学实践的重大变革。

巴斯德研究微生物是由研究酒精发酵开始的。酒精发酵是一个有机过程，会使酒变质。巴斯德经过长期的研究，发现酒精发酵是由微生物造成的。他提出了以微生物代谢活动为基础的发酵本质新理论，1857 年发表的《关于乳酸发酵的记录》是微生物学界公认的经典论文。

狂犬病虽不是一种常见病，但其死亡率为 100%。巴斯德经过艰苦努力，研制出了狂犬病疫苗，对防治狂犬病做出了重大贡献。1881 年，巴斯德的三人小组在患狂犬病的动物脑和脊髓中发现了一种毒性很强的病原体(现经电子显微镜观察是直径 25～800 nm，形如子弹的棒状病毒)。为了得到这种病毒，巴斯德经常冒着生命危险从患病动物体内提取。巴斯德把分离得到的病毒连续接种到家兔的脑中使之传代，经过 100 次兔脑传代的狂犬病毒给健康狗注射时，狗居然没有得病，这说明这只狗具有了免疫力。把多次传代的狂犬病毒随兔脊髓一起取出，就制成了原始的巴斯德狂犬病疫苗。1885 年 7 月 6 日，九岁法国小孩梅斯特被狂犬咬伤 14 处，医生诊断后宣布他无药可救，只能等死。然而，巴斯德每天给他注射一支狂犬病疫苗。两星期后，小孩转危为安。这是世界上从狂犬病中挽救生命的第一例。1888 年，法国政府为表彰巴斯德的杰出贡献，成立了巴斯德研究所，巴斯德任所长。后来他又用减毒的炭疽、鸡霍乱病原菌分别对绵羊和鸡进行免疫，获得成功。

在巴斯德生活的年代流行自然发生论，人们普遍认为许多生命是自然产生的。后来巴斯德把同样的肉汁放在两个瓶子里，一个瓶子里的肉汁，由于不再和空气中的细菌接触，经过 4 年，肉汁还没有腐败；另一瓶里的肉汁，很快就变坏了，这就解释了万物都不是自然会发生的，即使细菌亦如此。巴斯德的实验与见解，很快得到大众的信服。由于巴斯德的这个发现，医学界才开始对伤口进行消毒以防止腐烂，同时也开始注意预防细菌造成疾病的传染。

巴斯德是 19 世纪最有成就的科学家之一，被人称为“进入科学王国的最完美无缺的人”，他不仅是个理论上的天才，还是个善于解决实际问题的人。像牛顿开辟出经典力学一样，巴斯德开辟了微生物领域，创立了一整套独特的微生物学基本研究方法。美国学者麦克·哈特所著的《影响人类历史进程的 100 名人排行榜》中，巴斯德名列第 12 位。巴斯德的座右铭是“意志、工作、等待，是成功的金字塔的基石”。

12.1.2 病毒

除了细菌，更多的传染病是由病毒引起的。天花、黄热病、乙型肝炎、克-雅氏病、艾滋病、埃博拉病毒病、流行性感冒等等，都是病毒性传染病。据统计，70%的传染病是由病毒引起的，人的一生大约要被病毒感染 200 次以上。

病毒最早也是由巴斯德等人分离出来的。什么是病毒？病毒是地球上最简单的生命形态，它不能单独自己繁殖，要靠别的细胞帮忙才能繁殖。除病毒外，包括动物、植物和微生物在内的所有生物都由细胞组成，但病毒没有细胞结构，是纯粹的寄生体。病毒的繁殖方式是先以其遗传信息感染细胞，然后利用细胞的代谢功能不断地大量复制自己。病毒的基因会经常发生变异，病毒的毒性也会随着其基因的变异而发生变化，毒性小的病毒有时会变成毒性很强的，流感病毒会不断发生变异就是这个道理。为此医务工作者不得不不断地研制新的流感疫苗。

病毒具有下列特点：病毒的体积很小，其尺寸大约为 0.01～0.3 μm，通常要在电子显微镜下才能看得见；病毒由 RNA 或者 DNA 基因组组成，外面有保护性蛋白外壳包着；病毒有严格的细胞内寄生性，只能在细胞内繁殖；病毒先要脱掉外壳解脱基因组，才能在细胞内复制；病毒对抗生素通常有抵抗作用，病毒性传染病如果用抗生素治疗收效将很小。

凡是有生命的地方都有病毒。在地球上大约有三万到十万种病毒。动物和植物也都有病毒。植物病毒通常不会感染人，可有些动物病毒能感染人，这些病毒叫“人畜共患病毒”，像疯牛病病毒等。据有关资料介绍，现在被人类认识的病毒大约有四千种，其中大约 400 种能造成对人的感染。

病毒可以按照基因组成分，分成 RNA 病毒和 DNA 病毒。病毒的基因组比较小，像黄热病病毒、艾滋病病毒、埃博拉病毒、麻疹病毒等的基因数量都不到 10 个，天花病毒的基因组是最大的，也只有 200～400 个基因，而最小的细菌有 5 000～10 000 个基因，人类细胞则更大，有 3 万～5 万个基因。

病毒的形态有多种多样，有的呈球形，有的是棒状，还有的是多角形，甚至还有蝌蚪形的。根据外壳的形状，病毒可以分成立体对称型、螺旋对称型和复合对称型三种。像腺病毒是立体对称型的，流感病毒是螺旋对称型的，天花病毒则是复合对称型的。

病毒使人得病首先要破坏细胞，其方式不外乎下列三种：

(1)直接杀死细胞，使细胞彻底毁坏。

(2)使细胞功能改变，从而不能合成某些蛋白质(例如激素)。

(3)使被感染的细胞产生免疫功能损害。

病毒感染人类的情况千差万别，有的有临床症状，有的没有临床症状，处于潜伏状态，过一段时间再发作；有的是急性感染，有的是慢性感染，也有的病毒既能引起急性感染，也能引起慢性感染；有的发病率不高，但死亡率很高，也有的死亡率不高，但发病率很高；有的一种病毒能引起好几种完全不同的临床症状，也有好几种不同的病毒引起相同的临床症状；有的病毒感染只造成人体局部的症状，有的病毒则引起人全身性的感染。总之，由于病毒性传染病种类太多，病毒类型也太多，发病过程各不相同，迄今为止对它们有效的治疗和防治办法还不多。研制有效疫苗并及时对人接种疫苗，可能是对一些病毒性疾病进行预防最有效的手段。

12.1.3 鼠疫

鼠疫古称黑死病，是由鼠疫杆菌引起的烈性传染病。远在 2 000 年以前史书上就有关于鼠疫的记载。据医学史专家考证，世界上曾发生过三次鼠疫大流行。

第一次发生在公元 6 世纪，史称“查士丁尼鼠疫”。这次鼠疫的发源地是中东，流行中心为地中海巴尔干半岛一带，肆虐了近两个世纪，高峰期每天死亡万人，死亡总数近亿人。查士丁尼鼠疫加速了拜占庭帝国的衰落，从而影响了世界中世纪历史的进程。

第二次鼠疫大流行发生在14世纪，波及欧、亚、非各洲。据统计，由于这次鼠疫在全世界造成了大约7 500万人死亡，欧洲人口减少了20%以上。在14世纪下半叶，欧洲人均寿命从30岁缩短到20岁。莎士比亚的著名戏剧《罗密欧与朱丽叶》就描述了当时黑死病流行的情形。文艺复兴时期人文主义的先驱薄伽丘在他的名著《十日谈》中也详细描写了当时佛罗伦萨鼠疫流行的恐怖状况。在以后的三百多年里，鼠疫在欧洲多次爆发，但每次肆虐的时间都不算很长，直到17世纪末18世纪初才彻底平息。

在14世纪鼠疫大流行的最后阶段，中国也曾受到影响。有文献考证，说17世纪上半叶李自成的农民起义军，历尽千辛万苦，打败了多少明朝官军的镇压，最后打下了北京，为什么与清军一交手就一败涂地？而且以后一直败了下去？原因是北京当时正流行鼠疫，而农民军并没有住营房，是分散地住在老百姓家里，受到了传染，丧失了战斗力。

第三次世界性鼠疫大流行发生在19世纪末到20世纪初，它流行的范围更广。这次鼠疫于1894年在香港开始爆发，在20世纪30年代达到最高峰，波及亚、欧、非、美和澳洲的60多个国家和地区，死亡人数逾千万，真正是世界性的瘟疫。疫情最严重的是印度，在1898—1918年的20年间，死亡人数高达一百多万。此次疫情大多分布在沿海城市及其附近人口稠密的居民区。其传播速度之快、波及地区之广，远远超过前两次大流行。

鼠疫为典型的自然疫源性疾病，在人间流行前，一般先在鼠间流行，然后再传染给人。各型鼠疫患者均可成为传染源。鼠疫有三类，即腺鼠疫、肺鼠疫和败血性鼠疫，以腺型鼠疫最为常见。1898年，法国人西蒙德确定了鼠疫的传播途径是跳蚤把病菌从老鼠传播给人，这种“鼠→蚤→人”的传播方式是鼠疫的主要传播方式。肺鼠疫患者可借飞沫传播传染鼠疫，少数患者可因直接接触病人的痰液、脓液或病兽的皮、血、肉，经由破损皮肤或粘膜受感染。鼠疫的临床主要表现为高热、淋巴结肿痛、出血倾向、肺部特殊炎症等。

随着医学科学的发展，人类从19世纪末开始，成功地对鼠疫的病原体、病的种类、传播方式、临床表现以及预防和治疗办法等进行了长时间的、系统的研究，最后完全控制了鼠疫的流行。1894年，法国细菌学家耶尔森（A. Yersin，1863—1943）在香港调查鼠疫时，发现其病原体是一种细菌，这种细菌后来就被命名为耶尔森氏杆菌（见图），它对外界抵抗力较强，在−30℃下仍能存活，可耐日光直射1～4 h。

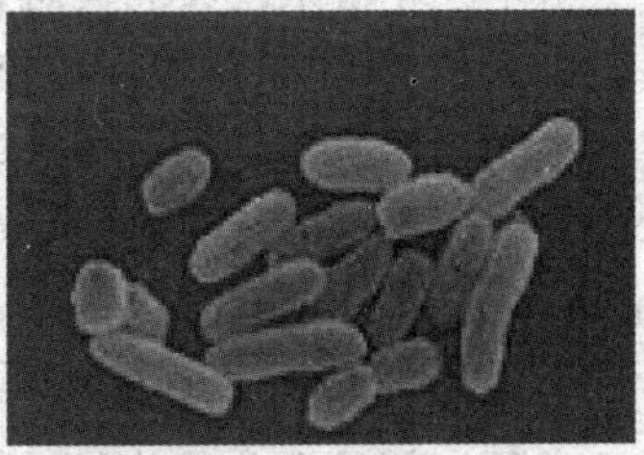

耶尔森氏杆菌（鼠疫杆菌）

到20世纪中叶，抗菌素的发明使得鼠疫成了容易治愈的疾病，而公共卫生和居住环境的改善也切断了鼠疫的传播途径。现在，鼠疫已非常罕见，但并不是完全消失。在20世纪80年代，非洲、亚洲和南美洲每年都有发生鼠疫的报告。目前，在全世界每年大约有一两千人感染鼠疫。

12.1.4 天花

天花是极厉害的传染病，它曾经给人类带来极大的灾难。在20世纪战争几乎是连绵不断，而且还发生过两次世界大战，可是死于战争的人数仅是死于天花人数的三分之一。

历史上有记录的最早的天花病例，是公元前1157年去世的埃及法老拉姆斯五世(RamesV)，当时他14岁。两千多年以后，1398年发现了他的木乃伊，他的面部和颈部的皮肤上有极明显的痘疮痕迹。

在伊斯兰教先知穆罕默德诞生的570年，阿比西尼亚(现在的埃塞俄比亚)与阿拉伯之间发生了战争。阿比西尼亚军队前来进攻麦加。据古兰经记载，上天派鸟群用石头协助阿拉伯人，致使阿比西尼亚军队流行瘟疫，士兵脸上都留下了痘疤，全军覆没，其首领阿布拉哈也染病身亡。

在新大陆发现后西班牙人征服墨西哥(当时称阿兹台克)时，只出动了500多人，远远少于土著居民，在军事上并不具有优势。但这时一个墨西哥水手染上了天花。当时印第安人还没有得过天花，因此毫无免疫力。于是天花在印第安人中大肆流行，据统计，死于这场天花的印第安人总数在300万人以上。西班牙人轻而易举地占领了墨西哥。

在中国的历史上天花的影响也是很大的。在清初顺治年间，皇帝最宠爱的妃子董鄂妃因所生的四皇子得病死了，董鄂妃伤心过度也死了，顺治非常伤心，想要出家，把头发都剃了。后来在皇太后庄妃的劝阻下，顺治回心转意了，但很快就得了天花死了，他死的时候头发还没有长出来，所以流传说顺治出家了。

顺治病危的时候才24岁，留下4个儿子年纪都很小，选谁继任成了个大问题。当时很受顺治信任的德国传教士汤若望建议立第三子玄烨，因为玄烨得过天花，别的孩子却都还没有。顺治采纳了汤若望的建议。顺治死后，八岁的玄烨继位，就是著名的康熙皇帝。

乾隆28年(公元1763年)北京流行天花，据史书记载，仅儿童就死了“数以万计”。

由于天花带来巨大的灾难，人类很早就对其发病过程和发病机制进行研究。现在已经搞清楚，天花是病毒性传染病，病毒主要靠空气中的飞沫传播，经过口鼻等呼吸道进入人体内。天花病毒外观呈砖形，大小约200 nm×300 nm(见图)，可生存数月至一年半之久。天花病人接触过的物品也具有传染性，而且能保持几个月。但是天花只传染给人，不感染动物。天花的临床表现主要为寒颤、高热、乏力、头痛、四肢及腰背部酸痛，体温急剧升高时可出现惊厥、昏迷、皮肤成批依次出现斑疹、脓疱。天花来势凶猛，发展迅速，对未免疫人群感染后15～20 d内致死率高达30%。

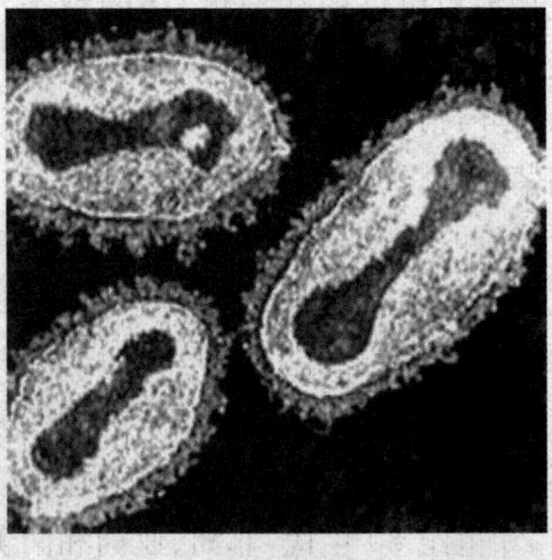

天花病毒

搞清天花发病机理的目的，就是要采取措施，对其进行预防。其实，早在宋代我国就有了天花痘接种以预防天花的记载。当时的做法是，从天花病人皮肤上把干结的痘痂收集拢来，磨成粉末，并将其吹入没得天花的人的鼻腔。这种天花免疫技术后来经过中东传入了欧洲。18 世纪有一些英国皇家成员和贵族开始接种天花痘，他们得以免受天花传染。但当时的种痘技术没有过关，还有 2%的死亡率。

琴纳

由于英国伟大的医生 E. 琴纳（Edward Jenner，1749—1823）的工作和持续努力，人类终于战胜了天花。琴纳原来是一名乡村医生，1796 年他的一位病人感染了牛痘。琴纳想起附近农场有一名挤奶女工，因受到牛痘病毒的感染，皮肤上长了麻点，但却没有传染上天花。于是琴纳将他病人痘疱的液体取出，接种到另一个青年女子的皮肤上，结果这位女子居然能直接接触天花而不受感染。受到这个事例的启发，琴纳又多次重复了相同的试验，最后得出结论，用牛痘给人体接种可以预防天花，而且还提出了种牛痘的程序。

在这以后，琴纳顶着反对者的巨大压力，先在英国，后来扩大到欧洲以致全世界，推广牛痘种植技术，为征服天花做出了巨大的贡献。

1948 年世界卫生组织成立后，为消灭天花进行了坚持不懈的斗争。20 世纪 50 年代苏联消灭了天花，60 年代中国消灭了天花，70 年代 20 个西方和中部非洲的国家消灭了天花，1975 年整个亚洲大陆消灭了天花，1977 年最后一例天花在非洲索马里被消灭。1980 年世界卫生组织大会庄严地向全世界宣布，人类消灭了天花。现在，在中国以及世界其他许多国家已经不需要种牛痘了。

但是这又产生了新的问题。由于多年不种牛痘，使得很多青年体内缺乏对天花的免疫力，万一出了某种事故，譬如在实验室里的天花病毒泄漏出来，这又会引起天花大流行，造成极其可怕的后果。而在存在恐怖分子袭击的今天，提高这方面的警惕尤其重要。因此，有的科学家已经提出要恢复生产天花疫苗，恢复接种。

12.1.5 疟疾

疟疾是一种很古老的疾病，三千多年以前远在我国殷商时代，“疟”字已经作为疾病记录在甲骨文和青铜器上。在战国末期已有关于疟疾流行季节的记述。在先秦、两汉时期，疟疾曾是最主要的流行病之一。在历史上死于疟疾的最著名人物是马其顿的亚历山大大帝，他在打败波斯、占领了印度（现在的巴基斯坦）之后感染了疟疾，高烧十天去世。另外，17 世纪的英国资产阶级革命领袖克伦威尔也死于疟疾。

到了近代疟疾仍旧广为流行。20 世纪初在云南修筑滇越铁路时就有大量民工死于疟疾。在我国土地革命时期，由于当时卫生条件很差，毛泽东、周恩来等很多领导人都得过疟疾。新中国成立后在 1954 年、1960 年和 1970 年我国曾发生三次大范围的疟疾暴发流行。经过多年的积极防治，到 20 世纪 80 年代以后，我国的疟疾发病率明显下降，到 21 世纪的第一个十年，我国疟疾发病率已降到万分之一以下。2010 年我国正式启动了消除疟疾的行动计划，预期到 2020 年能达到消除疟疾的目标。但是在世界范围情况并不是那样乐观。1987 年世界卫生组织(WHO)估计，全球大约 40%的人口受疟疾威胁，全世界每年大约有 1 亿人得疟疾，死亡 250 万人。现在疟疾与结核、艾滋病一起并列为全球最严重的三大传染病。

疟疾是一种由蚊子传播的常见的传染病，它通常不会致命，只是使人忽冷忽热，浑身打颤。恶性疟疾则会致人死亡。法国科学家 C. L. A. 拉弗朗(C. L. A. Laveran，1845—1922)经过长期观察后提出假设：疟疾是由疟原虫传播的，疟原虫是一种原生动物，生活在按蚊体内。当带有疟原虫的按蚊叮咬健康的人，人就会患上疟疾。1899 年英国科学家 R. 罗斯(R. Ross，1857—1932)率领一个探险队到西非地区进行了 3 个月的实地考察，终于在蚊子胃肠道中发现了人类疟原虫的卵囊，这就证实了疟疾是由疟蚊传播的。现已搞清，疟原虫有四种，即间日疟原虫、恶性疟原虫、三日疟原虫和卵形疟原虫，它们分别引起间日疟、恶性疟、三日疟和卵形疟。疟原虫尺寸微小，大小约为 2～3 μm 到 100～200 μm 不等，需借助光学显微镜才可辨认(见图)。

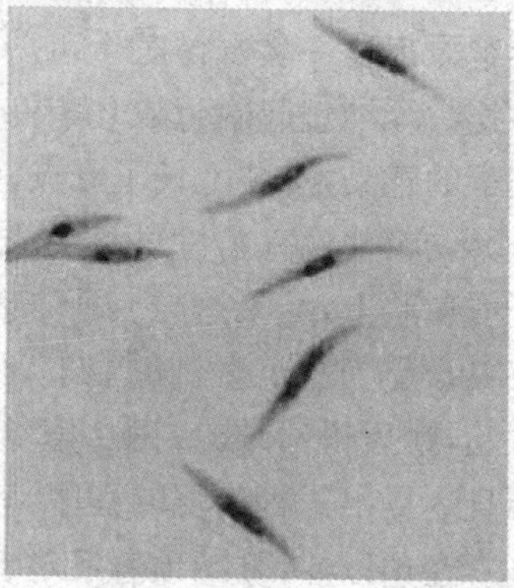

疟原虫

治疗疟疾的特效药金鸡纳霜(又称奎宁)是在南美洲印第安人用的土方子的基础上研制成的。1630 年驻秘鲁的西班牙总督的夫人金琼(Chinchon)在利马逗留时，染上了疟疾，她的保健医生用秘鲁土著进献的“热病树皮(即金鸡纳树的树皮)”治愈了她，于是她把这种药物传入了欧洲。欧洲的医学工作者对这种“热病树皮”进行了精心的研究，发明了治疗疟疾的特效药金鸡纳霜。1693 年 5 月中国康熙皇帝患了疟疾，久治不愈，后来服用传教士献上的金鸡纳霜，病很快就好了。金鸡纳霜从此在中国广泛传播开来。现在，世界金鸡纳霜的 92%是印度尼西亚生产的。

但是由于人类长期使用金鸡纳霜来治疗疟疾，疟原虫逐渐产生了抗药性。到 20 世纪中叶以后研制新的治疗疟疾特效药就成了当务之急。中国科学家屠呦呦(1930—)从传统中草药里找到了战胜疟疾的新疗法。她通过大量实验锁定了青蒿这种植物，但临床效果并不理想。屠呦呦因此再次翻阅大量古籍医书。1969—1972 年间，屠呦呦领导的课题组经过大量实验，最终成功提取出了青蒿中的有效物质，并将其命名为青蒿素。青蒿素能在疟原虫生长初期迅速将其杀死，治疗疟疾非常有效。根据世卫组织的数据，自 2000 年起，撒哈拉以南非洲地区约 2.4 亿人口受益于青蒿素联合疗法，约 150 万人因该疗法避免了疟疾导致的死亡。因此，很多非洲民众尊称其为“东方神药”。屠呦呦也因此获得了 2015 年度的诺贝尔生理学医学奖，同时她也是获得诺贝尔自然科学奖的第一个中国本土的科学家。

12.1.6 黄热病

黄热病是流行于西非的一种地方性传染病，靠蚊子(埃及按蚊)传播。随着欧洲殖民者大量贩卖黑奴，黄热病被带到了美洲。根据历史记载，最早的黄热病于1648年发生在墨西哥和古巴。黄热病开始发病时，病人连续几天发高烧，随后出现黄疸，同时牙龈出血、呕吐，四五天后心、肝、肾等脏器功能衰竭，多数病人随即死亡。

18世纪下半叶以后美国开始受到黄热病的影响。1793年当时美国的首都费城流行黄热病，死亡人数大约占城市人口的十分之一，达数千人。不少政府职员都倒下了，根据资料记载，财政部6人、邮政部3人、海关7人，联邦政府只好停止办公，连华盛顿都逃到弗农山庄去了。

19世纪初拿破仑曾派了两万七千人的军队前往海地，以镇压黑奴的反抗。但很快这支部队就感染了黄热病，几乎全军覆没，连作为统帅的拿破仑哥哥勒克勒将军也没能幸免。这使拿破仑丧失了经营北美中部殖民地的信心，并把那里的领土卖给了美国。

1878年美国中部密西西比河沿岸的孟菲斯及其附近区域黄热病大流行，患者达10万人，死亡两万余人。据资料介绍，第1天有一个人发病了，第2天有55个人倒下，第3天全城陷于恐慌，大量居民开始逃亡，连市议员和总督都逃走了。三分之一的警察所找不到人，市政府闭门谢客。直到冬天来临，蚊子消失，黄热病流行才算结束。

黄热病的流行与人种有很大的关系。由于黄热病源于西非蚊子的传播，黑人对其多少有一些抵抗力，而白人却没有。就以上述孟菲斯黄热病大流行为例，当时白人100%都得了黄热病，黑人得病的比例虽然也很高，但因黄热病死亡的黑人才946人，不到患者总数的9%，而白人却死了4 204人，占患者总数的70%。

面对黄热病流行带来的巨大危害，人们对其展开了长期的、坚决的斗争。在孟菲斯黄热病大流行时，为了抢救病人，60%的医生自己感染黄热病而牺牲。为了彻底战胜黄热病，必须要搞清楚黄热病发生的原因。古巴医生C. 芬莱（C. Finlay，1833—1915）提出，黄热病可能是蚊子传播的。他提出了黄热病传播必须具备的条件：(1)传染源——黄热病病人；(2)从蚊子吸了病人的血到重新叮咬健康人而使其发病的整个时间，就是病原在蚊子体内的生活周期；(3)被同一蚊子叮过的所有的人发病的一致性。为了证明蚊子能传播黄热病，必须进行人体实验。于是J. 拉齐尔（J. Lazear，1867—1900）、J. 卡洛尔（J. Carroll，1854—1907）等几位科学工作者冒险在自己身上做实验，他们先让蚊子去叮黄热病患者，然后再让这些蚊子来叮自己。结果他们果然都染上了黄热病。拉齐尔没有被救过来，为科学光荣牺牲了。卡洛尔则九死一生地捡了一条命。

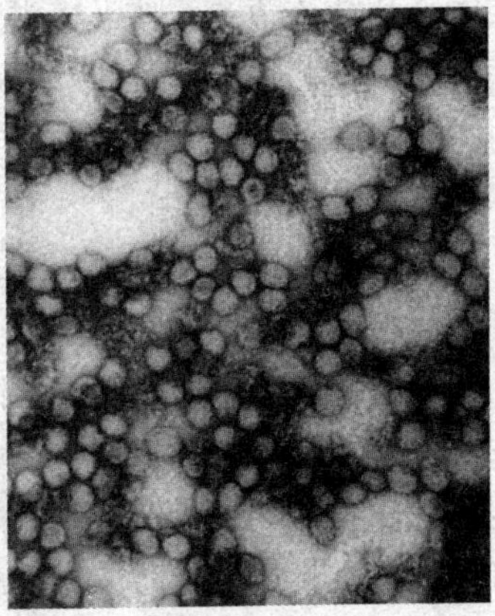
黄热病病毒

拉齐尔等人的实验证明了黄热病的病原不是细菌，而是一种病毒（现在已经搞清楚，黄热病病毒直径22～38 nm，呈球形），同时他们弄清了黄热病的发病机理：当蚊子叮黄热病患者时，会将患者血里的病毒吸入自己的肠道，于是病毒就在蚊子的肠道里大量繁殖，当蚊子再叮别的人群时就把病毒传染给了他们。根据这个研究成果，古巴立即在哈瓦那开展了大规模灭蚊运动，结果是黄热病的发病率由 1900 年的1 400例降为 1902 年的零。

到了 20 世纪，南非的 M. 泰勒(M. Theiler，1899—1972)发明了黄热病 17D 减毒活疫苗。数百万人接种该疫苗后均获得了对黄热病的免疫力。

然而，黄热病并没有被彻底消灭。20 世纪 60 年代，仅埃塞俄比亚一个国家就有三万多人死于黄热病。

12.1.7 结核病

结核病是由结核杆菌引起的传染病，其存在有悠久的历史。在距今六千年前的埃及木乃伊身上就发现有结核病的病理改变。在我国长沙马王堆出土的汉墓女尸的肺部，也有结核病的钙化灶。由于存在的时间久，又长期没有有效的治疗方法，结核病曾导致数以亿计的人死亡。钢琴诗人肖邦、天才的数学家阿贝尔、俄罗斯文学家别林斯基、享誉英国文坛的夏洛蒂三姐妹等都死于结核病。我国伟大的文学家鲁迅只活了 55 岁就被肺结核夺去了生命。随着人们的生活水平不断提高和各种治疗以及预防药物的问世，结核病已基本上得到了控制，但环境污染对结核病的预防带来了不利的影响，特别是艾滋病的传播，更加剧了结核病的蔓延，造成了结核病的卷土重来。为此，1993 年 4 月世界卫生组织宣布“全球处于结核病紧急状态”。1995 年全世界死于结核病的有 300 万人，超过了结核病流行的 1900 年。我国受过结核病感染的人数超过 4 亿，根据 2000 年全国结核病流行病学抽样调查数据，全国的有流动性肺结核病人 500 万，每年约有 13 万人死于结核病。2011—2016 年，我国年报告结核病患者数均在 90 万左右。

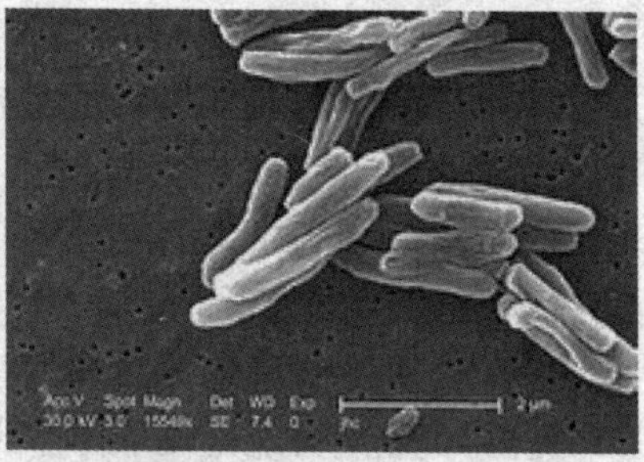
扫描电子显微镜下的结核杆菌

人有多种器官能感染结核病，像肺、肠、骨骼、腹膜等都能感染，其中以肺结核病最多，约占结核病患者总数的 80%以上。结核病传染的主要方式是人与人之间的呼吸道传播，也有少数结核病经由消化道传染。但消化道对结核杆菌的抵抗力比较强，胃酸能杀死结核菌。而呼吸道内只要有一两个结核菌，如果这时抵抗力又弱，人就会发病。结核杆菌细长略弯曲，端极钝圆，大小约 1～1.6 nm，在干痰中能存活 6～8 个月，对湿热、紫外线、酒精的抵抗力弱。直射日光下能活 2～3 h，放在 75%酒精内数分钟即死亡。

结核杆菌是德国科学家 H. H. R. 科赫(H. H. R. Koch，1843—1910)于 1882 年发现的。科赫是一位伟大的细菌学家，被称为细菌学之父。科赫在理论上的主要贡献是：提出了确认疾病病原体的原则——科赫法则；发明了用固体培养基的细菌纯培养法等一系列微生物学方法；发现了传染病是由病原细菌感染造成的，并证明了一种特定的微生物是一种特定疾病的病原，所以他堪称是世界病原细菌学的奠基人和开拓者。科赫在具体疾病防治方面也做出了重大贡献，除了结核杆菌，他还发现了炭疽杆菌和霍乱弧菌，发现了鼠蚤传播鼠疫和采采蝇传播昏睡症的秘密；他提出了霍乱预防法；他第一个分离出伤寒杆菌……在医学宝库中，他增添了近50种诊治人和动物疾病的方法。

科赫

确认疾病病原体的科赫法则是用以判断疾病病原体的依据，在医学理论上是极其重要的。科赫依据他的法则证明了炭疽病和结核病分别由炭疽杆菌和结核杆菌引起。在科赫法则提出后不久，白喉杆菌、鼠疫杆菌、痢疾杆菌等也都先后被发现。按照科赫法则，不仅能发现动物病原菌，对植物病原菌也同样有效。2003年正是根据科赫法则，全世界10个国家的科学家共同确认了冠状病毒是肆虐一时的SARS的病原体。然而在生物学的研究进入分子水平的今天，在DNA的双螺旋结构被发现、基因组结构与功能的研究成为生物学研究的前沿的时代，病原体的确定通常采用基于测定核酸序列的检测方法，不再依赖于细胞培养，科赫法则显得有点过时了。为此，美国斯坦福大学戴维·雷尔曼教授修订了科赫法则，提出了基因组时代的科赫法则。

由于上述这许多发明、发现，1905年科赫被授予诺贝尔生理学医学奖。

在科赫发现结核杆菌61年后，1943年美国科学家S. A. 瓦克斯曼(S. A. Waksman, 1888—1973)发明了链霉素，这是人类战胜结核病的开始，后来雷米封、利福平等药物的相继出现，更使大批结核病患者得到康复。与此同时，卡介苗的发明在对结核病的预防方面也取得了重要进展。

瓦克斯曼是生物化学家，又是土壤微生物学家，犹太人，出生于乌克兰。在研究工作的早期，瓦克斯曼主要是研究土壤问题。1940年以后瓦克斯曼转向抗生素研究的新领域，他从放线菌、真菌中分离出了22种抗生素，其中链霉素、新霉素、放线菌素等都投入了生产。1943年他的研究生A. 沙茨(A. Schatz)成功分离出了链霉素，这是当时第一个有效治疗肺结核的药物，是瓦克斯曼最重要的发明，这个发明对于当时人们认为是不治之症的肺结核病治疗，是个大大的福音。随后他又陆续发明了灰链丝菌素、新霉素和其他几种抗生素。后来他建议把这些物质总命名为抗生物质。瓦克斯曼的这些发明为以后出现大量的抗生素药物打开了大门。

12.1.8 脊髓灰质炎

脊髓灰质炎是一种病毒性传染病，由于多在儿童中流行，人们习惯把它叫做小儿麻痹症。大约三千多年以前，在古埃及第18王朝(约公元前1575年—约前1308年)的墓碑上就有壁画画着下肢残疾的人靠着拐杖走路的情景(见图)，这说明那时在埃及就有人得了脊髓灰质炎，但是其临床症状直到17世纪才有人给以准确的描述。在我国明清之际的医书上，也已谈到对脊髓灰质炎的治疗，并将其归入痿症。

脊髓灰质炎在世界各地都曾流行。据报道，1952年美国有58 000多人得脊髓灰质炎，其中 2 万多人病愈后留下残疾，3 000 多人死亡。而在瑞典，1954 年五分之一的急性脊髓灰质炎患儿死亡，其余成为跛足，所造成的危害可见一斑。

虽然脊髓灰质炎的患者主要是儿童，但成年人有时也受传染，最著名的例子就是美国总统弗兰克林·罗斯福，他在 30 多岁时得了脊髓灰质炎，后来一辈子都离不开轮椅和拐杖。

埃及第 18 王朝石碑壁画上的脊髓灰质炎病例

脊髓灰质炎病毒呈球形，颗粒相对较小，直径约 20～30 nm，呈立体对称 12 面体（见图）。人类是脊髓灰质炎病毒的唯一天然宿主，有症状的患者和隐形感染者都可以成为传染源。脊髓灰质炎病毒的传播方式是粪→口传播。进入人体后病毒立即迅速扩散，在数小时内即开始自我复制。每个受感染的细胞释放大约 500 个病毒颗粒。然后，病毒会通过淋巴结而进入血液。只要出现病毒血症，脊髓灰质炎病毒就有可能侵入中枢神经系统，损坏甚至杀死脊髓前角细胞。由于这些细胞控制人四肢的运动神经元，得病后人就会瘫痪。如果病毒损坏的是控制呼吸和吞咽功能的神经中枢，病人的生命就会受到威胁。

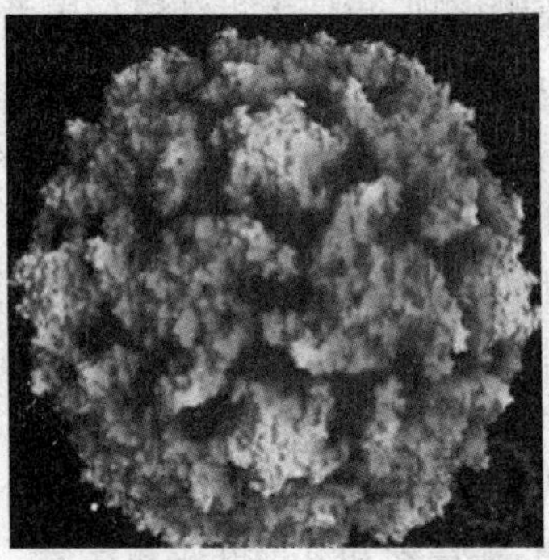

脊髓灰质炎病毒

将脊髓灰质炎病毒首次分离成功的是奥地利科学家 K. 兰德施泰纳，他通过死于脊髓灰质炎的人的脊髓获得标本，用猴子进行动物接种，取得了成功。他同时证明了脊髓灰质炎病因是一种病毒，还证明了脊髓灰质炎病毒是损害脊髓神经的罪魁祸首。

兰德施泰纳的发现为脊髓灰质炎疫苗的研制打下了基础。但是这种疫苗的研制还需要解决两个难题：(1)脊髓灰质炎病毒有三种不同的血清型，要想疫苗效果好，就要把三种毒株的抗原都纳入疫苗；(2)解决脊髓灰质炎病毒的体外培养问题。美国国家小儿麻痹分型委员会在澳大利亚著名免疫学家 F. M. 伯内特(F. M. Burnet，1899—1985)工作的基础上，解决了毒株分型的问题。美国的 J. F. 恩德斯(J. F. Enders，1897—1985)等医学工作者则发现脊髓灰质炎病毒不但能够在非神经细胞里生长，甚至可以在脑组织以外的皮肤、肌肉和小肠细胞里繁殖，他们还发现脊髓灰质炎病毒免疫者的血清能阻断病毒对细胞的损害。这就解决了脊髓灰质炎疫苗研制的第二个难题。脊髓灰质炎疫苗有灭活疫苗和减毒活疫苗两种，二者都有预防脊髓灰质炎的功效。经过大规模的疫苗接种检验，美国和苏联等许多国家都决定推广减毒活疫苗。

在这里必须要提到，中国科学家顾方舟(1926—)领导的团队，学习苏联的经验，分离出了中国自己的脊髓灰质炎毒株，而且自力更生地研制出了针对中国脊髓灰质炎病毒特点的口服减毒（三株）糖果疫苗，对两亿多儿童进行了免疫，在中国最终消灭了脊髓灰质炎。

从 20 世纪 60 年代脊髓灰质炎疫苗研制成功并在全世界推广以来，脊髓灰质炎的发病率大幅度下降，1962 年在全世界只发现了约 1 000 名患者，1972 年只发现了 100 名患者。1988 年世界卫生组织通过决议，要在全世界消灭脊髓灰质炎。到 2014 年 3 月世界卫生组织的美洲区域、西太平洋区域、欧洲区域和东南亚区域都已先后被认证为无脊髓灰质炎地区。这就是说，世界上已有 80%的人口生活在无脊髓灰质炎地区。

12.1.9 麻疹

在中国汉朝张仲景著的《伤寒论》中对麻疹的症状已经有了描述，而作为一个病的名字，麻疹是在明朝的医学文献上正式出现的。李时珍在《本草纲目》中提出了麻疹的预防方法。

麻疹患者的死亡率虽然不像天花、鼠疫那样高，但当麻疹病毒突然侵入某个从来没有出现过麻疹患者的地方时，也会给那地方带来极大的灾难。1874 年太平洋中的岛国斐济的一位首领前往澳大利亚签订条约，不慎把麻疹带了回去，仅仅四个月，当地 40%以上的居民两万多人都感染麻疹而死。位于北极的格陵兰岛南部也曾发生过类似的麻疹大流行。西班牙殖民者在征服拉丁美洲的玻利维亚和阿兹台克国（现在的墨西哥）时，把麻疹和天花都带了过去，仅传染病就杀死了当地上千万人。在麻疹疫苗研制成功以前，美国每年约发生麻疹 400 万例。我国 1959 年发生了全国范围的麻疹大流行，报告发病数约 1 000 万，报告死亡人数约 30 万。2004 年全球报告麻疹病例数 50.97 万，2008 年下降到 28.19 万，但我国仍有麻疹病例 13 万多人。

麻疹是 1911 年被认定为病毒性传染病的，其病毒于 1954 年首次被分离出来（见图）。麻疹病毒直径约 100～250 nm，在外界环境中抵抗力不强，但耐寒性强，在−15℃条件下能存活 5 年，所以麻疹总是在冬春季节发作。麻疹的天然宿主基本上只有人类，而且主要发生在婴幼儿身上。

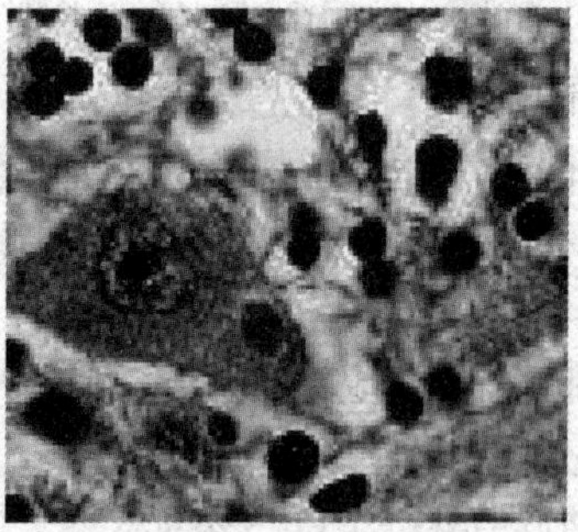

麻疹病毒

麻疹病毒存在于眼结膜、鼻、口、咽和气管等的分泌物中，通过打喷嚏、咳嗽和说话等的飞沫进行传播，也有少量通过用具传播，接触者极易被感染。麻疹的临床症状主要有发烧、咳嗽、流泪、流涕、眼结膜充血等。麻疹患者痊愈后能终身免疫。

像种痘能预防天花一样，要想彻底预防麻疹，只有研制麻疹疫苗。由于病毒不能离开细胞单独繁殖，麻疹疫苗研制的关键是将麻疹病毒进行体外细胞培养。20 世纪 20 年代悬浮细胞培养技术发明了出来。在这种技术的基础上，哈佛大学医学院的博士、美国科学家恩德斯等成功研制了麻疹、脊髓灰质炎等多种病毒的疫苗，并对这些病毒的研究取得了突破性的进展。恩德斯先从一个麻疹病人的血液和咽喉洗液里获得了麻疹病毒，然后将病毒进行多次的培养、传代，制成了今天使用的麻疹疫苗的“祖先”。但这还不是麻疹疫苗。在这研究成果的基础上恩德斯和他的同事又作了大量的实验，使体外培养出的麻疹病毒，经过不断传代减毒后，失去了致病能力，同时又能引发机体保护性的免疫反应。最后，这样获得的麻疹减毒活疫苗顺利通过了动物实验和人体临床试验。1961 年恩德斯宣布，麻疹疫苗研制成功。1963 年麻疹疫苗开始正式使用。

由于麻疹疫苗的研制成功和对其接种的推广，在 20 世纪 60 年代以后，首先在美国，麻疹发病率直线下降。接着，在世界其他地方麻疹患者也大大减少。我国自 1965 年开始普种麻疹减毒活疫苗后，发病率也显著下降。据世界卫生组织的统计，2012 年全球麻疹确诊病例约 22.6 万，比 2000 年减少 77%。

必须指出，20 世纪 30 年代末中国科学家黄祯祥(1910—1987)博士在美国学习工作时发明了以体外细胞培养滴定病毒的方法代替了原来使用动物的操作，为病毒学的发展做出了重要的贡献。

1995 年世界卫生组织提出，力争在 21 世纪 20 年代在全世界消灭麻疹。

12.1.10 病毒性肝炎

肝炎，顾名思义，是损害肝脏的疾病，两千多年以前在希腊的医学文献中对其就有描述，在我国的《黄帝内经》中也有这方面的记载。

肝炎病毒有好多种，按被发现的顺序称为甲型、乙型、丙型、丁型、戊型、己型肝炎病毒(后来又发现了庚型等更新的肝炎病毒)。

甲型肝炎就是黄疸性肝炎，在 19 世纪美国南北战争时军队中曾流行过，当时称为军营黄疸。20 世纪 80 年代在上海一带，由于食用毛蚶的运输船只被污染，而食用时对毛蚶又没有进行足够的煮沸消毒，结果造成甲肝大流行，三十多万人得了甲肝。甲肝的病毒(HAV)是一种 RNA 病毒，是 1973 年在显微镜下观察到的，它呈球形，在各种肝炎病毒中个头最小，直径约 27 nm。甲肝的传播方式是粪→口传播。甲肝不会转变为慢性，它的致死率也比较低，相对来说比较容易治愈。

乙型肝炎是最重要的一种肝炎。根据有关流行病学资料，乙肝病毒感染在全世界都有流行，但主要在亚洲和非洲地区。全球有 20 亿人曾经感染过乙肝病毒，其中 3.5 亿人为慢性乙肝病毒感染者。这说明大约 82.5%的感染者感染后能将乙肝病毒自动清除，但大约 17.5%的感染者发展成为慢性乙肝病毒感染。这些慢性乙肝病毒感染者绝大多数是在儿童期被感染的。乙肝病毒最后会导致肝硬化，甚至肝癌，这是很可怕的。全球每年约有 100 万人死于乙肝病毒感染所致的肝衰竭、肝硬化和原发性肝细胞癌。我国属于乙型肝炎高流行区，1992 年以前，我国乙肝病毒表面抗原阳性者有 1.2 亿人，人群乙肝病毒表面抗原携带率约 9.75%，几乎每 10 个人中就有 1 个人是乙肝病毒感染者。每年因乙肝病毒感染相关疾病而死亡的人数约有 27 万；2006 年以后，我国的乙型肝炎感染率下降至 7.18%，但仍有 9 300 万慢性乙肝病毒感染者，其中约 2 000 万为慢性乙肝患者，仍属于中等偏高的乙肝流行国家。为此国家花大力气来开展乙肝的防治工作。

乙型肝炎病毒（HBV）是一种 DNA 病毒，只对人和猩猩有易感性，是 1963 年由美国科学家 B. S. 布鲁姆伯格（B. S. Blumberg，1925—）在给一位澳大利亚病人做血清电泳分析时发现的。由于这是病毒的表面抗原，所以称为澳大利亚抗原，是确诊携带乙肝病毒的主要指标。完整的乙肝病毒呈颗粒状，直径为 42 nm。

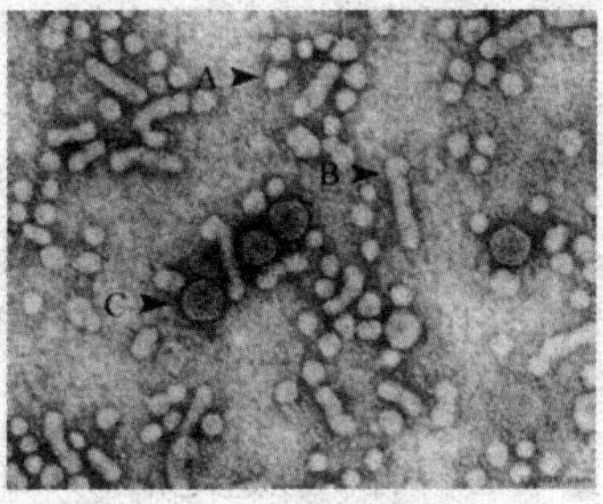

乙型肝炎病毒

乙肝的传播途径主要是血液传播、性接触以及母婴间的垂直传播。在我国母婴间的垂直传播约占全部乙肝传播的 70%。尽管 HBV 会引起急性乙型肝炎，但多数患者在治疗过程中都逐渐转为慢性，或者成为乙肝病毒持续感染者，没有明显临床症状。造成后者的原因，主要是患者在出生时和出生后不久，由母婴垂直传播感染过乙肝病毒。预防婴儿被 HBV 感染，最好的办法是研制乙肝疫苗。但是人类到现在还不能在细胞培养中繁殖乙肝病毒，要想获得大批量澳抗（HBsAg）以生产疫苗，只有从感染乙肝病毒的人体血浆中去取，然后再多次提纯，灭活任何有可能存在的病毒。这是一个极其复杂的工作。

1985 年中国乙肝血源性疫苗研制成功，同年投入批量生产，大大降低了母婴间传播的乙肝感染率。1996 年我国引进了美国的乙肝病毒基因工程疫苗生产线，生产以酵母为载体的基因工程疫苗，这是当前唯一的用于人体的基因工程疫苗，并逐渐取代了乙肝血源性疫苗。

丙型肝炎以前称为非甲非乙型肝炎，1989 年获得其病毒（HCV）的全基因组。丙型肝炎病毒是一种具有脂质外壳的 RNA 病毒，直径 50～60 nm，主要通过血液传播，其患者 60%～80%会转为慢性。丙型肝炎传染几率较乙型肝炎为小。丙型肝炎现在还没有疫苗可以接种。

丁型肝炎病毒（HDV）总是与乙肝病毒共同感染人体，它不能独立存在。

戊型肝炎主要在发展中国家流行，其传播方式与甲肝相同。

已型肝炎病毒的研究还未全面展开。

在这里还必须提到我国工程院院士刘耕陶（1932—2010）和闻玉梅（1934—）的工作。刘耕陶是湖南人，毕业于湖南湘雅医学院，是肝脏生化药理学家，他研制成了治肝炎新药联苯双酯（DDB）和双环醇，二者都具有自主知识产权，对肝炎有很好的疗效，而双环醇更好，在 14 个发达国家和我国台湾地区都申请了专利。闻玉梅祖籍湖北，生于北京，毕业于上海医学院。过去医学界普遍认为，疫苗只能作预防疾病用。随着免疫学研究的开展，人们发现疫苗可以用来治疗一些难治的疾病，能在已患有某些疾病的机体中，治疗或防止疾病恶化。治疗性疫苗可以是天然的或者人工合成的，也可以是用基因重组技术制造的。从 1988 年起闻玉梅和她的团队开始研制治疗性乙肝疫苗，2007 年已进入第三期临床试验。

12.1.11 朊病毒病

在太平洋中的岛国巴布亚新几内亚生活的福雷(Fore)部族,原来有3万5千人。由于流行震颤病(当地人称为库鲁病),人口锐减,整个部族几乎要灭绝了。捷克裔美籍医生、科学家D.C. 盖达塞克(D.C. Gajdusek,1923—2008)等,用了8年时间深入巴布亚新几内亚,与当地居民共同生活,终于发现了库鲁病的感染方式。原来福雷部族人有食尸的恶习,即在人死后,出于对死者的"尊重",由死者的家庭成员吮吸死者的脑汁,实际上就是同类相食。在食尸过程中,死者体内的病原经过开裂的皮肤和黏膜,传染给了食尸者。在这之后5～30年内,食尸者中大多数将发病,开始表现为手脚扭曲,随后发展到丧失说话能力,最后变成完全不能动,通常一年内死亡。1959年盖达塞克等提出要废除陋习,坚决禁止食尸。福雷部族采纳了他们的建议。以后库鲁病的发病率迅速下降,1988年死于库鲁病者只有6人。现在当地12岁以下儿童已经告别了库鲁病。

造成库鲁病的病毒是朊病毒(Prion)。朊是蛋白质的旧称,朊病毒的意思就是蛋白质病毒,因此朊病毒又称蛋白质侵染因子、毒朊或感染性蛋白质。朊病毒严格地说不是病毒,是一类不含核酸而仅由蛋白质构成的、可自我复制并具感染性的因子。朊病毒有可滤过性、传染性和致病性,它个头较小,约30～50 nm,不呈现免疫效应,电镜下观察不到病毒粒子的结构。朊病毒能引起哺乳动物和人的中枢神经系统病变,最终不治而亡。朊病毒的传染性很强,而且对各种理化作用具有很强的抵抗力。朊病毒能在人以及动物体内引起可传播性海绵状脑病,这种病在人身上就是库鲁病以及克-雅氏病(CJD),后者又称早老性痴呆病;在动物身上,就是疯牛病和羊瘙痒病。这些由朊病毒引起的病都叫朊病毒病。由于朊病毒病对人类的危害,世界卫生组织将它和艾滋病并列为世纪之交危害人类健康的两大顽疾。

朊病毒病的形成机理目前正在探索,而同类相食很可能是得朊病毒病的重要原因之一。美国著名的动物学家D. 普芬尼希(D. Pfennig)根据对虎斑钝口螈的实验结果提出,动物同类相食有可能会引起某些特殊微生物的感染,从而使该动物也受到感染。被这些特殊微生物感染的动物的死亡率将会很高。

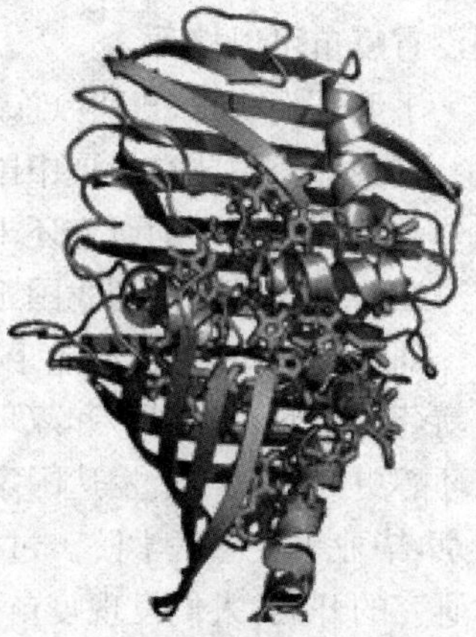

朊病毒

最早的疯牛病是1985年在英国发现的,其表现是牛走路不稳,而且性情烦躁。其病因是养牛场为了使牛生长的更快,给牛喂强化饲料,而强化饲料是用被宰杀牛羊的尸体制成的,于是食草动物变成了食肉动物,而且还吃自己的同类,这就激活了朊病毒。当时,在英国有17万头牛得了疯牛病,而人如果吃了病牛的肉就有可能感染克-雅氏病,于是英国政府不得不宰杀了全部病牛以及与病牛有关的牛,造成了很大的经济损失。

现在全球市场是一体化的,英国的牛肉和牛饲料在全世界销售,这就会导致疯牛病在全世界泛滥。现在世界上已经有十几个国家(主要是在欧美各国)发现了疯牛病。这些国家也像英国一样,对病牛和与病牛有关的牛进行了彻底的宰杀。我国到目前为止还没有发现疯牛病,但这不是说我们可以高枕无忧了。

我国对朊病毒的研究起步是比较早的。在20世纪70年代我国已经有由洪涛(1931—)院士编写的、介绍朊病毒的书籍出版,在80年代成立了由30个协作单位参加的全国朊病毒研究协作网,后来国家自然科学基金委员会又对朊病毒的研究给予了专门的基金资助。现在我国已经能分别从血液、脑脊液和脑组织标本中进行朊病毒病的诊断,并用于临床。

12.1.12 艾滋病

艾滋病的正式名称是获得性免疫缺陷综合症(简称AIDS),是由人类免疫缺陷病毒(HIV)引起的传染病。HIV直径约120 nm,大致呈球形,是一种感染人类免疫系统细胞的慢病毒,它破坏人体的免疫能力,导致免疫系统失去抵抗力,从而使得各种疾病及癌症得以在人体内生存,最后致人死亡。HIV是一种逆转录病毒,它的复制与常规的病毒不同。通常病毒(像天花病毒)的遗传信息的表达是按照所谓的中心法则进行的,即从DNA到RNA再到蛋白质。但HIV病毒的遗传信息按照与中心法则相反的另一种程序进行转录和翻译,即先以RNA为模板,通过病毒特殊的逆转录酶作用合成病毒的DNA,然后在RNA模板上配对,生成RNA-DNA复合物,消化了RNA之后由留下的DNA进行病毒复制,也就是说,病毒遗传信息的表达顺序是从RNA到DNA再到RNA最后才到蛋白质。逆转录酶和遗传信息表达的反向中心法则是1970年美国科学家D.巴尔的摩(D. Baltimore, 1938—)和H. M. 特明(H. M. Temin, 1934—1994)分别于动物致癌RNA病毒中发现的。病毒的这种逆转录复制方式,会把宿主细胞的免疫系统搞乱,削弱其清除外来的感染性因子的能力。

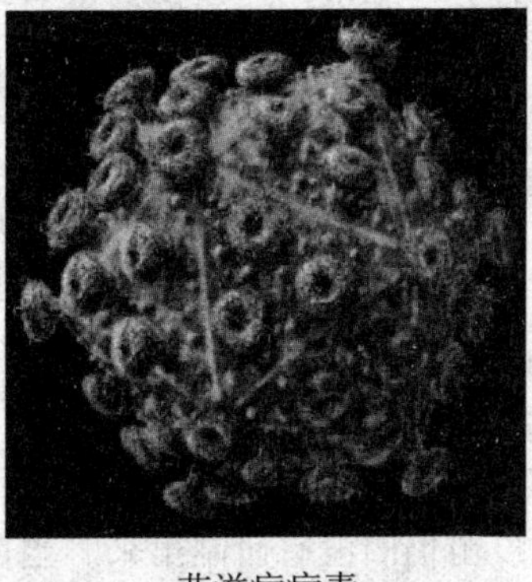

艾滋病病毒

从发病的机理来看,艾滋病与一般的病毒性传染病也是不同的。天花、黄热病等传染病都是通过病毒感染使人发病的,因此可以通过传代来减弱病毒的毒性,并激活人的免疫系统,消灭病毒。可是HIV病毒每天大约能繁殖出100亿个新病毒,每隔36 h更新一半,人的免疫系统根本来不及消灭它们,于是就造成了HIV与免疫反应长期并存,这种共存的状况有时能持续数年,直到病人发病甚至死亡。

世界上第1例由HIV感染的艾滋病是1981年于美国发现的。这是4个男同性恋者,他们的免疫系统被HIV破坏,持续发烧,最后死于肺炎。现已搞清,HIV是通过血液、精液或感染了HIV的细胞而传播的,具体的传播方式则是注射毒品、性交(特别是男同性恋)、输血等。

艾滋病的重灾区是非洲南部的博茨瓦纳和津巴布韦,那里每3个成年人中就有一个是HIV的感染者。由于艾滋病,在那里生活的人的寿命缩短了几十年。1995年美国疾病控制中心(CDC)和世界卫生组织报告,当时美国有50万艾滋病病毒携带者,其中60%已经死亡。在中国1985年发现了首例艾滋病患者,到2012年10月底中国累计报告艾滋病病毒感染者和病人492 191例,存活者为383 285例,性传播为主要传播途径。据2012年联合国艾滋病规划署报告,到2011年底全世界已经死亡的艾滋病患者估计为2 500万,存活的HIV病毒感染者和患者估计为3 400万人,2011年新感染的为250万人。非洲撒哈拉沙漠以南地区,特别是博茨瓦纳、南非等地,是艾滋病疫情最为严重的地区,其次为加勒比海、东欧和中亚地区,在亚洲则以印度比较严重。由于全体人类的努力,艾滋病的发病情况正在好转,与2001年相比,2011年全球新发艾滋病病毒感染率下降了20%。

为了对艾滋病进行彻底的防治,必须搞清楚HIV病毒是从哪里来的。对这个问题有各种不同的看法。由于在非洲类人猿身上发现了HIV,很多人都认为非洲类人猿是艾滋病的源头,但HIV是怎样从类人猿身上传给人的,却众说纷纭,莫衷一是,争论了几十年,到现在这个问题也没有弄清楚。

艾滋病的来源固然重要,但更重要的是对其患者的治疗。2014年1月,哈尔滨工业大学生命学院黄志伟研究组在英国的《自然》杂志上发表了题为《艾滋病病毒Vif"劫持"人CBF-β和CUL5 E3连接酶复合物的分子机制》的论文,在国际上首次揭示了艾滋病病毒毒力因子Vif的结构,了解了艾滋病病毒"劫持"人体免疫细胞的方式,同时也为艾滋病的治疗提供了理论基础。

与深入探索艾滋病病毒毒害人体机制的同时,寻找实用有效的艾滋病临床治疗方法的工作也在大张旗鼓地展开。然而迄今为止,尽管全世界的医务工作者都尽了最大努力,在想方设法寻找最有效的艾滋病治疗方案,但仍没有找到。几年前美籍华人何大一(1952—)博士提出的鸡尾酒疗法是目前认为最好的疗法。这个方法就是不间断地交替使用三种以上的不同药物,对患者进行不停的治疗。这种治疗方法虽然对多数患者有效,但花费太大,而且只能延长生命,不能根治。

和预防所有的传染病一样,预防艾滋病最好的办法是采用疫苗。但现在效果可靠的疫苗仍旧没有研制出来。当前预防艾滋病的办法只能是一方面从禁止吸毒入手,加强血液制品的检测,另一方面规范人的性行为。

12.1.13 重症急性呼吸综合症(SARS)

重症急性呼吸综合症(SARS)又称传染性非典型肺炎或非典型肺炎,简称非典,为一种由SARS冠状病毒(SARS-CoV)引起的急性呼吸道传染病,主要传播方式为近距离飞沫传播或接触患者呼吸道分泌物。SARS病毒是冠状病毒的一个变种,与流感病毒具有亲缘关系。SARS病毒粒子呈不规则形状,直径约60~220 nm。该病毒对温度很敏感,怕热不怕冷,在33 ℃时生长良好,但在35 ℃下就受到抑制,所以SARS往往在冬季和早春流行。SARS的临床表现主要是起病急、高烧、头疼、全身乏力和腹泻、持续并严重的咳嗽,呼吸困难,有血痰,双肺部炎症呈弥漫性渗出,阴影占据整个肺部。

SARS疫情爆发是在2002年冬季。世界上第一例SARS患者是于2002年11月16日在中国广东顺德发现的。随后在广东省各地和香港接连出现这类病例,而香港是国际性大都市，SARS又从香港传到了世界各地。到2003年7月全世界共发现了SARS患者8 069例，死亡775人，其中我国患者5 327例，死亡348人。在各国政府和医务工作者的共同努力下，从5月中下旬开始疫情很快得到了控制。当然这时夏天来临，天气逐渐变热，也是一个重要原因。从2003年6月24日开始，世界卫生组织将中国大陆、台湾、香港以及加拿大、新加坡等国家和地区依次从疫区名单中剔除。2003年8月16日我国卫生部宣布全国非典型肺炎零病例。至此，2002—2003年这一场SARS疫情被扑灭了。

关于SARS病毒的源头，现在各国都在进行研究。中国科学院武汉病毒研究所研究员石正丽(1964—)带领的国际研究团队分离到一株与SARS病毒高度同源的SARS样冠状病毒，证实中华菊头蝠是SARS冠状病毒的自然宿主，这个研究结果在线发表在国际著名学术期刊《自然》上。然而已有的流行病学证据和生物信息学分析显示，野生动物市场上的果子狸是SARS冠状病毒的直接来源。于是就产生了疑问，SARS病毒的源头到底有几个？经过仔细研究，发现中国北方的果子狸身上并未携带类SARS的冠状病毒，只有广东地区，那年冬天的果子狸身上携带着这类病毒。这表明果子狸可能只是病毒的一个中间宿主，它可能是被中华菊头蝠感染，从后者身上得到了这种病毒。总之，寻找SARS病毒源头的工作还在继续，彻底消灭SARS还有待我们全人类的共同努力。

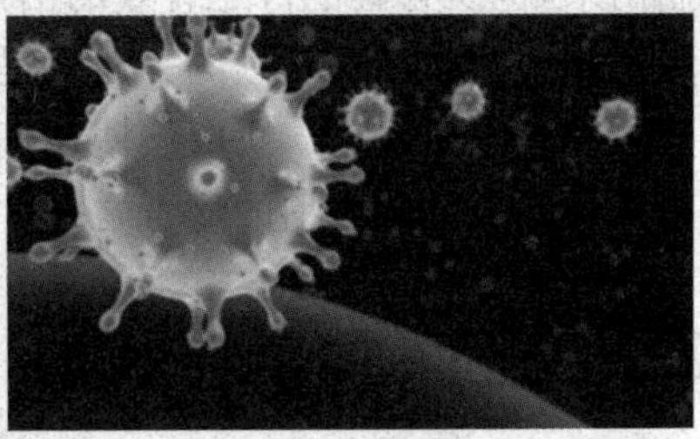

SARS病毒

12.1.14 埃博拉病毒病

埃博拉病毒病是由埃博拉病毒(Ebola virus，EBOV)所引起的一种致命性出血性传染病，是在1976年发现的。当时在非洲同时爆发了两起这种病的疫情，一起在苏丹，另一起在刚果民主共和国，而病主要发生在刚果埃博拉河附近的一处村庄，故以此得名。埃博拉病毒病主要的传播方式是与患者体液直接密切接触，其中患者的血液、排泄物、呕吐物感染性最强，但不通过空气传播。临床主要表现为突然出现高烧、头痛、咽喉疼、虚弱和肌肉疼痛，然后是呕吐、腹痛、腹泻黏液便或血便。埃博拉病毒的形状宛如中国古代的“如意”，长度为970 nm，病毒颗粒直径大约80 nm，大小100 nm×(300～1 500)nm，感染能力较强的病毒一般长665～805 nm。关于埃博拉病毒的源头现在还没有最后定论，但多数人认为大蝙蝠科果蝠是埃博拉病毒的自然宿主。人是通过密切接触到感染动物(黑猩猩、果蝠等)的血液、分泌物、器官或其他体液而受到感染的。

据世界卫生组织公布的数字，自从1976年首次发现埃博拉病毒病以来，1979年在苏丹，1995年在刚果，1996年在加蓬，2000年在乌干达先后爆发了埃博拉病毒病疫情。到2014年以前为止，全世界已有两千多人感染这种病毒，1 200多人死亡。但是从2014年2月开始西非爆发了更大规模的埃博拉病毒病疫情，根据世界卫生组织的数据，截至2015年4月22日埃博拉病毒病疫情的感染病例(包括疑似病例)已达

26 079人，其中死亡人数达到10 823人，几乎所有的死亡病例都集中在西非的利比里亚、塞拉利昂和几内亚三国。

埃博拉病毒病有一个特点，就是每当这种病大规模爆发之后埃博拉病毒很快就销声匿迹了，没有人知道平时它们潜伏在何处，也不知道第一个受害者是从哪里受到感染的，这是消灭埃博拉病毒病最大的困难。由于现在有效的疫苗还没有研制出来，也没有其他行之有效的治疗方法，唯一的阻止埃博拉病毒病蔓延的方法就是把已经感染的病人完全隔离开来。所以埃博拉病毒是人类有史以来所知道的最可怕的病毒之一。

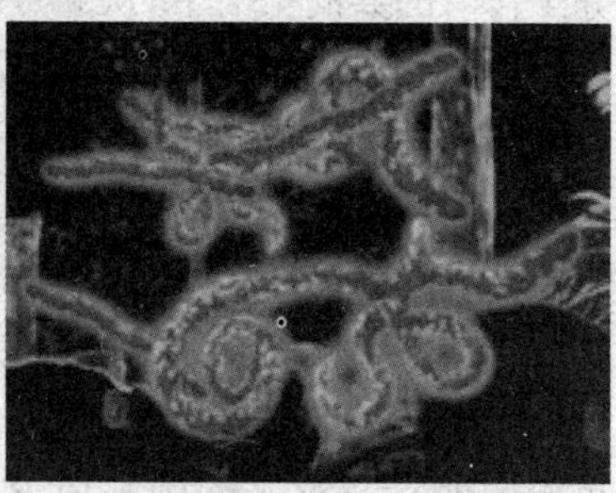

埃博拉病毒

12.2 临床医学与药物

12.2.1 叩诊法和听诊器的发明

18世纪时奥地利医生奥恩布鲁格(L. Auenbrugger，1722—1809)发现叩击不同患者的胸部会听到不同的声音，他认为这说明患者胸部有病灶，而声音的不同是由病灶不同所引起，于是发明了叩诊法。他于1761年出版了《叩诊的新方法》一书，详细介绍了叩诊的技术。到了19世纪叩诊的技术得到了进一步完善，出现了叩诊板和叩诊锤。

叩诊法是人类发明的第一个诊断方法。由于时代的局限，它的精度比较差，而且当患者是女子时，使用很不方便。于是在叩诊法推广普及的同时，由于一个偶然的机会，听诊器应运而生了。在1816年的某一天，法国一位年轻的女子因心脏不适来到了雷奈克医生(R. T. H. Laennec，1781—1826)的诊所。雷奈克感到，出于礼貌他不能把耳朵贴近女病人丰满的胸部来进行诊断。他想起了一种儿童游戏，于是就抓起一叠纸，将其卷成管状，然后把纸管放在女病人的胸部，自己在另一端倾听。使雷奈克惊奇的是，他听到了以前从未听到过的心脏清晰的搏动声。这就是人类第一个听诊器。

后来雷奈克用木头制作了圆管状的木制听诊器，别的医生也纷纷效法，木制听诊器就开始普及开来，一直到1850年，才被橡胶管制成的听诊器所代替。1852年美国医生卡曼(G. P. Cammann)在听诊器上加了两个耳机，进一步提高了听诊器的诊断效果。到了1878年，麦克风发明出来，于是听诊器上加装了一只麦克风在胸部端，诊断效果就更好了。在伦琴射线发现以前，听诊器是诊断技术中最重要的发明。

12.2.2 X光机

1895年德国物理学家伦琴发现了X射线，由于它那几乎能穿透一切物体的特性，当时人们就认识到X射线在医学诊断上将会非常有用。随着物理学家、医务工作者与工程师的密切合作和共同努力，X光机很快就制造了出来，在以后又得到了不断的改进，成了医生治病不可或缺的助手。

X光机的发展可分为离子管阶段和电子管阶段。

(1)离子X射线管阶段(1895—1912)

这是X射线设备的早期阶段,用的是效率很低的含气式冷阴极离子X射线管。X射线机装置容量小,效率低,影像清晰度不高,又缺乏防护。据资料记载,当时拍摄一张X射线骨盆像,需长达40~60min的曝光时间。往往照片拍成之后,受检者的皮肤已被X射线烧伤。

(2)电子X射线管阶段(1913—)

1910年钨灯丝X射线管制造成功,1913年发明了滤线栅,1914年制成了钨酸镉荧光屏,1923年发明了双焦点X射线管。这些发明大大提高了X射线影像质量,再加上随后造影剂的逐渐应用,使X光机不再是一件单纯拍摄骨骼影像的简单工具,而成为对胃肠道、支气管、血管、脑室、肾、膀胱等人体组织器官进行检查的重要的医学设施了。与此同时,X射线在治疗方面也开始得到应用。

X光机按用途可分为诊断机和治疗机两大类。

诊断X光机按使用范围,可分为综合性X光机和专用X光机;按结构,可分为固定式、移动式和携带式。

治疗X光机可分为接触治疗机、表层治疗机和深部治疗机,三者的功率有很大的差别。

诊断X光机主要用来进行胸部透视、拍片以及与其他诊断手段结合,对胃肠道、肝胆和泌尿系统疾病进行检查。治疗X光机,主要依据其生物效应,用X射线对人体病灶部分的细胞组织进行照射,以破坏或抑制恶性细胞的生长。

X射线诊断的不足之处:由于影像重叠,图像清晰度会受到影响。另外,长期受X射线辐射,会导致病人脱发、皮肤烧伤,工作人员的健康也会受影响,必须采取相应的防护措施。

除了在医疗领域的应用之外,X射线在科研方面也有重要应用。DNA的双螺旋结构、光合作用反应中心的三维结构等得诺贝尔奖的重大科研成果,都是应用X射线衍射技术测定的。另外,X光机在工业上可以用来进行无损探伤,这也是一个重要的用途。

12.2.3 心电图机

心脏对人的重要性不言而喻,因此心电图机的发明是医学的重大进步,是人类对心脏病诊断治疗的一个里程碑。

心脏在机械收缩之前先要产生电激动,心房和心室的电激动可经由人体组织传到体表。心电图就是利用心电图机从体表记录心脏每一心动周期所产生的电活动变化的图形。

1895年荷兰科学家W. 爱因托芬(W. Einthoven,1860—1927)用毛细静电计首次从体表记录到心电波形。1903年他研制弦线电流计成功,由此开创了体表心电图记录的历史。1930年威尔逊(Wilson)将心电图理论应用于临床,并设计胸前导联,创立临床心电图学。

爱因托芬指出，电变化是心脏机械活动的先导，心电图上描记出的各个波形即为心脏各部分先后兴奋的综合变化表现。爱因托芬将心电各波命名为P、Q、R、S、T，其中P波表示心房兴奋，Q、R、S各波为兴奋在心室传导系统内传播和两个心室兴奋的综合波，T波则表示全心脏兴奋完成后的恢复过程。爱因托芬指出，心电图是利用电极在体表引导由体内发生并传播来的微弱电位变化，经过放大后再显示记录的，心电图各波会因电极位置不同、导联方式不同而有大小甚至波形的差异，因此，必须统一记录导联才能很好应用。他选择双手与左脚安放电极板，组成三种标准导联（至今仍沿用），并确定了心电图的标准测量单位。

经过100多年的发展，今天的心电图机日臻完善，不仅记录清晰、抗干扰能力强，而且具有自动分析诊断功能，甚至可以随身携带。现在医生往往在诊断时要某些心脏病患者将机器随身携带，以记录24小时的心电变化。心电图检查以其快速、无创伤、客观准确的特点成为医学临床最常见的检查项目，在诊断心脏疾病等方面具有不可替代的地位。

12.2.4 CT机

CT的英文全称是Computed Tomography，中文译名是“计算机X射线断层摄影术”，是英国工程师豪斯菲尔德（G. N. Hounsfield，1919—2004）和出生于南非的美国的物理学家科马克（A. M. Cormack，1924—1998）发明的。第一台CT机于1971年投入使用。

CT的物理学原理是吸收定律（郎伯比尔定律），即：当单色射线经过某一物体时，其能量由于与原子相互作用而衰减，衰减的程度取决于物体的厚度和衰减系数。如果能从多角度的方向检测X射线经过人体后的衰减量，再利用计算机强大的计算能力，就可以用数学的方法重建人身体某一关注层面的轴向X射线图像。这就是CT的工作原理。至于计算机断层扫描技术的理论问题，则是科马克用了近10年时间解决的。他于1963年首先建议用X射线扫描进行图像重建，并提出了精确的数学推算方法，从而为这项技术的诞生奠定了基础。

CT机的设计主要是豪斯菲尔德的功劳。与科马克不同，豪斯菲尔德在大学毕业后一直从事工程技术的研究工作，他的经历对他发明CT机起了重要的作用，科马克的CT图像重建的数学处理方法刚好可以与他熟悉的计算机技术结合起来。豪斯菲尔德设计的CT机的具体工作过程是：用一束经过准直的X射线，围绕人体的长轴进行扫描。在扫描过程中，处于人体相对侧的X射线检测器对穿出人体的X射线进行检测，并将所得到的信号波形绘成一系列的投影图，用计算机对这些投影数据按特定的数学模型作图像重建，最后取得这一部位的片状横向断层图像。

1969年，豪斯菲尔德成功研制了一种可用于临床的断层摄影装置，并于1971年9月正式安装在伦敦的一家医院里。随后他与医生合作，成功地为一名英国妇女诊断出脑部的肿瘤，获得了第一例脑肿瘤的照片。这是人类用CT机对肿瘤进行诊断治疗的第一次。同年，豪斯菲尔德等在英国放射学会上发表了关于CT的第一篇论文，这篇论文被誉为“放射诊断学史上又一个里程碑”。从此，放射诊断学进入了CT时代。

CT 机包括 X 射线体层扫描装置和计算机系统。前者主要由产生 X 射线束的发生器和球管，以及接收和检测 X 射线的探测器组成；后者主要包括数据采集系统、中央处理系统、磁带机、操作台等。此外，CT 机还包括图像显示器、多幅照相机等辅助设备。

随着现代科学技术的飞速发展，CT 机也在不断改进。豪斯菲尔德最初研制的 CT 扫描仪只能用于人脑的检查，扫描速度很慢，时间约需 1～4 min。现在 CT 机已发展到第五代了，扫描时间缩短到 50 ms，因而可以跟上血液在器官和组织中的流动，可以扫描心脏，扫描速度和图像质量都有极大的提高。

除 X 射线 CT 外，采用其他工质的 CT 也相继问世，如单光子发射 CT、核磁共振 CT 等均已付诸临床应用。超声 CT、微波 CT 的研究也取得了极大的进展。今天 CT 已成为影像诊断学领域中不可或缺的检查手段。

不仅如此，CT 在反应堆组件和火箭发动机、导弹等部件的无损检测以及水泥制品的质量检查等工业生产问题上，在地球物理研究上，甚至在农业、林业和环境保护方面都已取得了令人瞩目的成果并展示了美好的前景。

12.2.5 超声医学

超声医学是利用超声波的物理特性进行诊断和治疗的一门影像学科，由英国科学家 I. 唐纳德(Ian Donald)于 1950 年创立。

人耳只能听到 20～20 000 Hz 的声音，20 000 Hz 以上的声音属于超声，人耳无法听到。和普通声音一样，超声波能向一定方向传播，而且可以穿透物体。在两种不同物体的界面处，超声波会产生反射、折射、散射、绕射、衰减等现象。超声诊断就是用仪器收集超声波发射后反馈得来的各种信息，经过处理，将其显示在屏幕上，用来了解物体的内部结构。超声诊断仪通常由主机和探头两大部件组成，具有发射、扫描、接收、信号处理和屏幕显示等功能。

超声医学包括 A 超、B 超、彩色 B 超、三维 B 超和四维 B 超等许多种。

A 超是把超声波转为线性图像的一种方法，主要用来测量尺寸，譬如眼轴及颅内肿瘤大小。

B 超是应用最广泛的超声检查手段，它将超声波转换为二维图像来检查心、脑以及腹部各种脏器。

彩色 B 超是在 B 超的基础上发展起来的，图像用彩色显示，它能够观测到器官内部血液流动的情况。

三维 B 超是通过特殊的探头把多个二维图形重建为一个立体图像，通常只对二维 B 超图像中感兴趣的地方进行三维重建。

四维 B 超是动态的三维技术，能够实时获取三维图像，超越了传统 B 超的限制。

超声诊断最早用于妇科检查，现在检查常做的部位有腹部的肝、胆、脾、肾、前列腺等脏器以及脑部和心脏。

超声诊断的优点：

(1)超声诊断的扫描可以连贯地、动态地观察脏器的运动和功能；可以追踪病变、显示立体变化，而不受其成像分层的限制。目前超声检查已被公认为胆道系统疾病首选的检查方法。

(2)超声诊断对实质性器官(肝、胰、脾、肾等)以外的脏器，还能结合多普勒技术监测血液流量和方向，从而辨别脏器的受损性质与程度。例如医生通过心脏彩超，可直观地看到心脏内的各种结构及是否有异常。

(3)超声设备易于移动，对于行动不便的患者可在床边进行诊断。

(4)价格低廉。

(5)超声波对人体没有辐射。

超声诊断的缺点：

(1)超声诊断在清晰度、分辨率等方面要比 CT 差。

(2)超声诊断对肠道等空腔器官的病变容易漏诊。

12.2.6 核磁共振 CT 机

核磁共振指的是利用核磁共振成像技术，获取分子结构以及人体内部结构信息的方法。核磁共振成像技术的英文是 Magnetic Resonance Image，简称 MRI，是继 CT 之后医学影像学的又一重大进步。自 20 世纪 80 年代应用以来，核磁共振以极快的速度得到发展。核磁共振的基本原理是将人体置于特殊的磁场中，用无线电射频脉冲激发人体内的氢原子核，引起氢原子核共振，并吸收能量。在停止射频脉冲后，氢原子核按特定频率发出射电信号，并将吸收的能量释放出来，被体外的接受器收录，经电子计算机处理获得图像。

使用核磁共振技术对人体进行检查的最大的优点，是可以从任何角度直接显示人体的切面图像，可以将骨骼与肌肉、血管、脂肪等软组织分得清清楚楚，而且可以明显区分正常与不正常的组织。同时，这种检查不需要使用 X 射线、放射性物质和造影剂，避免了 X 射线等对人体可能造成的伤害。

人们对核磁共振问题的研究始于美国物理学家 I. I. 拉比(I. I. Rabi，1898—1988)的工作。1930 年拉比研究了原子核与磁场以及外加射频场的相互作用，他发现在磁场中的原子核会沿磁场方向呈正向或反向有序平行排列，而施加无线电波之后，原子核的自旋方向发生翻转。

1946 年美国人珀塞尔和布洛赫发现，将具有奇数个核子(包括质子和中子)的原子核置于磁场中，再施加以特定频率的射频场，原子核就会吸收射频场能量。

1971 年美国人 R. 达马迪安(R. Damadian，1936—)提出用核磁共振现象对癌症进行诊断。1973 年，美国科学家劳特布尔(P. Lauterbur，1929—2007)发现，把物体放置在一个稳定的磁场中，然后加上一个有梯度的磁场，再用适当的电磁波照射这一物体，根据物体释放出的电磁波就可以绘制物体某个截面的内部图像。随后英国物理学家 P. 曼斯菲尔德(P. Mansfield，1933—)进一步验证和改进了这种方法，并证明了可以用数学方法分析用上述办法获得的数据，为利用计算机快速绘图奠定了基础。1978 年 5 月英国电子乐器工业有限公司开发出了第一台核磁共振 CT 机，并成功获得了第一张人的头部核磁共振断层图像。2002 年，全世界使用的核磁共振 CT 机已达 2.2 万台，利用它们共进行了约 6 000 万人次的检查。

用 MRI 与 CT 对人体进行检查，采用的是两种完全不同的方法。MRI 是通过射频脉冲激发人体内氢质子，使其发生核磁共振，然后接受质子发出的信号，经过计算机的运算，做出任意切面的图像。CT 是在计算机控制下，利用人体组织在 X 射线下显现的不同密度进行对比成像。

MRI 由不同的扫描序列可形成各种图像，对软组织有较好的分辨力，如肌肉、脂肪、软骨、筋膜等的信号都不同；而 CT 只能辨别有密度差的组织，对软组织分辨力不高。MRI 常用来检查脑肿瘤等颅脑常见疾病，同时对腰椎椎间盘后突、原发性肝癌等疾病的诊断也很有效，不会产生 CT 检测中的伪影，无电离辐射，对机体也没有不良影响。而 CT 对大血管重叠病变等平片检查较难显示的部分，更具有优越性。MRI 也存在不足之处，它的空间分辨率不及 CT，另外，带有心脏起搏器的患者或有某些金属异物的部位不能作 MRI 的检查。

因此这两种检查需要相辅相成，这就是为什么有时做了一种检查还要做第二种检查的原因。

除了医学方面的应用，核磁共振还广泛用来进行有机化合物结构的测定，核磁共振谱作为四大谱之一，提供的数据是对新合成的有机化合物做鉴定所必需的。

12.2.7 青霉素和链霉素

两千多年以前中国就开始用豆腐上的霉来治疗疖、痈等病。在唐朝时，当裁缝手指被剪刀割破了，裁缝会把长有绿毛的糨糊涂在伤口上以帮助愈合。《本草纲目》上说，豆腐渣是一种“治一切恶疮无名肿毒神效”的药。在欧洲和美洲几百年之前也曾用发霉的面包治疗溃疡、肠感染等病。这些都是人类早年不自觉的使用青霉素的情况。青霉素真正被发现是在 20 世纪 20～30 年代的事。

1928 年英国细菌学家弗莱明（A. Fleming，1881—1955）用一些培养皿接种葡萄球菌以研究其形态的变化。有一天他注意到有一个培养皿中的葡萄球菌被一种绿色霉菌污染了，而在绿色霉菌的周围，原来的葡萄球菌溶化了。这意味着绿色霉菌的某种分泌物能抑制葡萄球菌。此后的鉴定表明，上述霉菌为点青霉菌，因此弗莱明将其分泌的抑菌物质称为青霉素。弗莱明随后的实验结果表明，青霉素不仅能消灭葡萄球菌，还能消灭链球菌、炭疽杆菌、肺炎球菌等许多种其他病菌。但弗莱明一直未能找到提取高纯度青霉素的方法，于是他将点青霉菌菌株一代代地培养，并于 1939 年将菌种提供给准备系统研究青霉素的澳大利亚病理学家弗洛里（H. W. Florey，1898—1968）和出生于德国的英国生物化学家钱恩（E. B. Chain，1906—1979）。

经过一段时间的紧张实验，弗洛里和钱恩终于提取出了青霉素晶体。之后，弗洛里又在西瓜皮上发现了可供大量提取青霉素的霉菌，并调制出了相应的培养液。1940 年弗洛里和钱恩用青霉素重新做了实验。他们给 8 只小鼠注射了致死剂量的链球菌，然后给其中的 4 只用青霉素治疗。几个小时之后，那 4 只用过青霉素的小鼠还健康活着，另外 4 只都死了。这个实验充分说明了青霉素的威力。但是青霉素对小鼠有效，对人是否有疗效还需要用实验来验证。不久一名伦敦警察在修剪花枝时被刺伤了手指，伤口受感染发展为败血症。尽管他服用了大量磺胺类药物，高烧仍达 40.6 ℃，已经接近死亡。在用青霉素治疗后，这名病人的状况显著好转，在注射青霉素 3 天后，病人已经恢复了意识。但就在这时，弗洛里等人所提取的青霉素全部用完了，病人在 24 小时内重新陷入昏迷，并很快死去。这一悲惨事件告诉弗洛里，用青霉素来治疗人的细菌感染是有效的，然而必须解决其大批量生产的问题。治疗一个成年人所需要的青霉素量约为一只小鼠的 3 000 倍，如果按弗洛里等人当时的青霉素生产规模，几个月的时间也生产不出治疗一个病人所需的药物。弗洛里只好向英国政府求援。但这时希特勒正对英国实施“海狮计划”的地毯式轰炸，英政府无暇他顾。弗洛里转而向美国求助。罗斯福敏锐地看到了青霉素的潜在价值，立即将青霉素列为战时国家重点开发项目中的最优先项目，召集数以千计的生化学家和工程师联合攻关，并很快找到了提高青霉素产量的办法。1942 年，随着美国的参战，对青霉素的需求量急剧增多。这时研究团队又找到了新的办法，把青霉素的产量提高了几万倍。1944 年美国开始对青霉素大批量生产。

在研究提高青霉素生产能力的同时，对其治疗细菌感染疾病的临床实验也在进行。一系列临床实验证实了青霉素对链球菌、白喉杆菌等多种细菌感染的疗效。青霉素之所以能既杀死病菌，又不损害人体细胞，原因在于青霉素所含的青霉烷能使病菌细胞壁的合成发生障碍，导致病菌溶解死亡，而人和动物的细胞没有细胞壁。

青霉素的研制成功结束了传染病几乎无法治疗的时代，并由此出现了寻找抗菌素新药的高潮，人类进入了合成新药的新时代。由于青霉素和其他一些抗生素的研制成功，人类的平均寿命大约提高了十年。由于对人类健康的贡献，在美国学者麦克·哈特所著的《影响人类历史进程的 100 名人排行榜》中，弗莱明名列第 43 位。

肺结核是对人类危害最大的传染病之一，在进入 20 世纪之后，仍有大约 1 亿人死于肺结核。1946 年，美国 S. 瓦克斯曼宣布其实验室发现了链霉素，对抗结核杆菌有特效，人类战胜结核病的新纪元自此开始。

关于瓦克斯曼发明链霉素的情况，在本章 12.1.7 中有详细介绍，这里不再赘述。

必须指出，在青霉素发明之前人们主要靠磺胺类药物来治疗细菌感染，在 20 世纪 30 年代磺胺类药物几乎是医院里必备的。40 年代以后它逐渐被青霉素所取代，但也还有少量的应用。

12.2.8　癌症的防治

癌症是恶性肿瘤的统称，是仅次于心脑血管疾病的危害人类第二杀手。整个 20 世纪在地震中不幸死亡的人数约为 260 万，而仅 1996 年死于癌症的人数就超过 650 万，约为在 20 世纪地震中罹难人数的两倍半。癌症对人类的危害可见一斑。根据世界卫生组织的数据，2012 年全球新增癌症患者 1 400 万人，而这一数字在未来 20 年内可能将上升至 2 200 万人。

癌症古已有之。在我国甲骨文上就有“瘤”的病名记载，在古埃及也有关于癌肿症状的记录。英国考古学家在 2013 年于苏丹北部尼罗河流域一处墓穴中发掘出一具距今三千年的人类骨骼，这是一具死亡时年龄在 25 岁至 35 岁之间的男性骨骼，骨骼上有癌症留下的痕迹。真正对癌进行科学描述并给以命名的是古希腊的著名医学家希波克拉底(Hippocrates)。希波克拉底最先认识了患者在乳腺、胃和子宫等处的癌肿，并根据癌瘤表面的可怕形状和在人体内到处转移、横冲直撞的特点，依照希腊文"螃蟹"一字的引申，将其取名为"癌"(Cancer)。在希波克拉底以后，盖仑总结了以前的医学成就和自己的实践经验，将肿瘤分为良性的和恶性的，并将其治疗上升为一个新的医学问题。

12.2.8.1 癌症产生的原因和发病机制

人为什么会患上癌症？这是治疗癌症首先要解决的问题。在18世纪英国工业革命的时候，伦敦新建了大量的工厂，到处烟囱林立，于是出现了清扫烟囱的职业。1775年英国医生波特(Pott)注意到，清扫烟囱工人的阴囊癌发病率很高。波特认为，这些工人工作时基本上只穿一个裤头，腹股沟部位总是积聚油烟污垢，他们又不可能经常洗澡，这可能是导致他们阴囊癌高发的原因。于是波特就这个问题撰写了论文。波特的论文引起了医学界的重视，很多医学科学家都立即投入了环境对癌症影响的研究。研究结果表明，不但油烟污垢，焦油、润滑油也都对恶性肿瘤的产生有重要影响。这是人类发现的第一个致癌的原因。

19世纪中叶德国医学家、柏林大学教授R. 威尔和(R. Virchow，1821—1902)提出了癌症的刺激发生假说。威尔和解剖了大量因癌症死亡的患者的尸体，并利用显微镜仔细观测研究了各种肿瘤，得出了慢性刺激会导致产生癌瘤的结论，这是癌症理论的重大突破。

为了验证威尔和的理论，威尔和的学生、日本科学家山极胜三郎及其助手用环境刺激来人工制造癌变。山极他们找来了137只兔子，每星期在每只兔子耳朵上涂两次煤焦油。这样连续坚持了一年。一年以后大多数兔子都死了，在还活着的22只兔子中大多数长了肿瘤，其中7只的肿瘤是恶性的，还有两只发生了淋巴转移。这是人类第一次成功实现了用人工方法制造癌变，用事实证明了威尔和的刺激发生理论。现在人类已经发现了1 000多种致癌物质，包括3，4-苯并芘、黄曲霉素、氯乙烯、β-萘胺、亚硝胺等。

在刺激发生理论逐渐得到人们承认的同时，丹麦生物学家艾勒曼(V. Ellermann)等注意到癌症还有一种类似于传染病的传播方式。艾勒曼把患有白血病的鸡身上的白细胞提取物经处理后注射入健康的鸡的体内，后者也得了白血病。这是病毒引起肿瘤的开创性实验。后来美国科学家劳斯(F. P. Rous，1879—1970)发现，将鸡的肉瘤碾碎进行过滤，并将滤液注射到健康的鸡中，这健康的鸡就会生长肿瘤。劳斯认为，肉瘤中存在一种病毒会引起癌变，于是他提出了"肿瘤病毒假说"。劳斯认为，正常细胞的癌变是分阶段的，第一阶段是"肿瘤进展期"，这时癌细胞处在休眠状态；在以后的阶段癌细胞被病毒、激素或化学致癌剂等的刺激唤醒，开始对人体正常细胞进行侵蚀。对不同的癌肿这个过程快慢可能不同，但肯定不是突然发生。劳斯关于肿瘤进展的理论得到了一些科学家实验的验证，但是癌症并不具有传染性，所以肿瘤病毒假说未获医学界的承认。半个世纪以后情况发生了根本性的变化。由于微生物遗传学的发展，人们发现，某些肿瘤病毒在将自己的部分遗传物质注入正常细胞时，并不杀死后者，而是使后者得到了肿瘤病毒复制的能力，从而将正常细胞变成肿瘤细胞。这种病毒的感染能导致某些细胞特性产生永久性的改变。在20世纪50～60年代发现了128种病毒能在动物身上引起癌症。另外，人们同时还发现，在试管里当恶性肿瘤病毒与正常细胞短时间接触后会使后者变成癌细胞，而劳斯在半个多世纪前获得的鸡肉瘤病毒，一直被认为与哺乳类动物生癌无关，这时也发现在某些作用下这种病毒也能使不少哺乳类动物产生癌变。

由于发现肿瘤的诱导病毒，1966年劳斯被授予诺贝尔生理学医学奖。劳斯获奖，距离他发现第一个能导致动物实体产生肿瘤的病毒足足过了55年。之所以要等这么长的时间，主要是为了对劳斯理论的正确性进行充分的实践检验。实际上，与劳斯几乎同时，丹麦医生菲比格(J. Fibiger，1867—1928)因提出寄生虫致癌学说于1926年获得了医治肿瘤的第一个诺贝尔奖。菲比格发现在一些患胃癌老鼠的肿瘤中心部位有一种线虫(寄生虫)，如果这种线虫进入胃壁就会导致癌症，而且这种癌瘤还可移植到别的老鼠身上，使被移植老鼠也患上癌症。但是随后医学的进展并没有能证明寄生虫会导致癌症，于是科学界对菲比格获奖产生了不同的声音。所以在菲比格以后，诺贝尔委员会对因癌症问题研究的突破而评奖慎之又慎。

美国外科医生哈金斯(C. B. Huggins，1901—1997)开创的癌症的激素疗法是治疗癌症的又一重要进展。哈金斯通过实验，发现雄激素睾酮与前列腺发育密切相关，于是他就用性激素来控制前列腺癌。临床实验的结果表明，用性激素治疗前列腺癌的有效率达到了60%～80%。随后哈金斯又发现了内分泌对癌瘤的干扰作用，他同样用激素来进行治疗，临床结果也很好，对乳腺癌，哪怕是晚期的，都有相当好的疗效。在哈金斯工作的启发下，人们随后陆续发现，激素的治疗对白血病、淋巴肉瘤、甲状腺癌等许多种癌瘤都是有效的。

1970年美国人D. 巴尔的摩、H. M. 特明和意裔美籍的R. 杜尔贝科(R. Dulbecco，1914—2012)对引发“劳斯肉瘤”的病毒进行深入研究后，证实该病毒是单链RNA病毒，并发现了逆转录酶。该病毒正是通过逆转录酶将RNA逆转形成互补DNA(cDNA)，然后整合到宿主细胞染色体中，进而触发细胞的非正常增殖而转化为癌细胞。这就改变了当时分子生物学普遍公认的、“遗传信息总是从DNA流入RNA”的法则。

杜尔贝科最重要的贡献是对癌基因的研究。杜尔贝科的团队发现肿瘤病毒大致可分为RNA肿瘤病毒和DNA肿瘤病毒两类。当时对致癌机制倾向性的看法是，不论是RNA肿瘤病毒还是DNA肿瘤病毒，病毒基因整合于宿主细胞的染色体，就会引起细胞癌变。杜尔贝科认为，包括癌症在内的人类疾病的发生都与基因直接或间接有关。

到了20世纪70～80年代，两位美国科学家毕晓普(M. Bishop，1936—)与法姆斯(H. Varmus，1939—)发现了原癌基因，大大深化了人类对癌症发病机理的认识，从根本上改变了癌症研究的方向。

在原癌基因发现之前，科学界一直认为癌症是由病毒基因所导致，毕晓普和法姆斯发现肉瘤病毒所含有的致癌基因，在鸡和其他哺乳动物的正常细胞的基因组中都能找到，因此他们认为不是由于病毒的侵入导致癌基因进入细胞，癌基因的产生是由于正常细胞的基因发生变异所致，而这种基因被称为“原癌基因”。人们估计，在人体内大约有上千种原癌基因，但并不是说，人人体内都有癌细胞。1976 年毕晓普与法姆斯发表了他们的实验结果，声称病毒是由正常细胞那里得到致癌基因。当病毒感染细胞并开始复制时，它把这个基因整合到自身的遗传材料中去。以后的研究还表明，这样的基因可以通过几种方式致癌，甚至没有病毒的参与，这种基因也可被某些化学致癌物转化，成为造成细胞不受限制地增生的因素。到 1989 年科学家已在动物中鉴定出 40 个以上的具有致癌潜能的基因。所以毕晓普和法姆斯的工作是癌症机制研究工作的转折点。它使人们的注意力由外界（病毒）转向生物体本身的机制。

原癌基因是细胞内与细胞增殖有关的基因，是维持机体正常生命活动所必需的，在进化上高度保守。原癌基因在正常情况下是不活跃的，不会导致癌症。但当原癌基因受到物理、化学、病毒等因素的刺激后被激活，就会成为致癌基因。这时原癌基因的结构或调控区发生变异，基因产物增多或活性增强，细胞过度增殖，最后形成肿瘤。因此原癌基因也可叫作癌基因。它如果发生突变，可以导致遗传失调，在内、外因素的作用下，使正常细胞变成癌细胞。毕晓普和法姆斯的结论是，动物的致癌基因不是来自病毒，而是来自动物体内正常细胞内所存在的原癌基因。

另外，除了原癌基因外，正常人体内的基因中，还有一类基因叫抑癌基因，也称为抗癌基因，是一类抑制细胞过度生长、繁殖，从而遏制肿瘤形成的调节基因。它能抑制、拮抗癌基因的作用，甚至直接抑制癌细胞的生长，对人体是有利的。但是，如果抑癌基因发生突变，也会导致细胞生长失调，使激活的癌基因发挥作用而致癌。原癌基因和抑癌基因可以说是对立统一的，它们既相互拮抗又相互配合，处于一个动态平衡的状态，共同控制着细胞的正常生长、增殖和分化。如果它们两者之中的一个发生突变，即原癌基因的激活或抑癌基因的失活，都能打破二者之间的动态平衡，使细胞增殖失控而发生恶性癌变。

“原癌基因”的发现为癌症的早期诊断和预测开辟了一条新的途径，从而使癌症的研究真正进入分子生物学时代。

对细胞周期关键分子调节机制的探索是近年癌症研究的另一个重要方向。细胞周期是细胞生命活动的基本过程，它是指连续分裂细胞时从一次有丝分裂结束到下一次有丝分裂结束所经历的整个过程。细胞周期进程的实现靠的是各级调控因子对细胞周期精确而严密的调控。

美国科学家 L. 哈特韦尔（L. Hartwell，1939—）发现了大量控制细胞周期的基因，其中最重要的是发现了“起点”基因和保证细胞在周期运转过程中正常生长和分裂的细胞周期检测点。哈特韦尔的研究证明了，当细胞周期调控出现缺陷时，可能会导致染色体变异，这最终将导致产生癌变，这就为研究癌症诊断开创了一个新的方向。

宫颈癌是女性的第二大癌症杀手，全世界每年有 50 万妇女诊断出患这种癌症。但是宫颈癌的产生原因一直没有搞清楚。德国癌症研究中心的 H. 豪森（H. Hausen，1936—）发现了致瘤人类乳头状瘤病毒（HPV）会引发宫颈癌，并揭示了其致癌的机理以及影响病毒持续感染和细胞变化的因素。这促使 HPV 疫苗的成功研制，并于 2006 年投放市场。豪森的工作大大减少了世界上宫颈癌的发病率，使宫颈癌成为人类可以预防和根除的第一种恶性肿瘤。

近年来美国科学家 E. 布莱克本(E. Blackburn,1948—)等发现了关于染色体端粒和端粒酶的作用机制。研究表明,人体的正常细胞一般分裂次数平均是 50 次。细胞每分裂一次,端粒就缩短一点。当端粒最后短到无法再缩短时,细胞就寿终正寝了。但是癌细胞却没有寿限,因为存在有一种端粒酶可以使其端粒不缩短,从而长期存在。只要营养够,癌细胞可以无限地分裂下去。显然,如果抑制端粒酶的活性,就可以医治癌瘤。目前大量的体内、外实验均证明,抑制端粒酶活性具有显著的抗肿瘤效应,因此端粒酶可能将成为有史以来最具有抗肿瘤作用的治疗性靶标。

从微观层面来看,癌症生成的机理就是人体细胞的电子被抢夺。活性氧(自由基ROS)是一种不饱和电子物质,进入人体后会到处争夺电子。如果细胞蛋白分子的电子被其夺走,分子就发生畸变。该畸变分子由于自已缺少电子,又要去夺取邻近分子的电子,使邻近分子也发生畸变。于是就会形成大量畸变的蛋白分子,这些畸变的蛋白分子繁殖复制时,基因突变,形成大量癌细胞,最后出现癌症。

因此癌症的病因是,机体在环境污染、化学污染(化学毒素)、电离辐射、自由基毒素、微生物(细菌、真菌、病毒等)及其代谢毒素、遗传特性、内分泌失衡、免疫功能紊乱等等各种致癌物质、致癌因素的作用下导致身体正常细胞发生癌变的结果,常表现为:局部组织的细胞异常增生而形成的局部肿块。癌症是机体正常细胞在多原因、多阶段与多次突变中所引起的一大类疾病。

癌细胞是一种变异的细胞,是产生癌症的根源。癌细胞与正常细胞不同,癌细胞的特点是无限制、无止境地增生,使患者体内的营养物质被大量消耗;癌细胞会释放出多种毒素,使人体产生一系列症状;癌细胞还可转移到全身各处生长繁殖,导致人体消瘦、无力、贫血、食欲不振、发热以及严重的脏器功能受损等等。癌症(恶性肿瘤)可破坏组织、器官的结构和功能,引起坏死出血合并感染,患者最终由于器官功能衰竭而死亡。

12.2.8.2 癌症的种类及其与遗传的关系

癌症不是一个疾病,而是一大组疾病的统称。人身体的各个部位都可能发生肿瘤,每个部位又有多个系统,每个系统又有许多器官,这些器官也都可能产生肿瘤。所以问题极其复杂。肿瘤有良性和恶性之分。良性肿瘤的特点,主要是生长缓慢,有的还会停止生长,极少数可发生退化。良性肿瘤的组织结构和正常组织相似,分界也较清楚,不会发生转移。但是少数良性肿瘤,如果多年未治会恶变。恶性肿瘤就是癌症,它们绝大多数生长较快,不易退化,如不及时治疗会发生转移。恶性肿瘤通常呈浸润性生长,先在本器官内浸润,然后向邻近器官浸润,还会向身体远处转移,因此对人体危害严重,只有早发现、早诊断和及时治疗,才会有好的后果。

癌症主要可分为四大类:

(1)癌瘤,影响皮肤、黏膜、腺体及其他器官。

(2)血癌,即血液方面的癌。

(3)肉瘤,影响肌肉、结缔组织及骨头。

(4)淋巴瘤,影响淋巴系统。

常见的癌症有血癌(白血病)、骨癌、淋巴癌(包括淋巴细胞瘤)、肠癌、肝癌、胃癌、盆腔癌(包括子宫癌、宫颈癌)、肺癌、脑癌、神经癌、乳腺癌、食管癌、肾癌等。

癌症又分鳞癌和腺癌。鳞癌的全称是鳞状上皮细胞癌,常发生在身体原有鳞状上皮覆盖的部位,如皮肤、口腔、唇、子宫颈、食管、喉等处。腺癌发生于腺上皮细胞,多见于胃、肠、乳腺、肝、甲状腺、支气管等处。

单一成分的恶性肿瘤,可分为高分化型、中分化型、低分化型和未分化型。所谓分化,简单地说,就是肿瘤组织的成熟程度,肿瘤细胞分化愈接近正常细胞,则愈成熟,通常称为高分化。高分化型肿瘤,生长缓慢,恶性程度较低,转移较晚。中分化型肿瘤,不太成熟,恶性程度相对较高。低分化型肿瘤,更不成熟,恶性程度更高。未分化型肿瘤,其细胞分化程度极低,根本找不到来源组织的征象,恶性程度极高。总的说,肿瘤细胞分化程度愈低,其恶性程度愈高,发展愈快,转移愈早。

癌症会不会遗传?对这个问题现在还没有明确的结论。但近年来医学工作者获得了大量关于癌症会遗传的证据,从家庭内的癌症发病情况到细胞、分子水平的研究,都支持癌症具有遗传倾向。

12.2.8.3 癌症的临床表现与转移

癌症的临床表现分为局部表现和全身性症状两个方面。

1. 癌症的局部表现

(1)肿块。由癌细胞恶性增殖所形成,可用手在体表或深部触摸到。恶性肿瘤的肿块生长迅速,表面不平滑,不易推动;良性肿瘤则一般表面平滑,像鸡蛋和乒乓球一样容易滑动。

(2)疼痛。出现疼痛往往是癌症已进入中、晚期的表现。开始多为隐痛或钝痛,夜间明显。以后逐渐加重,变得难以忍受。一般止痛药不起作用。疼痛一般是癌细胞侵犯神经造成的。

(3)溃疡。某些体表癌的癌组织生长很快,由于营养供应不足,有时会出现组织坏死,形成溃疡。如某些乳腺癌可在乳房处出现火山口样或菜花样的溃疡,分泌血性分泌物。胃、结肠癌也会形成溃疡,这些癌只有通过胃镜、结肠镜才能观察到。

(4)出血。由癌瘤侵犯血管或癌组织小血管破裂而产生。如肺癌病人可咯血,痰中带血;胃、结肠、食管癌则会便血。

(5)梗阻。癌组织迅速生长会造成梗阻。如食管癌会梗阻食管,使得吞咽困难;膀胱癌会阻塞尿道而出现排尿困难。总之,因癌症所梗阻的部位不同而出现不同的症状。

(6)其他。颅内肿瘤可因压迫视神经和面神经而分别引起视力障碍和面瘫等多种神经系统症状;骨癌侵犯骨骼可导致骨折;肝癌可引起血浆白蛋白减少而造成腹水等。

2. 癌症的全身症状

在癌症的早期,一般没有明显的全身症状;癌症中、晚期的症状主要有体重减轻、食欲不振、恶病质、大量出汗(夜间盗汗)、贫血、乏力等。某些部位的肿瘤可呈现相应的功能亢进或低下，继而引发全身性相应功能的改变，如肾上腺嗜铬细胞瘤引起高血压等。

3. 癌症的转移

癌细胞的转移分为四个阶段：第一阶段称为侵犯，这时癌上皮细胞会松开癌细胞之间的连接，使它们能移动到其他地方去。第二阶段称为内渗，这时癌细胞穿过血管或淋巴管的内皮进入循环系统。第三阶段称为外渗，这时经过循环系统之旅的癌细胞幸存者，会穿过微血管的内皮细胞到达其他的组织。最后的阶段，就是这些癌细胞在其他组织当中繁衍生长，形成转移的恶性肿瘤。

癌细胞之所以能进行转移，可能是因为它唤醒了身体中沉睡已久的、负责胚胎早期形态发育的基因，从而启动相关的程序，因此获得转移的可怕能力。开发药物以抑制这类基因的表现，避免肿瘤转移，也许是未来在医学领域的一个重要的研究方向。

12.2.8.4　易得癌症的人群

(1)家族性患癌症的人群。许多常见的恶性肿瘤，如乳腺癌、胃癌、大肠癌、肝癌、食管癌、白血病等往往有家族聚集现象。

(2)患有与癌症有关疾病的人群。长期患有慢性胃炎、宫颈炎、乙型肝炎、皮肤溃疡等的患者易患癌症。

(3)有不良嗜好的人群。长期吸烟的人群易患肺癌、胃癌；喜饮过热的水、汤及吃刺激性强或粗糙食物的人群易患食管癌；喜抱怀炉或坐热炕的人易患皮肤癌；长期酗酒者易患食管癌、肝癌。

(4)职业易感人群。长期接触医用或工业用辐射的人群，接受超剂量的照射后，易患白血病、淋巴瘤；长期接触石棉、玻璃丝的人群易患间皮瘤；长期吸入工业废气和城市污染空气的人群易患肺癌。

(5)个性易感人群。精神长期处于抑郁、悲伤、自我克制以及性格内向的人群易患癌症。

(6)从饮食角度看，除了高脂肪、高热量和煎炸腌制熏制食物吃得过频、过多的人群容易引发癌症外，体内缺乏某些物质也是诱发癌症的重要因素，像缺β—胡萝卜素容易得肺癌，缺蛋白质容易得胃癌，缺膳食纤维容易得结肠癌，缺维生素D容易得乳腺癌和结肠癌，等等。

对于癌症的高危人群，并不是说一定会得癌症，但是应提高警惕，而且要采取措施，改变自己的内心环境和生活环境，以避免得癌症。

12.2.8.5　癌症的治疗

(1)手术治疗

对早期或较早期实体肿瘤来说，手术切除是首选的治疗方法。手术治疗不全是根治性手术，还有为了对体内癌瘤进行活体检查的探查性手术以及防止良性肿瘤发生癌变和癌瘤发展至进展期的预防性手术等。

(2)放射线治疗

放疗就是使用放射线杀死癌细胞，缩小肿瘤，因此放疗仅在人体接受照射的区域内有疗效，当然同时也要尽量减少对邻近健康组织的伤害。

(3)化学治疗

化疗就是用可以杀死癌细胞的药物治疗癌症，其作用原理通常是采用干扰细胞分裂的机制来抑制癌细胞的增长，譬如抑制 DNA 复制或是阻止染色体分离。由于多数的化疗药物都没有专一性，所以在杀死癌细胞的同时，也会杀死进行细胞分裂的正常组织细胞，这是其不足之处。现在大多数病患的化疗都是同时使用两种或两种以上的药物进行，以便使疗效更好。

在谈到化学治疗时必须要介绍美国药物学家希钦斯(G. H. Hitchings，1905—1998)及其助手奥裔美籍女药物学家埃立昂(G. B. Elion，1918—1999)的贡献。希钦斯与埃立昂从 1945 年起就开始研制不损害人体正常细胞的抗癌药物。到 20 世纪 50 年代初他们研制成了抗癌新药 6-巯基嘌呤。这种药能抑制癌细胞的核酸合成，从而阻止癌细胞的增长而对人体无害。临床实践表明，6-巯基嘌呤能有效缓解急性白血病患者的症状。后来他们又改变了 6-巯基嘌呤的结构，研制成能抑制 T 淋巴细胞和 B 淋巴细胞的免疫抑制剂硫唑嘌呤，在防止器官移植排异反应的工作中做出了贡献。希钦斯的研究团队在研制抗疟疾药物时还发现，如果用两种不同的药物分别作用于同一叶酸代谢途径的不同阶段，由于对细菌核酸代谢的双重干扰，可以数十倍地增强抑制作用。这是一种很重要的理论，对研制临床有效抗菌药有重大意义。目前在临床上广泛使用的一些增效复方制剂就是根据这个理论制成的。

化学治疗的临床应用主要有下列几种方式：

①晚期或扩散性肿瘤的全身化疗。对这类肿瘤患者通常缺乏其他有效的治疗方法，所以治疗时往往一开始先采用化学治疗，以取得病情的缓解。

②辅助化疗。这是指手术或放疗后，为防止可能存在的微小转移病灶的复发而进行的化疗。例如对高危的乳腺癌患者，手术后的辅助化疗可明显改善疗效，提高生存率。

③新辅助化疗。针对手术切除或放射治疗有一定难度、临床上相对较为局限性的肿瘤，可在手术或放射治疗之前先使用化疗，以便使肿瘤缩小，减少切除的范围。现在临床实践已经证明，新辅助化疗对膀胱癌、乳腺癌、喉癌等多种肿瘤的治疗有明显效果，不仅可以减小手术范围，甚至可以把不能手术切除的肿瘤变成可切除的。

(4)靶向治疗

靶向治疗是在 20 世纪 90 年代后期利用高科技创造出来的一种癌症治疗方法，它是采用无创或微创的治疗手段，以肿瘤为目标，采用有选择、有针对性、患者易于接受、反应小的局部或全身治疗，最终达到有效控制肿瘤，减少肿瘤周围正常组织损伤的各种治疗手段的总称。靶向治疗的实施方法是在细胞分子水平上，针对已经明确的致癌位点(该位点可以是肿瘤细胞内部的一个蛋白分子，也可以是一个基因片段)，设计相应的治疗药物，使药物进入体内后有目标地选择致癌位点并与其结合以发生作用，杀死肿瘤细胞，而不波及肿瘤周围的正常组织细胞，所以分子靶向治疗又被称为“生物导弹”。通常在靶向治疗实施前先用电子计算机勾画出靶区，制定治疗计划，精确定向引导，实时监测，保证准确地杀死靶区局部的肿瘤细胞，等体积地靶向切除肿瘤，最大限度地减少周围正常组织的损伤，以达到局部清除癌瘤的目的。

肿瘤靶向治疗技术按治疗原理可分为生物性靶向治疗、化学性靶向治疗和物理性靶向治疗三大类。

目前，肿瘤靶向治疗凭借其特异性与靶向性，在肿瘤治疗中发挥着愈来愈重要的作用，逐渐成为肿瘤治疗的主要手段。

(5)中医治疗

用中医治疗配合手术、放疗和化疗，可以减轻放疗、化疗的毒副作用，增强患者对放疗、化疗的耐受力，促进其康复。

(6)免疫疗法

免疫疗法是利用人体内的免疫机制来对抗肿瘤细胞，已经有许多对抗癌症的免疫疗法在研究中。目前进展较快的是癌症疫苗疗法和单克隆抗体疗法，而免疫细胞疗法则是最近这几年新发展的治疗技术。

(7)自然疗法

自然疗法是通过使用自然因子——空气负氧离子对癌症进行治疗的一种方法，实践证明，它能使患者摆脱放疗和化疗的痛苦，同时还有优异的疗效。

参考文献

[1] 编写组.中国古代科学家史话.沈阳:辽宁人民出版社,1974.
[2] 自然科学大事年表编写组.自然科学大事年表.上海:上海人民出版社,1975.
[3] 李心灿.微积分的创立者及其先驱.北京:航空工业出版社,1991.
[4] 爱德华 C H.微积分发展史.张鸿林,译.北京:北京出版社,1987.
[5] 辛格.费马大定理:一个困惑了世间智者 358 年的谜.薛密,译.上海:上海译文出版社,1998.
[6] 戴问天.格廷根大学.长沙:湖南教育出版社,1986.
[7] 里凡诺娃.三种命运.徐宗义,译.西宁:青海人民出版社,1980.
[8] 罗斯.莱布尼茨.张传友,译.北京:中国社会科学出版社,1987.
[9] 高兴华,吴伟强,徐德明.改变历史的科学名著.成都:四川大学出版社,2000.
[10] 希尔伯特.数学问题.李文林,袁向东,编译.大连:大连理工大学出版社,2009.
[11] 冯·诺依曼.数学在科学和社会中的作用.程钊,王丽霞,杨静,编译.大连:大连理工大学出版社,2009.
[12] 张奠宙,赵斌.二十世纪数学史话.上海:知识出版社,1984.
[13] 胡作玄.布尔巴基学派的兴衰.上海:知识出版社,1984.
[14] 张奠宙.几何风范:陈省身.济南:山东画报出版社,1998.
[15] 吉特尔曼 A.数学史.欧阳绛,译.北京:科学普及出版社,1987.
[16] 刘金沂,杜升云,宣焕灿.天文学及其历史.北京:北京出版社,1984.
[17] 吴鑫基,温学诗.诺贝尔奖百年鉴:天体物理学.上海:上海科技教育出版社,2001.
[18] 李新洲.诺贝尔奖百年鉴:20 世纪物理学革命.上海:上海科技教育出版社,2001.
[19] 张华夏,杨维增.自然科学发展史.广州:中山大学出版社,1985.
[20] 陈昌曙,远德玉.自然科学发展简史.沈阳:辽宁科学技术出版社,1984.
[21] 张瑞琨.近代自然科学史概论(上).上海:华东师范大学出版社,1986.
[22] 程耿东.工程结构优化设计基础.大连:大连理工大学出版社,2012.
[23] 李国栋.诺贝尔奖百年鉴:粒子磁矩与固体磁性.上海:上海科技教育出版社,2001.
[24] 沈慧君,郭奕玲.诺贝尔奖百年鉴:X 射线与显微术.上海:上海科技教育出版社,2000.
[25] 江向东,黄艳华.诺贝尔奖百年鉴:量子物理学.上海:上海科技教育出版社,2001.
[26] 郑仁蓉,朱顺泉.诺贝尔奖百年鉴:核物理与放射化学.上海:上海科技教育出版社,2001.
[27] 朱亚宗.伟大的探索者:爱因斯坦.北京:人民出版社,1985.
[28] 王自华,桂起权.海森伯传.长春:长春出版社,1999.
[29] 穆尔.薛定谔传.班立勤,译.北京:中国对外翻译出版公司,2001.
[30] 黄艳华,江向东.诺贝尔奖百年鉴:基本粒子探测.上海:上海科技教育出版社,2001.
[31] 韦伯 R L.诺贝尔物理学奖获得者(1901—1984).李应刚,宁存政,译.上海:上海翻译出版公司,1985.

[32] 陈毓芳,邹延肃.物理学史简明教程.北京:北京师范大学出版社,1986.
[33] 韦斯科夫 V F.二十世纪物理学.杨福家,等译.北京:科学出版社,1979.
[34] 塞格莱.物理名人和物理发现.刘祖慰,译.上海:知识出版社,1986.
[35] 余君,方芳.奇迹的奇迹:杨振宁的科学风采.上海:上海科技教育出版社,2001.
[36] 陆继宗,黄保法.诺贝尔奖百年鉴:超导超流与相变.上海:上海科技教育出版社,2001.
[37] 谢诒成,勾亮.诺贝尔奖百年鉴:场论与粒子物理.上海:上海科技教育出版社,2001.
[38] 李剑君,陈子丰.厚积薄发:朱棣文的科学风采.上海:上海科技教育出版社,2001.
[39] 黄红波,戴耀东,夏元复.诺贝尔奖百年鉴:测量技术与精密计量.上海:上海科技教育出版社,2001.
[40] 郭奕玲,沈慧君.诺贝尔奖百年鉴:物理学与技术.上海:上海科技教育出版社,2000.
[41] 闻建勋.诺贝尔奖百年鉴:材料物理与化学.上海:上海科技教育出版社,2001.
[42] 周嘉华,倪莉.造化之功:再显辉煌的化学.广州:广东人民出版社,2000.
[43] 姚子鹏.诺贝尔奖百年鉴:20 世纪化学纵览.上海:上海科技教育出版社,2002.
[44] 夏宗芗.诺贝尔奖百年鉴:生物分子结构.上海:上海科技教育出版社,2001.
[45] 周嘉华,倪莉.诺贝尔奖百年鉴:无机物与胶体.上海:上海科技教育出版社,2002.
[46] 陈耀全,陈沛然.诺贝尔奖百年鉴:物质代谢与光合作用.上海:上海科技教育出版社,2001.
[47] 钮泽富,钮因尧.诺贝尔奖百年鉴:现代有机化学.上海:上海科技教育出版社,2001.
[48] 周嘉华,倪莉.诺贝尔奖百年鉴:现代分析技术.上海:上海科技教育出版社,2001.
[49] 章宗穰.诺贝尔奖百年鉴:热力学与反应动力学.上海:上海科技教育出版社,2001.
[50] 邢润川,刘金沂.诺贝尔与诺贝尔奖金.沈阳:辽宁人民出版社,1981.
[51] 赵功民.外国著名生物学家传.北京:北京出版社,1987.
[52] 哈利斯.细胞的起源.朱玉贤,译.北京:三联书店,2001.
[53] 李盛,黄伟达.诺贝尔奖百年鉴:蛋白质、核酸与酶.上海:上海科技教育出版社,2001.
[54] 王谷岩.诺贝尔奖百年鉴:20 世纪生命科学进展.上海:上海科技教育出版社,2001.
[55] 刘学礼.诺贝尔奖百年鉴:细胞生物学.上海:上海科技教育出版社,2001.
[56] 李葆明.诺贝尔奖百年鉴:神经与脑科学.上海:上海科技教育出版社,2002.
[57] 王身立,颜青山,陈建华.诺贝尔奖百年鉴:遗传与基因.上海:上海科技教育出版社,2001.
[58] 沃森.双螺旋.田洺,译.北京:三联书店,2001.
[59] 薛定谔.生命是什么.罗来鸥,罗辽复,译.长沙:湖南科学技术出版社,2007.
[60] 唐明.诺贝尔奖百年鉴:生理现象及机制.上海:上海科技教育出版社,2001.
[61] 何维,刘学礼.诺贝尔奖百年鉴:免疫与内分泌.上海:上海科技教育出版社,2002.
[62] 洪涛,王健伟.诺贝尔奖百年鉴:传染病与病毒.上海:上海科技教育出版社,2002.
[63] 刘学礼.诺贝尔奖百年鉴:临床医学与药物.上海:上海科技教育出版社,2001.

附 录

诺贝尔物理学奖颁奖情况(1901—2015)

年份	获奖者	获奖内容
1901	伦琴(W. Röntgen,1845—1923)	发现 X 射线
1902	洛伦兹(H. Lorentz,1853—1928) 塞曼(P. Zeeman,1865—1943)	研究磁场对辐射现象的影响
1903	贝克勒尔(A. H. Becquerel,1852—1908)	发现天然元素的放射性
	皮埃尔·居里(P. Curie,1859—1906) 玛丽·居里(M. Curie,1867—1934)	研究放射性现象
1904	瑞利(Lord Rayleigh,1842—1919)	研究重要气体的密度和发现氩
1905	勒纳(P. Lenard,1862—1947)	阴极射线的研究
1906	J. J. 汤姆生(J. J. Thomson,1856—1940)	气体导电性质的理论和实验
1907	迈克尔逊(A. A. Michelson,1852—1931)	研制精密的光学仪器,用于光谱学和精密度量学的研究
1908	李普曼(G. Lippmann,1845—1921)	发明基于干涉现象的彩色照相法
1909	马可尼(G. Marconi,1874—1937) 布劳恩(C. Braun,1850—1918)	无线电报的发展
1910	范德瓦尔斯(J. van der Waals,1837—1923)	气体和液体状态方程的研究
1911	维恩(W. Wien,1864—1928)	发现热辐射定律
1912	达伦(N. Dalén,1869—1937)	发明灯塔与浮标照明用的瓦斯自动调节器
1913	卡末林—昂内斯(H. Kamerlingh-Onnes,1853—1926)	对低温下物质性质的研究,导致液氦的生产
1914	劳厄(M. von Laue,1879—1960)	发现晶体的 X 射线衍射
1915	威廉·亨利·布喇格(W. H. Bragg,1862—1942) 威廉·劳伦斯·布喇格(W. L. Bragg,1890—1971)	利用 X 射线研究晶体结构
1916	未颁奖	
1917	巴克拉(C. G. Barkla,1877—1944)	发现元素的特征 X 射线谱
1918	普朗克(M. Planck,1858—1947)	发现能量基本量子,促进物理学的发展
1919	斯塔克(J. Stark,1874—1957)	发现极隧射线的多普勒效应和原子光谱在电场中的分裂

续上表

年份	获奖者	获奖内容
1920	纪尧姆(C. Guillaume,1861—1938)	镍钢合金反常特性对精密计量的贡献
1921	爱因斯坦(A. Einstein,1879—1955)	对理论物理方面的贡献,特别是发现光电效应规律
1922	尼尔斯·玻尔(N. Bohr,1885—1962)	在研究原子结构和原子辐射方面的贡献
1923	密立根(R. A. Millikan,1868—1953)	基本电荷和光电效应的工作
1924	卡尔·西格班(K. M. G. Siegbahn,1886—1978)	X 射线光谱学方面的发现和研究
1925	詹姆斯·弗兰克(J. Franck,1882—1964) 赫兹(G. Hertz,1887—1975)	发现电子与原子碰撞的规律
1926	佩兰(J. Perrin,1870—1942)	物质不连续结构的研究,特别是发现沉积平衡
1927	康普顿(A. Compton,1892—1962)	发现光子与电子散射的康普顿效应
	威尔逊(C. T. R. Wilson,1869—1959)	发明用蒸气凝结显示带电粒子轨迹的云室
1928	欧文·理查森(O. W. Richardson,1879—1959)	在热离子现象方面的工作,特别是发现理查森定律
1929	德布罗意(L. de Brogile,1892—1987)	发现电子的波动性
1930	拉曼(C. Raman,1888—1970)	光散射的研究和发现拉曼效应
1931	未颁奖	
1932	海森伯(W. Heissenberg,1901—1976)	创立量子力学,由此导致发现氢的同素异形体
1933	薛定谔(E. Schrödinger,1887—1961) 狄拉克(P. Dirac,1902—1984)	建立原子理论的新形式
1934	未颁奖	
1935	查德威克(J. Chadwick,1891—1974)	发现中子
1936	赫斯(V. Hess,1883—1964)	发现宇宙射线
	卡尔·安德森(C. Anderson,1905—1991)	发现正电子
1937	戴维森(C. Davisson,1881—1958) 乔治·汤姆生(G. P. Thomson,1892—1975)	晶体对电子衍射作用的实验发现
1938	费米(E. Fermi,1901—1954)	用中子轰击产生新放射性元素及用慢中子轰击引起核反应的发现
1939	劳伦斯(E. Lawrence,1901—1958)	发明与发展回旋加速器及用它取得的成果,特别是人工放射性元素
1940	未颁奖	
1941	未颁奖	
1942	未颁奖	
1943	施特恩(O. Stern,1888—1969)	发展分子束方法,发现质子磁矩

续上表

年份	获奖者	获奖内容
1944	拉比(I. Rabi,1898—1988)	用共振方法测量原子核的磁性
1945	泡利(W. Pauli,1900—1958)	发现泡利不相容原理
1946	布里奇曼(P. Bridgeman,1882—1961)	发明极高压装置及在高压物理学方面的工作
1947	阿普顿(E. Appleton,1892—1965)	研究大气高层的物理性质,特别是发现电离层
1948	布莱克特(P. Blackett,1897—1974)	改进威尔逊云室,及以此在核物理和宇宙射线领域做出的发现
1949	汤川秀树(1907—1981)	在核力理论的基础上预言了介子的存在
1950	鲍威尔(C. F. Powell,1903—1969)	研究照相乳胶记录法,以此发现了 π 介子
1951	科克罗夫特(J. Cockcroft,1897—1967) 瓦尔顿(E. Walton,1903—1995)	用人工加速粒子进行核衰变的开创性工作
1952	布洛赫(F. Bloch,1905—1983) 珀塞尔(E. Purcell,1912—1997)	核磁精密测量的新方法及由此做出的发现
1953	策尼克(F. Zernike,1888—1966)	提出相衬法,特别是发明相衬显微镜
1954	玻恩(M. Born,1882—1970)	量子力学基本研究,特别是提出波函数的统计解释
	博特(W. Bothe,1891—1957)	提出符合法,及用其分析宇宙辐射的发现
1955	兰姆(W. Lamb,1913—2008)	发现氢光谱的精细结构(兰姆移位)
	库什(P. Kusch,1911—1993)	精密测定电子磁矩
1956	肖克利(W. Shockley,1910—1989) 巴丁(J. Bardeen,1908—1991) 布拉顿(W. Brattain,1902—1987)	在半导体方面的研究和发现晶体管效应
1957	李政道(1926—) 杨振宁(1922—)	发现弱相互作用中宇称不守恒
1958	切连科夫(П. Черенков,1904—1990) 伊利亚·弗兰克(И. Франк,1908—1990) 塔姆(И. Тамм,1895—1971)	切连科夫效应的发现和理论解释
1959	塞格雷(E. Segrè,1905—1989) 张伯伦(O. Chamberlain,1920—2006)	实验上发现反质子
1960	格拉泽(D. Glaser,1926—2013)	发明气泡室
1961	霍夫斯塔特(R. Hofstadter,1915—1990)	研究电子被核子散射,由此获得的核子结构发现
	穆斯堡尔(R. Mössbauer,1929—2011)	γ 射线共振吸收研究和发现穆斯堡尔效应
1962	朗道(Л. Ландау,1908—1968)	凝聚态物质理论(特别是液氦理论)的先驱性工作

续上表

年份	获奖者	获奖内容
1963	维格纳(E. Wigner,1902—1995)	原子核及基本粒子的理论研究,特别是基本对称性原理的发现和应用
	格佩特—迈耶(M. Goeppert-Mayer,1906—1972) 延森(H. Jensen,1907—1973)	原子核壳层结构的发现
1964	汤斯(C. Townes,1915—2015) 巴索夫(H. Басов,1922—2001) 普罗霍罗夫(A. Прохоров,1916—2002)	量子电子学的基础研究,研制微波激射器和激光器
1965	朝永振一郎(1906—1979) 施温格尔(J. Schwinger,1918—1994) 费恩曼(R. Feynman,1918—1988)	量子电动力学的基础性工作,这些工作对基本粒子物理有深远影响
1966	卡斯特勒(A. Kastler,1902—1984)	发现并发展了原子中赫兹共振的光学方法
1967	贝特(H. Bethe,1906—2005)	对核反应理论的贡献,特别是恒星能量产生的理论
1968	阿尔瓦雷斯(L. Alvarez,1911—1988)	发展氢气泡室和数据分析技术,发现许多共振态,对基本粒子物理做出决定性贡献
1969	盖尔曼(M. Gell-Mann,1929—)	对基本粒子及其相互作用的分类所做的贡献和发现
1970	阿尔文(H. Alfvén,1908—1995)	磁流体动力学的基础研究及其在等离子体物理学不同部分的显著应用
	奈尔(L. Néel,1904—2000)	反铁磁性和亚铁磁性的基本研究
1971	伽博(D. Gabor,1900—1979)	发明和发展全息照相术
1972	巴丁(J. Bardeen,1908—1991) 库珀(L. Cooper,1930—) 施里弗(J. Schrieffer,1931—)	提出 BCS 超导理论
1973	江崎玲於奈(1925—) 贾埃弗(I. Giaever,1929—)	实验上发现半导体和超导体的隧道效应
	约瑟夫森(B. Josephson,1940—)	理论预言超导电流能通过隧道阻挡层,特别是预言约瑟夫森效应
1974	赖尔(M. Ryle,1918—1984)	射电天文学上的观测和发明,特别是综合孔径技术
	休伊什(A. Hewish,1924—)	发展射电天文学,对发现脉冲星所起的决定性作用
1975	奥格·玻尔(A. Bohr,1922—2009) 莫特尔松(B. Mottelson,1926—) 雷恩瓦特(L. Rainwater,1917—1986)	发现原子核的集体运动与粒子运动的关联,发展了原子核结构理论

续上表

年份	获奖者	获奖内容
1976	李希特(B. Richter,1931—) 丁肇中(1936—)	发现新的重基本粒子 J/Ψ
1977	菲利普·安德森(P. Anderson,1923—?) 莫特(N. Mott,1905—1996) 范弗莱克(J. van Vleck,1899—1980)	磁性系统和无序系统电子结构的基础理论研究
1978	卡皮查(П. Капица,1894—1984)	低温物理学领域的基本发明和发现
	彭齐亚斯(A. Penzias,1933—) 罗伯特·威尔逊(R. Wilson,1936—)	发现宇宙微波背景辐射
1979	格拉肖(S. Glashow,1932—) 萨拉姆(A. Salam,1926—1996) 温伯格(S. Weinberg,1933—)	对基本粒子的电弱统一理论的贡献,包括由此预言弱中性流
1980	克罗宁(J. Cronin,1931—) 菲奇(V. Fitch,1923—2015)	在中性K介子衰变中发现基本对称性原理的破坏
1981	布洛姆伯根(N. Bloembergen,1920—?) 肖洛(A. Schawlow,1921—1999)	对激光光谱学的贡献
	凯·西格班(K. M. B. Siegbahn,1918—2007)	高分辨率电子能谱学的发展
1982	肯尼思·威尔逊(K. Wilson,1936—2013)	与相变有关的临界现象的理论
1983	钱德拉塞卡(S. Chandrasekhar,1910—1995)	理论上研究对恒星结构和演化有重要意义的过程
	福勒(W. Fowler,1911—1995)	关于对宇宙中化学元素形成有重要意义的核反应的理论和实验研究
1984	鲁比亚(C. Rubbia,1934—) 范德梅尔(S. van der Meer,1925—2011)	在发现传递弱作用的 $W^{\pm}$ 粒子和 Z^{0} 粒子的大型计划中的决定性作用
1985	冯·克利青(K. von Klitzing,1943—)	发现量子霍尔效应
1986	鲁斯卡(E. Ruska,1906—1988)	在电子光学上的基础工作及电子显微镜的设计
	宾尼(G. Binning,1947—) 罗雷尔(H. Rohrer,1933—2013)	扫描隧道显微镜的设计
1987	贝德诺尔兹(J. Bednorz,1950—) 米勒(K. Müller,1927—)	在发现陶瓷材料的超导电性中的重大突破
1988	莱德曼(L. Lederman,1922—?) 施瓦茨(M. Schwartz,1932—2006) 斯坦博格(J. Steinberger,1921—?)	中微子束方法及通过发现 μ 中微子验证轻子的二重态结构

续上表

年份	获奖者	获奖内容
1989	拉姆齐(N. Ramsey,1915—2011)	发明分离震荡场方法及用于氢微波激射器和其他原子钟
	德默尔特(H. Dehmolt,1922—?) 保罗(W. Paul,1913—1993)	离子阱技术的发展
1990	弗里德曼(J. Friedman,1930—) 肯德尔(H. Kendall,1926—1999) 理查德·泰勒(R. Taylor,1929—)	电子与质子及束缚中子深度非弹性散射的先驱性研究,对粒子物理中夸克模型的发展有重要意义
1991	德让纳(P. de Gennes,1932—2007)	把简单系统中有序现象的研究方法推广到更复杂的物态,特别是液晶和聚合物
1992	夏帕克(G. Charpak,1924—2010)	发展粒子探测技术,特别是发明了多丝正比室
1993	赫尔斯(R. Hulse,1950—) 小约瑟夫·泰勒(J. Taylor,1941—)	发现新型的脉冲星,为引力波研究提供了新机会
1994	布罗克豪斯(B. Brockhouse,1918—?)	发展中子谱学用于凝聚态研究
	沙尔(C. Shull,1915—?)	发展中子衍射技术用于凝聚态研究
1995	佩尔(M. Perl,1927—2014)	实验发现 τ 轻子
	莱因斯(F. Reines,1918—1998)	中微子探测
1996	戴维·李(D. Lee,1931—) 奥谢罗夫(D. Osheroff,1945—) 罗伯特·理查森(R. Richardson,1937—2013)	发现氦^3(^{3}He)超流性
1997	朱棣文(1948—) 科昂-塔努基(C. Cohen-Tannoudji,1933—) 菲利普斯(W. Phillips,1948—)	发展激光冷却和捕获原子的方法
1998	劳克林(R. Laughlin,1950—) 施特默(H. Störmer,1949—) 崔琦(1939—)	发现具有分数电荷激发状态的新型量子流体
1999	特霍夫特(G. 't Hooft,1946—) 韦尔特曼(M. J. G. Veltman,1931—)	解释电磁相互作用和弱相互作用的量子结构
2000	阿尔费罗夫(Ж. И. Алферов,1930—) 克勒默(H. Kroemer,1928—)	提出半导体异质结构
	基尔比(J. S. Kilby,1923—2005)	参与集成电路的发明
2001	康奈尔(E. Connel,1961—) 维曼(C. Wieman,1951—) 克特勒(W. Ketterle,1957—)	发现了一种新的物质状态——"碱金属原子稀薄气体的玻色—爱因斯坦凝聚"

续上表

年份	获奖者	获奖内容
2002	雷蒙德·戴维斯(R. Davis,1914—2006) 小柴昌俊(1926—) 贾科尼(R. Giacconi,1931—)	在天体物理学领域做出的先驱性贡献,其中包括在“探测宇宙中微子”和“发现宇宙X射线源”方面的成就
2003	阿布里科索夫(A. Абрикосов,1928—2017) 金茨堡(B. Гинзбург,1916—2009) 莱格特(A. Leggett,1938—)	在超导和超流体理论研究领域所作出的开创性贡献
2004	格罗斯(D. Gross,1941—) 维尔切克(F. Wilczek,1951—) 波利策(D. Politzer,1949—)	发现量子场中夸克渐近自由现象
2005	格劳伯(R. Glauber,1925—)	对光学相干的量子理论的贡献
	霍尔(J. Hall,1934—) 亨施(T. Hänsch,1941—)	对基于激光的精密光谱学发展做出了贡献
2006	马瑟(J. Mather,1945—) 斯穆特(G. Smoot,1945—)	发现了宇宙微波背景辐射的黑体形式及各向异性
2007	费尔(A. Fert,1938—) 格林贝格(P. Grünberg,1939—)	发现了“巨磁电阻”效应
2008	南部阳一郎(1921—)	发现亚原子物理的自发对称性破缺机制
	小林诚(1944—) 利川敏英(1940—)	发现对称性破缺的起源
2009	高锟(1933—)	在光纤通讯理论和应用方面的贡献
	博伊尔(W. Boyle,1924—) 乔治·史密斯(G. Smith,1930—)	发明电荷耦合器件图像传感器
2010	盖姆(A. Geim,1958—) 诺沃肖洛夫(K. Novoselov,1974—)	在石墨烯方面的开创性实验
2011	波尔马特(S. Perlmutter,1959—) 布莱恩·施密特(B. Schmidt,1967) 里斯(A. Riess,1969)	对超新星研究和对宇宙加速扩张研究的贡献
2012	阿罗什(S. Haroche,1944—) 维因兰(D. Wineland,1944—)	发明突破性的实验方法使得测量和操纵单个量子系统成为可能
2013	恩格勒(F. Englert,1932—) 希格斯(P. Higgs,1929—)	对于理解亚原子粒子如何获得质量的机制的理论性发现,即预言的希格斯玻色子被欧洲核子研究中心通过实验发现
2014	赤崎勇(1929—) 天野浩(1960—) 中村修二(1954—)	发明了蓝色发光二极管(LED),带来新型节能光源
2015	梶田隆章(1959—) 阿瑟·麦克唐纳(A. McDonald,1943—)	发现中微子振荡现象,从而证明中微子有质量

诺贝尔化学奖颁奖情况(1901—2015)

年份	获奖者	获奖内容
1901	范托夫(J. H. van't Hoff,1852—1911)	研究化学动力学和溶液渗透压的有关定律
1902	埃米尔·费歇尔(Emil Fischer,1852—1919)	研究糖和嘌呤衍生物的合成
1903	阿伦尼乌斯(S. A. Arrhenius,1859—1927)	提出电离学说
1904	拉姆齐(W. Ramsay,1852—1916)	发现空气中的惰性气体元素并确定它们在周期表中的位置
1905	冯·拜耳(A. von Baeyer,1835—1917)	研究有机染料和芳香族化合物的贡献
1906	穆瓦桑(H. Moissan,1852—1907)	研究和制备单质氟以及研制穆瓦桑电炉
1907	布赫纳(E. Buchner,1860—1917)	生物化学的研究和发现非细胞发酵现象
1908	卢瑟福(E. Rutherford,1871—1937)	研究元素衰变和放射性物质的化学
1909	奥斯特瓦尔德(W. Ostwald,1853—1932)	研究催化和化学平衡、反应速率的基本原理
1910	瓦拉赫(O. Wallach,1847—1931)	关于脂环族化合物的开拓性工作
1911	玛丽·居里(M. Curie,1867—1934)	发现镭和钋,分离出镭并研究其性质
1912	格里雅(V. Grignard,1871—1935)	发现极大地推动了有机化学的格里雅试剂
	萨巴蒂埃(P. Sabatier,1854—1941)	研究有机脱氢催化反应
1913	维尔纳(A. Werner,1866—1919)	研究分子中原子的配位,提出配位理论
1914	理查兹(T. W. Richards,1868—1928)	精确测定大量元素的相对原子质量
1915	维尔施泰特(R. Willstätter,1872—1942)	研究植物色素,特别是叶绿素
1916	未颁奖	
1917	未颁奖	
1918	哈伯(F. Haber,1868—1934)	发明工业合成氨方法
1919	未颁奖	
1920	能斯特(W. Nernst,1864—1941)	研究热化学,提出热力学第三定律
1921	索迪(F. Soddy,1877—1956)	对放射性物质化学的贡献,研究同位素的由来和本质
1922	阿斯顿(F. W. Aston,1877—1945)	用质谱法发现大量非放射性同位素,发现整数规则
1923	普雷格尔(F. Pregl,1869—1930)	研究有机化合物的微量分析法
1924	未颁奖	
1925	席格蒙迪(R. Zsigmondy,1865—1929)	对胶体溶液多相性质的阐明及所用的重要方法
1926	斯维德贝格(T. Svedberg,1884—1971)	发明超离心机,用于分散体系的研究
1927	维兰德(H. Wieland,1877—1957)	研究胆酸的组成及有关物质结构
1928	温道斯(A. Windaus,1876—1959)	研究胆固醇的组成及其与维生素的关系

续上表

年份	获奖者	获奖内容
1929	哈登(A. Harden,1865—1940) 冯·奥伊勒—切尔平(H. von Euler-Chelpin,1873—1964)	研究糖的发酵作用及其与酶的关系
1930	汉斯·费歇尔(Hans Fischer,1881—1945)	研究血红素与叶绿素,合成血红素
1931	博施(C. Bosch,1874—1940) 贝吉乌斯(F. Bergius,1884—1949)	发明和发展了化学高压方法
1932	朗缪尔(I. Langmuir,1881—1957)	在表面化学方面的发现和研究
1933	未颁奖	
1934	尤里(H. C. Urey,1893—1981)	发现重氢
1935	弗雷德里克·约里奥-居里(F. Joliot-Curie,1900—1958) 伊蕾娜·约里奥-居里(I. Joliot-Curie,1897—1956)	人工合成新的放射性元素
1936	德拜(P. Debye,1884—1966)	研究偶极矩和X射线衍射法
1937	霍沃思(W. Haworth,1883—1950)	研究碳水化合物和维生素C
1937	卡勒(P. Karrer,1889—1971)	研究类胡萝卜素、核黄素、维生素A和B_2
1938	库恩(R. Kuhn,1900—1967)	研究类胡萝卜素和维生素
1939	布特南特(A. Butenandt,1903—1995)	研究性激素
1939	鲁奇卡(L. Ruzicka,1887—1976)	研究聚亚甲基和多萜
1940	未颁奖	
1941	未颁奖	
1942	未颁奖	
1943	德·赫维西(G. de Hevesy,1885—1966)	利用同位素作为化学过程研究中的示踪物
1944	哈恩(O·Hahn,1879—1968)	发现重核裂变现象
1945	维尔塔宁(A. I. Virtanen,1895—1973)	在农业和营养化学上的贡献,尤其是发明饲料保藏方法
1946	萨姆纳(J. B. Sumner,1887—1955)	发现酶可以结晶
1946	诺思罗普(J. H. Northrop,1891—1987) 斯坦利(W. M. Stanley,1904—1971)	制备纯净状态的酶和病毒蛋白质
1947	罗宾森(R. Robinson,1886—1975)	研究生物学上重要的植物产物,尤其是生物碱
1948	蒂塞利乌斯(A. W. K. Tiselius,1902—1971)	研究电泳和吸附分析,尤其是发现血清蛋白的复杂本质
1949	吉奥克(W. F. Giauque,1895—1982)	在化学热力学上的研究,特别是关于超低温下物质的行为

续上表

年份	获奖者	获奖内容
1950	第尔斯(O. Diels,1876—1954) 阿尔德(K. Alder,1902—1958)	发现和发展了双烯合成
1951	麦克米伦(E. M. McMillan,1907—1991) 西博格(G. T. Seaborg,1912—1999)	发现超铀元素
1952	马丁(A. J. P. Martin,1910—2002) 辛格(R. L. M. Synge,1914—1994)	发明分配色谱法
1953	施陶丁格(H. Staudinger,1881—1965)	在高分子领域的发现
1954	鲍林(L. C. Pauling,1901—1994)	研究化学键的本质并用于阐明复杂物质的结构
1955	迪维尼奥(V. Du Vigneaud,1901—1978)	研究重要的含硫化合物,首次合成多肽激素
1956	欣谢尔伍德(C. Hinshelwood,1897—1967) 谢苗诺夫(H. H. Семёнов,1896—1986)	研究化学反应的机理
1957	托德(A. R. Todd,1907—1997)	研究核苷酸和核苷酸辅酶
1958	桑格(F. Sanger,1918—2013)	关于蛋白质的工作,尤其是胰岛素分子结构
1959	海洛夫斯基(J. Heyrovsky,1890—1967)	发明和发展了极谱分析法
1960	利比(W. F. Libby,1908—1980)	发明用放射性碳^{14}测定年代的方法
1961	卡尔文(M. Calvin,1911—1997)	研究植物中吸收二氧化碳的化学过程
1962	佩鲁茨(M. F. Perutz,1914—2002) 肯德鲁(J. C. Kendrew,1917—1997)	测定血红蛋白的结构
1963	齐格勒(K. Ziegler,1898—1973) 纳塔(G. Natta,1903—1979)	在高聚物化学和技术领域的发现
1964	霍奇金(D. C. Hodgkin,1910—1994)	用X射线测定重要生化物质的结构
1965	伍德沃德(R. B. Woodward,1917—1979)	人工有机合成技艺上的杰出成就
1966	马利肯(R. S. Mulliken,1896—1986)	用分子轨道法研究化学键和分子结构
1967	艾根(M. Eigen,1927—) 诺里什(R. G. W. Norrish,1897—1978) 波特(G. Porter,1920—2002)	通过极短能量脉冲导致平衡移动来研究极快速的化学反应
1968	昂萨格(L. Onsager,1903—1976)	创立作为不可逆过程热力学基础的倒易关系式
1969	巴顿(D. H. R. Barton,1918—1998) 哈塞尔(O. Hassel,1897—1981)	发展构象概念并用于化学
1970	莱洛瓦(L. F. Leloir,1906—1987)	发现糖核苷酸及其在碳水化合物合成中的作用
1971	赫茨贝格(G. Herzberg,1904—1999)	研究分子光谱,特别是自由基的电子结构

续上表

年份	获奖者	获奖内容
1972	安芬森(C. B. Anfinsen,1916—1995)	研究核糖核酸酶,特别是氨基酸顺序与生物活性构象之间的关系
	穆尔(S. Moore,1913—1982) 斯坦(W. H. Stein,1911—1980)	对了解核糖核酸酶活性中心的分子化学结构和催化活性之间的关系所做的贡献
1973	恩斯特·费歇尔(Ernst O. Fischer,1918—) 威尔金森(G. Wilkinson,1921—1996)	在研究金属有机化合物中的贡献
1974	弗洛里(P. J. Flory,1910—1985)	在高分子物理化学理论和实验上的重要成果
1975	康福思(J. W. Cornforth,1917—2013)	研究酶催化反应的立体化学
	普雷洛格(V. Prelog,1906—1998)	研究有机分子和反应的立体化学
1976	利普斯科姆(W. N. Lipscomb,1919—2011)	研究硼烷的结构,阐明了化学键问题
1977	普里高金(I. Prigogine,1917—2003)	对非平衡态热力学尤其是耗散结构理论的贡献
1978	米切尔(P. D. Mitchell,1920—1992)	利用化学渗透理论的模式研究生物系统中的能量转移过程
1979	布朗(H. C. Brown,1912—2004) 维蒂希(G. Wittig,1897—1987)	将硼和磷的化合物发展为有机合成中的重要试剂
1980	伯格(P. Berg,1926—)	关于核酸生物化学特别是DNA重组的基础性研究
	吉尔伯特(W. Gilbert,1932—) 桑格(F. Sanger,1918—2013)	对测定核酸中碱基顺序的贡献
1981	福井谦一(1918—1998) 霍夫曼(R. Hoffmann,1937—)	各自独立地发展化学反应过程的理论
1982	克鲁格(A. Klug,1926—)	发展晶体电子显微术,测定生物学上重要的核酸-蛋白质复合体结构
1983	陶布(H. Taube,1915—2005)	关于电子转移反应机理,特别是金属复合物中相关问题的研究
1984	梅里菲尔德(B. Merrifield,1921—)	对固相化学合成方法的发展
1985	豪普特曼(H. A. Hauptman,1917—) 卡勒(J. Karle,1918—)	发展了测定晶体结构的直接法
1986	赫施巴赫(D. R. Herschbach,1932—) 李远哲(1936—) 波拉尼(J. C. Polanyi,1929—)	对化学基元过程动力学的贡献
1987	克拉姆(D,J,Cram,1919—2001) 莱恩(J. M. Lehn,1939—) 佩德森(C. J. Pedersen,1904—1989)	合成和应用了具有高度选择性的特殊结构分子

续上表

年份	获奖者	获奖内容
1988	戴森霍弗(J. Deisenhofer,1943—) 胡贝尔(R. Huber,1937—) 米歇尔(H. Michel,1948—)	光合作用反应中心三维结构的测定
1989	奥尔特曼(S. Altman,1939—) 切赫(T. Cech,1947—)	发现 RNA 的催化性质
1990	科里(E. J. Corey,1928—)	发展有机合成的理论和方法
1991	恩斯特(R. R. Ernst,1933—)	发展高分辨率核磁共振波谱学方法
1992	马库斯(R. A. Marcus,1923—)	对化学体系电子转移反应理论的贡献
1993	穆利斯(K. B. Mullis,1944—)	聚合酶链反应(PCR)的发明
1993	史密斯(M. Smith,1932—)	建立基于寡核苷酸的定点诱变技术并用于蛋白质研究
1994	欧拉(G. A. Olah,1927—)	对正碳离子化学的贡献
1995	克鲁岑(P. J. Crutzen,1933—) 莫利纳(M. J. Molina,1943—) 罗兰(F. S. Rowland,1927—)	研究平流层臭氧化学,尤其是臭氧的形成和分解
1996	柯尔(R. F. Curl,1933—) 克罗托(H. W. Kroto,1939—) 斯莫利(R. E. Smalley,1943—)	发现富勒烯
1997	波耶(P. D. Boyer,1918—) 沃克(J. E. Walker,1941—)	阐明了构成 ATP 合成基础的酶的机理
1997	斯科(J. C. Skou,1918—)	首先发现一种离子转移酶
1998	科恩(W. Kohn,1923—)	发展密度泛函理论
1998	波普尔(J. A. Pople,1925—)	发展量子化学的计算方法
1999	泽维尔(A. H. Zewail,1946—)	用飞秒化学研究化学反应的过渡态
2000	黑格(A. J. Heeger,1936—) 马克迪亚米德(A. G. MacDiarmid,1927—) 白川英树(1936—)	发现和发展了导电聚合物
2001	诺尔斯(W. Knowles,1917—) 野依良治(1938—)	在“手性催化氢化反应”领域所作出的贡献
2001	夏普莱斯(K. Sharpless,1941—)	在“手性催化氧化反应”领域所作出的贡献
2002	芬恩(J. Fenn,1917—2010) 田中耕一(1959—) 维特里希(K. Wüthrich,1938—)	在生物大分子研究领域的贡献

续上表

年份	获奖者	获奖内容
2003	阿格雷(P. Agre,1949—)	发现细胞膜水通道
	麦金农(R. Mackinnon,1956—)	对钾离子通道结构和机理的研究
2004	切哈诺沃(A. Ciechanover,1947—) 赫尔什科(A. Hershko,1937—) 罗斯(I. Rose,1926—)	发现了泛素调节的蛋白质降解
2005	肖万(Y. Chauvin,1931—) 格拉布(R. Grubbs,1942—) 施罗克(R. Schrock,1945—)	在烯烃复分解反应研究方面的贡献
2006	科恩伯格(R. Kornberg,1947—)	对真核细胞转录的分子基础的研究
2007	埃特尔(G. Ertl,1936—)	表面化学的突破性研究
2008	下村修(1928—) 沙尔菲(M. Chalfie,1947—) 钱永健(1952—2016)	在发现和研究绿色荧光蛋白方面做出的贡献
2009	拉马克里希南(V. Ramakrishnan,1952—) 施泰茨(T. Steitz,1940—) 约纳斯(A. Yonath,1939—)	对核糖体结构和功能的研究
2010	赫克(R. Heck,1931—2015) 根岸英一(1935—) 铃木章(1930—)	有机合成中的钯催化交叉偶联反应
2011	谢赫特曼(D. Shechtman,1941—)	发现准晶体
2012	莱夫科维茨(R. Lefkowitz,1943—) 克比尔卡(B. Kobilka,1955—)	G 蛋白偶联受体研究
2013	卡普拉斯(M.Karplus,1930—) 莱维特(M.Levitt,1947—) 瓦谢尔(A. Warshel,1940—)	为复杂化学系统创立了多尺度模型
2014	白兹格(E. Betzig,1960—) 莫尔纳(W. Moerner,1953—) 赫尔(S. Hell,1962—)	在超分辨率荧光显微技术领域的成就
2015	林达尔(T. Lindahl,1938—) 莫德里奇(P. Modrich,1946—) 桑卡(A. Sancar,1946—)	DNA 修复的细胞机制研究

诺贝尔生理学医学奖颁奖情况(1901—2015)

年份	获奖者	获奖内容
1901	冯·贝林(E. A. von Behring, 1854—1917)	有关白喉血清疗法的研究
1902	罗斯(R. Ross, 1857—1932)	从事有关疟疾的研究
1903	芬森(N. R. Finsen, 1860—1904)	发现利用光辐射治疗狼疮
1904	巴甫洛夫(И. Павлов, 1849—1936)	消化系统的生理学研究
1905	科赫(R. Koch, 1843—1910)	有关结核病的研究
1906	高尔基(C. Golgi, 1843—1926) 拉蒙-卡哈尔(S. Ramón y Cajal, 1852—1934)	神经系统结构的研究
1907	拉弗朗(C. Laveran, 1845—1922)	发现并阐明原生动物在引起疾病中的作用
1908	埃利希(P. Ehrlich, 1854—1915) 梅契尼科夫(И. Мечников, 1845—1916)	有关免疫方面的研究
1909	科歇尔(E. T. Kocher, 1841—1917)	甲状腺的生理学、病理学及外科学上的研究
1910	科塞尔(A. Kossel, 1853—1927)	对核酸和蛋白质化学方面的研究
1911	古尔斯特兰德(A. Gullstrand, 1862—1930)	有关眼睛屈光学的研究
1912	卡雷尔(A. Carrel, 1873—1944)	有关血管缝合以及脏器移植方面的研究
1913	里歇(C. R. Richet, 1850—1935)	有关过敏性的研究
1914	巴拉尼(R. Barany, 1876—1936)	有关内耳前庭器官装置生理学与病理学方面的研究
1915	未颁奖	
1916	未颁奖	
1917	未颁奖	
1918	未颁奖	
1919	博尔代(J. Bordet, 1870—1961)	有关免疫的一系列发现
1920	克罗(S. Krogh, 1874—1949)	发现毛细血管运动调节机理
1921	未颁奖	
1922	希尔(A. V. Hill, 1886—1977)	肌肉中热量的代谢研究
	迈耶尔霍夫(O. Meyerhof, 1884—1951)	肌肉中氧消耗和乳酸代谢之间关系的研究
1923	班廷(F. G. Banting, 1891—1941) 麦克劳德(J. R. MacLeod, 1876—1935)	发现胰岛素
1924	爱因托芬(W. Einthoven, 1860—1927)	发现心电图的机理
1925	未颁奖	
1926	菲比格(J. Fibiger, 1867—1928)	发现菲比格氏鼠癌
1927	瓦格纳—尧雷格(J. Wagner-Jauregg, 1857—1940)	发现治疗麻痹的发热疗法
1928	尼科勒(C. J. H. Nicolle, 1866—1936)	有关斑疹伤寒的研究

续上表

年份	获奖者	获奖内容
1929	艾克曼(C. Eijkman,1858—1930)	发现可以抗神经炎的维生素
	霍普金斯(F. G. Hopkins,1861—1947)	发现维生素 B_1 缺乏病并从事抗神经炎药物的化学研究
1930	兰德施泰纳(K. Landsteiner,1868—1943)	发现人类的血型
1931	瓦尔堡(O. H. Warburg,1883—1970)	发现呼吸酶的性质和作用方式
1932	谢灵顿(C. Sherrington,1857—1952) 阿德里安(E. D. Adrian,1889—1977)	有关神经元功能的发现
1933	摩尔根(T. H. Morgan,1866—1945)	发现染色体的遗传机制
1934	惠普尔(G. H. Whipple,1878—1976) 迈诺特(G. R. Minot,1885—1950) 墨菲(W. P. Murphy,1892—1987)	发现贫血病的肝脏疗法
1935	施佩曼(H. Spemann,1869—1941)	发现胚胎发育中组织元的作用
1936	戴尔(H. H. Dale,1875—1968) 勒维(O. Loewi,1873—1961)	发现神经冲动的化学传递
1937	圣捷尔吉(A. Szent-Györgyi,1893—1986)	研究生物氧化过程,特别是有关维生素 C 和紫堇酸的发现
1938	海曼斯(C. Heymans,1892—1968)	发现呼吸调节中颈动脉窦和主动脉的作用
1939	多马克(G. Domagk,1895—1964)	发现磺胺类药百浪多息的抗菌效应
1940	未颁奖	
1941	未颁奖	
1942	未颁奖	
1943	达姆(H. Dam,1895—1976)	发现维生素 K
	多伊西(E. A. Doisy,1893—1986)	发现维生素 K 的化学性质
1944	厄兰格(J. Erlanger,1874—1965) 加瑟(H. S. Gasser,1888—1963)	研究单个神经纤维机能的高度分化
1945	弗莱明(A. Fleming,1881—1955) 钱恩(E. B. Chain,1906—1979) 弗洛里(H. W. Florey,1898—1968)	发现青霉素及其对传染病的治疗作用
1946	缪勒(H. J. Müller,1890—1967)	发现用 X 射线能诱使基因突变
1947	卡尔·科里(C. F. Cori,1896—1984) 盖蒂·科里(G. T. Cori,1896—1957)	发现糖代谢中的酶促反应
	奥塞(B. Houssay,1887—1971)	研究脑下垂体激素对糖代谢的作用
1948	米勒(P. H. Müller,1899—1965)	发明了高效杀虫剂 DDT

续上表

年份	获奖者	获奖内容
1949	赫斯(W. R. Hess,1881—1973)	发现间脑对内脏器官的调节功能
	莫尼斯(A. Moniz,1874—1955)	发现切割脑部前叶白质对精神病的治疗意义
1950	肯德尔(E. C. Kendall,1886—1972) 亨奇(P. S. Hench,1896—1965) 赖希施泰因(T. Reichstein,1897—1996)	发现肾上腺皮质激素及其结构和生物学效应
1951	泰勒(M. Theiler,1899—1972)	黄热病的疫苗发现和防治
1952	瓦克斯曼(S. A. Waksman,1888—1973)	发现链霉素
1953	汉斯·克雷布斯(H. A. Krebs,1900—1981)	发现柠檬酸循环
	李普曼(F. Lipmann,1899—1986)	发现辅酶A及其对中间代谢的重要性
1954	恩德斯(J. F. Enders,1897—1985) 韦勒(T. H. Weller,1915—2008) 罗宾斯(F. C. Robbins,1916—2003)	发现脊髓灰质炎病毒可在多种组织培养物中增殖
1955	特奥雷尔(A. H. T. Theorell,1903—1982)	发现氧化酶的性质和作用方式
1956	库尔南(A. F. Cournand,1895—1988) 福斯曼(W. Forssmann,1904—1979) 理查兹(D. W. Richards,1895—1973)	开发心脏导管插入术和研究循环系统病理变化
1957	博韦(D. Bovet,1907—1992)	发现和合成抗组织胺药物
1958	比德尔(G. W. Beadle,1903—1989) 塔特姆(E. L. Tatum,1909—1975)	发现控制特定生化反应的基因作用
	莱德伯格(J. Lederberg,1925—2008)	研究细菌基因重组及遗传物质
1959	奥乔亚(S. Ochoa,1905—1993) 科恩伯格(A. Kornberg,1918—2007)	发现RNA和DNA的生物合成机制
1960	伯内特(F. M. Burnet,1899—1985) 梅达沃(P. B. Medawar,1915—1987)	发现获得性免疫耐受性
1961	冯·贝凯希(G. von Békésy,1899—1972)	发现耳蜗感音的物理机制
1962	克里克(F. H. Crick,1916—2004) 沃森(J. D. Watson,1928—) 威尔金斯(M. Wilkins,1916—2004)	发现核酸的分子结构及其对信息传递的重要性
1963	埃克尔斯(J. C. Eccles,1903—1997) 霍奇金(A. L. Hodgkin,1914—1998) 赫胥黎(A. F. Huxley,1917—2012)	研究神经细胞之间的信息传递
1964	布洛赫(K. Bloch,1912—2000) 吕南(F. Lynen,1911—1979)	研究胆固醇和脂肪酸的代谢机制

续上表

年份	获奖者	获奖内容
1965	雅各布(F. Jacob,1920—2013) 雷沃夫(A. Lwoff,1902—1994) 莫诺(J. Monod,1910—1976)	研究酶和病毒合成中的遗传调节机构
1966	劳斯(P. Rous,1879—1970)	发现肿瘤诱导病毒
	哈金斯(C. B. Huggins,1901—1997)	发现前列腺癌的内分泌治疗
1967	格拉尼特(R. A. Granit,1900—1991) 哈特兰(H. Hartline,1903—1983) 沃尔德(G. Wald,1906—1997)	研究眼睛视觉的基础生理和化学过程
1968	霍利(R. W. Holley,1922—1993) 霍拉纳(H. G. Khorana,1922—2011) 尼伦伯格(M. Nirenberg,1927—2010)	解释遗传信息及其在蛋白质合成中的作用
1969	德尔布吕克(M. Delbrück,1906—1981) 赫尔希(A. Hershey,1908—1997) 卢里亚(S. E. Luria,1912—1991)	发现病毒的复制机制和遗传结构
1970	卡茨(B. Katz,1911—2003) 冯·奥伊勒(U. von Euler,1905—1983) 阿克塞尔罗德(J. Axelrod,1912—2004)	发现神经末梢部位的传递物质及其储存、释放和抑制机理
1971	萨瑟兰(E. W. Sutherland,1915—1974)	发现激素的作用机理
1972	埃德尔曼(G. M. Edelman,1929—) 波特(R. R. Porter,1917—1985)	研究抗体的化学结构
1973	冯·弗里施(K. von Frisch,1886—1982) 洛伦茨(K. Z. Lorenz,1903—1989) 廷伯根(N. Tinbergen,1907—1988)	研究动物的个体及社会性行为
1974	克劳德(A. Claude,1899—1983) 德迪夫(C. R. de Duve,1917—2013) 帕拉德(G. E. Palade,1912—2008)	研究细胞的结构和功能
1975	巴尔的摩(D. Baltimore,1938—) 杜尔贝科(R. Dulbecco,1914—2012) 特明(H. M. Temin,1934—1994)	发现肿瘤病毒与细胞遗传物质之间的相互作用
1976	布鲁姆伯格(B. Blumberg,1925—) 盖达塞克(D. C. Gajdusek,1923—)	发现传染病的起因和传播机制
1977	吉耶曼(R. Guillemin,1924—) 沙利(A. Schally,1926—)	对下丘脑激素的研究
	叶洛(R. S. Yalow,1921—2011)	创立放射免疫分析法

续上表

年份	获奖者	获奖内容
1978	阿尔伯(W. Arber,1929—) 内森斯(D. Nathans,1928—1999) 史密斯(H. O. Smith,1931—)	发现限制性内切酶及其在分子遗传学方面的应用
1979	科马克(A. M. Cormack,1924—1998) 豪斯菲尔德(G. N. Hounsfield,1919—)	开发了计算机辅助X射线断层扫描仪
1980	贝纳塞拉夫(B. Benacerraf,1920—2011) 多塞(J. Dausset,1916—2009) 斯内尔(G. D. Snell,1903—1996)	对调节免疫反应的细胞表面遗传结构的研究
1981	斯佩里(R. W. Sperry,1913—1994)	大脑半球机能分工的研究
	休伯尔(D. Hubel,1926—) 维泽尔(T. Wiesel,1924—)	视觉系统的信息加工研究
1982	贝克斯特伦(S. Bergström,1916—) 萨穆埃尔松(B. I. Samuelsson,1934—) 范恩(J. R. Vane,1927—)	研究前列腺素及相关生物活性物质
1983	麦克林托克(B. McClintock,1902—1992)	发现可移动的遗传因子
1984	杰尼(N. K. Jerne,1911—1984) 科勒(G. J. F. Köhler,1946—1995) 米尔斯坦(C. Milstein,1927—)	确立有关免疫抑制机理的理论和研制单克隆抗体
1985	布朗(M. S. Brown,1941—) 戈尔德斯坦(J. L. Goldstein,1940—)	有关胆固醇代谢的研究
1986	科恩(S. Cohen,1922—) 莱维—蒙塔尔奇尼(R. Levi-Montalcini. 1909—2012)	对生长因子的研究
1987	利根川进(1939—)	阐明抗体生成的遗传原理
1988	布莱克(J. Black,1924—2010) 埃立昂(G. B. Elion,1918—1999) 希钦斯(G. Hitchings,1905—1998)	研究有关药物治疗的重要原理
1989	毕晓普(J. Bishop,1936—) 法姆斯(H. Varmus,1939—)	研究与肿瘤基因相关的细胞基因
1990	默里(J. E. Murray,1919—2012) 托马斯(E. D. Thomas,1920—2012)	对人类器官和细胞移植的研究
1991	内尔(E. Neher,1944—) 萨克曼(B. Sakmann,1942—)	对细胞单离子通道功能的研究
1992	费希尔(E. H. Fischer,1920—) 埃德温·克雷布斯(E. G. Krebs,1918—2009)	发现蛋白质可逆磷酸化作用

续上表

年份	获奖者	获奖内容
1993	罗伯茨(R. Roberts,1943—) 夏普(P. A. Sharp,1944—)	发现断裂基因
1994	吉尔曼(A. Gilman,1941—) 罗德贝尔(M. Rodbell,1925—1998)	发现G蛋白及其在细胞中转导信息的作用
1995	刘易斯(E. B. Lewis,1918—) 尼斯莱因-福尔哈德(C. Nüsslein-Volhard,1942—) 维绍斯(E. Wieschaus,1947—)	发现控制早期胚胎发育的遗传机理
1996	多尔蒂(P. Doherty,1940—) 青克纳格尔(R. Zinkernagel,1944—)	发现细胞的中介免疫保护特征
1997	普鲁西纳(S. B. Prusiner,1942—)	发现新的致病物质朊粒
1998	弗奇戈特(R. Furchgott,1916—) 伊格纳罗(L. Ignarro,1941—) 穆拉德(F. Murad,1936—)	发现一氧化氮是心血管系统中传播信号的分子
1999	布洛贝尔(G. Blobel,1936—)	发现蛋白质具有控制其在细胞内传输和定位的信号
2000	卡尔松(A. Carlsson,1923—) 格林加德(P. Greengard,1925—) 坎德尔(E. Kandel,1929—)	发现与神经系统有关的信号物质
2001	哈特韦尔(L. Hartwell,1939—) 诺斯(P. Nurse,1949—) 亨特(T. Hunt,1943—)	发现细胞周期的关键分子调节机制
2002	布雷内(S. Brenner,1927—) 霍维茨(R. Horvitz,1947—) 萨尔斯顿(J. Sulston,1942—)	器官发育和程序性细胞死亡的基因调节
2003	劳特布尔(P. Lauterbur,1929—2007) 曼斯菲尔德(P. Mansfield,1933—)	在核磁共振成像技术领域的突破性成就
2004	阿克塞尔(R. Axel,1946—) 巴克(L. Buck 1947—)	在气味受体和嗅觉系统组织方式研究中做出的贡献
2005	马歇尔(B. Marshall,1951—) 沃伦(RobinWarren,1937—)	发现了导致胃炎和胃溃疡的细菌——幽门螺杆菌
2006	法尔(A. Fire,1959—) 梅洛(C. Mello,1960—)	发现RNA干扰机制,揭示了大自然控制遗传信息流动的机制

续上表

年份	获奖者	获奖内容
2007	卡佩奇(M. Capecchi,1937—) 奥利弗·史密斯(Oliver Smithies,1925—) 埃文斯(M. Evans,1941—)	在涉及胚胎干细胞和哺乳动物DNA重组方面有着一系列突破性发现,为“基因靶向”技术的发展奠定了基础
2008	巴尔-西诺西(F. Barré-Sinoussi,1947—) 蒙塔尼(L. Montagnier,1932—)	发现了艾滋病病毒(HIV)
	楚尔-豪森(H. zur Hausen,1936—)	发现了人乳头状瘤病毒
2009	布莱克本(E. Blackburn,1948—) 格雷德(C. Greider,1961—) 绍斯塔克(J. Szostak,1952—)	发现了端粒和端粒酶保护染色体的机理
2010	爱德华兹(R. Edwards,1925—)	在体外受精技术领域作出的开创性贡献
2011	博伊特勒(B. Beutler,1957—) 霍夫曼(J. Hoffmann,1941—)	先天免疫激活方面的发现
	斯坦曼(R. Steinman,1943—2011)	发现树枝状细胞及其在获得性免疫中的作用
2012	山中伸弥(1962—) 戈登(J. Gurdon,1933—)	发现了成熟细胞可以重编程为全能性细胞,这是在体细胞重编程技术领域做出的重要贡献
2013	罗斯曼(J. Rothman,1950—) 谢克曼(R. Schekman,1948—) 聚德霍夫(T. Südhof,1955—)	发现细胞内部的主要运输系统——囊泡运输调控机制
2014	欧基夫(J. O'Keefe,1939—) 梅-布里特·莫泽(May-Britt Moser,1963—) 爱德华·莫泽(Edvard Moser,1962—)	发现了大脑中形成定位系统的细胞
2015	屠呦呦(1930—)	发现用青蒿素治疗疟疾的新疗法
	坎贝尔(W. Campbell,1930—) 大村智(1935—)	发现针对蛔虫感染的新疗法